21世纪高等院校信息与通信工程规划教材

现代 PCB 设计及雕刻工艺实训教程

沈月荣 主 编

程 婧 申继伟 王 艳 副主编

人 民 邮 电 出 版 社

北 京

图书在版编目（C I P）数据

现代PCB设计及雕刻工艺实训教程 / 沈月荣主编. --
北京 : 人民邮电出版社, 2015.9（2020.1重印）
21世纪高等院校信息与通信工程规划教材
ISBN 978-7-115-39749-2

Ⅰ. ①现… Ⅱ. ①沈… Ⅲ. ①印刷电路－计算机辅助设计－应用软件－高等学校－教材 Ⅳ. ①TN410.2

中国版本图书馆CIP数据核字(2015)第182696号

内 容 提 要

本书注重体现实践技能的培养，分为基础篇和实践篇，共 11 章：第 1 章为常用元器件的检测与应用；第 2 章为电子测量技术应用；第 3 章为基本技能训练；第 4 章为印制电路板的设计与制作；第 5 章为线路板制作工艺；第 6 章为收音机原理分析；第 7 章为基本实践技能训练；第 8 章为收音机实践训练；第 9 章为模拟电子线路实践训练；第 10 章为数字电路实践训练；第 11 章为单片机实践训练。最后在附录 A 中介绍常见元器件；附录 B 中介绍常用集成电路元件；附录 C 中介绍保险元件及常用耗材；附录 D 中介绍电子小制作常用工具、仪表；附录 E 中介绍电子实习规章制度；附录 F 中介绍安全规章制度；附录 G 中介绍安全用电常识。通过本书的学习，学生能具备电子整机装配知识和从事生产线电子整机装配的基本技能，并掌握电子产品的现代化加工流程、先进的制造技术和最新的加工工艺。

本书可作为高等院校电子实习实训教材，还可供相关行业人员自学参考。

◆ 主　　编　沈月荣
副 主 编　程　婧　申继伟　王　艳
责任编辑　张孟玮
执行编辑　税梦玲
责任印制　沈　蓉　彭志环

◆ 人民邮电出版社出版发行　　北京市丰台区成寿寺路 11 号
邮编　100164　　电子邮件　315@ptpress.com.cn
网址　http://www.ptpress.com.cn
北京捷迅佳彩印刷有限公司印刷

◆ 开本：787×1092　1/16
印张：18.75　　　2015 年 9 月第 1 版
字数：456 千字　　　2020 年 1 月北京第 3 次印刷

定价：48.00 元

读者服务热线：(010) 81055256　印装质量热线：(010) 81055316
反盗版热线：(010) 81055315

前言

随着电子产品制造技术的发展，应用型本科学校的电子工艺基础教学存在的主要问题是传统的教学内容与现代电子生产企业生产实际差异的不断增大。本书的编写尝试打破原来的学科知识体系，按现代电子企业的生产流程来构建“电子工艺实习”课程的技能培训体系，即原理图的设计与绘制，软件程序的设计，PCB 印刷电路板的雕刻，元器件的认知与测试，硬件电路的组装、焊接与调试。

本书根据教育部关于推动高校生产实习基地建设，提高生产实习教学质量的文件精神编写。“电子工艺实习”是应用型技术人才本科院校电子信息类实践教学环节的必修课，是一门重要的基础实践课程。本书提供了多个电子产品实物制作案例，通过原理图设计软件，PCB 制作软件，雕刻、焊接、装配、调试技术，使学生掌握电工电子相关操作技能，能够将基本技能训练、基本工艺知识相结合，为学生提供一个实践平台。

本书是编者在积累多年的教学实践经验的基础上，参考现代电子企业的生产技术文件编写而成的。本书既强调基础，又体现新知识、新技术、新工艺，教学内容与实际电子产品制作相结合。在编写体例上采用新的形式和简约的文字表述，采用大量实物图片，图文并茂，直观明了。全书注重理论和实践相结合，每章内容设置课后习题，并通过配套的技能实训项目来加强学生技能的培养。

本课程为 200 课时，各章的参考教学课时见以下的课时分配表。

章节	课程内容	课时分配	
		讲授	实践训练
第 1 章	常用元器件的检测与应用	4	4
第 2 章	电子测量技术应用	2	2
第 3 章	基本技能训练	2	4
第 4 章	印制电路板的设计与制作	8	20
第 5 章	线路板制作工艺	4	0
第 6 章	收音机原理分析	8	0
第 7 章	基本实践技能训练	2	4
第 8 章	收音机实践训练	2	30
第 9 章	模拟电子线路实践训练	4	30

续表

章 节	课 程 内 容	课 时 分 配	
		讲授	实践训练
第 10 章	数字电路实践训练	4	30
第 11 章	单片机实践训练	4	32
课 时 总 计		44	156

通过本书这一系列的流程学习，学生能熟悉和掌握电子产品的制作过程，理解电子线路的理论知识，积累电路板设计的实践经验，以及在雕刻印制板中要注意的技巧和要领，提高发现问题和解决问题的能力。

本书由沈月荣任主编，程婧、申继伟、王艳任副主编，孟迎军教授、钱建平教授任主审。同时，本书部分实验配有二维码，学生通过扫二维码，可观看在线视频，在此，也感谢殷明同学在视频拍摄中提供的帮助！感谢无锡华文默克有限公司提供的雕刻机系列产品的相关资料，感谢该公司程明经理及其相关技术人员的技术支持！

感谢南京理工大学紫金学院领导在本书出版过程中的大力支持和帮助！

编 者

2015 年 5 月

目 录

第1篇 基 础 篇

第 2 篇 实践创新篇

第 1 篇
基础篇

掌握基础知识是学习电子技术（Electronic Technology）的必要条件。有的学生在分析电路时，不知从何下手，究其原因就是没有全面地学习电子技术基础知识，系统分析整机电路。总电路都是由多个单元电路组合成的，在学习中，理解元器件和电路的工作原理和工作特性，显得至关重要。

1．电路

日常生活中到处可以看见电路，有电通过的线路都是电路。

2．电工电路与电子电路的区别

电工电路（Electrical Circuit）与电子电路（Electronic Circuit）的区别在于电路中工作的电压高低不同。

电工电路如图篇 1.1 所示。

工业用电的电压是三相交流 380V，民用市电的电压是交流 220V，采用这类电源供电的电路称为电工电路。例如，机械设备动力电路、常用照明电路、洗衣机的供电电路等都是电工电路。

电子电路如图篇 1.2 所示。

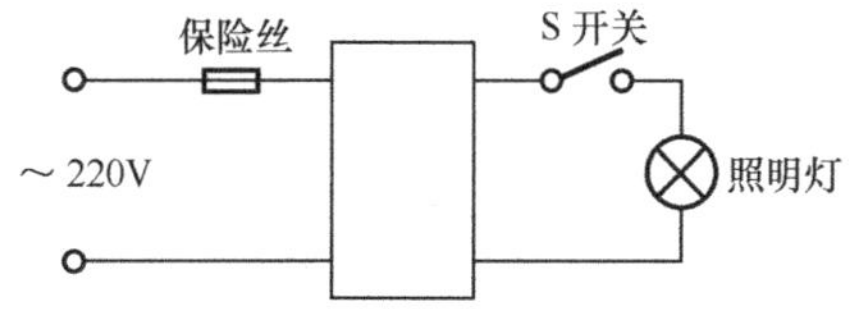

图篇 1.1　电工电路

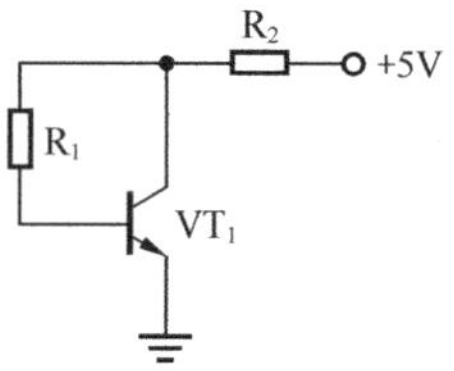

图篇 1.2　电子电路

收音机、电视机等电器内部的电路主要由电子元器件构成。在一般情况下，用低电压、微小电流驱动电路工作的电路，称为电子电路。例如，电路中的三极管 VT_1 在工作时需要的是低电压，所以这样的电路是电子电路。

现代技术的交叉发展将电工技术与电子技术融合在一起，电工电路中有电子电路，如用弱电的电子电路控制强电的电工电路。图篇 1.3 所示的楼道延时门灯控制电路就是用电子电路控制电工电路中的灯泡。

那么用图纸的形式来表示电子电路的组成和构造，这样的图纸称为电子电路图，如图篇 1.4 所示。

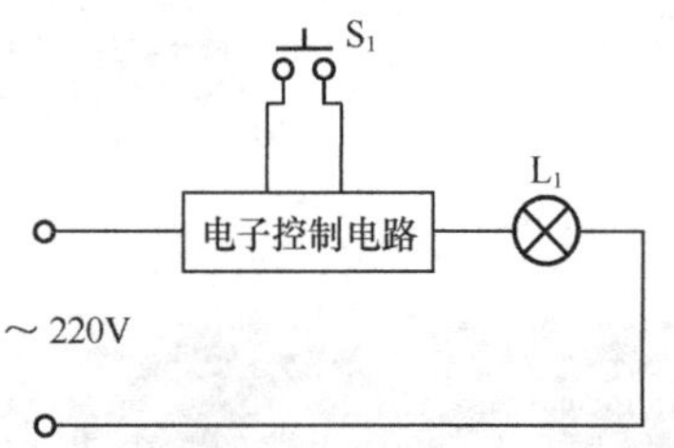

图篇 1.3　电子控制电路

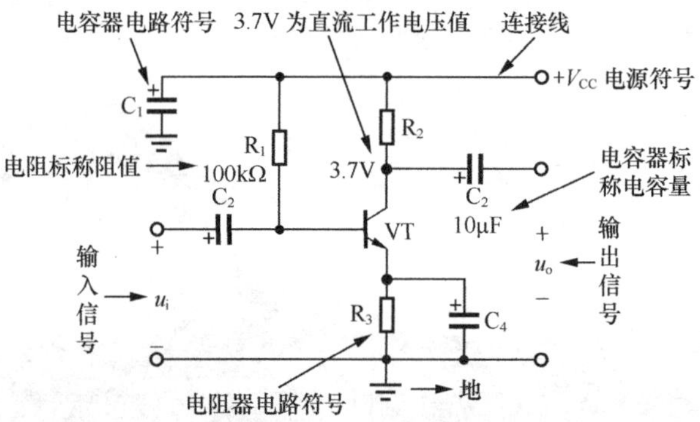

图篇 1.4　电子电路图

电子电路图的种类较多。通常，可由一个单元图来组成诸多电子元器件的工作情况。从图篇 1.4 中看到电子电路图就是将一些电子元器件的电路符号用连接线连接起来，表示电路的组成情况，根据这样的电路图就能表示出电路的工作原理。例如，电阻器用一个矩形加一个大写 R 字母表示。每一个元器件都有自己的电路符号。要学好电子电路的知识，就必须从识别并记住各种各样的元器件及其对应符号及字母着手，建立起实物与电路图之间初步的对应印象。

第1章 常用元器件的检测与应用

元器件的检测是一项基本功，必须根据不同的元器件采用不同的方法，从而准确有效地检测元器件的相关参数，判断元器件正常与否。对于电类的学生来说，熟练掌握常用元器件检测的方法和经验是必需的。

1.1 电阻器与电位器

1.1.1 常用电阻器

1. 电阻器的特性

电子在物体内做定向运动时会遇到阻力，这种阻力称为电阻。具有一定电阻作用的元件称为电阻器（Resistor），习惯简称为电阻。由实验可知，物体电阻的大小与其长度 L 成正比，与其横截面积 S 成反比，用公式表示为 $R=\rho L/S$，式中的比例系数 ρ 叫作物体的电阻系数或电阻率（Resistivity），它与物体材料的性质有关，在数值上等于单位长度、单位面积的物体在20℃时所具有的电阻值。

表 1.1 列出了常用导体的电阻率。银、铜、铝等的电阻率比较小。因此，铜、铝被广泛用来制作导线；银的电阻率虽小，但由于价格昂贵，常用来制作镀银线；而有些合金如康铜、镍铬合金等电阻率较大，常用来制作电热器及电阻器的电阻丝。

表 1.1　　常用导体的电阻率

材　　料	20℃时的电阻率 ρ（MΩ·M）
银	0.016
铜	0.0172
金	0.022
铝	0.029
锌	0.059
铁	0.0978
铅	0.206
汞	0.958

续表

材　　料	20℃时的电阻率ρ（MΩ·M）
碳	25
康铜（54%铜，46%镍）	0.50
锰铜（86%铜，12%锰，2%镍）	0.43

不同材料的电阻率是不同的。相同的材料做成的导体，直径越大电阻越小，长度越大电阻越大。此外，导体的电阻大小还与温度有关。金属材料的电阻随着温度的升高而增加，呈现正温度特性；石墨和碳等非金属材料的电阻随着温度的升高而减小，呈现负温度特性。

2．电阻器与电位器的型号与命名方法

电阻器的种类很多，从构成材料上可分为有碳制电阻器（Carbon Resistor）、碳膜电阻器（Carbon Film Resistor）、金属膜电阻器（Metal Film Resistor）、绕线电阻器（Wire-Wound Resistor）等多种；从结构形式上可分为固定电阻器（Fixed Resistor）、可变电阻器（Variable Resistor）和电位器（Potentiometer）3种，它们在电路的符号如图1.1所示。

（a）固定电阻器　　（b）可变电阻器　　（c）电位器

图1.1　电阻器的符号

常用电阻器、电位器的外形如图1.2所示。国内电阻器和电位器的型号一般由4部分组成，各部分的确切含义如表1.2所示。

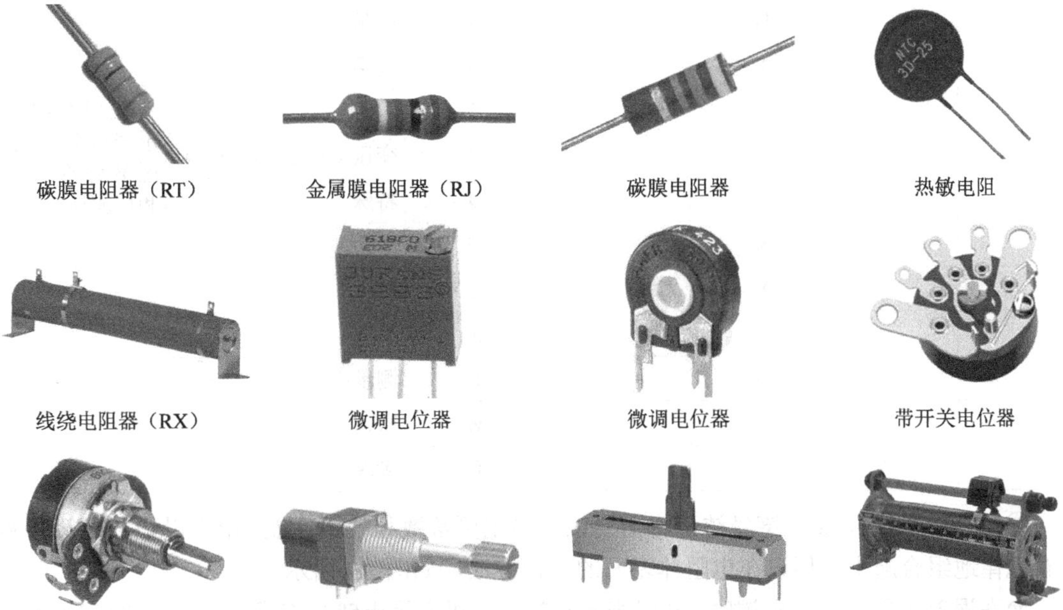

碳膜电阻器（RT）　金属膜电阻器（RJ）　碳膜电阻器　热敏电阻

线绕电阻器（RX）　微调电位器　微调电位器　带开关电位器

带开关电位器　推拉式电位器　直滑式电位器　滑线变阻器

图1.2　常用电阻器、电位器的外形

例如，RX22 表示普通线绕电阻器；RJ75 表示精密金属膜电阻器。

3. 电阻的质量参数及电阻选用

电阻的主要参数包括电阻标称阻值、允许误差和额定功率，了解电阻的质量参数，可以合理地选用电阻。

（1）电阻的标称阻值和误差

标称阻值即电阻器表面所标的阻值（Nominal Resistance）。电阻值用符号 R 表示，国际单位是欧姆（Ω），有时也用千欧（kΩ）、兆欧（MΩ）表示，它们之间的关系为

$$1\text{M}\Omega=10^3\text{k}\Omega=10^6\Omega$$

标称值有两种标识方法，一种是直接用数值标出，另一种体积小的电阻器则用色环或色点表示阻值。

① 直标法。直标法是在电阻体表面直接标识主要参数和技术性能的一种方法。电阻器直标法如图 1.3 所示。

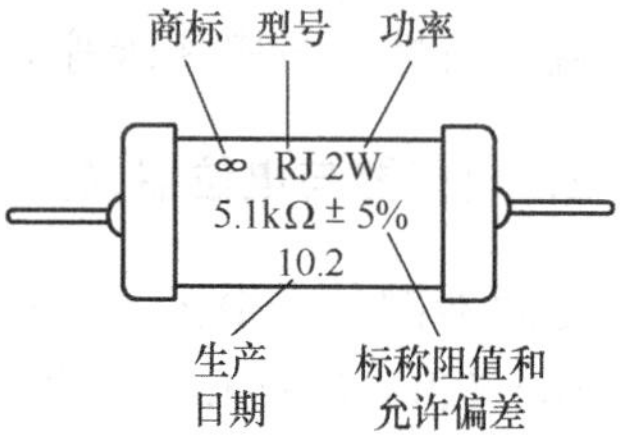

图 1.3　电阻器参数直标法示意图

表 1.2　电阻器和电位器的型号命名

第一部分		第二部分		第三部分		第四部分
主　称		材　料		分　类		序　号
符 号	含 义	符 号	含 义	符 号	含 义	一般用数字表示产品序号，以区分外形尺寸和性能指标
R	电阻器	T	碳膜	1	普通	
RP		P	硼碳膜	2	普通	
		U	硅碳膜	3	超高频	
		H		4	高阻	
		I		5	高温	
		J		7	精密	
		Y		8	变压电位器，特殊电阻	
		S		9	特殊	
		N		G	高功率	
		X		T	可调	
		C		X	小型	
		G		L	测量用	
				W	微调	
				D	多圈	

② 文字符号法。文字符号法是将需要识别的主要参数和技术性能，用字母和数字符号两者有规律地组合起来，标识在电阻体表面的一种方法，如图 1.4 所示。

允许误差可用等级法标识时：0 级表示±2%；I 级表示±5%；II 级表示±10%；III 级表示±20%。允许误差也用文字符号表示，各符号的含义如表 1.3 所示。

电阻标称值由字母和数字两种符号构成，字母表示电阻值单位，各字母的含义如表 1.4

所示。符号前面的数字表示整数阻值，符号后面的数字依次表示第一位小数阻值和第二位小数阻值。例如，4R7 表示 4.7Ω。

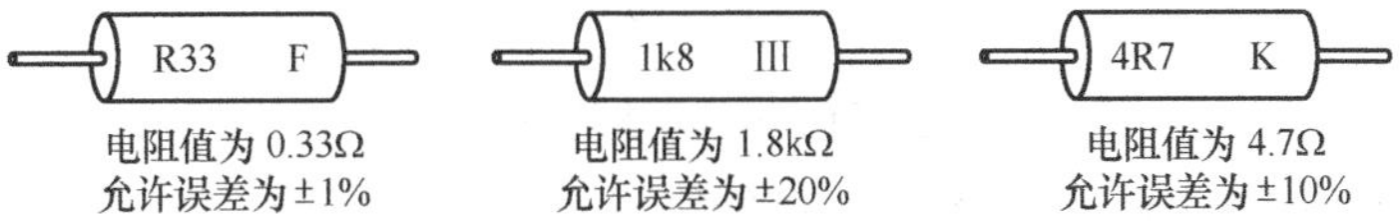

图 1.4　电阻器参数文字符号法示意图

表 1.3　　表示电阻器的文字符号

文字符号	允许误差	文字符号	允许误差	文字符号	允许误差
B	±0.1%	F	±1%	K	±10%
C	±0.25%	G	±2%	M	±20%
D	±0.5%	J	±5%	N	±30%

表 1.4　　表示电阻器单位的文字符号

文字符号	所表示的单位	文字符号	所表示的单位	文字符号	所表示的单位
R	欧姆（Ω）	M	兆欧姆（10^{6}Ω）	T	太欧姆（10^{12}Ω）
K	千欧姆（10^{3}Ω）	G	千兆欧姆（10^{9}Ω）		

额定功率有两种标识方法：一种是 2W 以上的电阻，其功率直接用阿拉伯数字印在电阻体上；另一种是 2W 以下的电阻，其功率以自身的体积大小来表示。一般地，体积越大，其额定功率也相对较大。

各种功率的电阻器在电路图中的符号如图 1.5 所示。

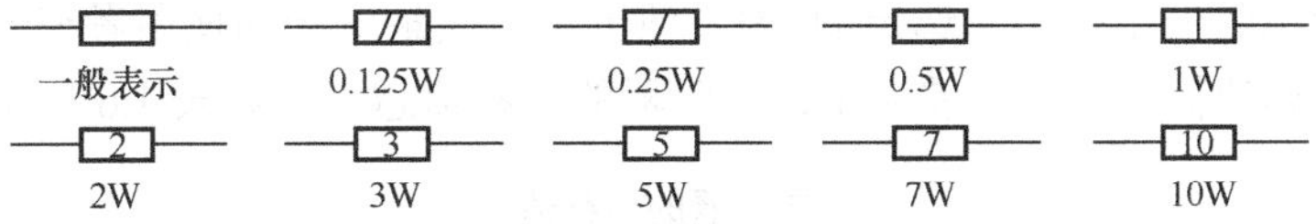

图 1.5　各种功率的电阻器在电路图中的符号

③ 色标法。色标法是指利用电阻体表面不同颜色的色环标识电阻主要参数和技术性能的一种方法。固定电阻的色环一般采用 4 色环和 5 色环标识。

普通电阻用 4 个色环表示，其中第 1、第 2 色环表示有效数字，第 3 色环表示倍乘数，第 4 色环表示误差，如图 1.6（a）所示。

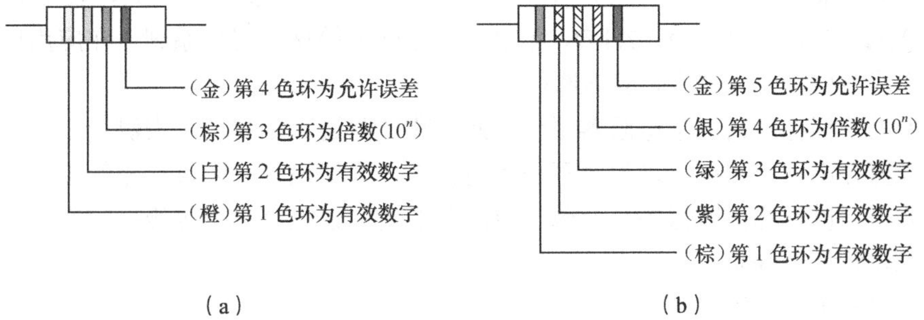

图 1.6　色标电阻器的标记

精密电阻用 5 色环表示，第 1、2、3 色环表示电阻的有效数字，第 4 色环表示倍乘数，第 5 色环表示允许误差，如图 1.6（b）所示。

色环色点标识法的规则（又称色码标识法）如表 1.5 所示。

表 1.5　　色环色点标识法的规则

颜色	第一位有效数	第二位有效数	第三位有效数	倍率	误差
黑	/	/	/	10^0	
棕	1	1	1	10^1	±1%
红	2	2	2	10^2	±2%
橙	3	3	3	10^3	
黄	4	4	4	10^4	
绿	5	5	5	10^5	±0.5%
蓝	6	6	6	10^6	±0.25%
紫	7	7	7	10^7	±0.10%
灰	8	8	8	10^8	±0.05%
白	9	9	9	10^9	
金				10^{-1}	±5%
银				10^{-2}	±10%
无色					±20%

例如，用 4 色环表示阻值及误差的电阻器，4 个环的颜色分别为黄、绿、红、银，则表示该电阻器电阻值为 4500Ω，即 4.5kΩ，误差为±10%。

电阻器的标称阻值不是随意选定的。为了便于工厂大量生产和使用者在一定范围内选用，国家规定出一系列的标称值。误差越小，电阻器的标称值越多，如表 1.6 所示。

表 1.6　　电阻器的标称值

标称值系列	电阻标称值
E24（误差±5%）	1.0, 1.1, 1.2, 1.3, 1.5, 1.6, 1.8, 2.0, 2.2, 2.4, 2.7, 3.0, 3.3, 3.6, 3.9, 4.3, 4.7, 5.1, 5.6, 6.2, 6.8, 7.5, 8.2, 9.1
E12（误差±10%）	1.0, 1.2, 1.5, 1.8, 2.2, 3.0, 3.9, 4.7, 5.6, 6.8, 8.2
E6（误差±20%）	1.0, 1.5, 2.2, 3.3, 4.7, 6.8

将表 1.6 中标称值乘以 10、100、1000 等就可以扩大阻值范围。例如，表中的“2.2”包括 2.2Ω、22Ω、220Ω、2.2kΩ、22kΩ、220kΩ、22MΩ 等这一阻值系列。在应用电路时要尽量选择标称值系列，无标称值时应该选相近值。

电阻器上的标称值只表示电阻器阻值在此标称值附近。如果用仪表测量，会发现它的实际值与标称值并不一定相同，这说明存在阻值误差。确切地说，阻值误差等于电阻实际值和标称值之差再除以标称值所得的百分数。电阻器的允许误差分三个等级：I 级为±5%，II 级为±10%，III级为±20%。

（2）电阻的额定功率

电阻器在正常大气压及额定温度下，长期连续工作并能满足规定的性能要求时，所允许耗散的最大功率叫电阻器的额定功率（Rated Power）。

电阻器的额定功率也是采用标准化的额定功率系列值，其中线绕电阻器的额定功率系列为：3W、4W、8W、10W、16W、25W、40W、50W、75W、100W、150W、250W、500W。非线绕电阻器的额定功率系列为：0.05W、0.125W、0.25W、0.5W、1W、2W、5W。电阻器上的负荷功率可由式（1.1）算出

$$P=I^2R \text{ 或 } P=U^2/R \tag{1.1}$$

（3）电阻的温度系数

当电流通过电阻时，电阻就会发热，使电阻的温度升高，它的阻值会随之发生变化。温度每变化 1℃时，阻值变化的欧姆数与原来的欧姆数之比，就叫作电阻的温度系数（Temperature Coefficient of Resistance）。温度系数越小，电阻越稳定。碳质电阻稳定性较差，碳膜电阻比较稳定，线绕电阻就更稳定。

1.1.2　电位器的检测

电位器（Potentiometer）的主要故障有：过流烧毁（导致开路）、变值断裂、引脚腐蚀、脱焊等。电位器还经常发生滑动触头与电阻片接触不良等现象。常用电阻器的检测方法如下。

1．观察外观

正常情况下，固定电阻外形端正，标识清晰，保护漆完好，颜色均匀，光泽好。帽盖与电阻体结合紧密无伤裂、折裂、腐蚀、烧焦现象。电位器旋转轴转动灵活，手感舒适，松紧适当。带开关的电位器开关动作自如，通断可靠。

2．用万用表欧姆挡检测

量程选择和调零是否正确，对测量的准确度影响极大。检测前，要先估测电阻器的电阻大小，选择适当的量程。并校准欧姆零位，原则上测量值显示尽可能靠近中心位置。欧姆调零后，将表笔接被测电阻的两引线测量，表针指示数乘上量程倍数，即为被测电阻的阻值。

将测量值与标识阻值比较，凡阻值超过允许误差范围的、内部短路阻值变小的、时断时通的和阻值变小的电阻均应丢弃不用。

对电阻器还需检测滑动头与电阻片接触是否良好。检测方法如图 1.7 所示，测量片 1 与测量片 3 两焊片间的电阻值，其阻值应与标称值相同。再分别测片 2 与片 1 或者片 2 与片 3 阻值，电位器缓慢旋转过程中，万用表指针移动平稳，没有出现停顿或跳动现象，说明检测

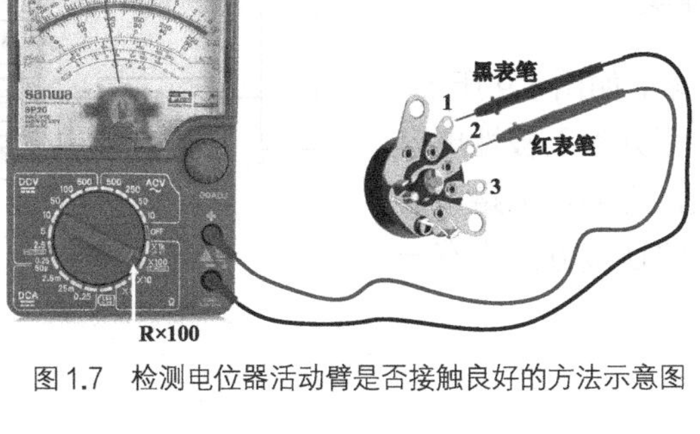

图 1.7　检测电位器活动臂是否接触良好的方法示意图

滑动头与电阻片接触良好。检测电位器开关是否良好的方法如图 1.8 所示，将万用表红、黑表笔与检测片 4、5 充分接触，然后缓慢旋转电位器开关，旋转过程中，万用表指针应不动，当听到“咔”声后，万用表指针指向零，表明电位器的开关良好。

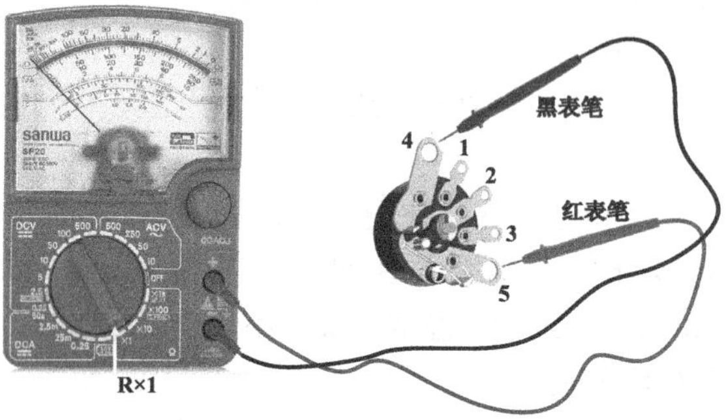

图 1.8　检测电位器开关是否良好的方法示意图

3. 用万用表电压挡检测

此法是在带电情况下，测量电阻两端电压，然后根据欧姆定律，分析电阻性能好坏。

1.2　电容器

电容器（Capacitor）简称电容，也是一种基本电子元件，它在电路中的文字符号是英文字母 C。两个相互靠近、彼此绝缘的金属电极就能构成一个最简单的电容。两个电极间的绝缘物质称为电容的介质（Capacitor Medium）。电容的基本功能是储存电荷（电能）。它在电子电路中用得十分广泛，如用在交流耦合（AC Coupling）、隔离直流（DC Isolation）、滤波（Filtering）、交流或脉冲旁路（AC Or Pulse）、RC 定时（Timing）及 LC 谐振选频（Resonant Frequency Selective）等电路中。电容器可分为固定电容器和可变电容器，固定电容器是指其容量固定的电容器。

1.2.1　电容器的种类

固定电容器的种类很多，如图 1.9 所示。例如，按其是否有极性，可分为无极性电容器和有极性电容器两大类，它们在电路中的符号稍有差别，在电路中的连接方式也有一定区别。

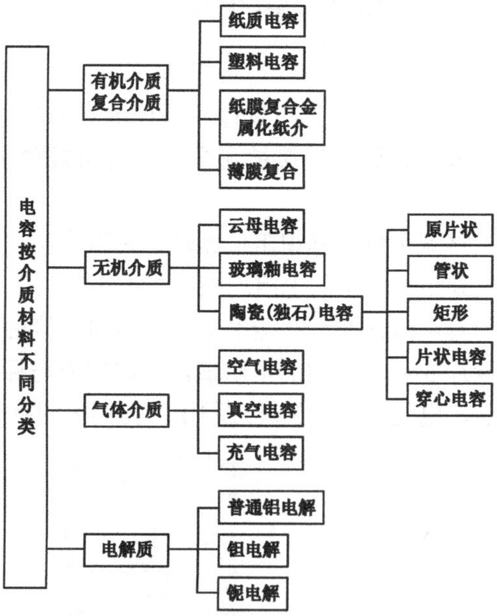

图 1.9　固定电容器的种类

1. 无极性电容器

常见的无极性电容器有纸介电容器（Paper Condenser）、油浸纸介密封电容器（Oil-Immersed Encapsulated Paper Capacitor）、金属化纸介电容器（Metallized Paper Capacitor）、云母电容器（Mica Capacitor）、有机薄膜电容器（Organic Film Capacitor）、玻璃釉电容器（Glass Glaze Capacitor）及陶瓷电容器（Ceramic Capacitor）等。它们的外形及在电路中的符号如图 1.10 所示。无极性电容在电路中使用时不区分正负极，两个引脚可以对调使用。

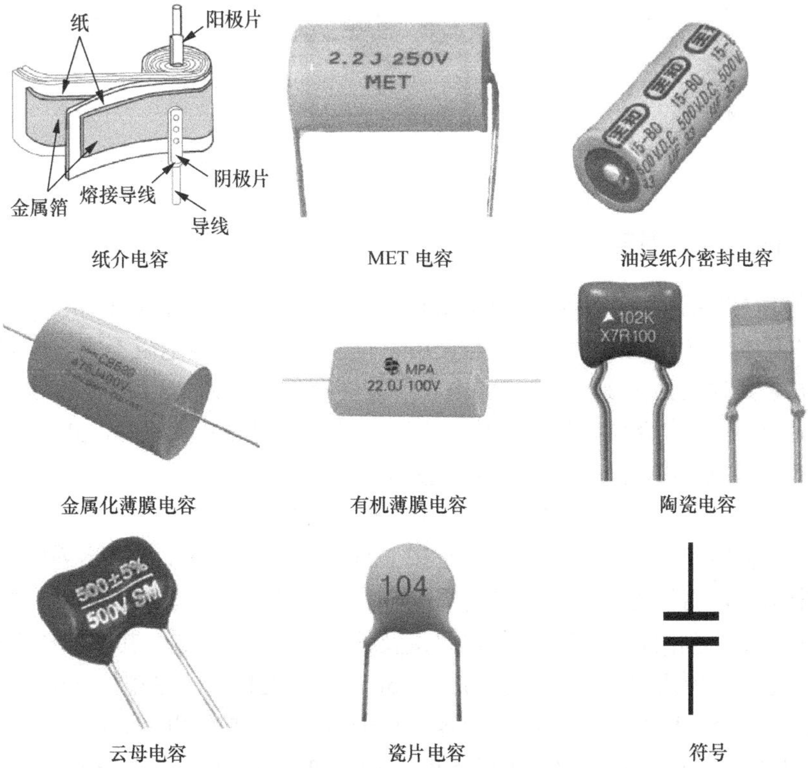

图 1.10 无极性电容器的常见外形和电路代表符号

2. 有极性电容

有极性电容器的内部构造比无极性电容器复杂。有极性电容器按正级材料的不同，可分为铝电解电容器（Aluminium Electrolytic Capacitor）及钽（或铌）电解电容器（Tantalum Or Niobium Electrolytic Capacitor），电容外形、正负极标注及符号如图 1.11 所示。有极性电容器的两条引线，分别引出电容器的正极（Positive Pole）和负极（Negative Pole），因此在电路中不能接错，在电路符号中也有明确的标志。注意在电路连接中一定要保证电解电容的正极接高电位。

1.2.2 电容的主要技术参数

电容的主要参数有标称容量、允许偏差、额定电压、绝缘电阻、漏电流、损耗因数及时间常数等。下面介绍最常用的几个参数。

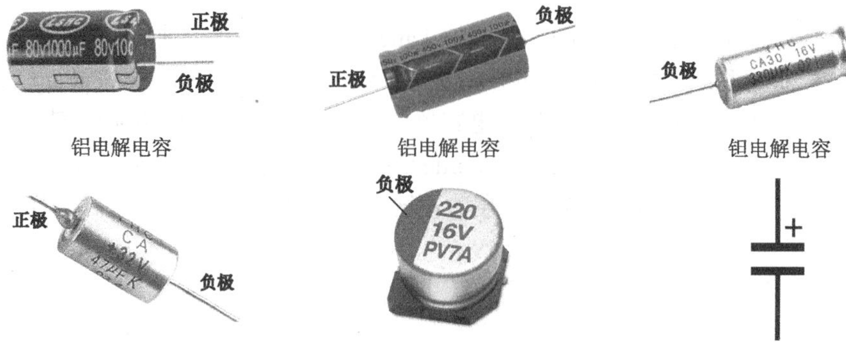

铝电解电容　铝电解电容　钽电解电容

钽电解电容　钽电解电容　符号

图 1.11　有极性电容器的常见外形、正负极标准及符号

1．标称容量及允许偏差

电容器的标称容量简称电容量（Nominal Capacity），电容量及允许偏差（Permissible Deviation）的基本含义同电阻一样，只是使用单位（电容量）与电阻不同。电容量的基本单位为 F（法拉），其含义为在 1V 电压下，电容所能储存的电量为 1C（库仑），其容量即为 1F。但在实际使用中，F 作电容量单位往往显得太大，所以常用 mF（毫法）、μF（微法）、nF（纳法）和 pF（皮法）等小单位、它们之间的关系如下

$$1F=10^3mF=10^6\mu F=10^9nF=10^{12}pF$$

为了简化标称容量规格，电容器大都是按 E24、E12、E6、E3 优选系列生产的。实际上应按系列标准选购，否则可能难以购到所需电容。当然特殊规格电容例外，可专门联系定制或购买。E24～E3 系列固定电容器标称电容量及偏差值参见表 1.7。其中标称容量小于 10pF 的无机盐介质电容，所用允许偏差一般为±0.1pF、±0.25pF、±0.5pF、±1pF 四种。标称容量大于 4.7pF 的电容采用 E24 系列；标称容量小于等于 4.7pF 的电容采用 E12 系列；精密电容和 E3 系列电容的允许偏差通常采用以下值：±0.05%、±0.1%、±0.25%、±0.5%、±1%、±2%（精密型）、−10%～+30%、30%、−10%～+50%、−20%～+50%、−20%～+80%、−20%～+100%。

表 1.7　　E24～E3 系列固定电容器标称容量及允许偏差

系列	允许偏差	标值容量值（单位：PF）												
E24	±5%	1.0	1.1 1.2	1.3 1.5	1.6 1.8	2.0 2.2	2.4 2.7	3.0 3.3	3.6 3.9	4.3 4.7	5.1 5.6	6.2 6.8	7.5 8.2	9.1
E12	10%	1.0	1.2	1.5	1.8	2.2	2.7	3.3	3.9	4.7	5.6	6.8	8.2	
E6	20%	1.0		1.5		2.2		3.3		4.7		6.8		
E3	大于±20%	1.0				2.2				4.7				

2．额定电压

额定电压（Nominal Voltage）通常也称作耐压，是指在允许的温度范围内，电容上可连

续长期施加的最大电压有效值。电容的额定电压通常是指直流工作电压，但也有少数品种标以交流额定电压，这类电容主要专用于交流电路或交流分量大的电路中。如果电容工作于脉动电压下，则交流分量通常不得超过直流电压的百分之几至百分之十几（应随交流分量频率的增高而相应递减），且交、直流分量的总和不得大于额定电压。所以工作在交流分量较大的电路（如整流滤波电路）中的电容，选取额定电压参数应适当放宽余量。

电容的额定电压也有规定的系列值，如表 1.8 所示。选用时应在系列值中选取。

表 1.8　　电容额定电压系列　　（单位：V）

1.6	4	6.3	10	16
25	（32）	40	（50）	63
100	（125）	160	250	（300）
400	（450）	500	630	1000
1600	（2000）	2500	3000	4000
5000	6300	8000	10000	15000
20000	25000	30000	35000	40000
45000	50000	60000	80000	100000

注：带括号者为电解电容的额定电压。

3. 绝缘电阻

电容器中的介质不是绝对的绝缘体，它有一定的阻值。当电容加上直流电工作时，总有漏电流产生。若漏电流太大，电容就会发热损坏，严重的会使外壳炸裂，电解电容器的电解液则会向外溅射。一般电容只要质量良好，其漏电流是极小的。而电解电容因漏电较大，一般用漏电流值表示其绝缘性（与容量成正比）。电容的绝缘电阻（Insulation Resistance）及漏电流是重要的性能参数，电子设备的故障有不少都是因某个电容漏电太大而被击穿造成的，所以不要轻视这个参数。

4. 损耗因数（tanQ）

电容的损耗因数（Dissipation Factor）定义为有功损耗与无功损耗功率之比，即

$$\frac{P}{P_q}=\frac{UI\sin Q}{UI\cos Q}=\tan Q \tag{1.2}$$

式（1.2）中的 P 为有功损耗功率，P_q 为无功损耗功率，U 为施加于电容的交流电压值。这个解释对有些初学者可能难以接受。我们可以从另一个角度来解释：损耗因数是衡量电容损耗的参数之一，而电容损耗大小是代表其品质优劣的重要参数之一。通常，电容在电场作用下，其储存或传递的一部分电能会因介质漏电及极化作用而变为无用有害的热能，这部分发热消耗的能量就是电容的损耗。显然损耗越大，发热也越严重，反之亦然。各类电容都规定了某频率范围内的损耗因数允许值，或者说它们都有各自适应的工作频率范围。在选用脉冲、交流、高频等电路中的某些电容时，损耗因数是一个十分重要的参数。

1.2.3 电容器的标志识别

1. 只标数字不标单位的直接表示法

普通电容器上标有“3”字，表示 3pF；“4700”表示 4700pF；而电解电容器标有“47”，则表示电容量为 47μF。

2. 数码表示法

一般用 3 位数字表示电容器容量大小，其单位为 pF。其中第 1、第 2 位为有效数字，第 3 位表示倍数，即表示有效值后有多少个“0”。例如“103”表示 10×10^3pF；“224”表示 22×10^4pF。

另外，这种方法有一个特殊数字需特别注意，即第 3 位的数字为“9”，表示 10^{-1}，而不是 109。例如，“229”表示 22×10^{-1}pF，即 2.2pF。

3. 色环表示法

采用这种表示法的电容器单位为 pF，它用颜色黑、棕、红、橙、黄、绿、蓝、紫、灰、白，分别表示 0～9 的 10 个数字。通常，第 1、第 2 环表示电容量的有效数字，第 3 环为倍乘数，第 4 环为允许误差，比如标有黄、紫、橙三色的电容器，读数为 47×10^3pF。

4. 误差表示法

误差表示法通常分为两种。

（1）直接标明允许误差的具体范围和单位。例如，“10±0.5pF”表示容量为 10pF，允许误差为±0.5pF。

（2）容许误差用百分数表示，但省略百分号，单位为 MF。例如，“47/5/250”表示容量为 47μF，容许误差为±5%μF，工作电压为 250V。另外还有字母表示法、色点表示法。

1.2.4 万用表对电容器的粗测

所谓粗测，是指对电容器能否储存电荷进行大概的测试，是运用电容器充放电（Charge and Discharge）的原理。通过观察万用表指针偏转角度的大小，来粗略估计电容器的容量。测试时，应根据被测电容器的容量来选择万用表的电阻挡，选择方法详见表 1.9。

表 1.9　　测量电容器时万用表电阻挡的选择

名　称	电容器的容量范围	所选万用表欧姆挡
小容量电容器	5000pF 以下、0.02μF、0.033μF、0.1μF、0.33μF、0.47μF 等	R×10kΩ 挡
中等容量电容器	4.7μF、3.3μF、10μF、33μF、22μF、47μF、100μF 等	R×1kΩ 挡或 R×100Ω 挡
大容量电容器	470μF、1000μF、2200μF、3300μF 等	R×100Ω 挡 R×1kΩ 挡

1.2.5　万用表对电容器μF 值的测量

在测试前，根据被测电容器容量的大小，参考表 1.9 将万用表的量程开关拨至合适的挡位，如图 1.12 所示。由于此时万用表既是电容的充电电源（表内电池），又是电容器充放电的监视器，所以操作起来非常方便。先将黑表笔搭在一脚上，再把红表笔搭在另一只脚上。万用表指针先向右边偏转一定角度，然后很快向左边回到“∞”处，表示对电容器充电完毕。

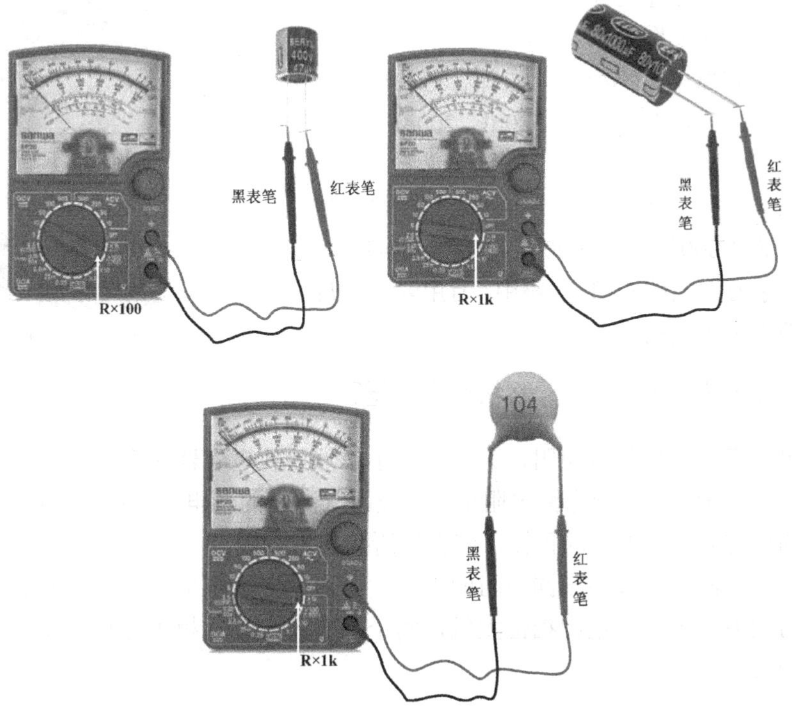

图 1.12　万用表对电容器性能的测试

小容量电容器，由于其容量小，所以充电电流也很小，乃至还未观察到万用表指针的摆动便回复到“∞”处。这时，可将表笔交换一下，再接触引脚时，指针仍向右摆动一下后复原，但这一次向右摆动的幅度应比上一次大。这是因为电容器上已经充电，交换表笔后便改变了充电电源的极性，电容器要先放电后再充电，所以万用表指针偏转角度较前次大。

如果测试的是大容量的电解电容器，在交换表笔进行再次测量之前，需用螺丝丁的金属杆与电解电容器的两个引脚短接一下，放掉前一次测试中被充上的电荷，以避免因放电电流太大而致使万用表指针打弯。

1.2.6　万用表对小电容器性能的测试

对于小电容器的性能的测试可从以下 5 个方面来进行。

（1）测试时万用表指针摆动一下后，很快返回到“∞”处，说明这只电容器性能正常。

（2）万用表指针摆动一下后不回到“∞”处，而是指在某一阻值上，说明这只电容器漏电，这个阻值就是该电容器的漏电电阻的阻值。

（3）接好万用表的表笔，但指针不摆动，仍停留在“∞”处，说明此电容器内部开路。

但容量小于 5000pF 的小容量电容器，则是由于充放电不明显所致，不能视为内部开路。

（4）万用表指针摆动到“0”处不返回，说明该电容器已被击穿，不能用了。

（5）万用表指针摆动到刻度中间位置后停止，交换表笔再测时指针仍指在这一位置，如同是在测试一只电阻器，说明该电容器已经失效，不可再用。

1.2.7　数字万用表对小容量电容器的测试

利用 DT-890 型数字万用表可以直接测出小容量电容器的容值，方法如图 1.13 所示。

根据被测电容器的标称容值，选择合适的电容量程 CAP，如 2μ挡（此表有 2000pF、20nF、200nF、2μF、20μF 5 挡），调整调零旋钮（仅作测试电容用），使初始值（即空载电容值，指没插入电容器之前，显示屏所显示数值）为“000”或“–000”，然后将被测电容器 CX 插入数字万用表的 CAP 插座中，万用表显示屏立即显示出被测电容器的容值。

图 1.13　用数字万用表测量小容量电容器

1.2.8　万用表对电解电容器极性的判断

先任意测一下电容器的漏电阻，记下其大小；然后将电容器两个引脚相碰短路放电后，再交换表笔进行测量，再次读出漏电阻值，比较两次测出的漏电阻值；以电阻大的一次为准，黑表笔所接的引脚为电解电容的正极，红表笔所接的为负极。

如果通过两次测量比较不出漏电阻的大小，可通过多次测量来判断被测电容器的极性。但是，如果万用表的电阻挡量程挡位太低，两个阻值较大且互相接近时，须更换到量程较大的挡位进行测量。

1.3　晶体二极管

随着科学技术的日益发展，电子技术已深入生产和生活的各个方面。各种电子电路、实验、课题都离不开二极管、三极管等基本电子元器件。晶体二极管、三极管统称晶体管，因为它们是由半导体材料制成，所以又称为半导体器件。

1.3.1　晶体二极管结构及其单向导电性

1. 二极管结构

晶体二极管（Crystal Diode）又叫半导体二极管，它是在一块半导体材料中用扩散法或烧结法制成两种类型半导体区——P 型半导体和 N 型半导体，在两种半导体结合面处形成一个 PN 结，如图 1.14（a）所示，这个 PN 结具有单向导电（Unilateral Conduction）能力。P 型半导体区引出一个极称为正极【阳极】（Anode），N 型半导体区引出一个极称为负极【阴极】

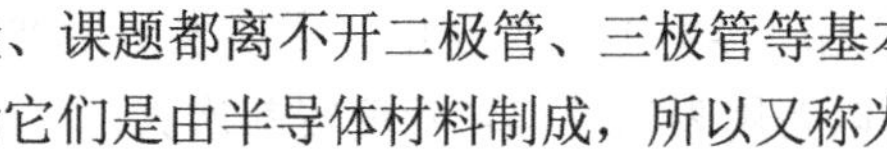

（a）二极管 PN 结构　　（b）二极管符号

图 1.14　半导体二极管结构及符号

（Cathode），其符号如图 1.14（b）所示。

图 1.15 为几种半导体二极管外形。图 1.15（a）是玻璃封装的锗二极管或某些小电流硅二极管（Silicon Diode），图 1.15（b）是螺栓式大功率二极管，图 1.15（c）是几百安以上的平板压接大功率二极管。为了使运行中的二极管温度不要太高，螺栓式二极管还加散热器，平板压接大功率二极管用通入冷水的办法冷却。

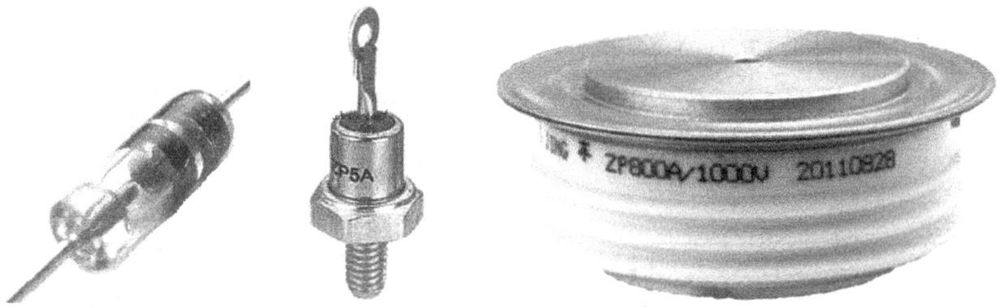

（a）　　（b）　　（c）

图 1.15 几种二极管外形

2. 二极管的单向导电性

半导体二极管具有单向导电性，即电流可以由二极管正极流向负极，而不能从负极流向正极。

当二极管正极电位比负极电位高时，二极管处于正偏，流过二极管的电流较大，此时二极管相当于开关闭合，称为二极管导通。如图 1.16（a）所示，电流可以流通，灯泡亮，二极管的正向压降小，它在电路中相当于一个合上的开关。

当二极管正极电位比负极电位低时，二极管处于反偏，流过二极管的电流几乎为 0，此时二极管相当于开关断开，称为二极管截止。如图 1.16（b）所示，二极管加上了反向电压，电流流不通，灯泡不亮，它在电路中的作用相当于一个打开的开关。

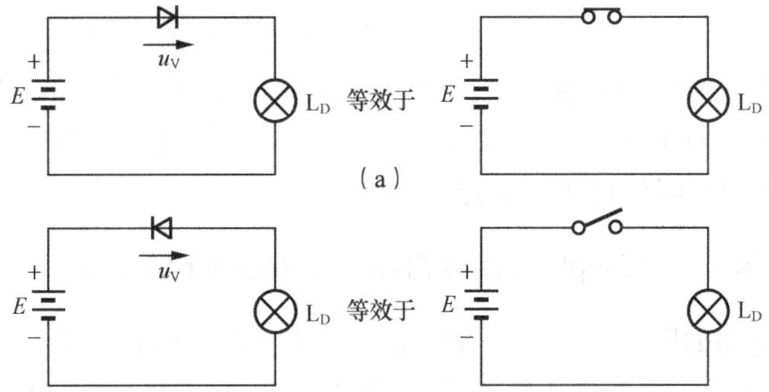

（b）

图 1.16 二极管的单向导电性

二极管根据半导体材料不同，可分为硅二极管（Germanium Diode）和锗二极管（Silicon Diode）。硅二极管通过电流能力强，可通过大电流，但是导通时的正向压降 U_D 也较大，一般为 0.7V 左右，硅二极管大多用于整流电路。锗二极管通过电流能力差，但导通时的正向压降较小，一般在 0.3V 左右。锗二极管一般用在收音机、电视机的检波电路中。

1.3.2　二极管整流电路

利用二极管的单向导电性把交流电变成直流电，此电路称为整流电路。整流电路较多，有的适用于大电流的三相整流电路，有的适用于小电流的单相整流电路等。

1. 单相整流电路

单相整流电路如图 1.17（a）所示，T 为变压器，VD 为整流二极管。

输入信号为正半周时，二极管导通，忽略二极管的导通电压，则

$$U_2=U_{RL}$$

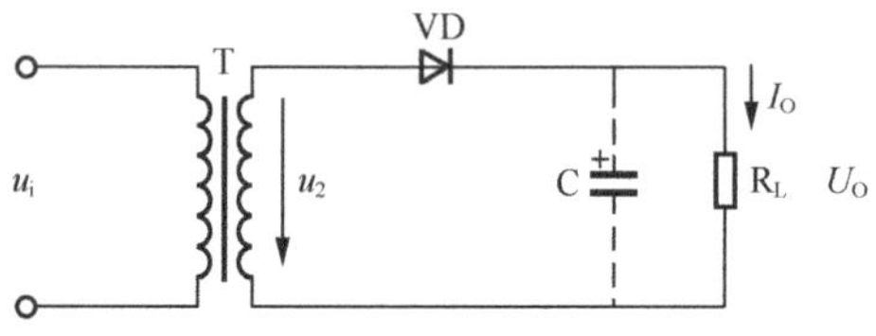

（a）整流电路

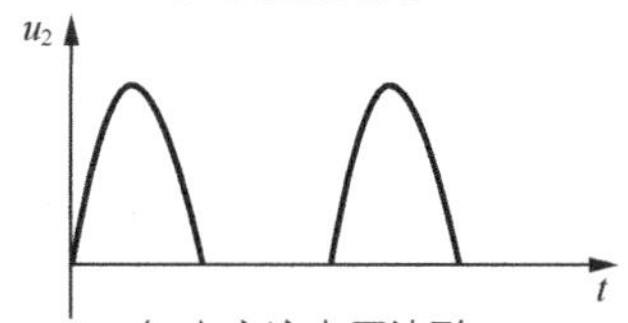

（b）交流电压波形

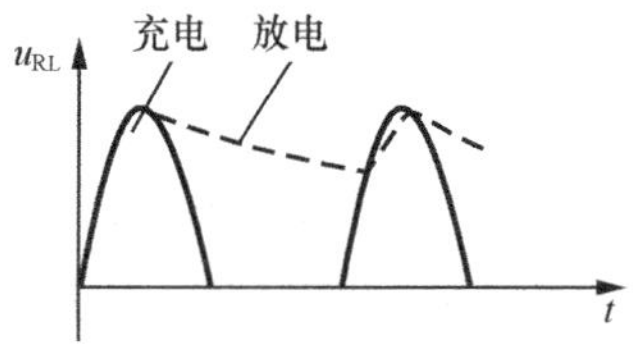

（c）负载上的电压波形

图 1.17　单相整流电路

输入信号为负半周时，二极管截止，RL 上没有电流流过，输出电压为 0。在整个周期内，输出信号波形如图 1.17（c）所示，由图可知负载上的电压是直流脉动电压。输出直流电压信号的波动性比较大，为减小输出信号的波动性，可在图 1.17（a）所示虚线处加一个电解电容器（滤波电容器），构成滤波电路，从而得到较平滑的直流电压信号，滤波后输出电压波形如图 1.17（c）虚线所示。

半波整流的相关参数如下。

（1）半波整流输出电压平均值 $U_O=0.45U_2$，输出电流平均值 $I_O=0.45U_2/R_{f2}$。

（2）流过整流二极管的平均电流等于输出电流平均值。

（3）输入信号负半周时，整流二极管反偏，整流二极管承受的反向电压最大值为$\sqrt{2}\,U_2$。

若为电路增加滤波电容，则输出电压升高，升高的数值与负载电流大小及容量有关。如果按 100mA 负载电流选取 600μF 的电容器，则输出电压的平均值 $U_O\approx1.1U_2$，U_2 为变压器次级电压。增加滤波电容后，流过二极管的电流为脉冲电流，其反偏电压峰值可达到 $2\sqrt{2}\,U_2$。

2. 单相全波整流电路（Single-phase Fll-wave Rectifier Circuit）

单相全波整流电路如图 1.18 所示。输入信号正半周时，VD_1 导通、VD_2 截止，电流流过路径如图 1.18（a）所示；输入信号负半周时，VD_1 截止、VD_2 导通，电流流过路径如图 1.18（b）所示。

由此可见，在整个周期内，两个二极管 VD_1、VD_2 轮流导通，次级绕阻分两部分轮流导通，流过负载的电流方向不变，其波形如图 1.19 所示。以知道，输出电压 U_O 也是一个脉动直流电压。由图 1.19 可知输出直流电压信号的波动性比较大。减小输出信号的波动性，可在图 1.18 所示虚线处加一个电解电容器（滤波电容器），构成滤波电路，滤波后的输出电压波形如图 1.19 中虚线所示。

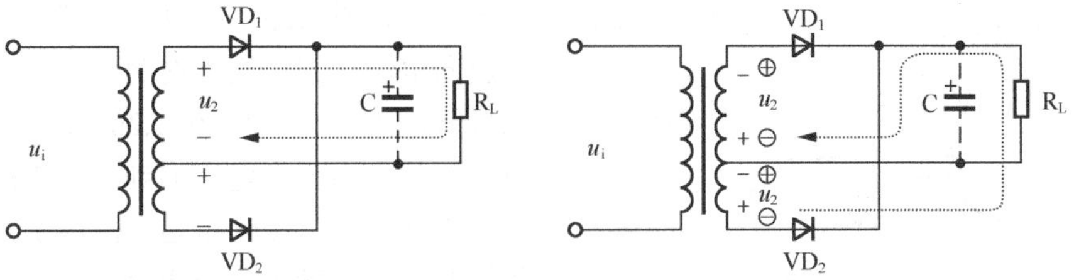

（a）正半周电流流过路径　　（b）负半周电流流过路径

图 1.18　单相全波整流电路

单相全波整流电路的相关参数如下。

（1）全波整流输出电压平均值 U_O=0.9U_2，输出电流平均值 I_O=0.9U_2/R_{f2}。

（2）整流二极管只工作半个周期，故流过整流二极管的平均电流等于输出电流平均值的一半。

（3）整流二极管承受的反向电压最大值为$\sqrt{2}\,U_2$。

若滤波电容选取合适，则输出电压的平均值 $U_O \approx 1.2U_2$。增加滤波电容后，流过二极管的电流为脉冲电流，选择整流二极管时，其最大正向整流电流要大于平均电流。

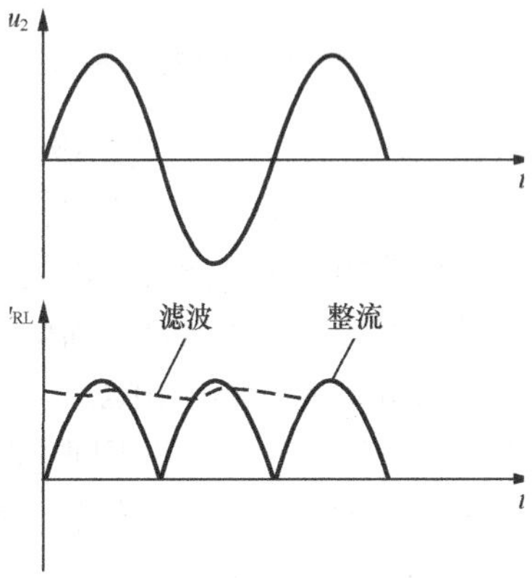

图 1.19　单相全波整流波形

1.3.3　半导体二极管的两个主要参数

1．最大整流电流

二极管最大整流电流（Maximum Rectified Current）称作为额定工作电流，是指二极管长期使用时，允许流过二极管的最大平均电流。使用时不允许超过这个数值，否则二极管很容易被烧坏。

2．最高反向工作电压

二极管最高反向工作电压（Maximu Reverse Operating Voltage）称为额定反向工作电压。当二极管工作于反偏状态时，所加反向电压不能太高，太高了二极管会击穿损坏。二极管反向击穿的电压叫反向击穿电压，最高反向工作电压通常指二极管反向击穿电压的一半。

1.3.4　二极管的简易测试

使用二极管要注意其极性。极性接错了一方面导致电路不能正常工作，另一方面还可能烧坏设备和管子。另外，一个质量差的二极管接到电路中，也会导致电路无法工作。因此，在使用二极管前，一方面要判断二极管的正负极，另一方面要检测二极管的好坏。

1．二极管引脚的极性判断

一般二极管上均有正、负极标志，若没有正、负标志，或标志不清晰，则可用万用表来判断。万用表欧姆挡有电池，电池的正极接黑表笔，负极接红表笔。将万用表切换到合适的

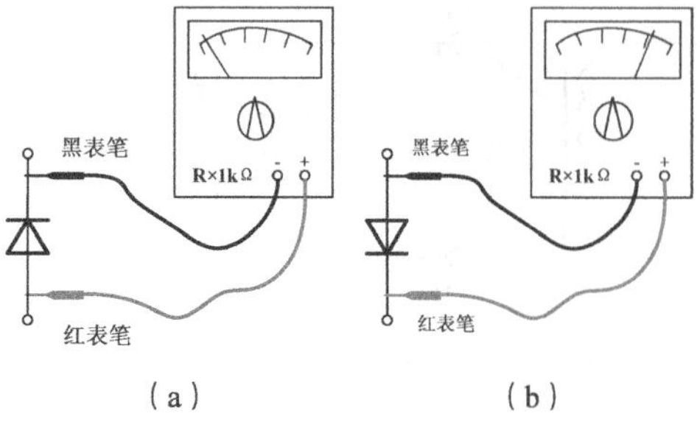

图 1.20　二极管测试方法

欧姆挡，如图 1.20（a）所示，若电表电池是作为反向电压加到二极管的两头，则二极管截止，二极管电阻较大；如图 1.20（b）所示，若电表电池是作为正向电压加到二极管的两头，则二极管导通，二极管导通电阻很小，该万用表测得的是二极管正向导通电阻。测出电阻小的情况，黑表笔是二极管正极，红表笔是二极管负极。

2. 二极管好坏的大概判断

图 1.20（a）测出的是二极管的反向电阻。二极管反偏时，若反向漏电很小，则测出反向电阻大；若反向漏电大，则测出反向电阻小，二极管反向电阻越大越好。图 1.20（b）测出的是二极管的正向导通直流电阻，正向导通电阻越小，二极管性能越好。不同管子的正反向阻值是不同的，一般锗管正向电阻为 100～1000Ω，反向电阻大于 200kΩ，都认为是好的。硅管正向电阻为 14Ω～10kΩ，反向电阻在 500kΩ 以上是好的。同一只二极管用不同型号万用表或同一型号万用表的不同电阻挡量程测出的阻值都是不同的。

例如，2CP 类管子（硅管）用 R×100 挡测出正向电阻为 600Ω，用 R×1k 挡测出正向电阻为 5.5kΩ，都属正常。

1.4　中、小功率三极管

1.4.1　三极管结构及引脚

图 1.21 是三极管（Transistor）的内部结构图。

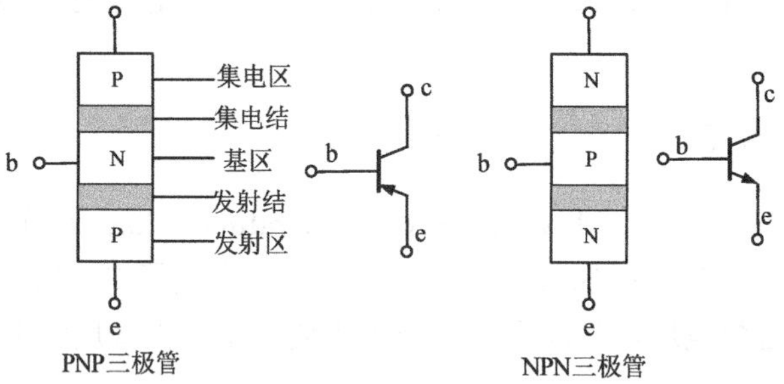

图 1.21　三极管的内部结构

1.4.2　PNP 型与 NPN 型三极管的判别

管型识别（The Type Recognition of Transistor）是指识别一只没有型号标志的管子是 NPN 型还是 PNP 型，是硅管还是锗管，是高频管还是低频管。电极识别是指分辨出晶体管的 e、b、c 极。

PNP 管子的 c、e 极分别为其内部两个 PN 结的正极，b 极为它们共同的负极；NPN 管子的 c、e 极分别为两个 PN 结的负极，b 极为它们共同的正极。

利用万用表判断三极管类型的方法如图 1.22 所示，将万用表置×100 或×1k 挡上，红表笔任意接触三极管的一个电极后，黑表笔依次接触另外两个电极，分别检测它们之间的电阻值。

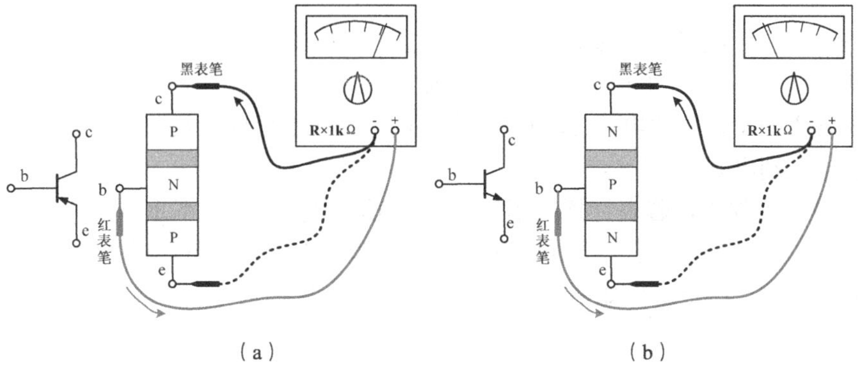

图 1.22 PNP 型和 NPN 型三极管的判别

当红表笔接触某一电极，另外两电极与该电极之间有几百欧的低电阻时，此管为 PNP 型管，红表笔所接电极为 b 极，如图 1.22（A）所示。

但是，当测量值为几十至上百千欧的高电阻时，此管为 NPN 型，此时，红笔接触的电极是 b 极，如图 1.22（b）所示。

如以黑笔为基准，将两只表笔对调后，重复上述检测方法。同时出现低电阻时，此管为 NPN 管，同时出现高电阻时，此管为 PNP 管。两种情况中，黑笔所接的脚为 b 脚。

1.4.3 三极管的电极判别

利用万用表判断三极管电极的方法如下。

（1）利用图 1.22 所示方法判断出三极管的管型和基极 b。

（2）任意假定一个电极为 e 极，另一个电极为 c 极。

（3）将万用表量程置 R×1k 挡上。

（4）对于 PNP 型管，令红表笔接其 c 极，黑表笔接 e 极，再用手同时捏一下管子的 b、c 极，注意不要让电极直接相碰，如图 1.23 所示，在用手捏管子 b、c 极的同时，注意观察万用电表的指针向右摆动的幅度。

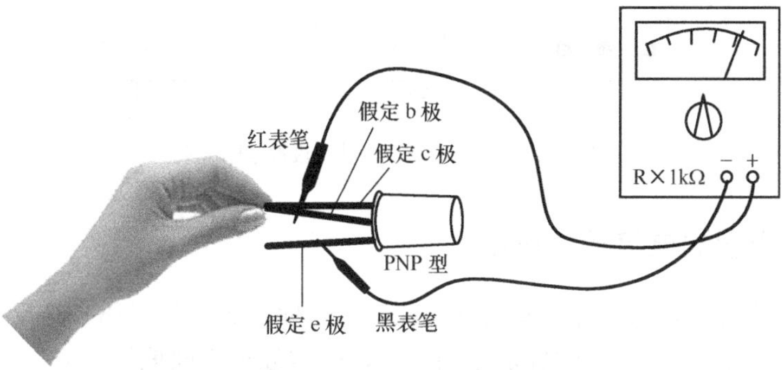

图 1.23 万用表判断三极管的电极

（5）使假设的 e、c 极对调，重复第（4）步。

（6）比较两次检测中表针向右摆动的幅度，若第一次检测时摆动幅度大，则说明对 e、c 极的假设是符合实际情况的；若第二次检测时摆动幅度大，则说明第二次的假定与实际情况相符。

这种判别三极管电极的方法基于三极管的电流放大原理。利用万用电表欧姆挡内部的电池，给三极管的 c、e 极加上电压，使之具有放大能力。用手捏其 b、c 极时，就相当于从三极管的基极输入一个微小的电流，此时表针向右的摆动幅度就间接反映出其放大能力的大小，因而能正确地判别出 e、c 极。

在上述检测过程中，若表针摆动幅度太小，可将手指润湿一下重测（即适当减小 b、c 之间的电阻）。不难推知，用一只 100kΩ 左右的电阻接在管子的 b-c 极间，显然比用手指捏的方法更科学一些，测量原理如图 1.24 所示。积累一定经验后，利用该方法还可以估计管的放大倍数。

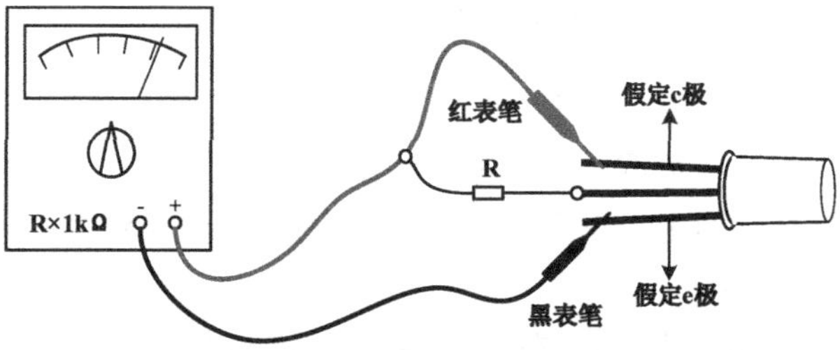

图 1.24　万用表判断三极管的电极

顺便指出，三极管电极 e、b、c 的排列，并不是乱而无序的，而是有比较强的规律性。图 1.25 给出了塑封三极管电极的排列顺序，供测试时参考。另外，还有些甚高频三极管有 4 个电极，其中一个电极与它的金属外壳相连接。根据这一点，利用万用电表的电阻挡，依次检测 4 个电极与其管壳是否相通，便可方便地检测出来。对于大功率三极管，集电极 c 与管壳相通，以便于散热。

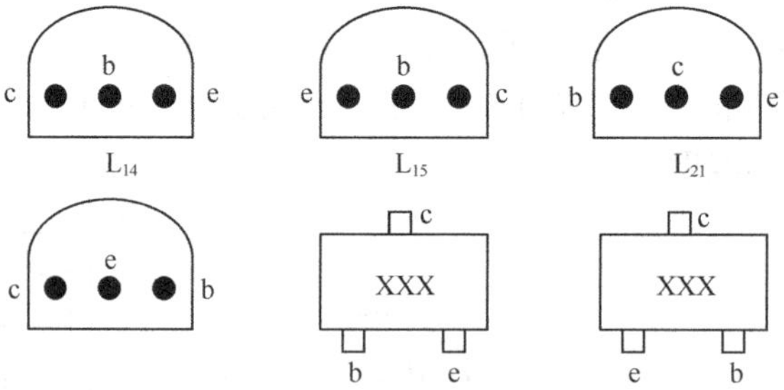

图 1.25　塑封三极管及片状三极管电极顺序

1.4.4　三极管的电流放大作用

三极管处于放大状态的条件是发射结（be）结正偏，集电结（cb）结反偏。图 1.26（a）中的 VT 为 NPN 三极管，其 be 结施加正向电压，be 结处于正向偏置，bc 结施加了反向电压，bc 结处于反向偏置，VT 处于放大状态。同理，图 1.26（b）中的 PNP 三极管也处于放大状态。调节电路中的 RP 电位器可改变基极电流 I_B，这时，发射极和集电极电流随之相应变化。

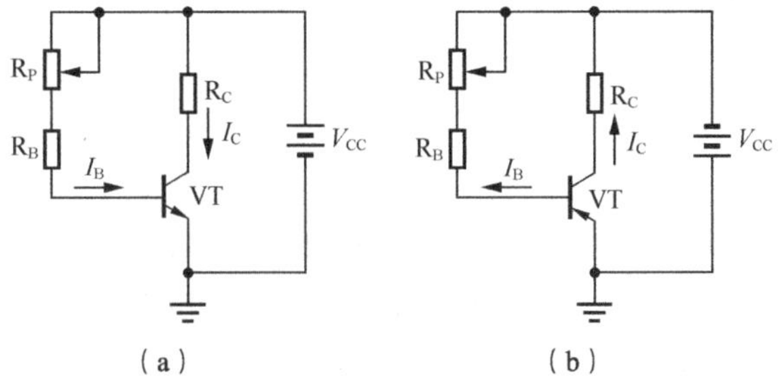

图 1.26　三极管各极所加电压极性

三极管三个电极的电流关系为：

$$I_E=I_B+I_C$$

其中 I_B 很小，I_E、I_C 比较大。

若将 I_B 从 0.05mA 调至 0.15mA，这时，I_C 从 3mA 增至 9mA，I_B 和 I_C 的变化比为

$$\frac{9-3}{0.15-0.05}=60$$

I_C 的变化大于 I_B，两个之比是 60，此电路的电流放大系数为 60。

1.4.5　三极管的在路检测

三极管工作正常时，发射结（b-e 极间）上有正向偏置电压，硅管为 0.6～0.8V，锗管为 0.2～0.3V；集电结（c-b 极间）有反向偏置电压，约 2V 以上。在路检测原理图如图 1.27 所示。

注：图 1.27 中 X 为断路，双向箭头为短路。

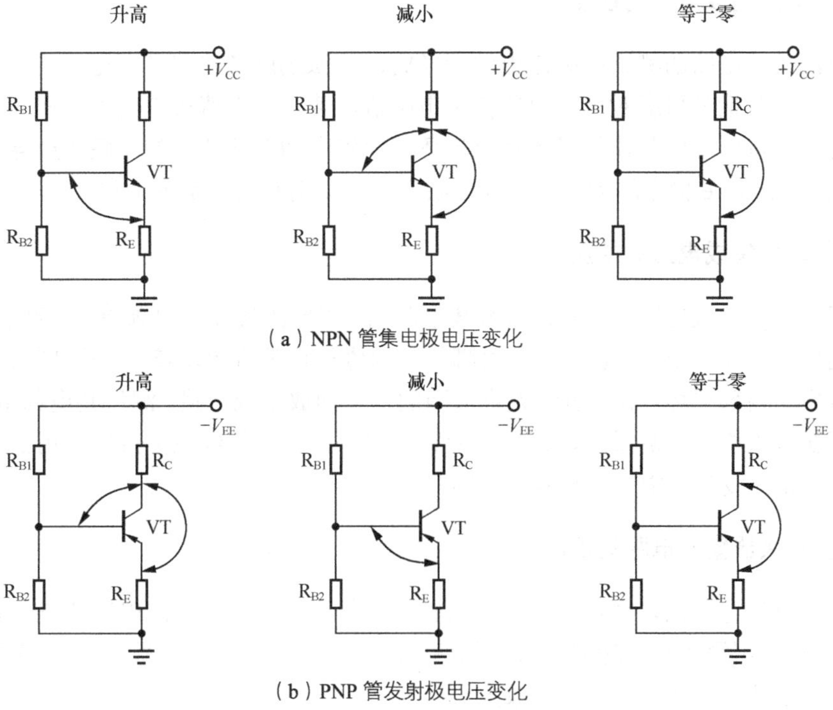

图 1.27　三极管的在路检测

当遇到其中类似情况时，先判断外部有关元器件有无损坏情况。当确认有关元器件无故障时，可断定三极管有问题。

1.5 集成电路

集成电路（Integrated Circuit）是现代电子电路的重要组成部分，它体积小、耗电少、工作特性好。集成电路按其功能不同，可分为线性集成电路和数字集成电路两类。前者用来产生、放大和处理各种模拟电信号。

集成电路常用的外形封装为双列直插式（Dual inLine）、单列直插式（Single inLine）、扁平式（Flat）三种，封装材料为陶瓷（Ceramic）、塑料（Plastic）两种。常用集成电路的检测方法如下。

1．微处理器集成电路的检测

微处理器集成电路的关键测试引脚是 V_{DD}（电源端）、RESET（复位端）、X_{IN}（晶振信号输入端）、X_{OUT}（晶振信号输出端）及其他各线输入、输出端。

在路测量这些关键脚对地的电阻值和电压值，看是否与正常值（可从产品电路图或有关维修资料中查出）相同。

不同型号微处理器的 RESET 复位电压也不相同，有的是低电平复位，即在开机瞬间为低电平，复位后维持高电平；有的是高电平复位，即在开机瞬间为高电平，复为后维持低电平。

2．开关电源集成电路的检测

开关电源集成电路的测试引脚是电源端（V_{CC}）、激励脉冲输出端、电压检测输入端、电流检测输入端。测量各引脚对地的电压值和电阻值，若与正常值相差较大，在其外围元器件正常的情况下，可以确定是该集成电路已损坏。内置大功率开关管的厚膜集成电路，还可通过测量开关管 c、b、e 极之间的正、反向电阻值，来判别开关管是否正常。

3．音频功放集成电路的检测

检查音频功放集成电路时，应先检测其电源端（正电源端和负电源端）、音频输出端及反馈端对地的电压值和电阻值。若测得各引脚的数据值与正常值相差较大，其外围元件也正常，则是该集成电路内部损坏。对于引起无声故障的音频功放集成电路，测量其电源电压正常时，可用信号干扰法来检查。测量时，万用表应置于 R×L 挡，将红表笔接地，用黑表笔点触音频输入端，正常时扬声器中应有较强的“喀咯”声。

4．运算放大器集成电路的检测

用万用表直流电压挡，测量运算放大器输出端与正、负电源端的电压值是否正常（静态时电压值最高）。用镊子点触运算放大器的两个输入端（加入干扰信号），万用表的指针应有比较大的幅度摆动，反之，说明运算放大器已损坏。

5．时基集成电路的检测

时基集成电路是集数模电路于一体的多功能集成电路，内部电路由电阻分压器、电压比较器、与非门逻辑电路、输出电路及放电电路等组成，能产生周期性时钟信号和有一定规律的时序信号，和外围元件可构成定时器、触发器、驱动器、振荡器等，其外形及引脚分布图如图 1.28 所示。

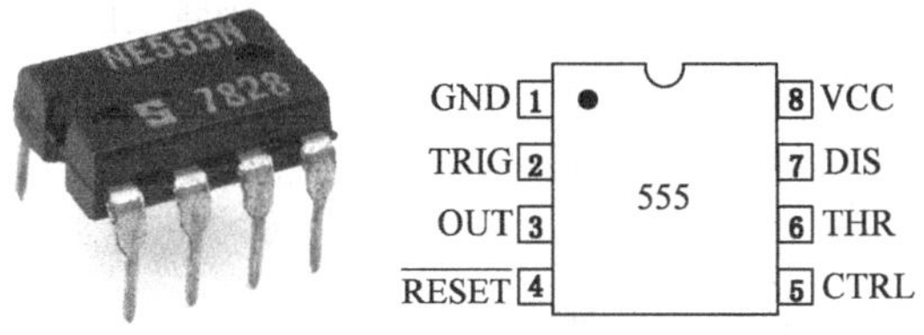

图 1.28　555 芯片外形及引脚分布图

（1）555 时基电路静态功耗的测试

利用万用表测量 555 时基电路静态功耗的电路原理图如图 1.29 所示。静态功耗指电路无负载时的功耗。按厂家测试条件 U_{cc}=15V，用万用表 50V 挡测出 U_{cc} 值，再用万用表的直流 10mA 挡串入电源与 555 的第 8 脚之间，测得静态电流，再用静态电流乘以电源电压，即为静态功耗。通常，静态电流小于 8mA 者合格。

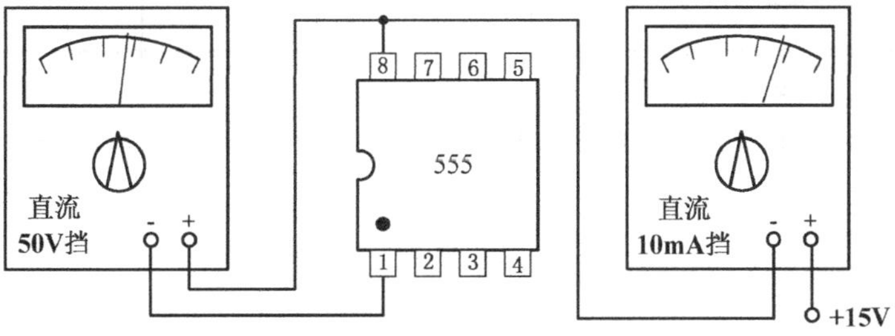

图 1.29　万用表对 555 时基电路静态功耗的测试

（2）555 时基电路输出电平的测试

测试电路如图 1.30 所示。在 555 的输出端接万用表，并将万用表置直流电压 50V 挡。断开开关 S 时，555 的 3 脚输出高电平，万用表测得其值大于 14V；闭合 S 时，555 的 3 脚输出低电平（0）。

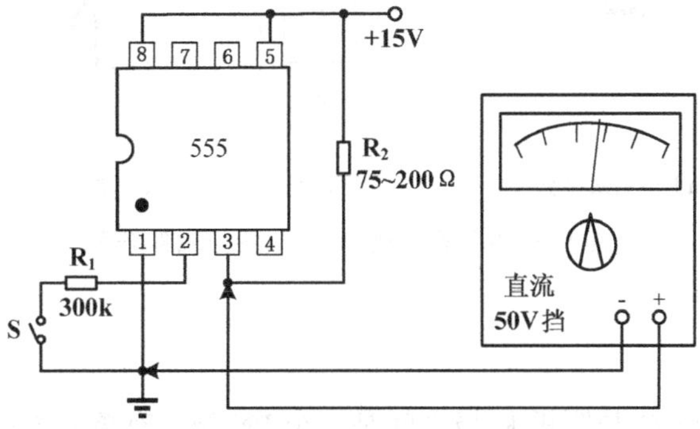

图 1.30　555 时基电路输出电平的测试

（3）555 时基电路输出电流的测试

测试电路如图 1.31 所示。在 555 的 2 脚加一个低于 $U_{cc}/3$（即 1/3×15=5V）的低电位，亦可用 10kΩ～100kΩ 的电阻器将 555 的 2 脚与 1 脚碰一下，这时万用表显示的为输出电流；

然后还用这只电阻，将 6 脚、8 脚碰一下，如万用表显示为 0，则说明 555 时基电路可靠截止。注意：万用表的量程开关置 1000mA 挡。

由于时基电路内含有数/模电路，所以可用图 1.32 所示的测试电路来检测时基电路的好坏。测试电路由阻容元件、发光二极管 LED、6V 直流电源、电源开关 S 和 8 脚 IC 插座组成。将时基集成电路（NE555）插入插座，接通电源开关 S，如被测电路正常，则发光二极管 LED 发出光亮；如 LED 不亮或一直亮，则被测电路性能不佳。

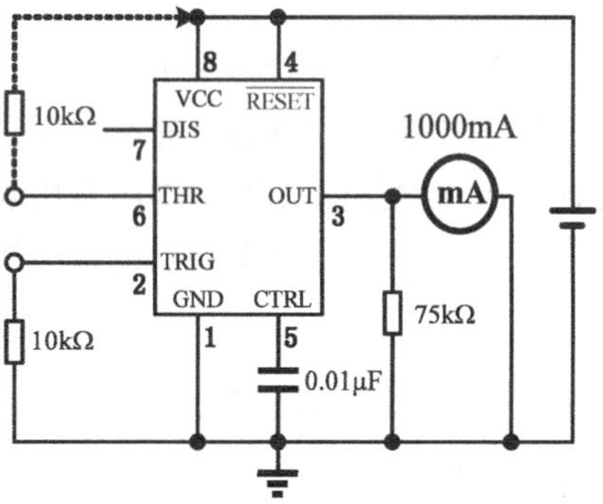

图 1.31　万用表对 555 时基电路输出电流的测试

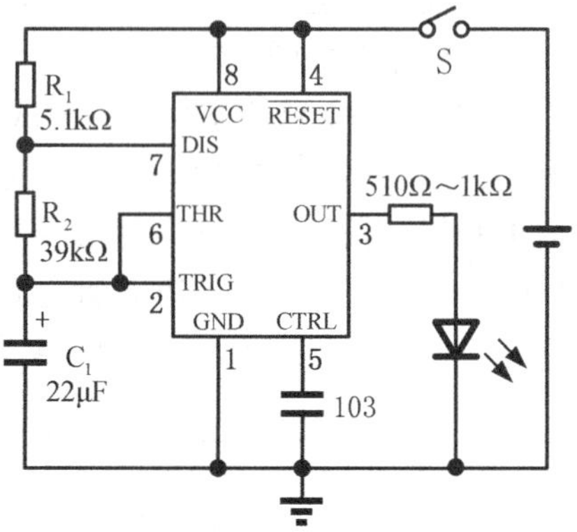

图 1.32　时基集成电路的测试电路

1.6　晶闸管

单向晶闸管（Unidirectional Thyristor）的引脚排列、结构及符号如图 1.33 所示。单向晶闸管的检测方法如下。

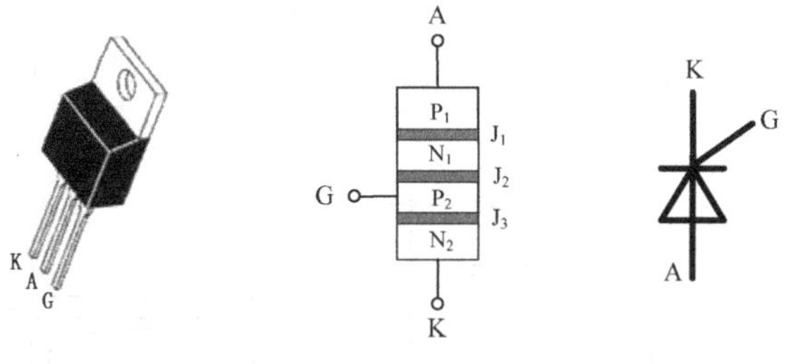

（a）单引脚排列　　（b）结构　　（c）器件符号

图 1.33　晶闸管引脚排列、结构图及器件符号

1．判别各电极

由于门极（控制极）G 与阴极 K 极之间是一个 PN 结，有单向导电的特性，阳极 A 与门极（控制极）G 之间有两个反极性串联的 PN 结。故用万用表 Ω 挡×100 或×1k 挡测量普通晶闸管各引脚之间的电阻值来确定 3 个电极。

用黑表笔接晶闸管的任一脚，红表笔测量另外两脚。如有一次阻值为几千欧姆（kΩ），另一次为几百欧姆（Ω），则可以判定黑笔接的是门极（控制极）G。在阻值为几百欧姆的测量中，红笔接的是阴极 K，在测量值为几千欧姆测量中，红笔接的为阳极 A，如果两次测出的阻值都很大，那么黑笔接的就不是门极（控制极）G，此时，可用同样方法改测其他电极。另外，可以测任意两脚之间的正反向电阻，若正反向电阻均接近无穷大，则两极即为阳极 A 和阴极 K，而另一极为门极（控制极）G。

也可以用引脚的封装形式来判断各电极。图 1.34 为普通晶闸管的引脚排列。

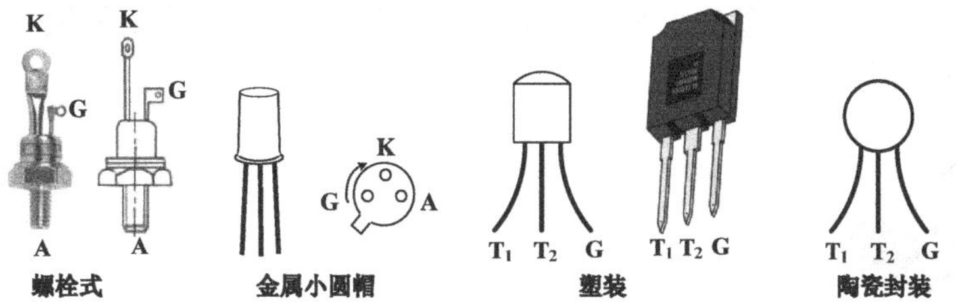

图 1.34 几种普通晶闸管的引脚排列

2. 判断晶闸管的好坏

若晶闸管是好的，则用万用表置 R×1k 挡测量普通晶闸管阳极 A 与阴极 K 之间的正反向电阻，应均为无穷大；如测的晶闸管阳极 A 与阴极 K 之间的正反向电阻为 0 或阻值较小，则晶闸管内部被击穿、短路或漏电，不能使用。

3. 普通晶闸管的测试电路

测试电路如图 1.35 所示。电路中的晶闸管是被测管，L_D 为 6.3V 指示灯（手电筒中的小电珠），E 为 6V 稳压电源，S 为按钮开关，R 为限流电阻。在按钮 S 未接通时，晶闸管处在阻断状态，L_D 指示灯不亮（如灯亮，则晶闸管击穿、漏电、损坏）。为使晶闸管的控制极 G 提供触发电压，按动 S 按钮使其接通一下，若 L_D 指示灯一直亮，则晶闸管的触发能力良好。如指示灯亮度偏低，则性能不良、导通压降大（正常导通压降为约 1V）。如 S 接通，指示灯亮，而 S 断开时，指示灯熄灭，则管子已坏，触发性能不良。

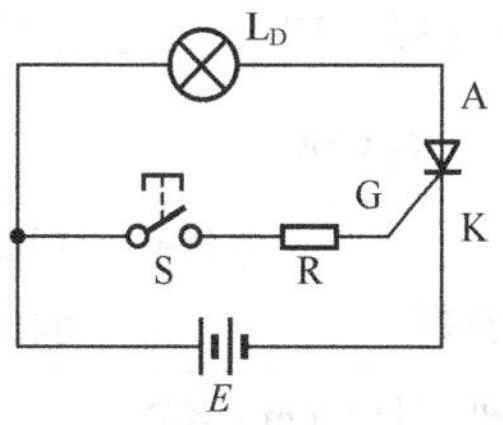

图 1.35 普通晶闸管的测试电路

1.7 贴片元件及贴片工艺

随着电子科学理论的发展和工业技术的改进，电子产品的体积微型化，功能更加强大，性能进一步提高，从而促使电子元器件向由大到小、由轻到薄的方向发展，表面安装技术（Surface Mount Technology，SMT）应运而生。

SMT 是包括表面安装元件（SMC）、表面安装器件（SMD）、表面安装集成电路（SMIC）、表面安装印制电路板（SMB）及点胶、涂膏、表面安装设备、焊接及在线测试等在内的一套完整工艺技术的统称。SMT 发展的重要基础是 SMC、SMD、SMIC。

表面安装元器件（又称贴片元器件）包括电阻器、电容器、电感器及半导体器件等，它具有体积小、重量轻、安装密度高、可靠性好、抗振性好、易于实现自动化等特点。贴片元器件在彩色电视机、VCD、DVD、计算机、手机等电子产品中已大量使用。本节主要介绍贴片元器件及相应的焊接工艺。

1.7.1　贴片电阻器

贴片电阻器（SMD Resistor）是由陶瓷基片、电阻膜、玻璃釉保护层和端头电极四大部分组成的无引线结构元件，基片大都采用陶瓷或玻璃。它具有很高的机械强度和绝缘性能。其外形如图 1.36 所示。

图 1.36　贴片电阻器

贴片电阻的主要参数有尺寸、额定功率、标称阻值及允许误差。

1．尺寸及额定功率

按照日本工业标准（JIS），贴片电阻的尺寸分为 7 个标准，如表 1.10 所示。它的尺寸由 4 个数字组成，有两种表示方法：英制及公制，目前常用的是英制代码。以 0805 为例：08 表示电阻的长度为 0.08in，05 表示电阻的宽度为 0.05in。其对应的公制代码为 2012，即长度为 2.0mm，宽度为 1.2mm。在目前应用中，0603、0805 用得最多，1206 用得较少，0402 用得较多，1206 以上用得极少。

表 1.10　　常用贴片电阻的主要参数

尺寸代码 / 参数	**1005(公)**	**1608(公)**	**2012(公)**	**3216(公)**	**3225(公)**	**5025(公)**	**6332(公)**
	0402(英)	**0603(英)**	**0805(英)**	**1206(英)**	**1210(英)**	**2010(英)**	**2512(英)**
外形长（mm）×宽（mm）	1.0×0.5	1.6×0.8	2.0×1.2	3.2×1.6	3.2×2.5	5.0×2.5	6.3×3.2
额定功率（W）	1/20	1/16	1/10	1/8	1/4	1/2	1
最大工作电压（V）	50	50	150	200	200	200	200

贴片电阻的额定功率与尺寸有关，两者的对应关系如表 1.10 所示。由于 0402 或 0603 小尺寸贴片电阻的功率较小，若流过的电流稍大或阻值较大，应采用 I^2R 来核算，在使用中要求计算出来的 I^2R 值应小于电阻额定功率的一半。

2．标称阻值及允许误差

标称阻值是指电阻器表面标识的阻值，其阻值的大小应符合国标中规定的阻值系列。目前贴片电阻器标称阻值有 E24、E28、E96 三大系列，E48 和 E96 系列如表 1.11 所示。

表 1.11 贴片电阻标称系列

代号	E48	E96	代号	E48	E96	代号	E48	E96	代号	E48	E96
01	100	100	25	178	178	49	316	316	73	562	562
02		102	26		182	50		324	74		576
03	105	105	27	187	187	51	332	332	75	590	590
04		107	28		191	52		340	76		604
05	110	110	29	196	196	53	348	348	77	619	619
06		113	30		200	54		357	78		634
07	115	115	31	205	205	55	365	365	79	649	649
08		118	32		210	56		374	80		665
09	121	121	33	215	215	57	383	383	81	681	681
10		124	34		221	58		392	82		698
11	127	127	35	226	226	59	402	402	83	715	715
12		130	36		232	60		412	84		732
13	133	133	37	237	237	61	422	422	85	750	750
14		137	38		243	62		432	86		768
15	140	140	39	249	249	63	442	442	87	787	787
16		143	40		255	64		453	88		806
17	147	147	41	261	261	65	464	464	89	825	825
18		150	42		267	66		475	90		845
19	154	154	43	274	274	67	487	487	91	866	866
20		158	44		280	68		499	92		887
21	162	162	45	287	287	69	511	511	93	909	909
22		165	46		294	70		523	94		931
23	169	169	47	301	301	71	536	536	95	953	953
24		174	48		309	72		549	96		976

贴片电阻的阻值范围为：一般型 1Ω～10MΩ，低阻型 10～910Ω。标称阻值采用数码法表示。数码法是用 3 位（或 4 位）数码表示电阻的标称值（E24 系列为 3 位数码，E48、E96 系列为 4 位数码）。读数应从左到右，前 2（或 3）位为有效值，第 3（或 4）位是倍率，即表示在前 2（或 3）有效值后所加 0 的个数。例如，1542 表示在 154 的后面加 2 个 0，即 15400Ω=15.4kΩ。

标称阻值往往与其实际阻值有一定偏差，这个偏差与标称阻值的百分比叫作电阻器的误差，误差越小，电阻精度越高。一般贴片电阻允许误差有 4 级：B（±0.1%）、D（±0.5%）、F（±1%）、J（±5%）、K（±10%）、M（±20%），各阻值按 E48、E96 标准分挡；J 为普通电阻，B、D、F 为精密电阻，各阻值按 E24 标准分挡。

1.7.2 贴片电容器

贴片电容器（SMD Capacitor）也称片装电容器，其种类繁多，常用的有片状多层陶瓷电容器（Multilayer Ceramic Chip Capacitor）、片状电解电容器（Electrolytic Chip Capacitor）、片状钽电解电容（Tantalum Electrolytic Chip Capacitor）和片状微调电容器（Vernier Chip

Capacitor）。

1. 片状多层陶瓷电容器

片状多层陶瓷电容器又称独石电容器，其外形如图 1.37 所示。它是片状电容器中用量最大、发展最为迅速的一种。其介质材料分为以下 3 类。

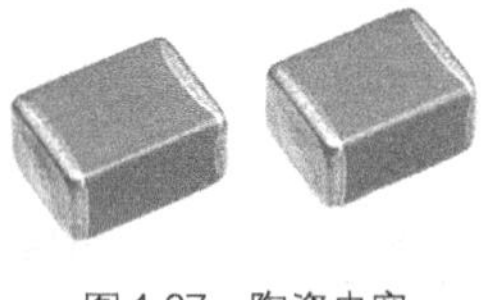

图 1.37 陶瓷电容

（1）NPO。NPO 属于 I 类陶瓷介质，其性能最稳定，基本上不随电压、时间变化，受温度变化影响也很小，是超稳定型、低损耗介质材料，适用于要求较高的高频、特高频及甚高频电路。该类电容器容量小，一般在 2200pF 以下。

（2）X7R。X7R 属于 II 类陶瓷介质，其容量随温度、电压、时间稍有改变，但变化不显著，属于稳定性电容介质材料，适用于隔直、耦合、旁路、滤波等电路，其容量范围为 100pF～2.2μF。

（3）Y5V。Y5V 属于Ⅲ类陶瓷介质，该类材料具有很高的介电常数，适于制作容量较大的电容器，其容量随温度变化改变比较明显，抗恶劣环境能力较差，但成本较低，其容量范围为 1000pF～10μF。

片状多层陶瓷电容器的容量采用 3 位数码法表示：前 2 位为有效数字，第 3 位为“0”的个数，单位是 pF。10pF 以下的电容则用“R”来表示小数点。例如，9R1 表示 9.1pF；100 表示 10pF。

对于容量小于 10pF 的电容，允许误差用 B（±0.1pF）、C（±0.25pF）、D（±0.5pF）表示；容量大于等于 10pF 的电容，允许误差用 F（±1pF）、G（±2pF）、J（±5pF）、K（+10pF）表示。

2. 片状钽电解电容

片状钽电解电容为高性能的电解电容，因其漏电小、等效串联电阻（ESR）小、高频性能优良等特点，广泛用于通信、电子仪器、仪表、汽车电器等电子产品中。片状钽电解电容容量范围为 0.1～470μF，耐压值为 I 级（±5%）、II 级（±10%）、Ⅲ级（±20%）。片状钽电解电容的外形如图 1.38 所示，电容表面标有容量和耐压。除此之外，顶部还有一条深色线条，用于表示电解电容的正极。

图 1.38 片状钽电解电容

1.7.3 贴片电感器

贴片电感器可（SMT Inductor）分为小功率电感器（Small Power）和大功率（High Power）电感器两类。小功率电感器结构有 3 种：线绕型（Wire Wound）、多层型（Mltilayer）和高频型（High Frequency），主要用于视频（Video）及通信（Communication）方面（如选频电路 Frequency Selecting Circuit、振荡电路 Oscillating Circuit）；大功率电感器均为绕线型（Wire Wound），主要用于 DC/AC 变换器（如用作储能元件 Stored Energy Component 或 LC 滤波元件 LC Filter Component）。

1．功率线绕型片状电感器

图 1.39 为小功率线绕型片状电感器，它是用漆包线绕在工字形骨架上，并引出电极做成的具有一定电感量的元件，其焊接部分在骨架的底部。此种电感器的尺寸有两种表示方法：一种是用 4 位数表示，前 2 位表示长度（mm），后 2 位表示宽度（mm）；另一种是用 6 位数表示，前 2 位表示长度（mm），后 2 位表示宽度（mm），最后 2 位表示厚度（mm）。例如，252018 表示该电感器的长度为 2.5mm、宽度为 2.0mm、厚度为 1.8mm。

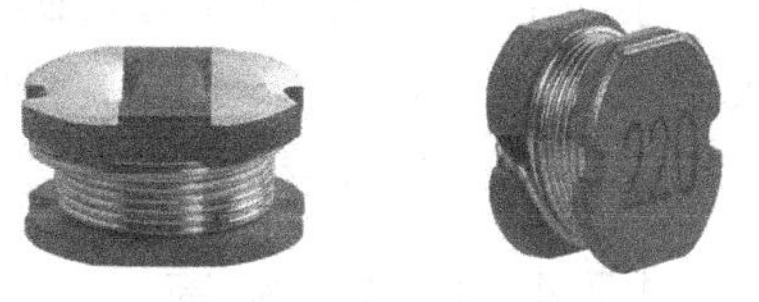

图 1.39 线绕片状电感

线绕型片状电感器的工作频率、电感量及 Q 值取决于骨架材料和线圈匝数。例如，采用空心或铝骨架的电感器是高频电感器，采用铁氧体骨架为中、低频电感器。

线绕型片状电感器的工作频率（Operating Frequency）、电感量（Inductance Value）及 Q 值取决于骨架材料（Tramework Material）和线圈匝数（Turns per Coil）。例如，采用空心（Hollow）或铝骨架（Aluminum Frame）的电感器是高频电感器，采用铁氧体骨架（Ferriteframe）为中、低频电感器。

2．多层片状电感器

多层片状电感器是利用磁性材料（Magnetic Materials）、采用多层生产技术制作的无引线电感器。它采用铁氧体膏浆及导电膏浆交替层叠并采用烧结工艺制备成整体单片结构，其结构及外形如图 1.40 所示。由于此类电感具有封闭的磁回路（Closed Magnetic Circuit），所以具有磁屏蔽（Magnetic Shielding）作用。

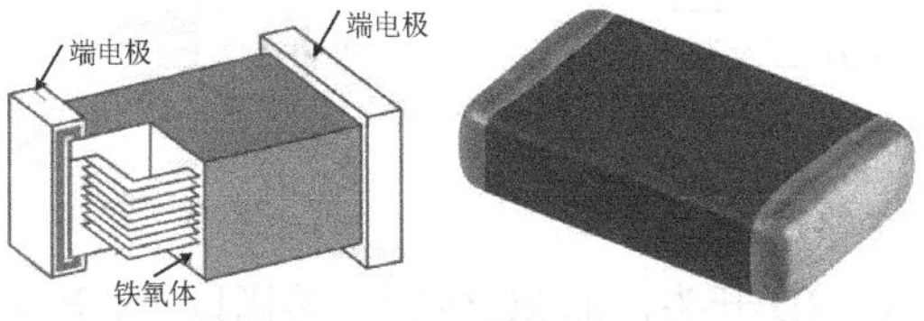

图 1.40 多层片状电感结构及实物

该类电感器的特点有：尺寸可做得极小，最小尺寸为 1mm×0.5mm×0.6mm；具有很高的可靠性；由于良好的磁屏蔽，无感应器之间的交叉耦合（Cross Coupling）可实现高密度装配；尺寸规范，可用 SMT 设备自动贴装；具有极好的可焊性，并能用波峰焊和再流焊进行焊接。

多层片状电感器常用的有 3 种尺寸代码：1608、2012 和 3216（公制）。1608 代码的电感量范围是 0.047～3.3μH；2012 代码的电感量范围是 0.047～47μH；3216 代码的电感量范围是 0.047～68μH。其允许误差有±10%（K 级）和±20%（M 级）。该类电感器适用于音/视频设备及电话、通信设备。

3．高频（微波）片状电感器

高频（微波）片状电感器是在陶瓷基片上采用精密薄膜多层工艺技术制成的，其电感量精度高（±2%、±5%），可应用于无线通信设备中。该类电感器的主要特点是：寄生电容小，自振频率高（例如，8.2nH 的电感器，其自振频率大于 2GHz）；标准尺寸有 1608、2012 和 3216，适合 SMT 设备自动贴装。

4．电感量代码

小功率电感器的电感量代码有 nH 和μH 两种单位，分别用 N、R 表示小数点。例如，4N7 表示 4.7nH，4R7 表示 4.7μH：10N 表示 10nH，而 10μH 则用 100 来表示。大功率电感上有时印有 680k、220k 字样，分别表示 68μH 和 22μH。

1.7.4 贴片二极管

贴片二极管（SMT Diode）分为无引线圆柱形和片状两种。圆柱形二极管及其符号如图 1.41 所示，其外形尺寸有Φ1.5mm×3.5mm 和 2.7mm×5.2mm 两种，类型分为稳压二极管（Voltage Regulator Diode）、开关二极管（Switching Diode）和一些通用二极管（General Diode）。圆柱形二极管可用硅和锗两种材料制作，其引线用色带表示，距引线近的色带表示该引线为二级管接线的负端（Negative Terminal）。圆柱形二极管的功耗（Power Dissipation）为 0.5～1W。

贴片二极管为塑封矩形薄片，其尺寸一般为 3.8mm×1.5mm×1.1mm。常见的有用 SOT-23 和 SOT-143 形式封装的复合二极管，如图 1.42 所示。这些复合二极管可以组成运算放大器的输入保护电路、同步检波电路和全波整流电路。

图 1.41　圆柱形二极管及二极管符号

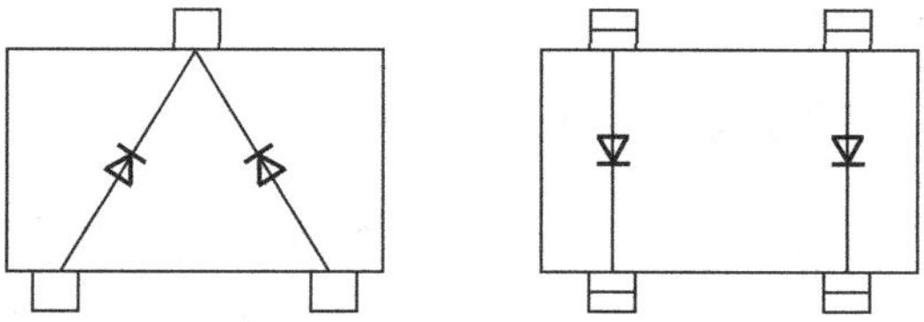

（a）SOT-23 封装　（b）SOT-143 封装

图 1.42　复合二极管

贴片二极管的命名方式有所不同，我国以 2A～2D 开头，如 2CZ85B；美国以 1N 开头，如 1N4001～1N4007；日本则以 1S 开头。

1.7.5 贴片三极管

贴片三极管（SMD Transistor）在电子电路中的应用十分广泛，它的封装形式很多，常见的有 SOT-23、SOT-223、SOT-89、SC-59、SC-62 等，如图 1.43 所示。普通三极管一般采用 SOT-23 封装形式，功耗为 150～300mW，属于小功率管。高速开关管一般采用 SC-62、SC-59 等封装形式。大功率三极管采用 SOT-89 封装形式，其外形与 SC-62 封装形式一样，但尺寸为 4.5mm×2.5mm×1.5mm，且其芯片粘贴在一块较大的铜片上，以增加散热能力，此种三极管的功率为 0.3～2W。

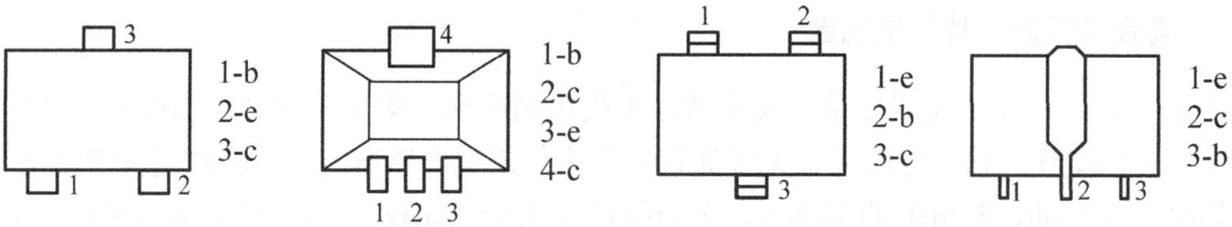

（a）SOT-23 封装　（b）SOT-223 封装　（c）SC-59 封装　（d）SC-62 封装

图 1.43　贴片三极管

我国三极管型号以 3A～3D 开头，美国以 2N 开头，日本以 2S 开头。目前市场上以 2S 开头的型号占多数。

1.7.6 贴片集成电路

贴片集成电路与传统集成电路相比具有引脚间距小、集成度高的优点，广泛用于家电及通信产品中。

贴片集成电路的封装有两种形式：小型封装和矩形封装。小型封装包括 SOP 和 SOJ 封装。SOP 封装电路的引脚为“L”形，其特点是引线容易焊接，生产过程中检测方便，但占用印制电路板面积大。SOJ 封装电路的引脚为“J”形，其特点是占用印制电路板面积小，因此引用较为广泛。以上两种封装电路的引脚采用两边出脚的方式，引脚间距主要有 1.27mm、1.0mm 和 0.76mm 3 种。

矩形封装包括 QFP 封装和 PLCC 封装两种。QEP 封装采用四边出脚的“L”形引脚，引脚间距有 0.254mm、0.3mm、0.4mm、0.5mm 4 种。PLCC 封装采用四边出脚的“J”形引脚，它与 SOP、QFP 相比更节省印制板的面积，但这种电路焊接到印制电路板上后检测焊点较为困难，维修拆焊更为困难。

除以上两种外，还有 COB 封装、BGA 封装。COB 封装就是通常称的“软”封装、“黑胶”封装，它是将 IC 芯片直接贴在印制板上，用引脚来实现与印制板相连，最后用黑胶包封。这类电路成本低，主要用于电子表、游戏机、计算机等电子产品中。

BGA 封装是将 QFP 或 PLCC 封装的“L”形或“J”形引脚改变为球形引脚，而且球形引脚置于电路底面，不再从四边引出，引脚间距有 3 种：1.0mm、1.27mm 和 1.5mm。

1.8 微型继电器

1.8.1 微型继电器的作用与分类

微型继电器（Mini Relay）是自动控制电路中常用的一种元件，实际上它是用较小电流来控制较大电流的一种开关。在电路中起着自动调节、自动操作、安全保护等作用。

微型继电器的种类很多，常用的有电磁式和干簧式两种。微型电磁式继电器因其成本较低，广泛应用于电子产品中。

微型继电器中的固体继电器（SSR）由集成电路和分立元件构成，因其体积小、无接点、可靠性好等优点，广泛应用于计算机与外设接口装置和防尘、防静音、无火花等场所中。

1.8.2 继电器的主要电气参数

继电器的主要电气参数包括额定工作电压、线圈电阻、接点负荷等。

1. 额定工作电压

额定工作电压（Rated Working Voltage）是指继电器正常工作时，线圈所需的电压值，有交、直流之分。如 JR-19F 型的线圈电压为直流。同一型号继电器有多种工作电压和工作电流，要注意区分。如同一型号为“JZ-21 F/006-1Z”和“JZC-21F/048-1Z”的继电器，其中“006”和“048”分别表示额定工作电压为 6V 和 48V。

2. 线圈电阻

线圈电阻（The Resistance of Coil）是指继电器中线圈的直流电阻值。微型电磁式继电器线圈电阻一般为几十至几百欧姆。

3. 接点负荷

接点负荷（The Junction Load）指继电器接点的负载能力。如 JZC-23F 型的继电器的接点负载是“10A/120V（AC）”，它表示该继电器接点负荷的额定工作电流值为 10A，额定工作交流电压值为 120V，正常工作时不得超过此值，否则会影响，甚至损坏接点。

其他参数，如继电器接点的吸合、释放时间等，详见产品说明书。

1.9 电声器件

电声器件是指能将音频电信号转换成声音信号或者能将声音信号转换成音频电信号的器件。常用的电声器件有扬声器、传声器、拾音器、耳机等。表 1.12 列举了部分电声器件型号。

表 1.12　电声器件型号命名举例

型号组成部分					示例
主称	分类	特性	间隔号	序号	
Y	D	100		1	YD100-1
Y	D	T610		4	YDT610-4
Y	D	T6106		1	YDT1016-1
C	D	Ⅱ	-	1	CDⅡ-1
Y	-	HG5		1	YHG5-1
C		Ⅱ	-	3	CRⅡ-3
C	Z	Ⅲ		1	CZⅢ-1
E	D	L		3	EDL-3
E	C	S		1	ECS-1
O	T	-		1	OT-1

1.9.1 扬声器

扬声器（Speaker）是把音频电信号转变成声能的器件。按电声换能方式不同，分为电动式、电磁式、气动式等。按结构不同分为号筒式、纸盆式、球顶式等。

扬声器结构如图 1.44（a）所示，它有外磁式和内磁式之分。扬声器在电路中的表示符号如图 1.44（b）所示，其文字符号用 BL 表示，扬声器实物如图 1.44（c）所示。

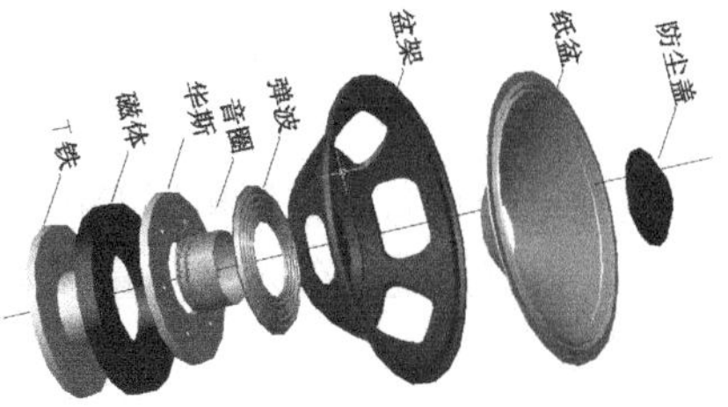

（a）扬声器结构

（b）表示符号

（c）扬声器实物

图 1.44　扬声器结构、符号和实物

1.9.2　选用电声元件的注意事项

（1）电声元件应该远离热源，这是因为电动式电声元件内大多有磁性材料，如果长期受热，磁铁就会退磁，动圈与音膜的连接就会损坏；压电陶瓷式、驻极体式电声元件会因为受热而改变性能。

（2）电声元件的振动膜是发声、传声的核心部件，但共振腔是它产生音频谐振的条件之一。假如共振腔对振动膜起阻尼作用，就会极大降低振动膜的电—声转换灵敏度。例如，扬声器应该安装在木箱或机壳内才能扩展音量、改善音质；外壳还可以保护电声元件的结构部件。

（3）电声元件应该避免潮湿的环境，纸盆式扬声器的纸盆会受潮变形，电容式传声器会因为潮湿降低电容的品质。

（4）应该避免电声元件的撞击和振动，防止磁体失去磁性、结构变形而损坏。

（5）扬声器的长期输入功率不得超过其额定功率。

1.9.3　用万用表判断扬声器的好坏

用万用表判断扬声器的方法如图 1.45 所示。把扬声器口朝下平放在桌（或椅）面上，并将扬声器的两个接线端子对准自己。将万用表的量程开关拨至 R×1Ω 挡，将两支表笔分别碰触接线柱。正常的扬声器能发出“咯啦、咯啦”的声响，播音越响亮，说明扬声器的灵敏度越高；如果发声很小，且万用表指针幅度也小，则说明被测扬声器性能很差，很可能是音圈有局部短路。若扬声器无声，且万用表指针也不摆动，则很可能是由于引出线霉断，或是音圈烧断所致；若扬声器无声，但万用表指针确有摆动，则表明音圈引出线是好的，但音圈被卡住了。万用表两只表笔与扬声器两接线柱紧紧接触时，扬声器应不发声，若此时被测扬声器仍有“咯啦”声响出来，则说明扬声器的音圈引出线有接触不良的现象。

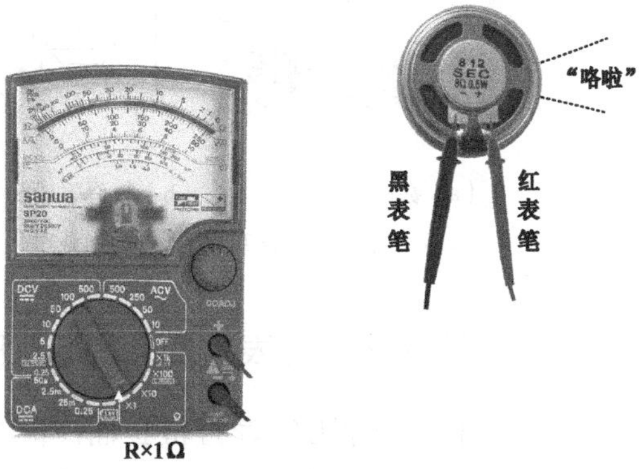

图 1.45　用万用表测试扬声器的好坏

1.10 显示器件

显示器件（Display Device）常用于仪器仪表、电工电子设备、家用电器等产品中，常用作信号、数字显示中，显示器件种类繁多，各具特色，根据用途、领域及电量参数的不同，显示的方式也不同。

1.10.1 用数字万用表检测 LED 数码管

LED 数码管是半导体数码管的简称，其主要构成元件是发光二极管，它是一种数字显示器件，能与 CMOS、TTL 等集成电路相连接，其显示原理是将发光二极管排列成数字（或图形）形状，如常见的 LED 显示器由 A、B、C、D、E、F、G 七段 LED 发光二极管组成数字笔画，另用 H（或 DP）表示小数点，构成一个数码管。图 1.46（a）为常见的 LED 七段数码管，图 1.46（b）为七段数码管引脚图，其中 a～g 是 7 个笔段电极，h 为小数点，第 3 脚和第 8 脚在内部互相连接作为公共级。另有一种字高为 7.6mm 的超小型 LED 数码管，引脚从左右两排引出，小数点则是独立的。

从结构上看，LED 数码管有共阳性（共正极）和共阴性（共负极）两种接法。图 1.47（a）为数码管的共阳极结构，对于共阳型数码管，所有发光二极管的正极连通后作为公共正极，使用时应将公共正极接电源正极；图 1.47（b）为数码管的共阴极结构，对于共阴型数码管，所有发光二极管的负极连通后作为公共负极，使用时应将公共负极接电源负极。

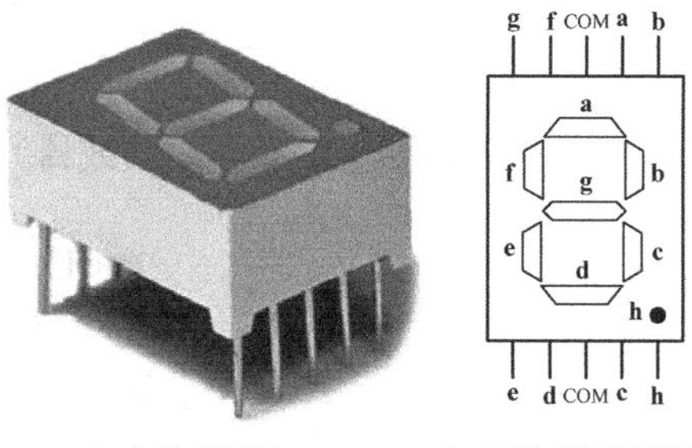

（a）数码管外　（b）数码管管脚分布

图 1.46　LED 数码管外形及引脚分布

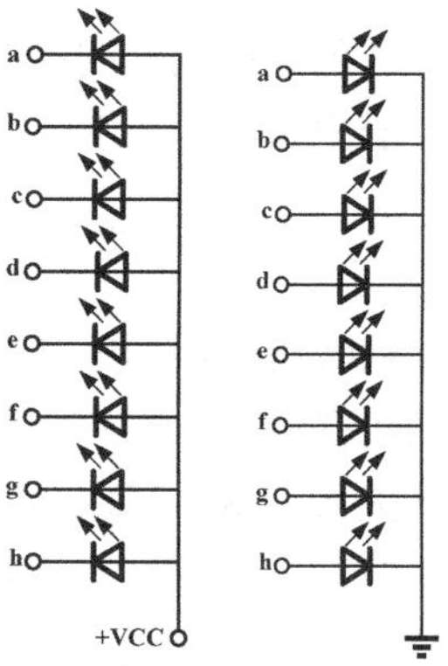

（a）共阳　（b）共阴

图 1.47　LED 数码管引脚的结构

1.10.2 用数字万用表检测共阴极 LED 数码管

图 1.48 为利用数字万能表的 hFE 插口检查 LED 数码管的方法示意图。将数字万用表的选择开关拨到 NPN 挡，这时其 C 孔带正电，E 孔带负电。例如，检查共阴性 LED 数码管，从数字万用表的 E 孔插进一根单股导线，与 LED 数码管的负极相接（第 3 脚与第 8 脚在内部连通，任选一个为负）；再从 C 孔引出一根导线，依次接触 LED 数码管的各笔画引脚，便可分别显示出对应的数码笔段。如图 1.48 所示，将 C、DP、e、b、a 脚短接后，再与 C 孔的引出线接通，则能显示“2”字；把 a～b 全部接正电源，就可显示出全部笔画，构成一个数

字“8”。若是发光暗淡，则说明LED数码管已经老化，发光效率低；如果显示笔划残缺不齐，则说明器件局部笔画损坏。

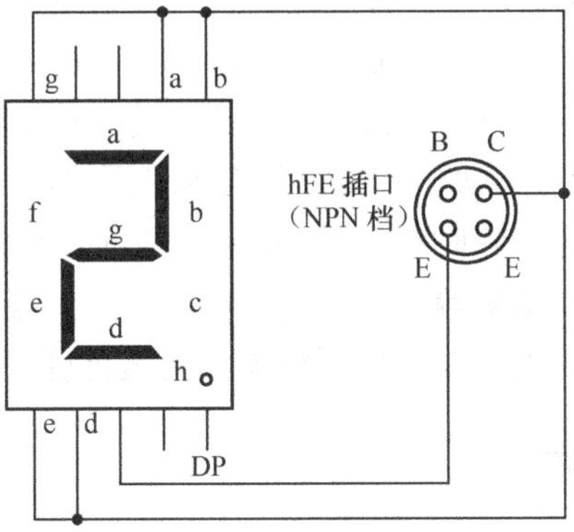

图1.48 用数字万用表检测共阴极LED数码管

值得一提的是，不允许用电池直接检查LED数码管的发光情况，这是因为在没有限流措施下，流过LED中发光二极管的电流很大，极易造成LED数码管损坏。

1.10.3 用万用表对发光二极管的检测

1. 正、负极的判别

将发光二极管放在一个光源下，观察两个内部金属片的大小，通常金属片大的一端为负极，金属片小的一端为正极，如图1.49所示。

图1.49 发光二级管正负引脚

2. 性能好坏的判断

将万用表置于R×10k挡，测量发光二极管的正、反向电阻值。正常时，正向电阻值10～20kΩ、反向电阻值为250kΩ～∞（无穷大）的发光二极管的灵敏度较高。同时，在测量发光二极管的正向电阻值时，管内还会发出微光。

1.11 三端电源稳压器

任何电子设备都需要一个或几个输出电压恒定的直流电源（DC Power）。通常的做法是将市电经变压器、整流、滤波、稳压后为电路提供恒定的直流电压。

在集成稳压器系列中，三端集成稳压器是应用最广泛的一个系列。

1.11.1 种类和命名方法

常见的三端集成稳压器按性能和用途可分为以下3类。

1. 三端固定正输出稳压器

所谓三端，是指电压输入端、电压输出端和公共接地端。正输出是指输出正电压。国内外各生产厂家均将此系列稳压集成电路命名为 78××系列，如 7806、7812 等，78××表示正三端稳压器，79××表示负三端稳压器。其中 78 后面的数字代表该稳压集成电路输出端与公共端之间的电压，单位为 V。例如，7806 即表示稳压输出为+6V（相对于公共接地端）；7812 表示稳压输出为+12V 等。有时在型号 78××前面和后面有一个或几个英文字母，如 W78××、AN78××、L78××CV 等。前面的字母称为“前缀”，一般是各生产厂家的代号；后面的字母称为“后缀”，用以表示输出电压容差和封装外壳的类型等。

2. 三端可调正输出稳压器

此处的三端是指电压输入端、电压输出端和电压调整端。在电压调整端外接电位器后，可对输出电压进行调节，其主要特点是使用灵活。

3. 三端可调负输出稳压器

其输出为可调的负电压。三端可调输出稳压器品种繁多，如国标通用的正输出 LM117 系列（LM217、LM317）、LM123 系列、Lm140 系列、LM138 系列及 LM150 系列等；与之对应的负输出也各有一个系列。这类稳压器的命名方法无明显规律，封装也各异。

常见三端稳压器的封装如图 1.50 所示。

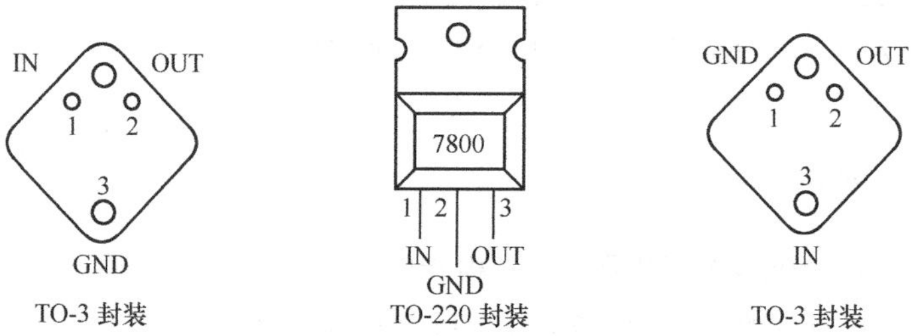

图 1.50　三端稳压器的引脚排列

1.11.2　78/79 系列三端稳压器

78 系列三端集成稳压器是常用的固定式三端稳压器（Three Terminal Positive Voltage Regulator），属于正电压型。如图 1.51 所示，其 3 个引脚分别是电压输入端（Voltage Input）、接地端（GND）和电压输出端（Voltage Output），79 系列三端稳压器为负电压型。

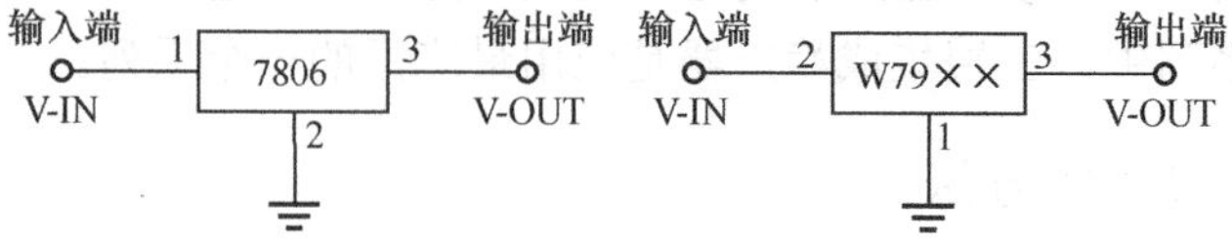

图 1.51　三端集成稳压器的电路图形符号

注意： 不同型号三端稳压器的引脚分布不同，使用时应查询该稳压器的 Datasheet（数据手册）。

1. 78系列三端集成稳压器

78系列三端集成稳压器的内部结构如图1.52所示，由启动电路（Starting Circuit;)、基准电压（Reference Circuit)、恒流源（Constant Current Source)、误差放大器（Error Amplifier)、保护电路（Protection Circuits)、调整管（Regulating Transistor）等组成。

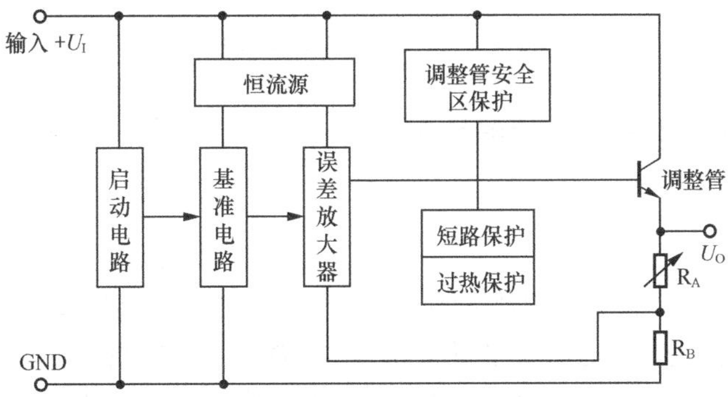

图1.52 78系列内部电路框图

三端稳压器的应用电路如图1.53所示，其中T为变压器，VD_1～VD_4为全波整流二极管，C_i为滤波电容，78XX为三端稳压器。

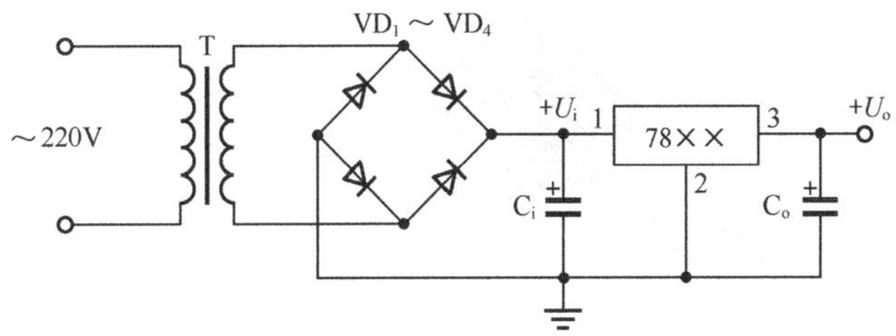

图1.53 78系列三端稳压器的应用电路

2. 79系列三端集成稳压器

79系列三端集成稳压器内部结构如图1.54所示，由启动电路、基准电路、误差放大器、恒流源、保护电路和调整管等组成，其应用电路如图1.55所示。

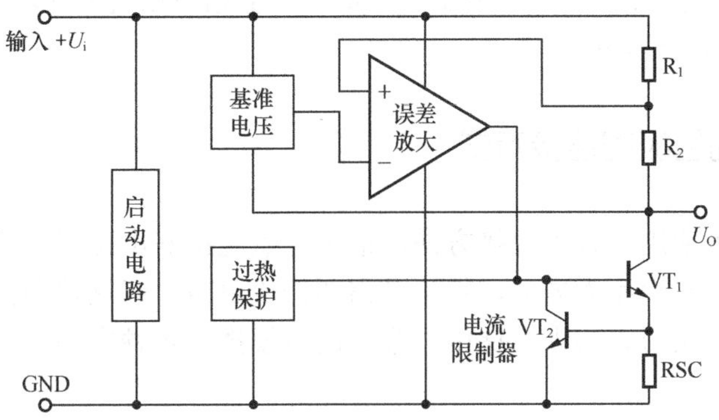

图1.54 79系列三端稳压器内电路框图

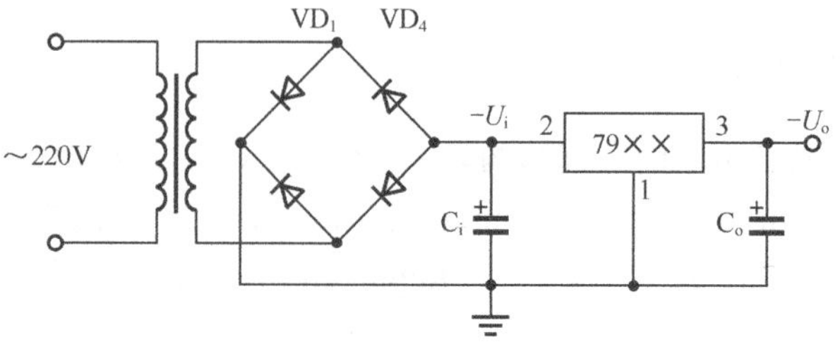

图 1.55　79 系列三端稳压器的应用电路

1.11.3　引脚识别与主要性能检测

1．引脚识别

三端稳压器的封装有金属和塑料两种，外形像一只大功率晶体管，引脚的排列如图 1.56 所示。不同系列的稳压器，其引脚的作用不同。常用的 L78××系列稳压器，L 为输入端（I），2 为公共端（COM），3 为输出端（O）。L79××系列则是 1 为输入端，2 为公共端，3 为输出端；常见的可调三端稳压器 LM317T，外形如 W78××，其 1 为可调端，2 为输入端，3 为输出端。三端输出电压值由 1 端电压变化调节。

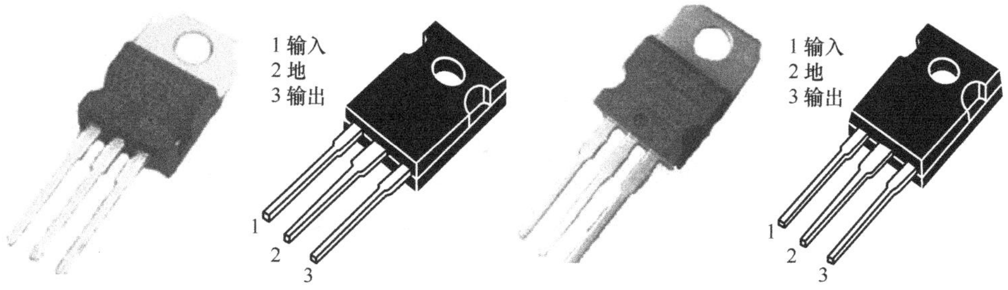

图 1.56　L78××、L79××引脚排列示意图

2．好坏鉴别

对于 78××和 79××系列三端稳压器，鉴别其好坏可使用万用表的 R×100 挡，分别检测其输入端与输出端的正、反向电阻值。正常时，阻值相差在数千欧以上；若阻值相差很小或近似为 0，则说明其已损坏。

1.12　面包板及面包板的插接方式

在电子工程技术应用中采用焊接方法的最大优点是接好电路可以长期使用，但是，用焊接方法完成实验就显得不太方便，特别是需要修改电路时问题特别突出。因此在研制电子电路或电子实践（实习、实训）课中；常用面包板搭接各种电路，测试各种数据，实现各种功能。

常用面包板（Breadboard）有两种结构，如图 1.57、图 1.58 所示。

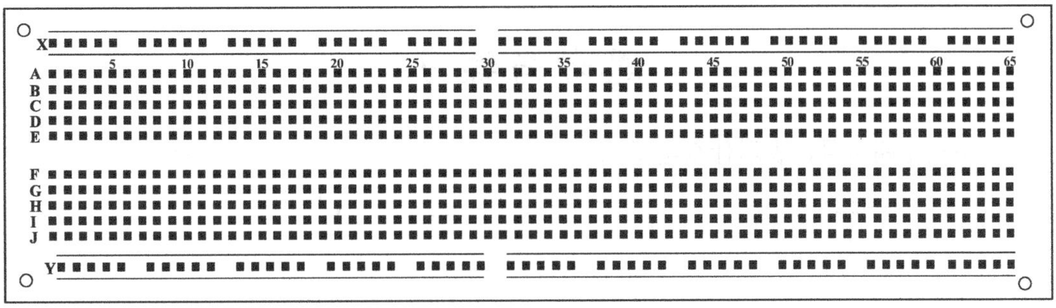

图 1.57 上下两侧各有一条插孔的面包板结构

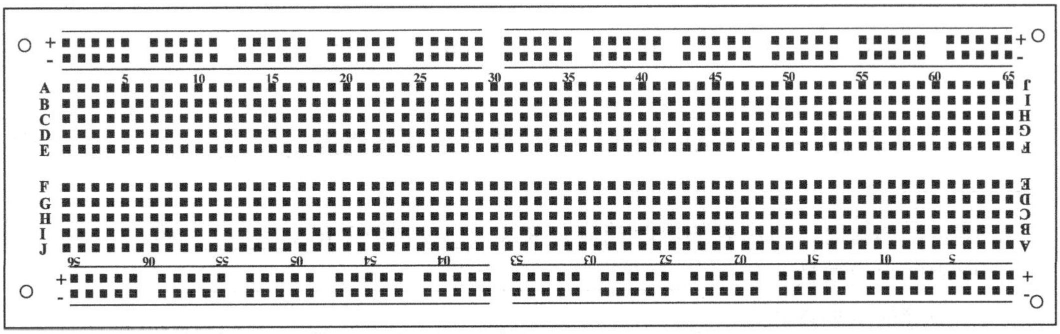

图 1.58 上下两侧各有两条插孔的面包板结构

图 1.57 所示的面包板上小孔孔芯的距离与集成电路引脚的间距相等。板中间槽的两边各有 65×5 个插孔，每 5 个一组，A、B、C、D、E 是相通的，两边各有 65 组插孔。双列直插式集成电路的引脚分别可插在两边，如图 1.59 所示。每个引脚相当于接 4 个插孔，它们可以作为与其他元器件连接的输出端，接线方便。面包板最外边各有一条 11×5 的插孔，共 55 个插孔，每 5 个一组是相通的，由于各个厂家生产的产品并无统一标准，各组之间是否完全一致，要用万用表测量之后方能使用。两边的这两条插孔一般可用作公共信号线，接地线和电源线。

图 1.58 的面包板和图 1.57 不同，差异之处是两边各有两条 11×5 的插孔，每一条中的 10 个插孔是相通的，用它们作为公共信号、地线和电源线时不用加短接线，使用起来比较方便。这种面包板的背面贴有一层泡沫塑料，目的是防静电，但插元件时容易把弹簧片插到泡沫塑料中，造成接触不良，在使用时建议把面包板固定在硬板上。

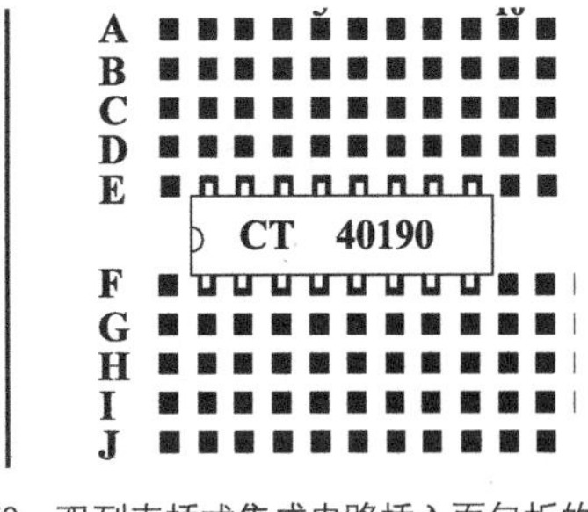

图 1.59 双列直插式集成电路插入面包板的方式

使用面包板做实验比用焊接方法方便，容易改接线路和更换器件，并且可以重复多次使用。但使用时间长，次数多后，面包板中的弹簧片会变松，弹性会变差，容易造成接触不良，而接触不良和虚焊一样不容易查找。因此，对性能已不好的面包板，从背面揭开，取出弹性差的弹簧片，修复后再插入原来位置，可以使弹性增强，增加面包板的可靠性和使用寿命。

思考与练习

1．下列电路符号，表示什么电子元件？

（1） 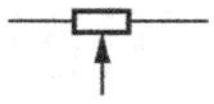 （　　　　）　（2）  （　　　　）

（3）  （　　　　）　（4）  （　　　　）

（5）  （　　　　）　（6）  （　　　　）

2．示波器能输出一个 CAL 校正的方波信号，其幅值为__________________，频率为____________ 。

3．测量晶体管时，万用表的电阻挡应置 R×________挡和 R×_________挡。

4．电容的主要参数有______________________、______________________。

5．三极管的主要参数有______________、______________、________________。

6．用数字万用表测量直流电压时，LCD 显示 1，这说明什么问题？该如何操作才能读出正确的电压值？

第2章 电子测量技术应用

根据理论教学内容，有针对性地动手实践，可以强化理论知识的学习，增强感性认识后，再进一步促进和推动知识的学习，它们之间相互借鉴、相互促进，起到点石成金的效果。

2.1 电子测量概述

电子测量（Electronic Measurement）是电子学课程内容中的一个重要分支。从狭义上讲，电子测量是特指对各种电参量和电性能的测量，从广义上讲，凡是利用电子手段进行的测量均属于电子测量的范畴。电子测量包括电子测量技术（Electronic Measurement Technology）和电子测量仪器（Electronic Measuring Instrument）两部分，两者是相辅相成的。电子测量为电子学和其他学科的研究、实验分析提供了便利的条件，而无线电电子学、计算机科学、材料科学等的发展又反过来为电子测量提供了各种新仪器系统。特别是微电子技术与传统的电子测量技术相结合形成的“智能”仪器系统，可以对电参量进行自动测量、自动记录、自动完成数据的分析和处理乃至故障的诊断和定位。这种崭新的电子测量仪器系统的出现对整个电子技术领域及其他技术领域均产生了巨大的影响，它代表了当今电子测量的发展方向。

2.1.1 电子测量的内容

电子测量主要以电子技术为依据，凭借电子测量仪器和设备，对电量和非电量进行测量，所测电量分为以下几类。

（1）电能量（Electrical Energy）：电流（Current）、电压（Voltage）、功率（Power）、电场强度（Electric Field Intensity）、噪声（Noise）等。

（2）电信号特征量（Electrical Characteristic）：频率（Frequency）、周期（Period）、时间（Time）、相位（Phase）、失真度（Degree of Distortion）、信/噪比（Signal To Noise Ratio）等。

（3）电路元件及材料参数的量：电阻（Resistance）/电导（Conductance）、电抗（Reactance）/电纳（Susceptance）、阻抗（Impedance）/导纳（Admittance）、电感（Inductor）电容（Capacitor）、品质因数（Quality Factor）、介质损耗（Dielectric Loss）、导磁率（Permeability）等。

（4）有源和无源网络性能特性的量：增益（Gain）/衰减（Attenuation）、频带宽度（Frequency Bandwidth）、灵敏度（Sensibility）、分辨力（Resolution）、噪声系数（Noise

Factor)、反射系数（Reflection Factor)、电压驻波（Voltage Standing Wave)、晶体管放大倍数（Transistor Amplification）参数等。

2.1.2 电子测量的类型

一个电参量的测量，可以通过不同的方法来实现，因此，电子测量也有各种不同的方法。根据电路，信号与系统的理论分析方法把电子测量分为时域测量（Time Domain Measurement)、频域测量（Frequency Domain Measurement)、数字域测量（Digital Domain Measurement）和随机测量（Random Measurement)。

（1）时域测量。时域测量研究被测参量与时间的关系。例如，利用示波器可以观察电流、电压等点参量波形随时间变化的规律，并且利用示波器可以测量这些电参量的瞬时值。

（2）频域测量。频域测量研究被测参量与频率的关系，如放大器的增益、相移与频率的关系等。通常通过分析电路的频率特性或频谱特性来测量频域。

（3）数据域测量。数据域测量研究被测参量与时间的关系，是主要针对数字量的测量，包括对数字电路系统的故障诊断和定位等。

例如，用逻辑分析仪（具备多个信号输入通道）同时可以观测多个单次并行的数据，如微处理器上的地址线、数据线上的信号，可以显示时序波形，也可以用“0”“1”显示其逻辑状态。

（4）随机测量。主要指对各种噪音、干扰信号的测量。

2.1.3 电子测量方法

1. 直接测量法

直接测量法是指直接从电子仪器或仪表上读出测量结果。如利用万用表电阻挡测电阻；利用计数器测量信号频率；利用电桥测量电容、电感；利用电压表测量电压等。

2. 间接测量法

间接测量是指先对几个与被测量有确定函数关系的物理量进行测量，再将测量结果代入表示该函数关系的公式、曲线、表格，最后求出被测量。例如，先利用万用表直接测出电阻 R 的阻值及两端电压 U，然后根据公式 $I=U/R$，求出流过该电阻的电流 I。

上述两种方法中，直接测量法的测量过程简单方便，应用比较广泛；间接测量法比较费时间，通常是在直接测量法误差较大，或缺乏直接测量仪器，无法使用直接测量法时采用。当然，根据测量所采用的具体原理和使用方法的不同，电子测量还可以细分为谐振法测量、电桥法测量、电流电压法测量、示波法测量、计数法测量、比较（替代）法测量等。

2.1.4 测量方法的选择及测量仪器的选用

在测量前，应根据被测量的特点、要求的精确度、具备的仪器条件和环境因素等，综合考虑，并确定采用的方法和仪器。

利用数字电压表测量高内阻回路电压的差分放大电路如图 2.1 所示。

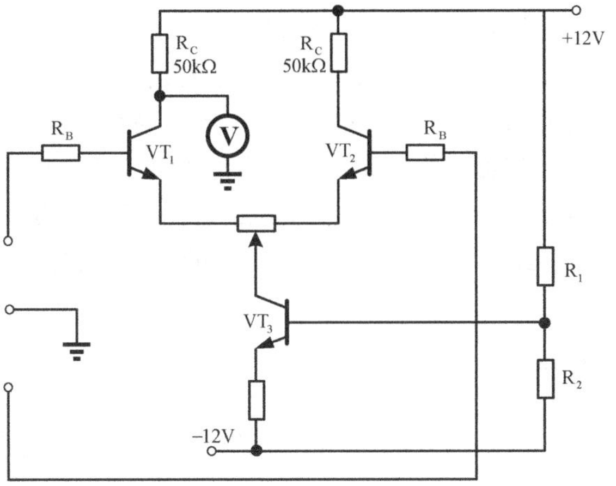

图 2.1　用数字电压表测高内阻回路电压的示意图

将测量电路用等效电路来表示，如图 2.2 所示。其中 E 是高内阻回路的电压值（数字电压表的测量值），万用表的内阻 R=20kΩ/V×5V=100kΩ。万用表实际测量的是 A、B 两点的电压值，即 R、R_0 的分压值。因此，万用表的测量值为 U=R_{E0}/（R+R_0）=100×5/（100+50）V=3.3V。

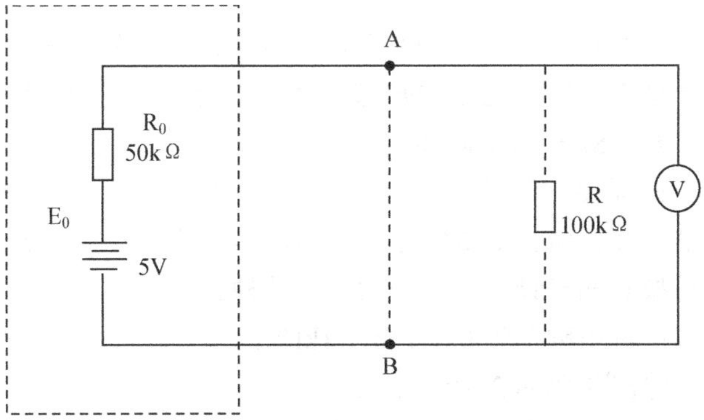

图 2.2　用万用表测高内阻回路等效图

从上述测量值可知，实际为 5V 的电压，如用低内阻的万用表来测量，测量值仅为 3.3V，可见误差之大。

因此，在测量高内阻回路电压时，要采用具有高内阻的测量仪表。

2.1.5　电子测量仪器的分类

电子测量仪器有多种多样的分类方法，总的可以分为通用和专用两大类。通用电子仪器有较宽广的应用范围，如示波器（Oscilloscope）、多用表（Multimeter）及通用计数器（Universal Counter）等。

专用电子仪器有特定的用途，例如，光纤测试仪器用于测试光纤的特性，通用测试仪器用于测试通信线路及通信设备。

另外，电子测量仪器按工作频段分为超低频（Ultra Low Frequency）、音频（Audio）、视频（Video）、高频（High Frequency）、微波（Microwave）等。

按电路原理可分为模拟式（Simulation）和数字式（Digital）。

按仪器结构可分为便携式、台式、架式、模块式及插件式等。

按使用条件又可分为 I、II、III 组仪器。I 组仪器为高精度仪器，要求工作环境温度为 10℃～30℃，湿度为 30℃，仪器使用中允许有轻微的振动，II 组仪器要求环境温度为 0℃～40℃，湿度为 40℃，仪器在使用中允许有一般的振动和冲击，通用仪器应符合该组要求：III 组仪器可工作在室外环境，要求环境温度为-10℃～50℃，湿度为 50℃，在运输过程中允许受到振动与冲击。

2.1.6 常用仪器的作用

下面介绍电子示波器、数字式频率计、信号发生器这三类常用仪器的作用。

（1）电子示波器

电子示波器（Electron Oscillograph）用来测量电量类中的电能量和电信号特征量方面的参数。常用的示波器有通用示波器、取样示波器、记忆示波器、逻辑示波器。

（2）数字式频率计

数字式频率计（Digital Frequency Meter）如果配以合适的插件，以及传感器，可以对电量和非电量进行测量。

（3）信号发生器

在电子技术领域中，往往需要把各种频率波形幅度的电信号源提供给各种模拟和数字系统，而在产品和测量一些参量时，还必须知道电信号的特征。能产生以上特征的电信号的电子仪器，称为信号发生器（Signal Generator）。

为了满足不同场合的需要，信号发生器有不同的类型。按其输出波形的不同，可分为正弦信号发生器、脉冲信号发生器、函数信号发生器、噪音信号发生器等。

正弦信号发生器可按其输出频率不同分为以下几种。

超低频信号发生器：输出频率为 0.001Hz～1kHz。

低频信号发生器：输出频率为 20Hz～20kHz。

视频信号发生器：输出频率为 20Hz～10MHz。

高频信号发生器：输出频率为 100kHz～30MHz。

甚高频信号发生器：输出频率为 30～300MHz。

超高频信号发生器：输出频率为>300MHz。

低频信号发生器能产生频率范围约在 20Hz～20kHz 的正弦波信号，具有一定的电压和功率输出。可以用来测量收录机、扩音机、电子示波器、无线电接收装置等电子设备中的低频放大器的性能指标。

2.1.7 非电量的电测法

非电量的电测法就是将电量（Non-Electricity Potection）、温度（Temperature）、压力（Pressure）、速度（Speed）、位移（Displacement）、机械应变（Mechanical Strain）等变换为电量，然后再进行测量的方法。由于变换后得到的电量，如电动势（Electromotive Force）、电流（Current）、电压（Voltage）、电路参数（Circuit Parameter）的变化等与被测的非电量之间有一定的比例关系，因此，通过测量变换所得的电量便可以测得非电量的大小。

1. 非电量电测法的优点

非电量电测法具有以下优点。

（1）能连续测量，如自动控制生产过程中要控制锅炉设备时，必须不断地测量蒸汽压力、锅炉水位、出汽温度等。

（2）能够远距离测量。

（3）能够测量动态过程（用惯性很小的示波器观测）。

（4）能自动记录，如记录锅炉温度。

2. 非电量电测法的系统结构

非电量电测法的系统结构如图 2.3 所示，由传感器、被测电路、显示和记录等部分组成。

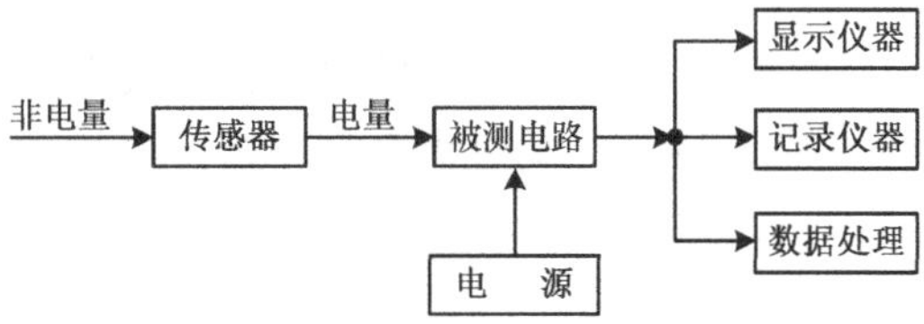

图 2.3 非电量测量系统结构

（1）传感器（变换器）。传感器（Sensor）是一个把被测非电量变换为电量的器件。变换器就是将被测的非电量变换为与其成一定比例关系的电量环节，从而实现非电量和电量之间的变换，这是检测的首要环节。正是因为使用了传感器实现这一变换，才用电测系统来测量非电量。依照变换所得电量的不同，变换器可以分成参数式和发电式两类。

① 参数式变换器能将被测非电量的变化变换为电阻、电感或电容的变化，可分为电阻变换器、电感变换器、电容变换器。

② 发电式变换器能将被测非电量变换为电动势。

（2）被测电路（Electric Circuit）。为了正确反映出由变换器变换得来的电量或电量变化的大小，并把它传送到下一个环节，必须通过一定的测量电路。常用的测量电路有桥式电路、差动电路、电位计电路等。如果由传感器变换得来的电量或电量的变化较弱，很难直接测量出来，就必须先经放大器来放大。

（3）显示、记录等。是指各种测量仪表（Measuring Instrument）、示波器（Oscilloscope）、自动记录器（Automatic Recorder）和继电器（Relay）等。非电量变换为电量后，通过显示仪器来测量、观察、记录被测非电量的大小或其他变化，或者通过继电器来控制生产过程。

2.2 常用电子测量仪表——万用电表

1. 磁电式仪表结构原理

磁电式仪表结构原理如图 2.4 所示，经过游丝给线圈通上直流电以后，线圈两侧导线中的电流和永久磁铁的磁场间就会产生电磁力。电磁力使固定在一起的线圈、转轴、指针一起摆动，直到游丝反力相一致，指针才停在一个新的位置上，指示出读数。线圈中的电流越大，

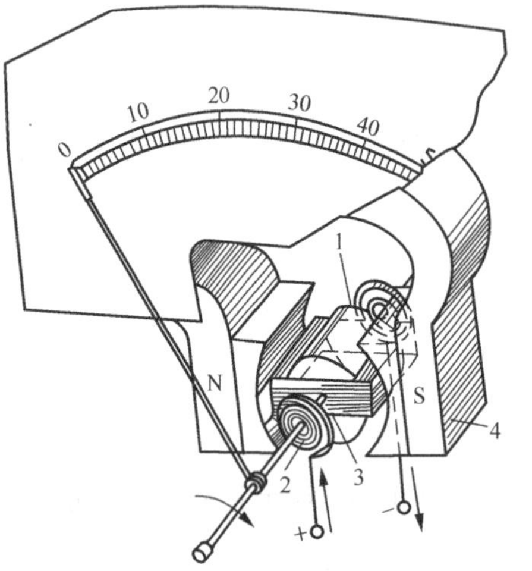

图 2.4　磁电式仪表结构原理

1—转轴　2—游丝　3—缠有线圈的框架　4—磁铁

指针偏转角度就越大。线圈断电后，游丝的弹力使指针返回零位。

2．万用表结构

万用表（Multimeter）是一表多用的测量仪表，型号很多，一般可测量交流电压、直流电压、电阻，且每一种测量都有多种量程。

万用表由两大部分组成。

（1）测直流的磁电式仪表，称为表头。

（2）选择转换量程开关、电阻、整流器等配件。

万用表的表头比较脆弱，一是表头怕振动；二是表头只能通过很小的电流；有的表头只能通过几十微安的电流。有较大的电流通过表头时，指针摆动过大会打弯指针，甚至烧坏表头线圈，使用时一定要注意。

3．万用表量程转换原理

量程是指指针摆在允许的最大位置时，指针所指示的读数。

（1）直流电流量程的扩展及转换

万用表表头如图 2.5（a）所示，图中 R_g 为表头的线圈电阻。在电路中万用表就是一个电阻，不同的是电阻的导线放在磁场中，导线导通后，线圈受力发生偏转。在电路计算中完全可以用电阻 R_g 代替。根据电阻并联特点，量程扩展原理图如图 2.5（b）所示，多量程转换原理图如图 2.5（c）所示。

例如，万用表直流电流挡，其量程有 50μA、500μA、5mA、50mA 等。若表头线圈电阻 R_g=900Ω，R_g 中通过 50μA 时指针摆到最大位置。要想扩展成 500μA 量程，则按图 2.5（b）所示并联一个电阻 R_1，R_1=100Ω，即可达到所要求的量程。

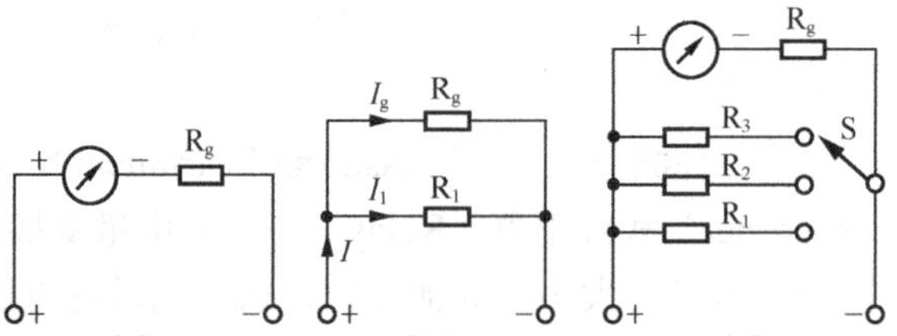

图 2.5　表头转换原理图

当 R_g 中通过的电流为 50μA 时，R_1 中流过的电流为 I_1，由于 R_g、R_1 并联，可得

$$I_1R_1=I_gR_g$$

则 $I_1=I_gR_g/R_1=50\times900/100=450\mu A$

此时电路流过的总电流：

$$I_{总}=I_1+I_2=50+450=500\mu A$$

由于线圈中通过了 50μA 的电流，指针受电磁力作用摆到头，刻度盘在此处刻上 500，这样指针指出的就是 500μA 了。

不同的量程用不同的电阻与 R_g 并联，并用开关转换。图 2.5（c）简单介绍了原理性量程扩展及转换的办法，实际中还有很多技术问题需要研究和克服。

（2）直流电压量程的扩展和转换

测量电压时，通常希望电压表中流过的电流越小越好。不能直接把表头两头跨接在被测电压两端。图 2.6（a）所示的表头两端直接跨接到 200V 电压上，那么通过表头的电流为

$$I_g=200\text{V}/R_g=200/900=0.222\text{A}$$

此电流很快会将表头烧坏。可以用串联电阻的办法来解决，不同量程用不同的电阻与表头串联，然后用开关转换，可得到不同量程的电压。电路原理图如图 2.6（b）所示。

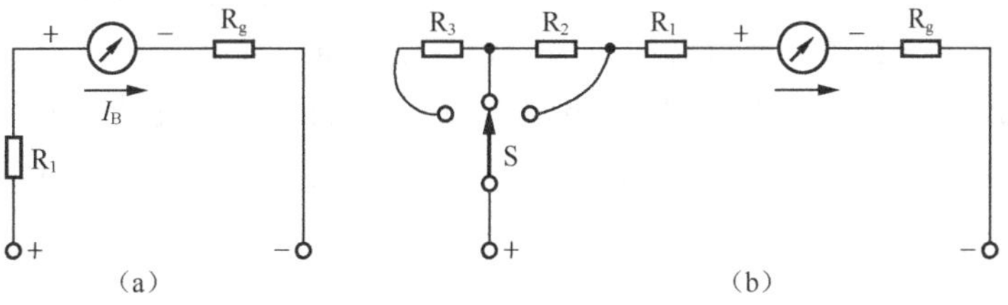

图 2.6　电压量程扩展及转换

例如，万用表直流电压挡量程有 1V、5V、25V、100V 等。若用图 2.4 所示表头测量 100V 电压，则要串联的电阻 R_1 为多大？100V 电压加到电表“+”“−”插孔时，通过表头电流为 50μA，指针刚好摆到头，在此处刻上 100（或用 500÷5 来读取数据）。根据串联电路特点：

$$R_1+R_g=100/5=2000\ (\text{k}\Omega)$$

$$\text{故 } R_1=200-R_g=1999.1\ (\text{k}\Omega)$$

（3）交流电压测量

交流电流方向是来回改变的，在磁场中的导线通过交流电后，受力方向也是改变的，万用表的指针势必也会来回摆动。由于交流电变化比较快，万用表指针跟不上这个来回摆动的速度，只好停留在平均力的位置。交流电正负对称，平均力为 0。因此，表头接入再大的交流电流，指针都是不动的，可通过使电流往一个方向流动的办法来解决这个问题，如图 2.7（a）所示。Vd_1、VD_2 是半导体二极管，具有单向导电性。在图 2.7（b）所示情况下，电流可以流过，而在图 2.7（c）所示情况下，电流不能通过。

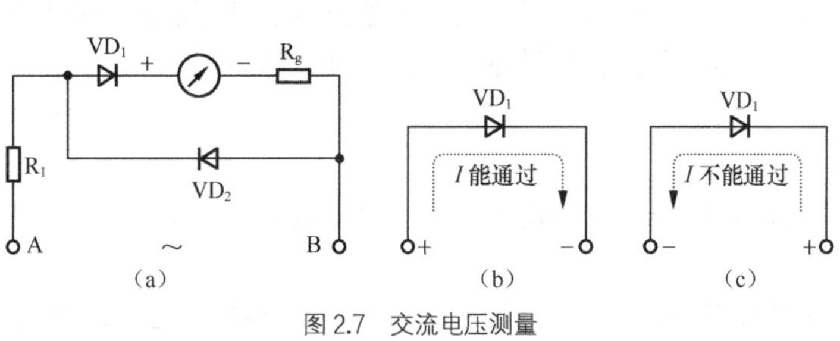

图 2.7　交流电压测量

交流电压是“A+”“B−”时，电流从 A→R_1→D_1→表头→B。交流电压是“B+”“A−”时，电流由 B→D_2→R_1→A，此时表头中没有电流流过。加了 VD_1、VD_2 后，电流只有一半

时间单一方向通过表笔。表笔线圈一半时间不受力，一半时间受向正方向偏转的力，由于电流变化很快，指针停在一个平均电磁力位置。

要想测量 100V 直流电压与测量 100V 交流电压时，指针都停在同一位置上，测量交流电压时，串联电阻 R1 比测量直流电压时要小得多。

（4）电阻测量

电表要通入电流才会摆动，如图 2.8（a）所示时，电表指针不会摆动，只有如图 2.8（b）所示，加接电池时，指针才会摆动。

① 被测电阻 R=0 时，流过表头的电流最大，指针摆动也最大。被测电阻越大，流过表头的电流就越小，指针偏转也小。所以万用表电阻挡刻度最大偏转处为 0，而指针不动处刻度为无穷大。

② 不测电阻时，电表置电阻挡，此时电表相当于一个有内阻的电源。负表笔（黑色）是电源的正极，正表笔（红色）是电源的负极，如图 2.8（a）所示。

③ 电池的新与旧变化。测量同样的电阻 R 时，用新电池时流过表头的电流大，指针偏转大，这就给测量带来误差。为此在回路中串入一个可变电阻，用改变电阻大小的方法来补偿新旧电池的变化，如图 2.9 所示。

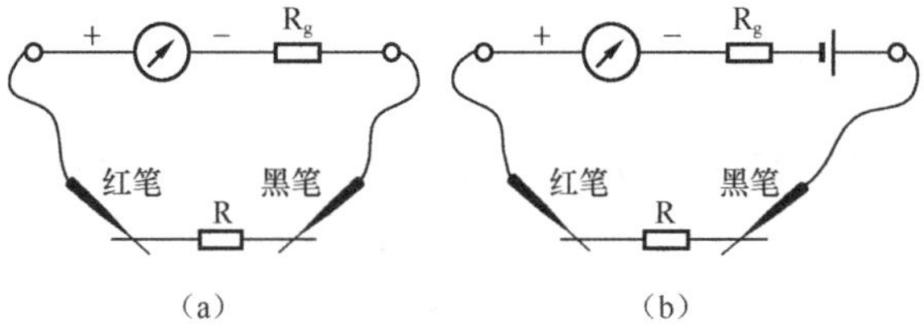

图 2.8　电阻测量

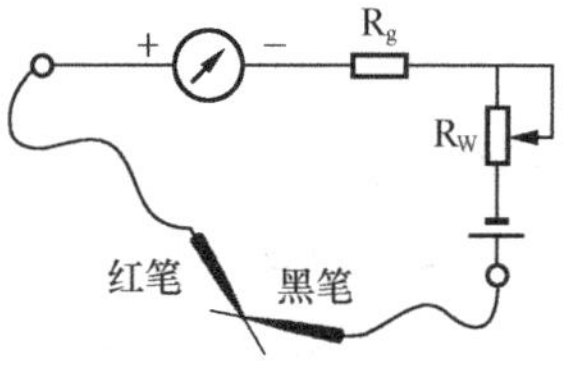

图 2.9　电阻挡电表零位调整

4．万用表的使用

（1）要根据被测量的性质选择电表的测量挡。

（2）选择合适的测量挡后，还要选择合适的量程。电阻测量选取量程以及指针偏满量程的 1/2～2/3 为好。直流电压和直流电流应选取量程略大于被测值。

（3）应根据指针位置和所选量程来读数，如图 2.10 所示。如选择最大量程是 500V，则应读 250 那一行数乘以 2 或读 50 那一行数乘以 10。如果无法预测被测量值是多少，则应先用大量程试测，再根据表针偏转的位置调整到合适量程。

测量电阻时，电阻读数在最高一行，根据读数再乘以量程选择开关所指的数，就是测出的电阻值，如图 2.11 所示。电阻挡指针越往右摆，读数越小。

5．注意事项

（1）万用表不用时，量程不应当置电阻挡，否则两表笔相碰后，表内电池很快会放完电而无效。

（2）为了测量准确，应调节零位螺钉使指针指零位，测电阻之前还要调节电阻零值指示。读数时视线应垂直刻度板。

（3）用 R×10k 挡测量电阻时，不要让手指接触表笔和电阻，否则人体电阻会给测量带来很大误差。

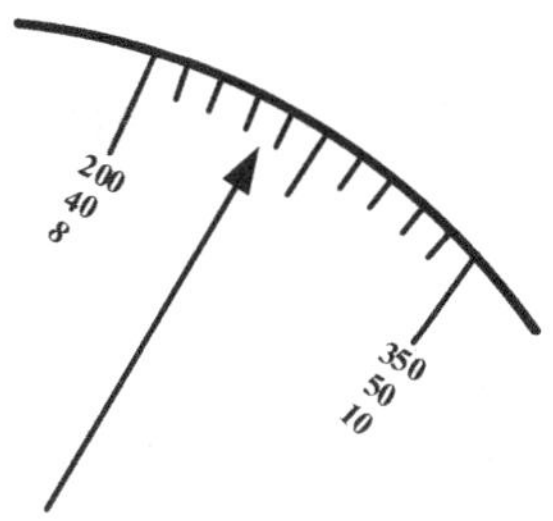

图 2.10 电压、电流挡读数

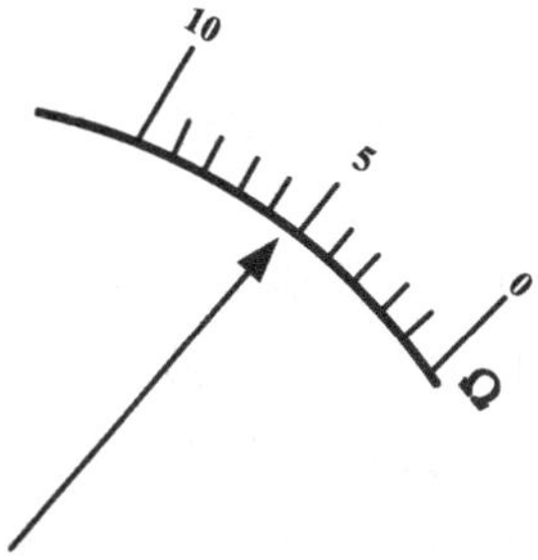

图 2.11 电阻挡读数

（4）一定要正确选用量程。用大量程测小电压、小电流误差很大；用小量程测大电压、大电流容易打坏指针，烧坏表头。不知被测值的大小时，应先用大量程，然后逐渐减成小量程。

（5）用电流挡、电阻挡测电压，容易烧坏电表。

2.3 测量方法问题

在测量过程中，通过实验发现，测量器具、仪器的选用不准确，测量手段的不完善等都会使测量结果不准确，因此在测量时，要根据测量条件和测量参数的要求选择合适的测量仪器和测量方法。电子测量的准确程度是体现电子技能优劣的标志。

下面着重介绍万用表的连接方法。

1．测量电流

测量交/直流电流时，应将元件的一端与电路脱开，再串入万用表，电流应从红表笔流入，从黑表笔流出。当事先不知被测电流大小时，应选择最大电流量程；在测出大概范围之后，再用适当的量程正式测量。

测量电流时，万用表的电流量程越小，内阻越大，对被测电路的影响越大，测量误差也越大。量程若选择过大虽然内阻影响小了，但表针偏转太小，读数造成的误差也会增大。一般应选择指针偏转为满度的 2/3 以上。

为了尽量减少电流测量误差，应选择被测电路等效电阻较大的地方进行测量。必要时也可以采用增大量程的方法，以减少电表内阻。

2．测量电压

测量交/直流电压时，都应将万用表通过表笔并联到电路上。测直流电压时，红表笔接触高电位点，黑表笔接触低电位点。测量交流电压时无此要求。

测量交/直流电压时，量程若选得太小，表针会受到激烈冲击，损坏万用表；量程若选得太大，虽然万用表的内阻增大，对被测电路的分流减小，但指针偏转很小，也会增加测量误差。

因为电表测量误差ΔU=量程×K%（K 是万用表准确度级别），量程选得越大，测量误差也越大。测量时，先选大一点的量程，若指针偏转很小，再选小一点的量程，直到指针偏转达到满标度的 3/4 左右为止。

为了减少表笔并联到电路中的接入误差，应根据电路的特点，尽量测低电阻上的电压，避免测高电阻上的电压。

测量交流电压时，还应注意以下几点。

（1）所测电压波形与正弦波相差越大，测量误差也越大。

（2）被测电压的频率应符合万用表要求，一般在 45Hz～1 000Hz。

（3）万用表测得的交流电压值是有效值。

（4）若被测电压中有交/直流成分而只测量交流成分时，就应在表笔探针上加一个耐压 400V 以上的 0.1μF 左右的电容。

3. 测量电阻

测量电阻之前，先将两个表笔的金属探针接触在一起，此时指针应指在电阻标度尺的零刻度处。若未指零，可调整表头下面的 Ω 旋钮，使表针指零。每变换一次电阻量程都应这样调零。若指针仍不能为零，则说明万用表内电池电压已不足，需换电池。

在测量电阻时，两手不能同时接触电阻和探针，否则会使人体电阻与被测电阻并联在一起，使测得的数据不准确。测量电路的电阻时，应用电烙铁焊开电阻的一端，使其悬空后再测量电阻值。

因为面板上电阻值刻度是非线性（不均匀）的，为了提高测量准确度，在测量电阻时，应将量程选在尽量使表针指在标度尺的中间位置。

2.4 信号地的连接方法

信号地是指信号电路、逻辑电路的地。由于信号地必须通过导线连线，而任何导线又都具有一定的阻抗，流过各线的电流不同，因此，各个接地点的电位不完全相同。设计接地点的目的是尽量减少各电路电流流过公共地阻抗时产生的耦合干扰，还要避免地环路电流，从而避免环路电流与其他电路产生耦合干扰。信号地的连接方法有下列几种。

（1）单点接地（Single Grounding）

单点接地如图 2.12 所示。它是把各电路的地线连在一个点上。这种方法的优点是不存在环形的回路，因而也不存在地环流，各电路的接地点只与本电路的地电流和地阻抗有关。如果各电路的电流都比较小，各地线中的电压降也较小。当两个电路相距较近时，采用单点接地法，由于地线较短，它们之间的电位差小，所以各段地线间相互干扰也小。

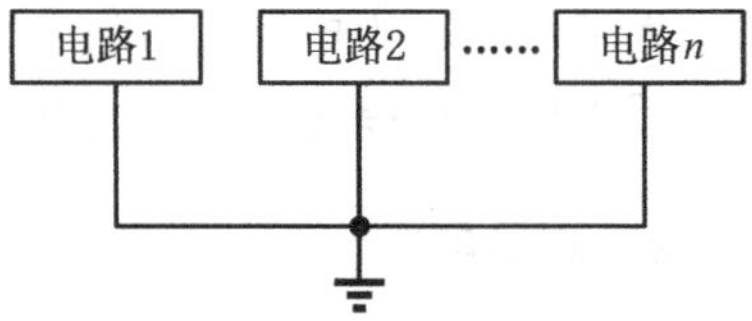

图 2.12 单点接地

（2）串联接地（Series Grounding）

图 2.13 是串联接地的示意图，接地点顺序连接在一条公共用地线上。在图示电路中，共用地线电流是 N 个电路流过地线电路之和。电路 1 和电路 2 之间的地线电流是电路 2、电路 3 和电路 N 地线电流的总和。因此，每个电路的地线电位都受其他电路的影响，噪音通过公共地线互相耦合。从防止干扰的角度出发，这种接法是不合理的，但因为它接法简单，在许

多地方仍被采用。例如，在一块印制电路板上，各元器件或电路之间的地线一般都是串联接法，最终连到印制电路板的地线引脚端上。这种接法在设计印制电路板时比较方便。

（3）多点接地（Multipoint Grounding）

多点接地如图 2.14 所示。为了降低阻抗，地线一般用宽镀银铜皮为接地母线。它把所有电路的地线都连接到离它最近的接地母线上，以便降低地阻抗。这种接法在数字电路中很常用。一般系统由多块印制电路板组成，它们之间的地线通过装在机架上的宽镀银铜皮的接地母线连接在一起，再把接地母线的一端接到直流电源的地线上，构成工作接地点，这种方法适用于高频电路。

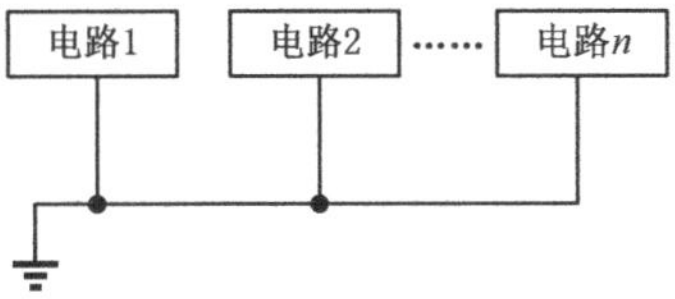

图 2.13　串联接地

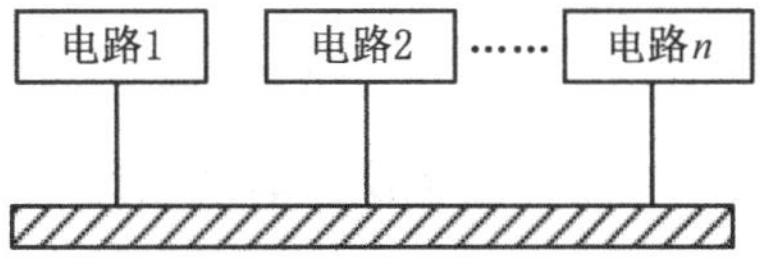

图 2.14　多点接地

不论用哪种方法连接地线，地线都尽可能宽一些。实际上，电子设备中信号地的接法不是简单地采用某种形式，而是采用以上 3 种方法组成的混合形式。

（4）模拟地和数字地（Analog Gnd and Digital Gnd）

在一些电子电路中，同时有数字信号和模拟信号，而数字电路都工作在开关状态，电流起伏波动较大，若两种信号间的耦合还采用电耦合，则在其地线间必定会产生相互干扰，造成模数转换间的不稳定。为了消除这种干扰，最好采用两套整流电路，分别供给模拟部分和数字部分，信号间采用光电耦合器进行耦合，这样即可实现两套电源间的地线电隔离。具体可采用图 2.15 所示电路。

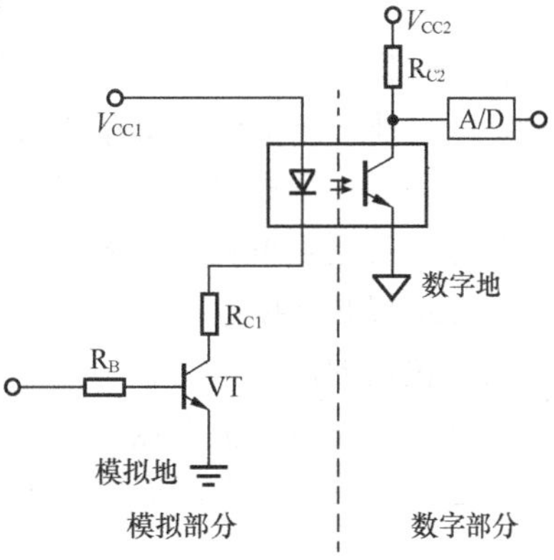

图 2.15　模拟地和数字地

2.5　测量仪器共地的问题

1. 接地的意义

接地可分接大地和接机壳两种。电子仪器互相间接机壳有时叫共地，有时叫接地，而接大地也称为接地。实际使用时是不同的，接地符号如图 2.16 所示。

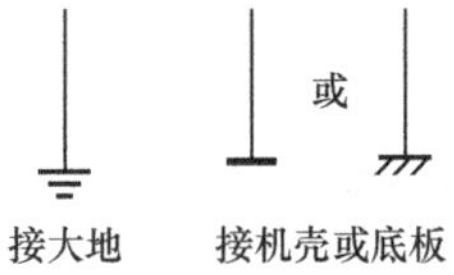

图 2.16　两种不同接地表示法

使用测量仪器时，须将测量仪器接地，接地的目的是保证测量系统的安全和测量的稳定。如果多台测量仪器使用中没有接地，易使信号短路，甚至烧坏被测电路的元器件，应此操作中仪器共地的问题一定要解决。

使用电子仪器测量时，应形成电子电路等的公共回路；地线接大地，以大地为基准电位，测量仪器也应接大地。

使用电子仪器测量时，为了防止因漏电使仪器外壳电位升高，造成人身事故，应将仪器外壳接大地，连接方法如图 2.17 所示。

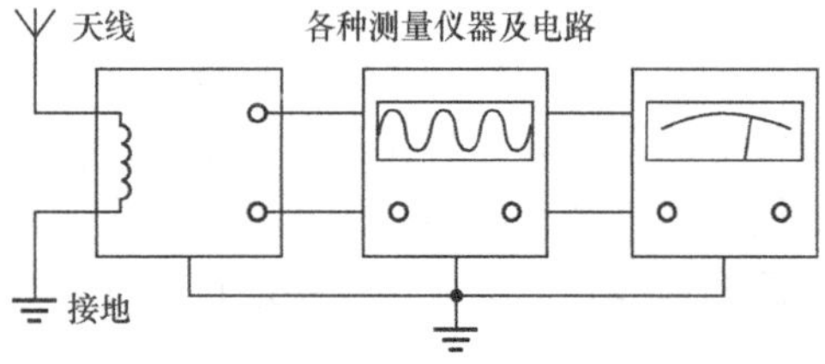

图 2.17　测量系统接地的意义

在进行电子线路操作中，由多台仪器组成的测试系统，因为工作频率较高、线路阻抗较大和功率较小，所以为了避免外界干扰，大多数仪器采用单端输入、单端输出的形式，即仪器的两个测量端点是不对称的，总有一个端点与仪器外壳相连，并与电缆引线的外屏线接在一起，这一端点通常用符号“⊥”表示。所有仪器的“⊥”点都必须连在一起，即“共地”。否则可能引入外界干扰，导致测量误差增大。

2．被测电路与测量仪器等的接地

被测电路、测量仪器的接地除了保证人身安全外，还可以防止干扰或感应电压窜入测量系统，避免测量仪器之间互相干扰，以及消除人体感应的影响。

（1）为了防止人身事故，感应电压的接地

测量仪器除特殊情况外，一般都应使外壳接大地，如图 2.18 所示。若测量仪器外壳不接大地，则大地和测量仪器间存在的感应电压、电流，将窜入输入电路，造成测量误差。此外，当内部装置存在漏电时，外壳就有上升到电源电压（220V）的危险，易造成人身触电事故。测量仪器一般采用单相三极插头，中间粗的为接地极。使用时要接到单相三孔插座上，而且插座的接地极必须接地。

（2）仪器的接地

接地时应尽量避免多点接地，采取一点接地的方法，尤其在测量电缆间有两点以上接地时，更必须注意这一点，按如图 2.19 所示接线，设置电流的返回路线。

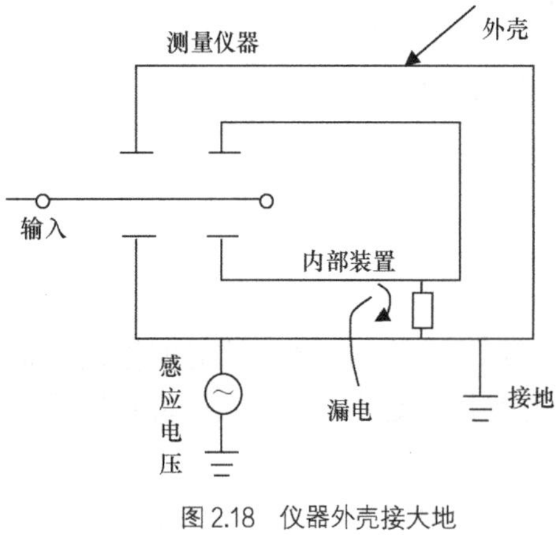

图 2.18　仪器外壳接大地

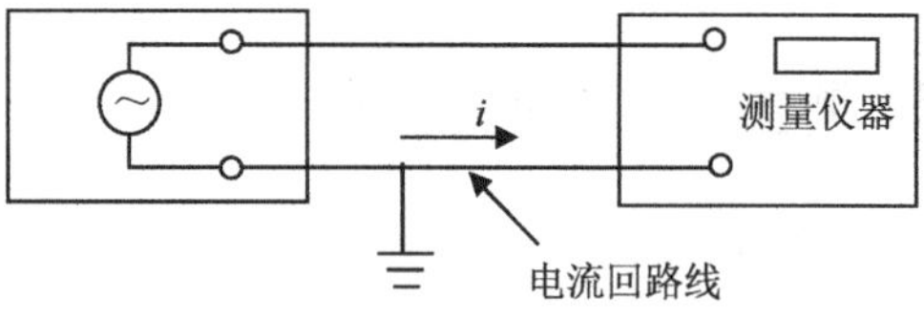

图 2.19　一点接地法

在测量仪器较多时，如果各自独立接地，工作电流在各接地点间产生电压降或在接地点间产生电磁感应电压，造成测量上的误差。为此，必须采用图 2.20 所示的方式，采用一点接地措施。

（3）仪器的共地

在电子技术实践中，应特别注意各电子仪器的“共地”问题，即各台仪器以及被测网络的地端都应按信号输入、输出的顺序可靠地连在一起。

在测量放大器的放大倍数或观察其输入、输出的波形关系时，放大器、信号发生器、晶体管毫伏表及示波器要进行共地测量，这是因为电子仪器是由 220V 交流电压经变压器变压、整流及稳压供电的，所以交流电源线上的干扰经变压器的杂散电容耦合到直流侧，在直流部分的地（⏚）总是或多或少有噪声（干扰电压、电流）存在。基于以上原因，应把部分（仪器和被测电路）的地（⏚）接在一起，称为共地测量，如图 2.21 所示，目的是防止地线上的噪声电压窜入测量仪器的高阻输入端 Y，让其在低阻的地线回路上形成回路，以此减小测量误差与干扰。

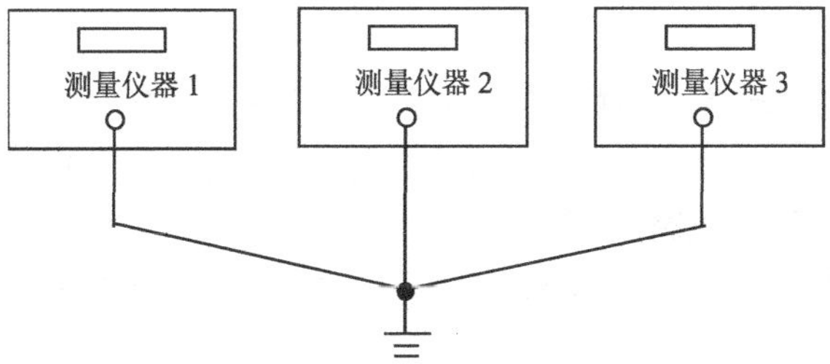

图 2.20　一点接地法

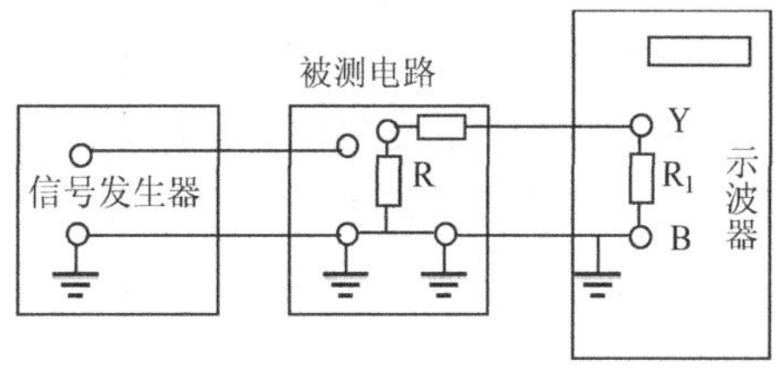

图 2.21　共地测量

思考与练习

1．画出非电量电测法系统结构方框图。
2．非电量的电测法具有什么优点?
3．画出万用表测量电阻的原理图并加以说明。
4．分析图 2.22 和图 2.23 的原理。

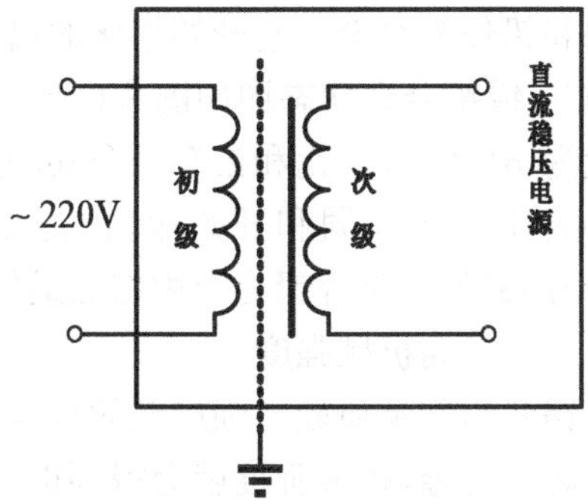

图 2.22　变压器的初、次级之间加屏蔽

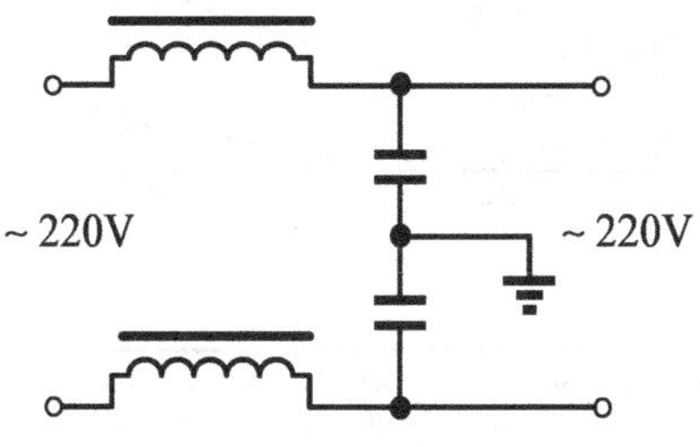

图 2.23　交流电源进线加滤波器

第3章 基本技能训练

在电子整机装配中，为了避免连接处露在空气中的金属表面产生氧化层导致导电率不稳定，通常采用焊接工艺来处理金属导体连接。

焊接就是把比被焊金属溶点低的焊料和被焊金属一同加热，在被焊金属不融化的条件下，使融化的焊料润湿连接处被焊金属的表面，在它们的接触界面上形成合金层，使被焊金属间的牢固连接。在焊接工艺中普遍采用的是锡焊，焊料是一种锡铅合金。

焊接技术可分为手工焊接技术和自动焊接技术两种，这里简要介绍手工焊接工艺的基础知识。

3.1 焊料与焊剂

3.1.1 焊料

焊料（Slder）是一种熔点比被焊金属低，在被焊金属不熔化的条件下能润湿被焊金属表面并在接触界面处形成合金层的物质。通常锡焊的被焊金属是铜（Cpper)，焊料是锡铅合金（Tin Lead Alloys）。

为什么要用锡铅合金而不单独使用锡或铅作为焊料呢？有以下 3 点理由。

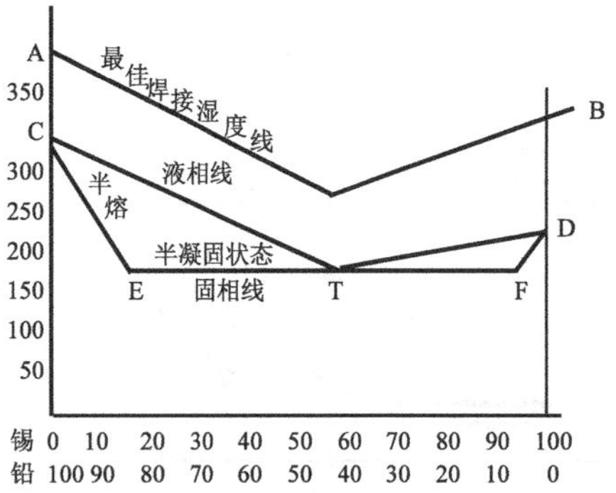

图 3.1 锡铅合金状态图

（1）降低熔点，便于使用

锡的熔点是 232℃，铅的熔点是 327℃，但把锡和铅作为合金，它开始熔化的温度可降到 183℃。锡铅合金状态图如图 3.1 所示，当锡的含量为 61.9%时，锡和铅有一个共同点，此时锡铅合金开始凝固和开始液化的温度是一定的，为 183℃，是焊铅合金中熔点最低的一种。

（2）提高机械强度

锡和铅都是质软、强度低的金属，如果把两者熔为合金，机械强度就会得到很大的改进。一般来说，其中锡的含量为 65%时，强度最大（抗拉强度约为 $5.5kg/mm^2$），约为纯锡的两倍。

（3）降低价格

锡是价格较贵的金属，而铅比较便宜，因此锡铅合金的价格较纯锡要便宜。应当指出，对焊接质量要求较高的场合，有时是使用掺银焊锡。所谓掺银焊锡，就是在锡铅焊料中加进银，比例是：锡 60%、铅 37%、银 3%。由于银对铜的扩散作用大，因此可在铜材料的表面形成稳定的合金层。要焊接较厚的铜版，使用掺银焊锡就可避免焊锡脱落，效果较好。

一个良好的连接点（焊点）必须有足够的机械强度和优良的导电性能，而且要在短时间内（通常小于 3s）形成。在焊点形成的短时间内，焊料和被焊金属会经历以下 3 个阶段。

① 熔化的焊料润湿被焊金属表面阶段。

② 熔化的焊料在被焊金属表面扩展阶段。

③ 熔化的焊料渗入焊缝，在接触界面形成合金层阶段。

其中润湿是最重要的阶段，没有润湿，焊接就无法进行。在焊接过程中，同样的工艺条件，会出现有的金属好焊，有的不好焊，这往往是由于焊料对各种金属的润湿能力不同。此外，被焊金属表面若不清洁，也会影响焊料对金属的润湿能力，给焊接带来不利。锡铅合金焊料通常称为焊锡，有多种形状（块状、棒状、带状、丝状和粉末状）和分类。

最常见的用于电子设备的是松脂芯焊丝，如图 3.2 所示，这种焊锡丝的轴向芯内注有助焊剂（一种松香粉末）。松脂芯焊丝的外径通常有 0.6mm、0.8mm、1.0mm、1.2mm、1.6mm、2.0mm、2.3mm、3.0mm 8 种。

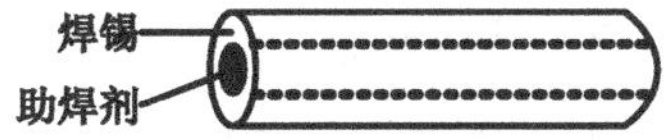

图 3.2 松脂芯焊丝

3.1.2 焊剂

焊接（Flux）是在空气中和高温下进行的，因此焊料和被焊金属表面必然产生氧化层，它阻碍焊接的进程。焊剂是一种焊接辅助材料，它能去除氧化物并防止焊接时金属表层再次氧化，故又称助焊剂。

焊剂可分为无机类焊剂（Inorganic Flux）和有机类焊剂（Organic Flux）两大类。无机焊剂（Inorganic Flux），如盐酸（Hydrochloric Acid）、磷酸（Orthophosphoric Acid）、氯化锌（Zinc Chloride）、氯化铵（Ammonium Chloride）等。有的制品俗称焊油（Soldering Oil），它们的活性好但腐蚀性强，在电子设备中是禁止使用的。有机焊料，如甲酸（Formic Acid）、乳酸（Lactic Acid）、已二胺（HAD）及松香焊剂（Rosin Flux）等，其腐蚀性较小（Less Corrosive.），有较好的助焊功能。特别是松香焊剂，在电子设备的焊接中被广泛使用。因松香焊剂（Rosin Flux）应用广泛，有的资料把它另列为树脂焊剂（Resin Flux），与有机焊剂（Organic Flux）、无机焊剂（Inorganic Flux）并列为三种焊剂。

松香焊剂是典型的有机酸类焊剂，其主要成分是松香酸（约占 80%）。在对铜或铜合金进行焊接时，铜和松香酸在加热的条件下（170℃），产生松香酸铜（金属盐）。而松香酸铜在受热的条件下又会分解成活性铜和松香酸。活性铜与熔化的焊料中的锡最终生成铜锡合金，从而完成焊接。

目前还出现能够提高助焊效果的活性松香焊剂和改性松香焊剂等。

3.2 焊接工具的选用

手工焊接的基本工具是电烙铁（Electric Iron），它的作用是加热焊接部位，熔化焊料，使焊料与被焊金属连接起来。

3.2.1 电烙铁的基本结构

电烙铁的种类很多，结构各有不同，但其基本结构都是由发热部分、储热部分和手柄部分组成。

1．发热部分

发热部分也叫加热部分或加热器。电烙铁发热部分的作用是将电能转换为热能。其结构原理是，在云母或陶瓷绝缘体上缠绕高电阻系数的金属材料（如镍铬合金丝），当电流通过时产生热效应，把电能转换成热能，并把热能传递给储能部分。

2．储热部分

电烙铁的储热部分是烙铁头，它在得到发热部分传来的热量后，温度逐渐上升，并把热量积蓄起来。通常采用密度较大和比热较大的铜或铜合金做烙铁头。

3．手柄部分

电烙铁手柄一般用木材、胶木或耐高温塑料加工而成。手柄的形状要根据电烙铁功率和操作方式而定，应符合牢固、温升小、手握舒服等要求。

3.2.2 外热式和内热式电烙铁简介

通用的电烙铁按加热方式可分为外热式（External Heating）和内热式（Internal Heating）两大类。

1．外（旁）热式电烙铁

外热式电烙铁是一种应用较广的普通型电烙铁，其外形如图 3.3 所示。其加热器是用电阻丝缠绕在云母材料上制成。因其是把烙铁头插入加热器，所以称外（旁）热式电烙铁。外热式电烙铁绝缘电阻低，漏电大。又由于是外侧加热，故热效率低，升温慢，体积较大。但其结构简单，价格便宜，所以仍是现在使用较多的电烙铁。其规格有 20W、25W、30W、50W、75W、100W、150W 等，主要用于导线、接地线和较大器件的焊接。

2．内热式电烙铁

内热式电烙铁的外形如图 3.4 所示，常用的规格有 20W、30W、50W 等。其加热器用电阻丝缠绕在密闭的陶瓷管上制成，因其是把加热器插在烙铁头中，直接对烙铁头加热，所以称为内热式电烙铁。

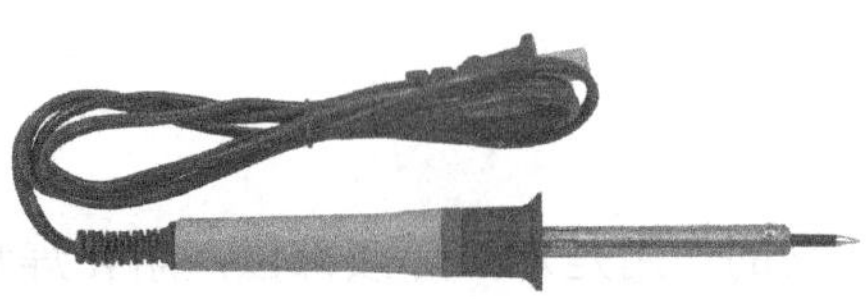

图 3.3 外（旁）热式电烙铁外形

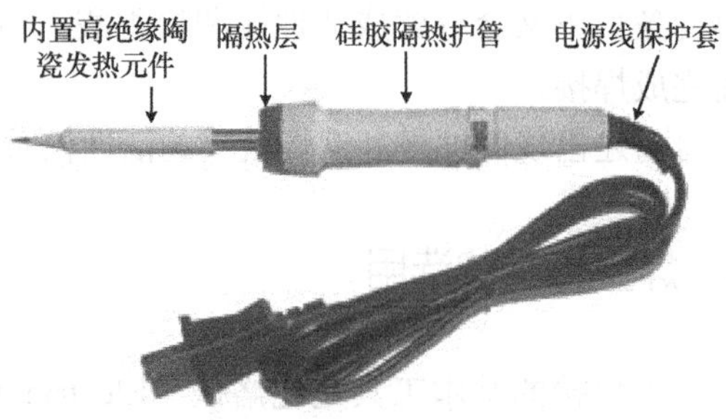

图 3.4 内热式电烙铁外形

内热式电烙铁绝缘电阻高、漏电小。它对烙铁头直接加热，热效率高、升温快。采用密闭式加热器，能防止加热器老化，延长使用寿命。但加热器制造复杂，烧断后无法修复。电烙铁主要用于焊接印制电路板上的元器件。

3.2.3 电烙铁的选用和温度控制

1. 电烙铁的选用

根据手工焊接的技术要求，在选用电烙铁时，应注意下列要求。

（1）必须满足焊接时所需的热量。升温快，热效率高，在连续操作中能保持一定的温度。

（2）烙铁头的形状要适合焊接空间的要求。

（3）电气、机械性能完全可靠。质量小，操作舒服，工作寿命长，维修方便。

2. 电烙铁的温度控制

控制电烙铁的温度是提高焊接质量，防止元器件过热损坏的重要措施。不控制温度的电烙铁焊接时，烙铁头的温度会有不同程度的下降，尤其是在连续操作时，如果烙铁头温度不能迅速恢复到焊接所需温度，会影响工作。另外，也有可能出现烙铁头温度过高，造成被焊元器件受热损坏的情况。可见，在手工焊接时，应控制电烙铁的温度。

控制电烙铁的温度常用下列几种方法。

（1）通过调整烙铁头伸出的长度来控制。这种办法最简单，但必须有丰富的经验，且调温不够精确。

（2）通过调整电源电压，即改变电烙铁输出功率来调控温度。

（3）利用温度传感器，通过电子线路来调控温度。此方法控温精度高，调节方便，但结构复杂，价格较高。

（4）使用装有磁性开关的恒温电烙铁。这种磁性开关是利用居里效应——软磁材料被加热到一定温度（称为居里点）即失去磁性制成的。

3.2.4 电烙铁的使用和维护

为了能够顺利而安全地进行焊接操作及延长电烙铁的使用寿命，应当正确使用和维护电烙铁，要点如下。

（1）合理使用烙铁头。初次使用电烙铁要先将烙铁头浸上一层锡。焊接时要使用松香或无腐蚀的焊剂。擦拭烙铁头要用浸水海绵或湿布。不要用砂纸或锉刀打磨烙铁头。焊接结束后，不要擦去烙铁头留下的焊料。

（2）电烙铁外壳要接地。长时间不用时，应切断电源。定期检查电源线是否拉脱或短路。有关焊接MOS集成电路的防漏电措施请查看有关资料。

（3）要经常清理外（旁）热式电烙铁壳体内的氧化物，防止烙铁头卡死在壳体内。

3.3 保证焊接质量的因素

手工焊接是利用电烙铁加热焊和被焊金属，实现金属间牢固连接的一项工艺技术。这项工作看起来十分简单，但要保证众多焊点的均匀一致、个个可靠却是十分不容易的，因为手工焊接的质量受多种因素影响和控制。通常应注意以下几点保证焊接质量的因素。

（1）保持清洁。要使焊化的焊料与被焊金属受热形成合金，其接触表面必须十分清洁，这是保证焊接质量的首要因素和先决条件。

（2）合适的焊料和焊剂。电子设备手工焊接通常采用共晶锡铅合金焊料，以保证焊点有良好的导电性及足够的机械强度。目前常用的是松脂芯焊丝。

（3）合适的烙铁。手工焊接主要采用电烙铁，应按焊接对象选用不同功率的电烙铁，不能只用一把电烙铁完成不同形状、不同热容量焊点的焊接。

（4）合适的焊接温度。焊接温度是指焊料和被焊金属之间形成合金层所需要的温度。通常焊接温度控制在 260℃左右，但考虑到烙铁头在使用过程中会散热，可以把电烙铁的温度适当提高一些，控制在（300±10）℃为宜。

（5）合适的焊接时间。由于被焊金属的种类、焊点形状的不同及焊剂特性的差异，焊接时间各不相同。应根据不同的对象，掌握好焊接时间。通常，焊接时间不大于 3s。

（6）被焊金属的可焊性。被焊金属的可焊性主要是指元器件引线、接线端子和印刷电路板的可焊性。为了保证可焊性，在焊接前，要进行搪锡处理或在印制电路板表面镀上一层锡铅合金。

3.4 手工焊接的工艺流程和方法

3.4.1 手工焊接的基本步骤

手工焊接的工艺流程如图 3.5 所示，包括准备（Prepare）、加热（Heat）、加焊料（Add Solder）、冷却（Cool）和清洗（Clean）等基本步骤。

图 3.5 手工焊接工艺流程图

（1）准备。焊接前的准备包括：焊接部位的清洁处理，导线与接线端子的钩连，元器件插装以及焊料、焊剂和工具的准备，使连接点处于随时可以焊接的状态。

（2）加热。烙铁头加热焊接部位，使连接点的温度升至焊接需要的温度。加热时，烙铁头和连接点要有一定的接触面和接触压力。

（3）加焊料。加热到一定温度后，即可在烙铁头与连接点的结合部或烙铁头对称的一侧，加上适当的焊料，焊料熔化后，用烙铁头将焊料拖动一段距离，以保证焊料覆盖连接点。

（4）冷却。焊料和烙铁头离开连接点（焊点）后，焊点应自然冷却，严禁用嘴吹或其他强制冷却的方法。在焊料凝固过程中，连接点不应受到任何外力的影响而改变位置。

（5）清洗。必须彻底清洗残留在焊点周围的焊剂、油污、灰尘。按清洗对象的不同，可以采用手工清洗、气相清洗和超声清洗等。

3.4.2　手工焊接的常识

1．加热方法

（1）电烙铁的握法

通常用右手握住电烙铁，握法有反握、正握和笔握 3 种，如图 3.6 所示。反握法对被焊件压力较大，适用于较大功率的电烙铁（>75W）；正握法适用于弯烙铁头的操作或直烙铁头在大型机架的焊接；笔握法适用于小功率的电烙铁焊接印制电路板上的元器件。

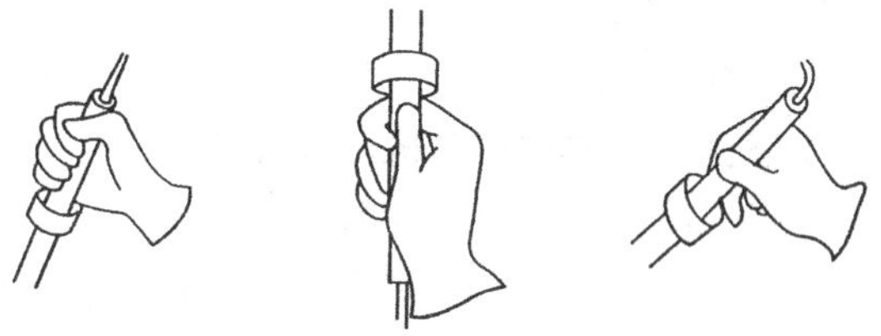

（a）反握法　（b）正握法　（c）笔握法

图 3.6　手握电烙铁的方法

（2）电烙铁的操作要领

电烙铁要在短时间内将几种金属同时加热，烙铁头如何与被焊金属接触十分重要。例如，焊接印制电路板时，由于接触角度 Q 不同，会造成热传导速度或引线一侧快或铜箔一侧快，为使加热均匀，烙铁头应对引线和铜泊同时加热。烙铁接触焊点的方法如图 3.7 所示。

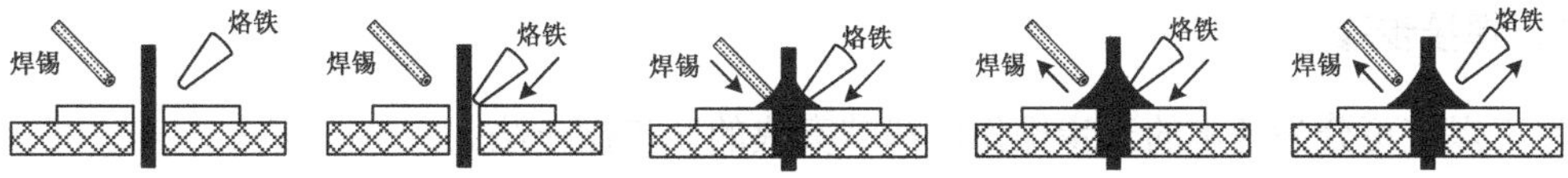

（a）准备施焊　（b）加热焊件　（c）送入焊丝　（d）移开焊丝　（e）移开烙铁

图 3.7　烙铁头接触焊点的方法

焊接结束时，烙铁头撤离的方法也要注意。因为烙铁头的主要作用是加热，焊料熔化后，烙铁头应迅速离开焊点。如果焊料停止供给后还继续加热，会造成焊料流淌，焊点表面出现粗糙状，失去光泽：如果烙铁头过早撤离，会造成加热不充分，焊剂使用不够，焊点强度降低，甚至会造成虚焊或假焊。

烙铁头除具有加热作用外，还能够控制焊料量，带走多余的焊料。图 3.8（a）为烙铁以 45° 方向撤离，焊点圆润，带走少量焊锡；图 3.8（b）为烙铁头以垂直方向撤离，焊点容易造成拉尖；图 3.8（c）为烙铁头以水平方向撤离，带走大量焊锡；图 3.8（d）为移开焊锡丝后，烙铁头以焊点向下撤离，带走大部分焊锡；图 3.8（e）为烙铁头以焊点向上撤离，带走少量焊锡。掌握以上烙铁撤离方法，就能控制焊料留存量，使每个焊点符合要求，这也是手工焊接的技巧之一。

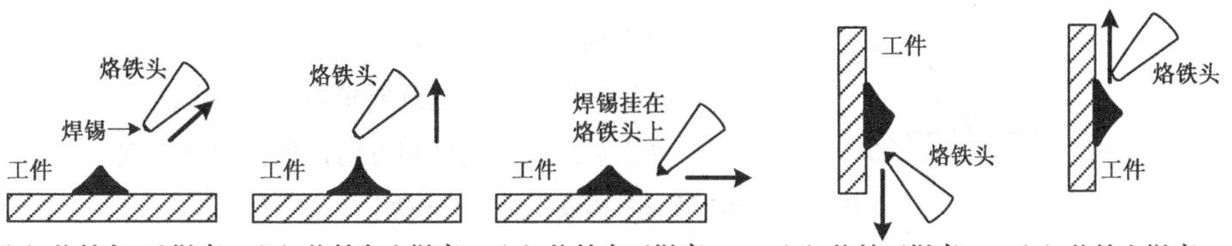

（a）烙铁向45°撤离　（b）烙铁向上撤离　（c）烙铁水平撤离　（d）烙铁下撤离　（e）烙铁上撤离

图 3.8　烙铁头撤离方向和焊料量关系

2. 焊料供给方法

（1）焊料的拿法

焊料的正确拿法是用左手拇指和食指轻轻捏住线状焊料，端头留出3～5cm，借助中指推力往前送料，如图 3.9（a）、图 3.9（b）所示。

（2）焊料供给要领

要掌握好焊料供给时机，在焊点达到焊接温度时，即供给焊料，这时焊剂最容易在金属表面起作用，使焊料润湿被焊金属。同时，焊料供给的位置要正确，先在烙铁头接触的被焊金属处供给少量焊料［图 3.9（c）1 处］。这样可以加快热传导；然后再向距烙铁头加热点最远的位置供给焊料［图 3.9（c）2 处］。应当指出，供给焊料时，决不能用烙铁头作为运载焊料的工具。因为手工焊接通常用含焊剂的线状焊料。如果烙铁头接触焊料并作为运输工具，那么焊剂在高温下早就分解挥发，从而运到焊点的焊料处于无焊剂状态，容易造成焊接缺陷。因此，手工焊接操作时，要一手拿烙铁，一手拿焊料，先对焊点加热后再加焊料。

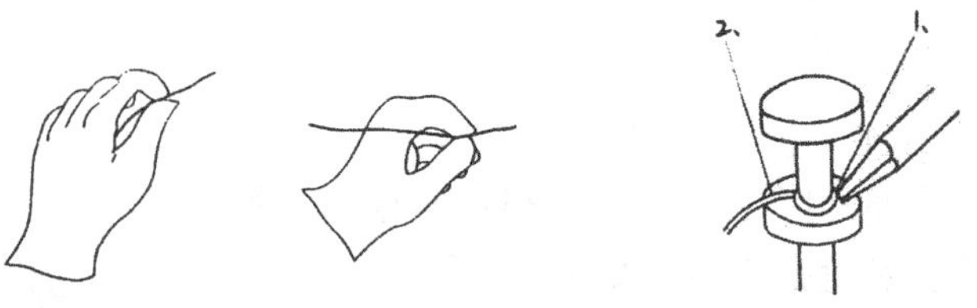

（a）　　（b）　　（c）

图 3.9　焊料供给顺序

3. 焊接步骤

手工焊接可分为基本的五步操作法和节奏快的三步操作法。

（1）五步操作法。手工焊接的五步操作法如图 3.10 所示。

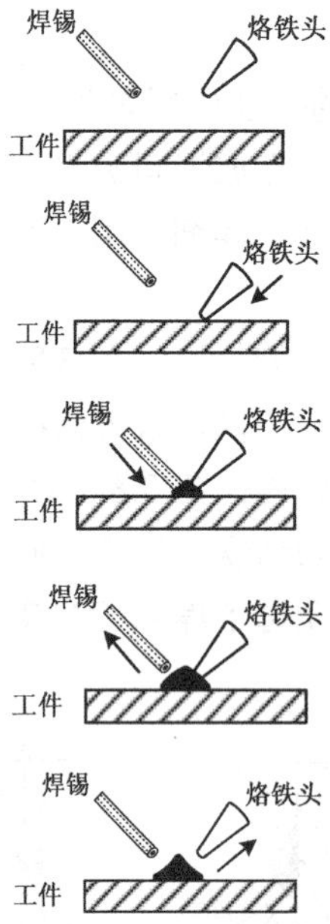

步骤 1：准备

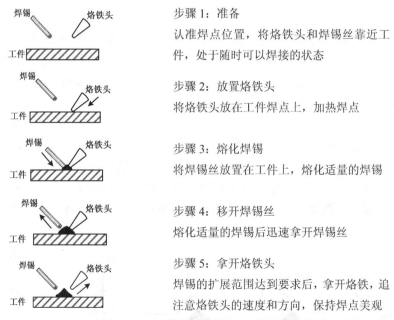

认准焊点位置，将烙铁头和焊锡丝靠近工件，处于随时可以焊接的状态

步骤 2：放置烙铁头

将烙铁头放在工件焊点上，加热焊点

步骤 3：熔化焊锡

将焊锡丝放置在工件上，熔化适量的焊锡

步骤 4：移开焊锡丝

熔化适量的焊锡后迅速拿开焊锡丝

步骤 5：拿开烙铁头

焊锡的扩展范围达到要求后，拿开烙铁，追注意烙铁头的速度和方向，保持焊点美观

图 3.10　手工焊接五步操作法（五步法）

（2）手工焊接的三步操作法如图 3.11 所示。

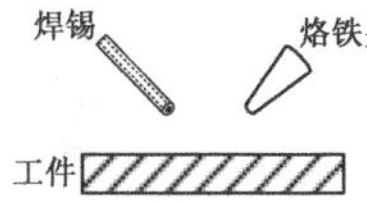

步骤 1：认准焊点位置。将烙铁头和焊锡丝靠近工件，处于随时可以焊接的状态

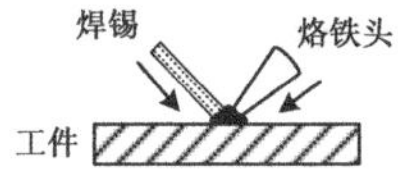

步骤 2：放置烙铁头和焊锡丝。同时放上烙铁头和焊锡丝，熔化适量的焊锡

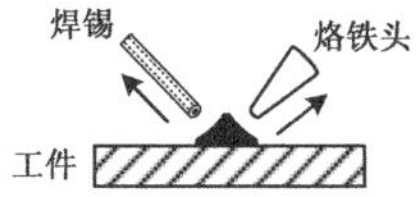

步骤 3：移开烙铁头和焊锡丝。焊点形成后，移开烙铁头和焊锡丝，注意移开焊锡丝的时间，不得迟于烙铁的移开时间

图 3.11 手工焊接三步骤操作法（三步法）

焊锡的熔化方法一般是先加热工件，再在工件上熔化焊锡，如图 3.12（a）所示。在小块工件上操作时，也可以先将焊锡放在工件上，再将烙铁头放在焊锡上，使焊锡熔化，如图 3.12（b）所示。图 3.12（c）所示，把焊锡丝放在烙铁头上熔化是不正确的，因为这样会使焊锡丝芯内的助焊剂在尚未接触焊接处时即已全部分解挥发掉了。

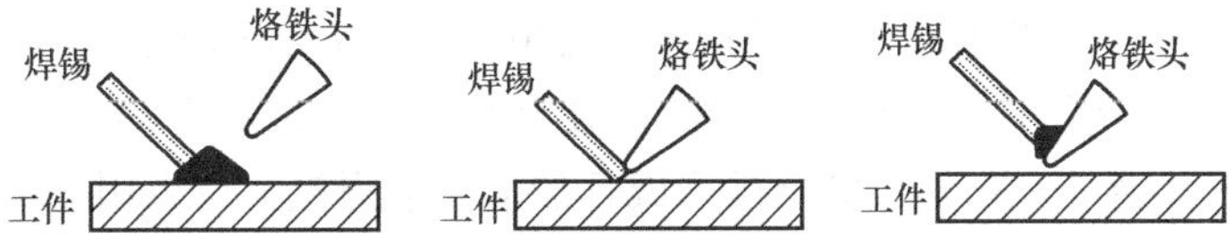

（a）正确　（b）正确　（c）不正确

图 3.12 焊锡熔化方法

4．焊接件的拆卸常识

电子设备由于调试或维修的原因，常需要把少数元件拆焊换掉。拆焊时注意避免损坏印制板和元器件。通常可逐个熔化焊点，逐个拆下元器件引线。例如，电阻的二个引脚焊点可分二次拆下，称为分点拆焊点。也可以同时集中加热几个引线焊点，如图 3.13（a）所示，或迅速交替加热两个以上焊点，如图 3.13（b）所示，而一次性拆下元器件，这种方法称为集中拆焊法。

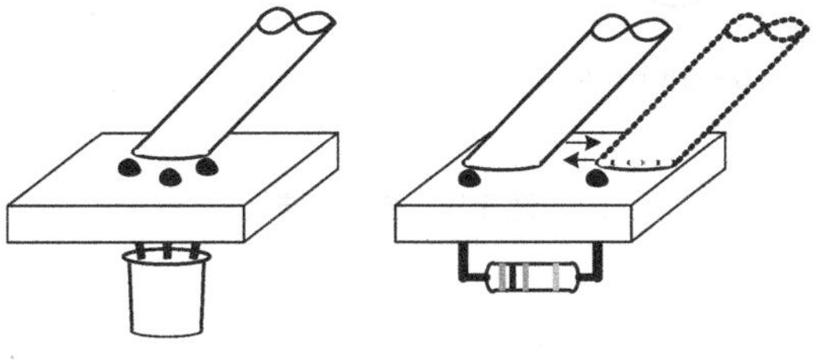

（a）同时加热三焊点　（b）迅速交替加热二焊点

图 3.13 集中拆焊法

拆焊时，多余的焊锡应清除掉，通常用吸锡电烙铁能很方便地吸去多余的焊料，吸锡电烙铁的结构及外形如图 3.14 所示。使用时，只要把烙铁头靠上焊点，待焊料熔化后按一下按钮，即可把熔化后的焊锡吸入储锡盒内。

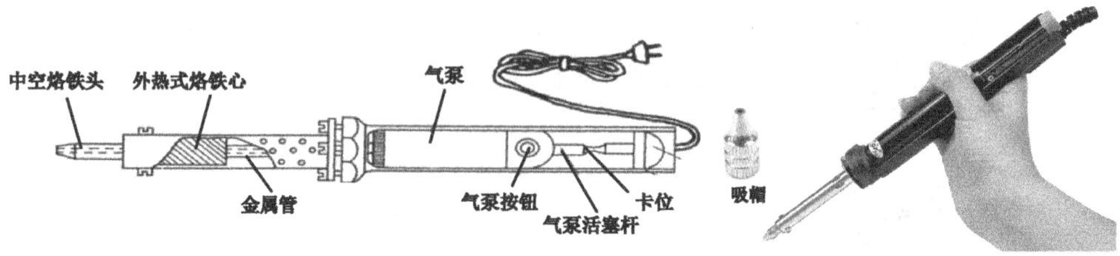

图 3.14 吸锡电烙铁示意图

3.5 导线和接线端子的焊接

导线和接线端子的焊接是指各种导线与焊片、继电器、开关元件的接点以及与各种导电连接器的接点的焊接，这些焊接都是手工焊接的主要对象。通常按连接方式可分为绕焊、钩焊、搭焊和插焊 4 种。

3.5.1 绕焊

把导线端子用尖嘴钳或镊子卷绕在接线端子上，然后进行焊接的方法称为绕焊。

导线的卷绕角度不小于 180°，但不应大于 270°，如图 3.15 所示。

绕焊连接时，不管采用何种端子，导线都要贴紧端子，端头不得翘起，导线绝缘层不得接触端子，一般应距离 1～3mm。多个排列成行的端子的焊接，可以用一根裸导线连续跨接，即连续绕几个 360°，但首尾两个端子上卷绕的角度应符合 180°～270° 的要求。

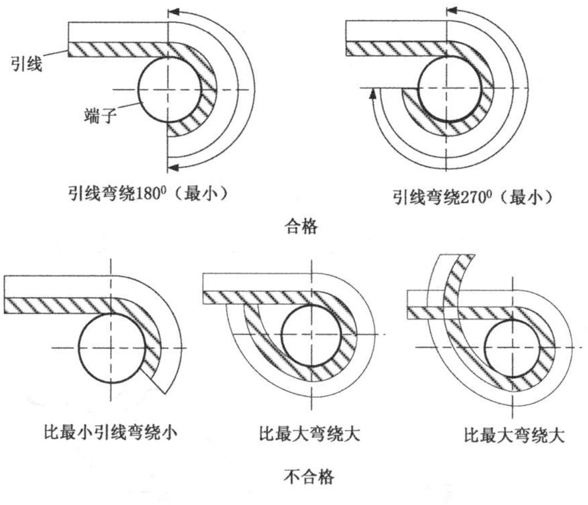

图 3.15 绕焊连接

3.5.2 钩焊

把导线端子弯成钩状，钩连在端子上，并用扁嘴钳子夹紧，然后进行焊接的方法称为钩焊。

钩焊的形式如图 3.16 所示，图中 D 为 1.0～1.5mm，p 为 0.5mm 左右。此法适用于扁状焊片端子。

钩连导线必须紧贴端子，几种导线（不大于 3 根）在同一孔内连接时，导线不应交叉重叠，应顺序排列。

3.5.3　搭焊

把导线端子搭接在线端子上用烙铁焊接的方法称为搭焊。这种方法仅适用于不能用绕焊和钩焊的场合，如薄片状接线端子，如图 3.17 所示。

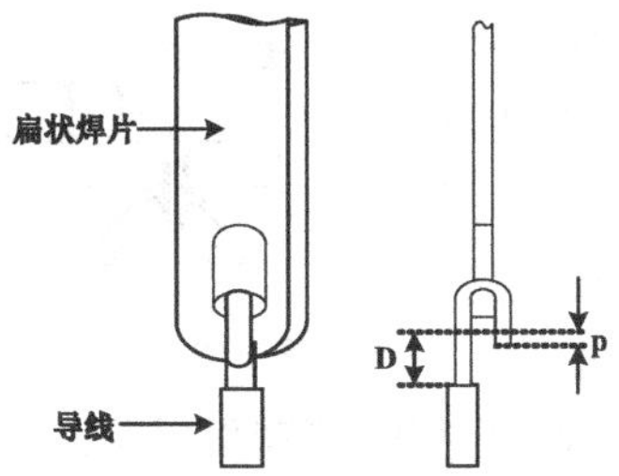

图 3.16　钩焊连接

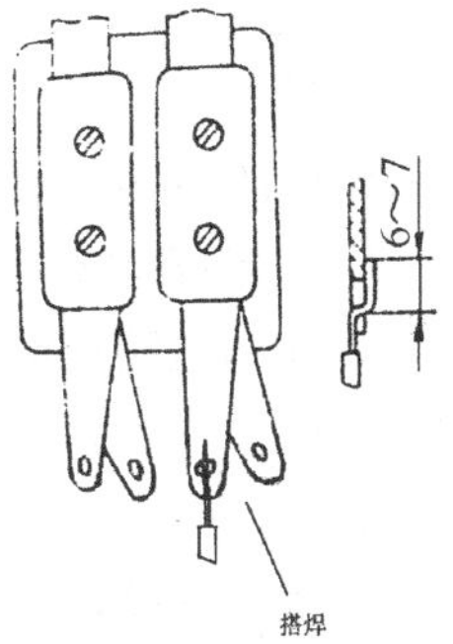

图 3.17　继电器簧片的搭焊

3.5.4　插焊

把导线端头插入接线端子孔内，用电烙铁焊接的方法称为插焊。这种方法适用于杯形接线端子，如图 3.18 所示。

插焊按接线端子体积的大小有两种加热方法。体积较大的端子，由于散热面积大，可用大功率电烙铁在端子外测加热，预先将焊料溶入插线孔内，然后插入导线，对于小型端子，可直接用 50～75W 电烙铁焊接。

焊接杯形端子时，导线应插到底，并置于端子中心；焊料适当，不得溢出或过少；在焊料凝固过程中，导线不得晃动。

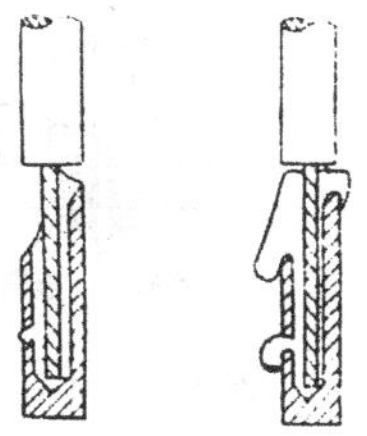

（a）合格　　（b）不合格

图 3.18　插焊连接合格与不合格

3.6　印制电路板上的焊接

用印制电路板安装元器件和布线，可以节省空间，提高装置密度，减少接线错误，在电子设备中已得到广泛运用。因此，在印制电路板上从事手工焊接也是整机装配的重要技能之一。

3.6.1　焊接方法

1．加热

印制电路板上的焊接，通常使用 20W 内热式电烙铁。电烙铁的温度根据焊接点热容量的大小，控制在 250～300℃。加热时，烙铁头应同时接触引线和焊盘，使两种金属均匀加热。

2．加焊料

印制电路板上的焊接所用的焊料，应根据印制导线的密度和焊盘的大小，采用 0.5～

1.2mm 的线状焊料（松脂芯焊锡丝）。当焊接部位达到焊接温度后即供给适量的焊料，焊料熔化后，烙铁头带动焊料沿焊盘移动一段距离，促使焊料分布均匀，焊点饱满。

从加热到焊接结束，时间应小于 3s。在焊接过程中，为了保护印制导线和焊盘，烙铁头不要使劲摩擦焊接部位，也不要在一个地方长时间加热，以免造成铜箔脱落。

3.6.2 焊接要求

单面印制电路板的焊接，元件应装在印制导线的反面（即无铜箔面），引线插过洞孔与焊盘接在一起，如图 3.19 所示。

金属化孔双面印制电路板的焊接，按图 3.20 所示。焊接时采用单面焊接方法，使焊料在孔内充分润湿，并流向另一侧。如采用两面焊接，应充分加热，使孔内气体排出。

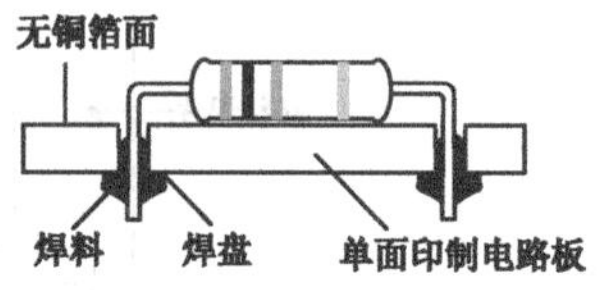

图 3.19 单面印制电路板上的焊接

多层印制电路板的焊接，要按图 3.21 的要求进行。焊接时严禁采用两面焊接，以防金属化孔内焊接不良。

元器件引线需在印制电路上打弯后焊接，应按图 3.22 所示要求进行，引线沿印制导线的方向打弯。

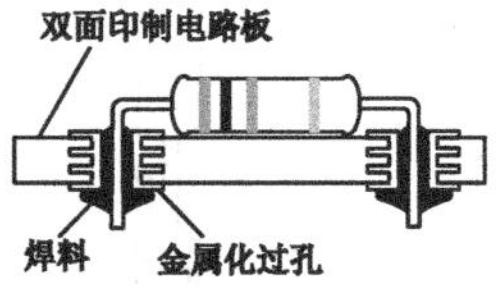

图 3.20 双面印制板上的焊接

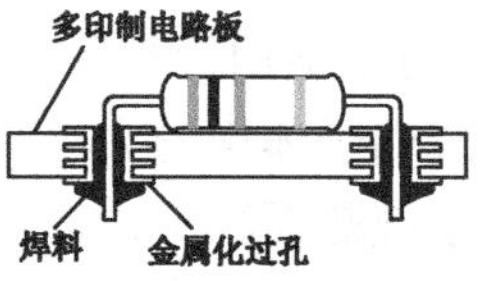

图 3.21 多层印制电路板上的焊接

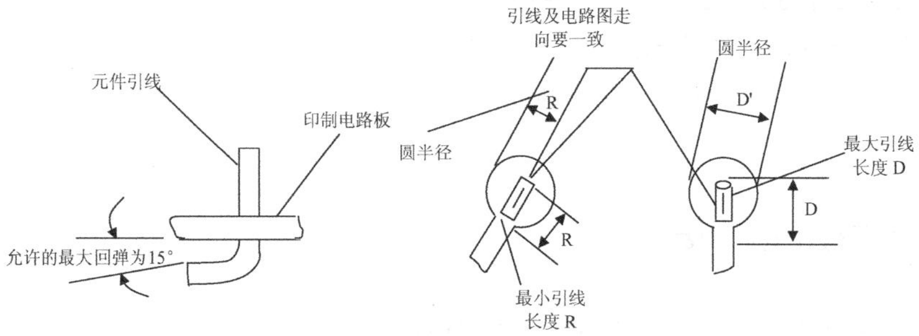

图 3.22 引线打弯焊接

3.7 特殊元器件的焊接要求

3.7.1 MOS 集成电路的焊接

MOS 集成电路的安装和焊接应在等电位或接地工作台上进行。操作人员应穿戴棉制的防静电工作服、工作帽、细纱手套，焊接时手腕戴防静电接地环，电烙铁通过工作台接地。焊接顺序是先焊电源高端（V_{DD}），再焊电源低端（V_{SS}），最后焊输入输出端。场效应管按源（S）、栅（G）、漏（D）依次焊接。带插头的印制电路板，焊接 MOS 集成电路前，应预先在插头处加装短路插座保护。

3.7.2　片状元器件的印制板焊盘要求

片状元器件的焊接与插装元器件的焊接不同，后者通过引线插入通孔，焊接时不会移位，且元器件与焊盘分别在印制板两侧，焊接较容易。片状元器件在焊接过程中容易移位，焊盘与元器件在印制板同侧，焊接端子形状不一，焊盘细小，焊接要求高。因此，焊接时必须细心谨慎，提高精度。

电烙铁功率采用25W，最高不宜超过35W，且功率和温度最好是可调控的，烙铁头要尖，使用带抗氧化层的长寿烙铁为佳，焊接时间控制在3s以内，焊锡丝直径为0.6～0.8mm。焊接时，先用镊子将元器件放到印制板对应的位置上，然后用电烙铁焊接。为防止焊接元件时元器件移位，可先用环氧树脂将元器件粘贴在印制板上的对应位置，胶点大小与位置如图3.23所示。待固化后，刷上助焊剂，再进行焊接。

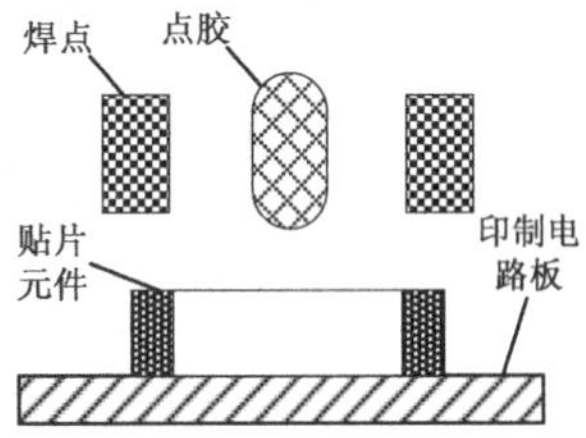

图3.23　片状元器件的贴焊

片状元件的焊接是SMT的关键技术，将片状元件的焊接端子对准印制板上的焊盘。利用粘剂或焊膏的粘性，把片状元件贴到印制板上，然后通过波峰焊或再流焊实现焊接。SMT的典型工艺流程如下。

印制板设计→涂布粘接剂或印刷焊膏→贴装片状元器件→波峰焊或再流焊→清洗→测试。SMT设备：点胶机、印刷机、贴片机、波峰焊机、红外再流焊机、返修工作台、清洗机和测试设备。由于，设备在制造过程中，很多地方需要通过手工焊接才能完成，因此，设计和制作人员，以及维修者都应具备熟练的电烙铁焊接技术。

3.7.3　继电器的焊接

焊接非密封继电器前，在接线端子间应塞满条形吸水纸带，以防止焊剂、焊料渗入继电器内部。焊接时将继电器焊接面适当倾斜。

焊接密封继电器时，要防止接线端子根部绝缘子受热破裂。可用蘸乙醇的棉球包在绝缘子周围帮助散热。

接线端子为簧片式的继电器，连接导线或焊接时，不应使簧片受力变形。

3.7.4　瓷质元件的焊接

瓷质元件由于耐热差，要严格控制焊接温度和时间，采取散热措施，防止元器件过热损坏。焊接渗银瓷质件时，可以采用含银焊料焊接，以保护银层。

3.7.5　开关元件的焊接

开关元件以胶水或塑料压制者居多，这类材料耐热性差，容易开裂和起泡，焊接时可采用接点交叉焊接的方法，使加热温度分散，减少元器件损坏。

思考与练习

1. 画出手工焊接工艺流程图。
2. 画图说明片状元器件的印制板焊接要求。
3. 手工焊接的五步操作法的步骤是什么？
4. 用 1、2、3、4、5 标出图 3.24 的焊接步骤。

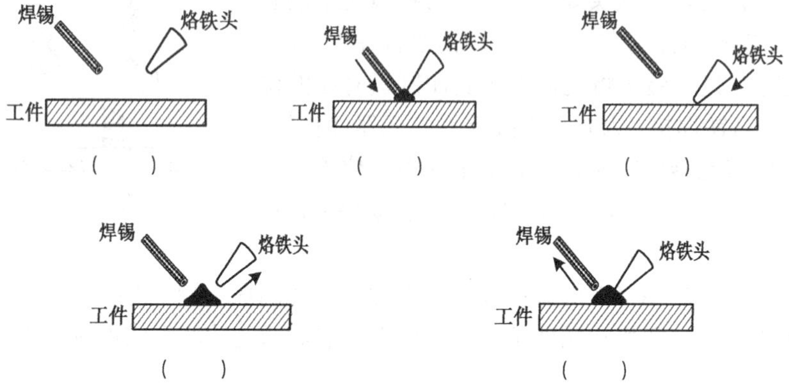

图 3.24　焊接步骤

第4章 印制电路板的设计与制作

印制电路板（Printed Circuit Board，PCB）也称为印刷电路板或PCB，被广泛用于家用电器、仪器仪表、计算机等电子设备中。随着电子产品向小型、轻量、薄型、多功能等高可靠性的方向发展，了解和掌握印制电路板的基本设计方法和制作工艺，掌握生产流程是电子实习实训的基本要求，符合培养动手型技能型人才，并可以适应人才市场的需求，拓宽毕业求职的道路。

4.1 印制电路板的基础知识

最初我们使用的印制电路板是单面纸基覆铜板，在半导体晶体管产生后，印制电路板的需求量一直在不断地扩大。由于电子设备的体积越来越小，电路布线密度越来越大，覆铜板由原来的单面纸基覆铜板发展到环氧覆铜板、聚四氟乙烯覆铜板等新型覆铜板。市场上的计算机辅助设计（CAD）印制电路板的应用软件已经得到普及和推广，专业印制电路板设计分为人工设计和计算机辅助设计两种方式。无论用哪种方式，都需要按照原理图的电气连接和产品电气性能、机械性能要求和国家标准要求来设计。覆铜板质量的优劣直接影响到印制板的制作质量。

4.1.1 印制电路板的分类

印制电路板有按印制导线和机械特性两种方法分类。

1. 按印制导线分类

（1）单面印制板。按照电路特性分析，单面印制板需要在绝缘基板的一面覆铜，另一面是没有覆铜的电路板，可供要求不高的收音机、电视机、仪器仪表使用。

（2）双面印制板。双面印制板是在绝缘基板的顶层和底层两面进行覆铜，中间是绝缘层。双面板两面都可以布线，一般需要由金属化孔连通。双面印制电路板的布线密度较高，可节省耗材。

（3）多层印制板。多层印制板是指由3层或3层以上导电图形和绝缘材料层压合而成的印制板。它在双面板的基础上增加了内部电源层、内部接地层及多个中间布线层。

2. 按机械特性分类

（1）刚性板。在一般电子设备中常使用刚性板。用刚性板装成的部件有一定的抗弯能力及机械强度。酚醛树脂、环氧树脂、聚四氟乙烯等覆铜板都属于刚性板。

（2）柔性板。柔性板是以软质绝缘材料（聚酰亚胺）为基材而制成的，铜箔与普通印制板相同，使用粘合力强、耐折叠的粘合剂压制在基材上。表面用涂有粘合剂的薄膜覆盖，可防止电路和外界接触引起短路和绝缘性下降，有一定的加固作用，使用时可以弯曲。

4.1.2 印制电路板设计要符合设计原则

印制电路板是整机工艺设计中的重要一环，设计质量关系到元器件的焊接、装配、调试，以及整机的技术性能指标，所以在设计中要遵守一定的规范和原则。印制电路设计主要是排版设计，设计前应对电路原理及相关资料进行分析，熟悉原理图中每一个元器件的功能、外形尺寸、封装形式、引脚的排列顺序，需要安装散热装置的元器件，以及装在板上的位置，敏感器件产生的干扰，单面、双面、多面板的选取，印制板的工作环境等。

覆铜板板材、板厚、形状及尺寸的确定方法如下。

（1）印制板板材的确定。由于覆铜板的选用直接影响电器的性能及使用寿命。因此在设计选用时，根据产品的电气特性、机械特性及使用环境选用不同的覆铜板，主要依据是：电路中有无发热元器件(如大功率元器件),印制电路板在电器中的放置方式为垂直或水平方向，板上有无较重的器件等因素。

（2）印制板厚度的确定。印制板采用直接式插座连接时，板厚一般选 1.5mm。在国家标准中，覆铜板的厚度有系列标准值，选用时应尽量采用标准厚度值。

（3）印制板形状的确定。印制板的形状通常与整机外形有关，一般采用长宽比例不太悬殊的长方形，可简化成形加工。

（4）印制板尺寸的确定。印制板尺寸的确定要考虑到整机的内部结构和印制板上元器件的数量、尺寸及安装排列方式。板上元器件在排列时，彼此间应留有一定的间隔，特别是在高压电路中，要注意存留足够的间距，在考虑元器件所占面积时，要注意发热元器件需安装散热器的尺寸。确定印制板的净面积后，还应向外扩出 5～10mm（单边），以便于印制板在整机安装中的固定。

（5）对外连接方式的确定。印制电路板在整机中要考虑与板外元器件的合理连接、板与板的连接、整机结构的连接，以及安装调试维修的方便。

4.1.3 焊接方式

1. 导线焊接

导线焊接只需用导线将印制板上的对外连接点与板外元器件或其他部件直接焊牢即可，图 4.1 为一种简单操作的两种不同焊接情况。其中，图 4.1（a）焊接合理，线路板对外导线焊接成本低、可靠性高。缺点是维修不方便，适用收音机中的喇叭、电池盒等的焊接。印制板的对外焊接导线的焊盘尽量排在印制板边缘，以利于焊接与维修。

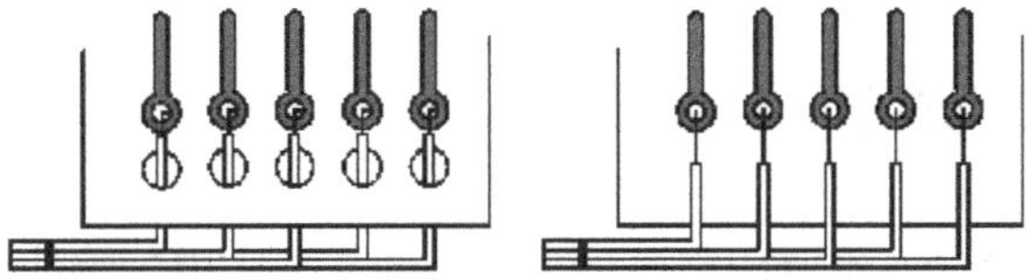

（a）焊接合理　　（b）焊接不合理

图 4.1　导线焊接

2. 排线焊接

如图 4.2 所示，两块印制板之间采用排线焊接，既可靠，又不易出现连接错误，且两块印制板的相对位置不受限制。

3. 印制板间直接焊接

如图 4.3 所示，直接焊接常用于两块印制板之间为 90° 夹角的连接，连接后成为一个整体印制板部件，外观看很整齐，焊点大小也一致。

图 4.2　印制板间排线焊接

图 4.3　印制板间直接焊接

4.1.4　插接器连接方式

在复杂的电子仪器设备中，为了便于安装调试，会采用插接器的连接方式。图 4.4 是在电子设备中经常采用的连接方式。

插接器连接方式既可保证批量产品的质量，而且调试、维修都方便。但由于触点多，可靠性就比较差。印制板对外连接的插头、插座的种类很多，有矩形连接器、口型连接器、圆形连接器等，如图 4.5 所示。

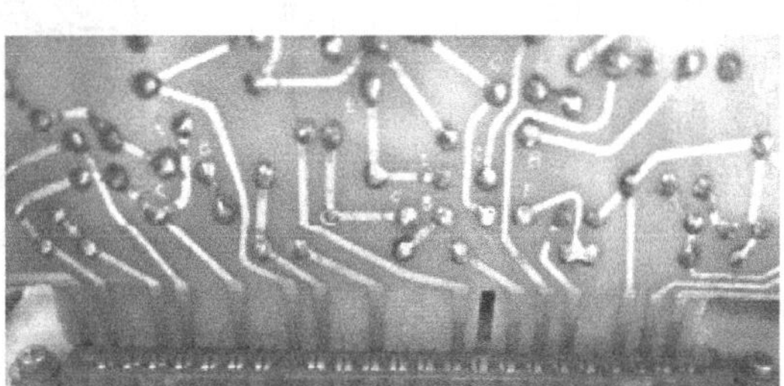

图 4.4　插接器连接

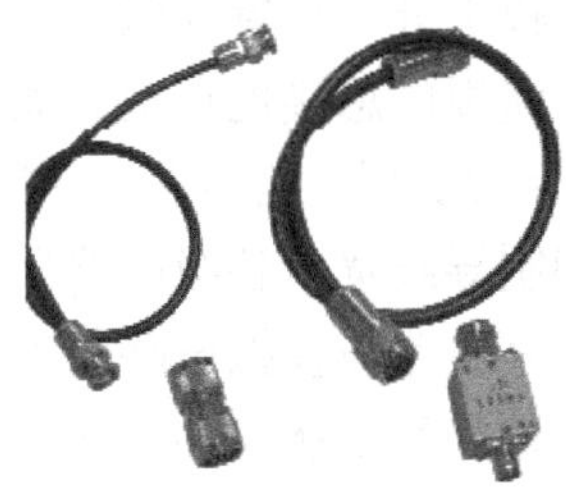

图 4.5　接插器

4.2 印制电路板的排版设计

印制电路板的排版设计要确定印制电路板的组件布局、电气连线方式及正确的结构，设计要有抗干扰措施，遵守一定的设计原则。

4.2.1 印制电路板的设计原则

1. 高频元器件

高频元器件之间的连线应尽可能缩短，以减少它们的分布参数和相互间的电磁干扰。易受干扰的元器件之间不能距离太近。

2. 特殊元器件及导线

对某些电位差较高的元器件或导线，要扩大它们之间的距离，调试时手不易触及高压元器件，避免在放电时意外短路，加支架固定重量较大的元器件，发热元器件应考虑散热方法，热敏元件应远离发热元件。留出定位孔及固定支架的位置，方便调整可调元器件。

4.2.2 布线的原则

（1）高频电路中的线路电流较大，布线尽可能短而宽。

（2）印制导线的拐弯应成圆角。

（3）高频电路可用岛形焊盘，并用大面积接地布线。

（4）印制板两面都要布线时，两面的导线要相互垂直、斜交或弯曲走线，避免相互平行，以减小寄生耦合。

（5）电路中的输入及输出印制导线不可相邻平行，在导线之间加接地线可以减少相互之间的干扰。

4.2.3 印制电路板干扰的产生及抑制

（1）地线干扰的抑制。克服地线干扰，处理好各级电路的内部接地，可防止各级电流的干扰。

（2）采用一点接地法消除高增益、高灵敏度电路中的地线干扰。如图 4.6（a）所示，在一块印制板上分别设置并联分路，并将各地线汇集到电路板的总接地点上。如图 4.6（b）所示，在实际设计时，地线设计在印制板的边缘，比一般印制导线宽，各级电路采取就近并联接地。将数字电路与模拟电路的地线分开供电，以抑制它们相互干扰。加粗接地线，使它能通过三倍于印制电路板的允许电流，大面积覆盖接地。在高频电路中，扩大印制板上的地线面积，以减少地线中的感抗，削弱在地线上产生的高频信号，可对电场干扰起到屏蔽作用，如图 4.7 所示。

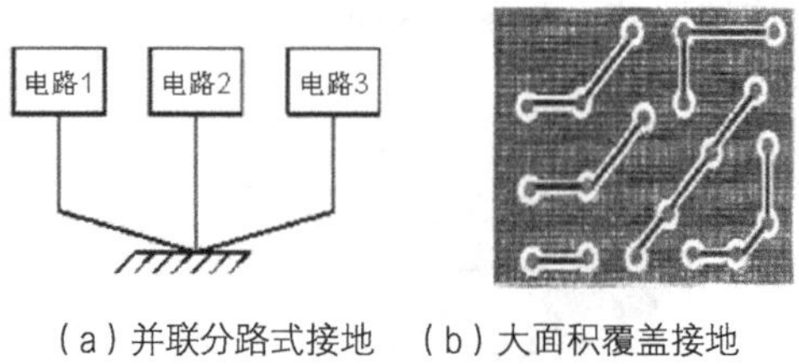

（a）并联分路式接地　（b）大面积覆盖接地

图 4.6　各种接地形式

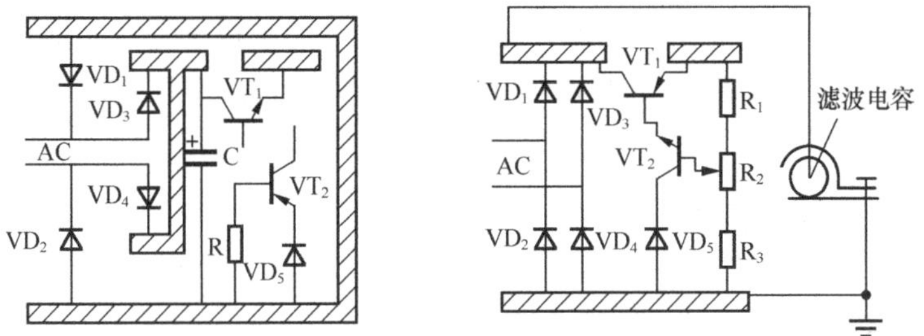

（a）整流管接地过远　　（b）交流回路与取样电阻共地

图 4.7　电器布线不合理引起的干扰

（3）电源干扰及抑制。合理布线，避免交流信号对直流产生干扰。

4.2.4　元器件排列及安装方式

元器件在印制板上的排列方式分为不规则与规则两种。

1. 不规则排列

元器件不规则排列也称随机排列，即元器件轴线方向彼此不一致，排列顺序无一定规则，如图 4.8（a）所示。用这种方式排列元器件，看起来杂乱无章，这对于减少印制板的分布参数、抑制干扰，特别是对高频电路极为有利，这种排列方式常在立式安装中采用。

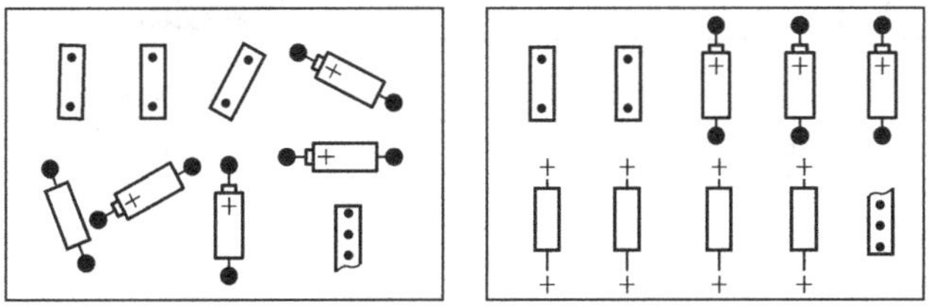

（a）不规则排列　　（b）规则排列

图 4.8　元器件排列格式

2. 规则排列

元器件轴线方向排列一致，并与板的四边垂直或平行，如图 4.8（b）所示。用这种方式排列元器件，可使印制板元器件排列规范、整齐、美观，方便装焊、调试，易于生产和维修。这种排列方式常用于板面较大、元器件种类相对较少，而数量较高的低频电路中。

3. 元器件的安装方式

元器件在印制板上的安装方式有立式和卧式两种，如图 4.9 所示，两种方式特性各异。

（1）立式安装。立式安装是指元器件与印制板面垂直，立式安装占用面积小，单位面积容纳元器件数量多，如半导体收音机和小型便携式仪器。

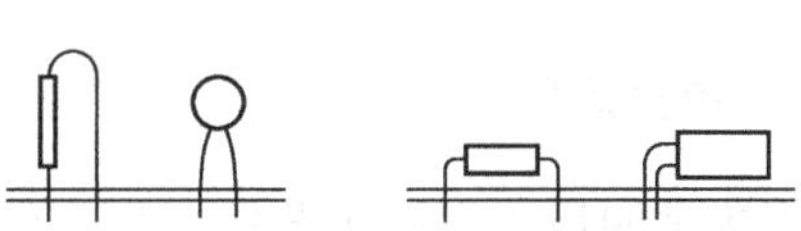

（a）立式安装　　（b）卧式安装

图 4.9　元器件安装方式

（2）卧式安装。卧式安装是指元器件的轴线方向与印制板平行。元器件卧式安装具有机械稳定性好、排列整齐等优点。卧式安装元器件跨距大，两焊点间走线方便，有利于印制导线的布设。

4.2.5 元器件布设原则

1. 元器件布局

元器件在整个板面上应均匀布设，疏密一致。元器件不要布满整个板面，板的四周要留有一定余量（5～10mm），余量大小由根据固定的方式决定。元器件布设在板的一面，每个元器件引脚单独占用一个焊盘。

元器件在布设时不能上下交叉，如图 4.10 所示。相邻元器件要保持一定间距。相邻元器件如电位差较高，应留有安全间隙，在一般环境中，安全间隙电压为 200V/mm。

元器件安装高度尽量低，过高易倒伏或与相邻元器件碰接。规则排列元器件，元器件轴线方向在整机内处于竖立状态，从而提高元器件在板上的稳定性，如图 4.11 所示。

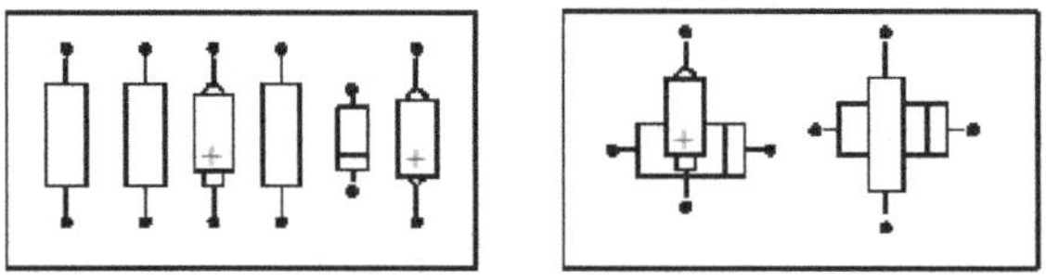

（a）合理　（b）不合理

图 4.10　元器件布设

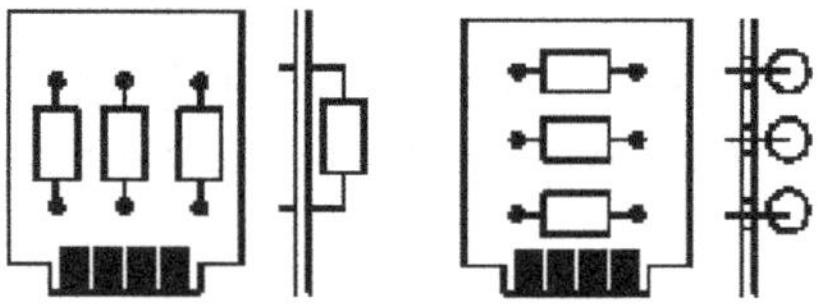

（a）合理　（b）不合理

图 4.11　较大元器件布设方向

2. 引脚处理

元器件两端弯引脚时不要齐根弯折，应留出 2mm 的距离，以免弯脚和焊接时损坏元器件，如图 4.12 所示。

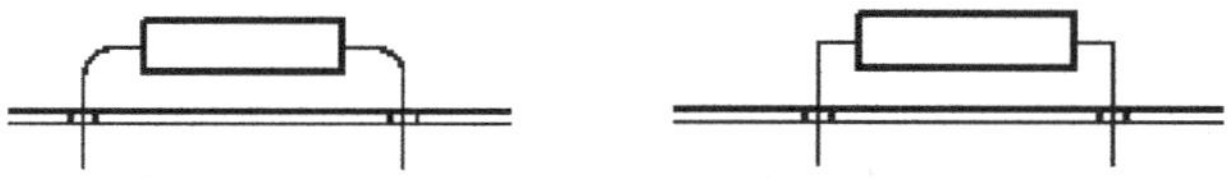

（a）合理　（b）不合理

图 4.12　元器件安装

4.2.6 焊盘及孔的设计

焊盘在印制电路中起到固定元器件和连接印制导线的作用。

1. 焊盘的尺寸

连接盘的尺寸与钻孔设备、钻孔孔径、最小孔环宽度有关。为了便于加工和保持连接盘与基板之间有一定的粘附强度，应增大连接焊盘的尺寸。布线密度高的印制电路板，若其连接盘的尺寸过大，就要减少导线宽度与间距。

例如，引线中心距离为 2.5mm 或 2.54mm 双列直插式集成电路的连接焊盘，盘之间要通过一条 0.3～0.4mm 宽度的印制导线时，连接盘的直径尺寸为 1.5～1.6mm，如要通过两条或 3 条印制导线，连接焊盘的直径尺寸不能小于 1.3mm，连接焊盘的环宽不小于 0.3mm。不同钻孔直径对应的最小连接焊盘直径如表 4.1 所示。

表 4.1　　钻孔直径与最小连接盘直径

钻孔直/mm		0.4	0.5	0.6	0.8	0.9	1.0	1.3	1.6	2.0
最小连接焊盘直径/mm	Ⅰ级	1.2	1.2	1.3	1.5	1.5	2.0	2.5	2.5	3.0
	Ⅱ级	1.3	1.3	1.5	2.0	2.0	2.5	3.0	3.5	4.0

2．焊盘的形状

（1）岛形焊盘。岛形焊盘如图 4.13（a）所示，常用于元器件的不规则排列，元件为立式安装时较为普遍。这种焊盘适合于元器件密集固定的情况，可抑制分布参数对电路造成的影响。焊盘与印制导线合为一体后，铜箔的面积加大后可以增加印制导线的抗剥强度。

（2）圆形焊盘。圆形焊盘如图 4.13（b）所示，焊盘与引线孔是同心圆。设计时，尽量增大连接焊盘的尺寸，以增强抗剥能力。

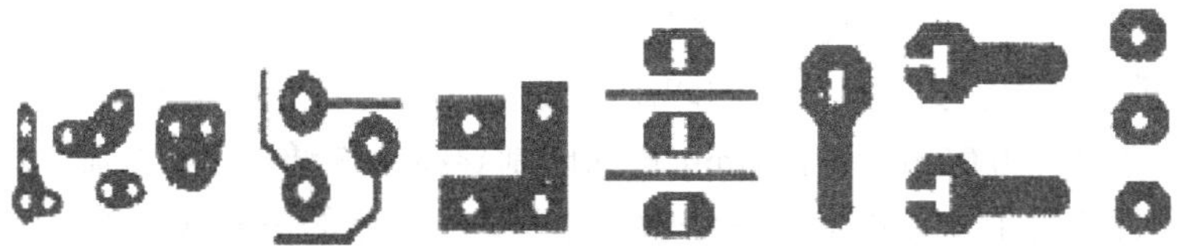

（a）　（b）　（c）　（d）　（e）　（f）　（g）

图 4.13　各式焊盘

（3）方形焊盘。方形焊盘如图 4.13（c）所示，当印制板上元器件体积大、数量少且印制线路简单时，多采用方形焊盘。由于制作简单，一般手工制作常用这种方式。

（4）椭圆形焊盘。椭圆形焊盘如图 4.13（d）所示，焊盘既有足够的面积可增强抗剥能力，尺寸又较小以利于中间走线，常用于双列直插式器件。

（5）泪滴式焊盘。泪滴式焊盘如图 4.13（e）所示，这种焊盘与印制导线连接圆滑，高频电路中可减少传输损耗，提高传输速率。

（6）钳形（开口）焊盘。钳形（开口）焊盘如图 4.13（f）所示，钳形焊盘可在波峰焊后，使焊盘孔不被焊锡封死，钳形开口小于外圆的 1/4。

（7）矩形和多边形焊盘。矩形和多边形焊盘如图 4.13（g）所示，这种焊盘区别于焊盘外径接近，而孔径不同的焊盘。

3．孔的设计

印制电路板上的孔主要有 4 种：焊盘孔、过孔、安装孔和定位孔。

（1）焊盘孔。焊盘孔有金属化和非金属化之分。引线孔有电气连接和机械固定双重作用。焊盘孔过小，元器件引脚安装困难，焊锡不能润湿金属孔；引线孔过大，容易形成气泡等焊接缺陷。

（2）过孔。过孔也称连接孔。过孔均为金属化孔，主要用于不同层间的电气连接。一般电路过孔直径可取 0.6～0.8mm，高密度板可减少到 0.4mm，甚至用盲孔方式，即过孔完全用金属填充。孔的最小极限受制板技术和设备条件的制约。

（3）安装孔。安装孔用于大型元器件和印制板的固定。

（4）定位孔。定位孔主要用于印制板的加工和测试定位，可用安装孔代替，也常用于印制板的安装定位，一般采用三孔定位方式，孔径根据装配工艺确定。

4.2.7 印制导线设计

印制导线具有一定的电阻，当电流通过时，要产生热量和一定的压降，选用合适的印制导线尺寸是很重要的。

1. 印制导线的宽度

印制导线的主要作用是连接焊盘和承载电流，它的宽度主要由铜箔与绝缘基板之间的粘附强度和流过导线的电流决定，导线宽度以满足电气性能要求便于生产为宜，它的最小值不小于 0.2mm，一般不超过 0.3mm。印制导线具有一定的电阻，当电流通过时，会产生热量和压降，单面板实验表明，当铜箔厚度为 50μm，导线宽度为 1～1.5mm，通过电流时，温度升高小于 3℃。因此，选用合适宽度的印制导线很重要，一般选用 1～1.5mm 宽度导线可满足设计要求，而不致引起温升过高。一般的印制导线的载流量可按 20A/mm^2（电流/导线截面积）计算，即当铜箔厚度为 0.05mm 时，1mm 宽的印制导线允许通过 1A 电流，因此可以确定，导线宽度的毫米数值等于负载电流的安培数。对于集成电路的信号线，导线宽度可以选 0.2～1mm，但是为了保证导线在印制板上的抗剥强度和工作可靠性，线不宜太细，只要印制板的面积及线条密度允许，就采取较宽的导线，特别是电源线、地线及大电流的信号线更要适当加宽，线宽在 2～3mm。

2. 印制导线的间距

印制导线之间的距离将直接影响电路的电气性能，导线间距必须满足电气安全要求，考虑导线之间的绝缘强度、相邻导线之间的峰值电压、电容耦合参数等。为了便于操作和生产，间距也应尽量大些。最小间距至少要能适合承受的电压。这个电压一般包括工作电压、附加波动电压及其他原因引起的峰值电压等，表 4.2 为间距电压参考值。

表 4.2　间距电压参考值

导线间距/mm	0.5	1	1.5	2	3
工作电压/V	100	200	300	500	700

3. 印制导线走向与形状

印制电路板布线是按照原理图要求，将元器件通过印制导线连接成电路，在布线时，“走通”是最起码的要求，“走好”是经验和技巧的表现。由于印制导线本身可能承受附加的机械应力，以及局部高电压引起的放电作用，因此在实际设计时，要根据具体电路选择如图 4.14 所示的导线形状。

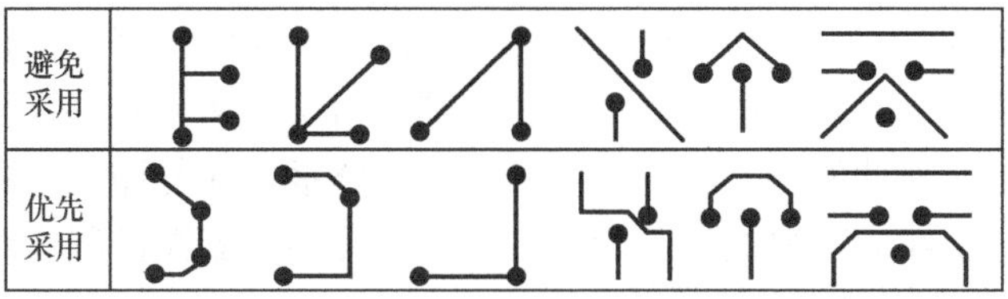

图 4.14　印制导线的形状

4．印制导线的屏蔽与接地

印制导线的公共地线应尽量布置在印制线路板的边缘。在高频电路中，印制线路板上应尽可能多地保留铜箔做地线，最好形成环路或网状，这样不但屏蔽效果好，还可减小分布电容。多层印制线路板可采取其中若干层作屏蔽层，电源层、地线层均可视为屏蔽层，一般地线层和电源层设计在多层印制线路板的内层，信号线设计在内层和外层。

5．跨接线的使用

在单面的印制线路板设计中，有些线路无法连接时，常会用到跨接线（也称飞线），通常情况下只设 6mm、8mm、10mm 三种，超出此范围的禁止或不建议使用。

4.2.8　草图设计

草图是指制作照相底图（也称黑白图）的依据，它是在坐标纸上绘制的。要求图中的焊盘位置、焊盘间距、焊盘间的相互连接、印制导线的走向及板的大小等按实际尺寸和比例绘制。通常在原理图中为了便于电路分析及更好地反映各单元电路之间的关系，元器件用电路符号表示，在此不考虑元器件的尺寸形状、引脚的排列，只为便于电路原理的理解。这样做会有很多线交叉，这些交叉线若没有节点，则为非电气连接点，允许在电路原理图中出现。印制电路板上，非电气连接的导线交叉是不允许的，如图 4.15 所示。在设计印制电路草图时，不会考虑原理图中电路符号的位置，为使印制导线不交叉可采用（飞线）画图。

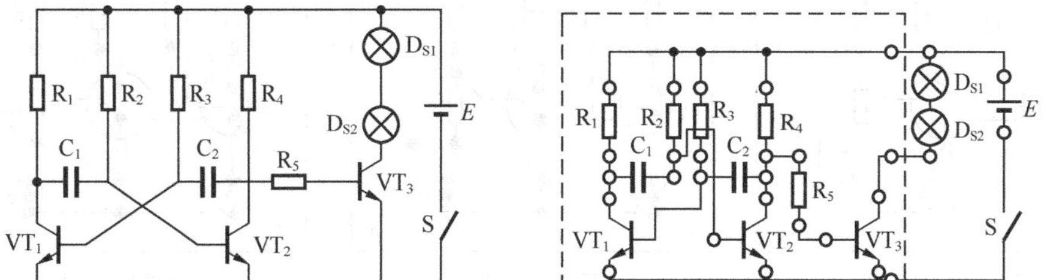

（a）　　　　（b）

图 4.15　原理图及单面不交叉图

1．草图设计原则

元器件在印制电路板上的分布应尽量均匀，密度一致，排列整齐美观，一般应做到横平竖直排列。不论是单面印制电路板，还是双面印制电路板，元器件应布置在同一面，特殊情况的个别元器件布置在焊接面。安全间隙不应小于 0.5mm，元器件的电压每增加 200V，间隙增加 1mm，个别元器件加装金属屏蔽罩时，应注意屏蔽罩不得与元器件或引线相碰。当元器件需要并排贴紧排列时，必须保证元器件外壳之间彼此绝缘良好。面积大的印制电路板，需采取加固边框的措施。元器件的安装高度要合理。对于发热元器件、易热损坏的元器件或双面电路板元器件，元器件的外壳不允许紧贴印制电路板，应与印制电路板有一定的距离。安装之前，元器件的引线应弯曲成形。除此之外，元器件可紧贴印制电路板安装，尤其是同一种元器件的安装高度应一致。

2. 草图设计的步骤

印制电路板草图设计通常先绘制单线不交叉图，在图中将具有一定直径的焊盘和一定宽度的直线分别用一个点和一根单线条表示。在单线不交叉图基本完成后，即可绘制正式的排版草图，此图要求板面尺寸、焊盘的尺寸与位置、印制导线宽度、连接与布设、板上各孔的尺寸位置等均需与实际板面相同并明确标注出来。同时应在图中注明印制板的各项技术要求，图的比例可根据印制电路板上图形的密度和精度要求而定，可以采用 1∶1、2∶1、4∶1 等比例绘制。

按草图尺寸选取网格纸或坐标纸，在纸上按草图尺寸画出板面外形尺寸并在边框尺寸下面留出一定空间，如图 4.16（a）所示。

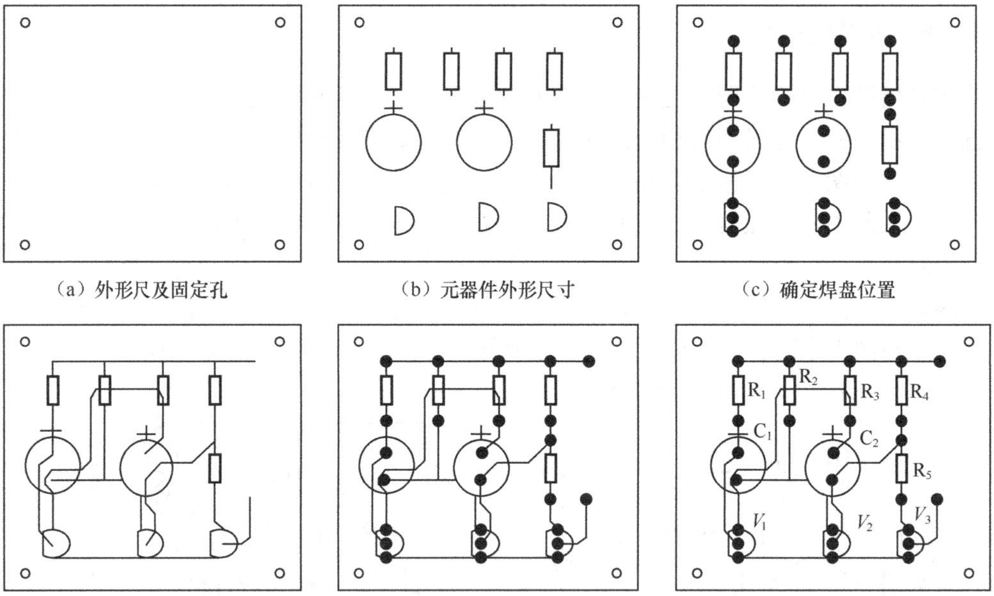

（a）外形尺及固定孔　（b）元器件外形尺寸　（c）确定焊盘位置

（d）勾画印制导线　（e）整理印制导线　（f）元件参数的标注

图 4.16　草图绘制过程

在单线不交叉图上均匀、整齐地排列元器件，并用铅笔画出各元器件的外形轮廓，元器件的外形轮廓应与实物相对应，如图 4.16（b）所示。

确定并标出各焊盘位置，有精度要求的焊盘要严格按尺寸标出，布置焊盘位置时，不要考虑焊盘的间距是否整齐一致，而要根据元器件的大小形状确定，以保证元器件在装配后分布均匀、排列整齐、疏密适中，如图 4.16（c）所示。

勾画印制导线时，用细线标明导线走向及路径即可，不需按导线的实际宽度画出，同时考虑导线间距，如图 4.16（d）所示。

先用铅笔绘制好单线不交叉图，再用铅笔重描绘点和印制导线，元器件用细实线表示，如图 4.16（e）所示。

标注焊盘尺寸及线宽，注明印制板的技术要求，如图 4.16（f）所示。

对于双面印制板设计，还应考虑以下几点：元器件应布设在板的一面（TOP 面），主要印制导线应布设在元件面（BOT 面），两面印制导线避免平行布设，应尽量相互垂直，以减少干扰。两面印制导线分别画在两面，如在一面绘制，应用两种颜色以示区别，并注明在哪一面。印制板两面的对应焊盘和需要连接印制导线的通孔要严格地一一对应。可采用扎针穿孔法将一面的焊盘中心引到另一面。在绘制元器件面的导线时，应注意避免元器件外壳和屏蔽罩可能产生短路的地方。

4.2.9　制版底图绘制

制版底图绘制也称为黑白图绘制，它是依据预先设计的布线草图绘制而成的，是为生产提供照相使用的黑白底图。印制电路版面设计完成后，在投产制造时必须将黑白图转换成符合生产要求的 1∶1 原版底片。因此，黑白图的绘制质量将直接影响印制板的生产质量。获取原版底片与设计手段有关，目前经常使用的制取原版底片的几种方法示意图如图 4.17 所示。

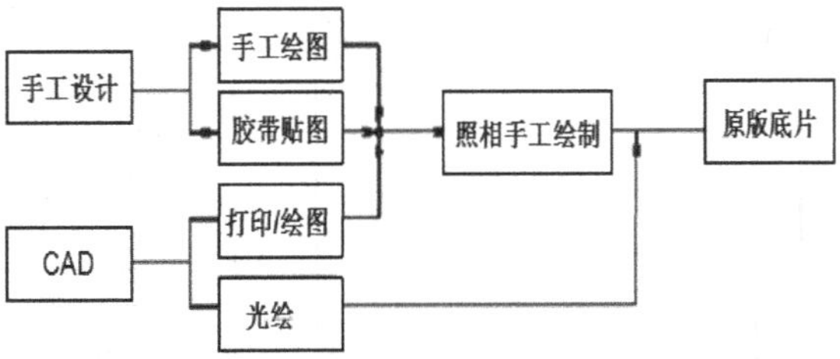

图 4.17　制取原版底片的几种方法

由图 4.17 可见，除光绘可直接获得原版底片外，采用其他方式时都需要通过照相制版来获得整版底片。

1．手工绘图

手工绘图就是用墨汁在白铜板纸上绘制照相底图，其方法简单、绘制灵活。在新产品研制或小批量试制中，常用这种方法。

2．手工贴图

手工贴图是利用不干胶带和干式转移胶粘盘直接在覆铜板上粘贴焊盘和导线，也可以在透明或半透明的胶片上直接贴制 1∶1 黑白图。

3．计算机绘图

利用计算机辅助电路设计软件设计印制板图，然后采用打印机或绘图机绘制黑白图。

4．光绘

光绘就是使用计算机和光绘机，直接绘制出原版底片。

4.2.10　制版工艺图

制作一块标准的印制板，根据不同的加工工序，应提供不同的制版工艺图、机械加工图。

机械加工图是供制造工具、模具、加工孔及外形（包括钳工装配）用的图纸。图上应注明印制板的尺寸、孔位、孔径及形位公差、使用材料、工艺要求等。图 4.18 是机械加工图样，采用 CAD 绘图，打印时选择机械层（Mech 层）。线路图是为了与其他印制板制作工艺图区别，一般将导电图形和印制元件组成的图称为线路图。图 4.19 是线路加工图样，采用 CAD 绘图时，打印时选择顶层打印（TOP 层）。字符标记图（装配图）为了装配和维修方便，常将元器件标记、图形或字符采用丝印方法印制到板上，原图称为字符标记图，也称丝印图。图 4.19 包括丝印图形和字符，可通过制版照相或光绘获得底片。阻焊图是采用机器焊接印制电路板时，为了防止焊锡在非焊盘区桥接，而在印制板焊点以外的区域印制一层阻止锡焊的涂层（绝缘耐锡焊涂料）或干膜，这种印制底图称为阻焊图。阻焊图与印制板上的全部焊点形状对应，略大于焊盘，如图 4.20 所示。阻焊图可手工绘制，采用 CAD 时可自动生成标准阻焊图。

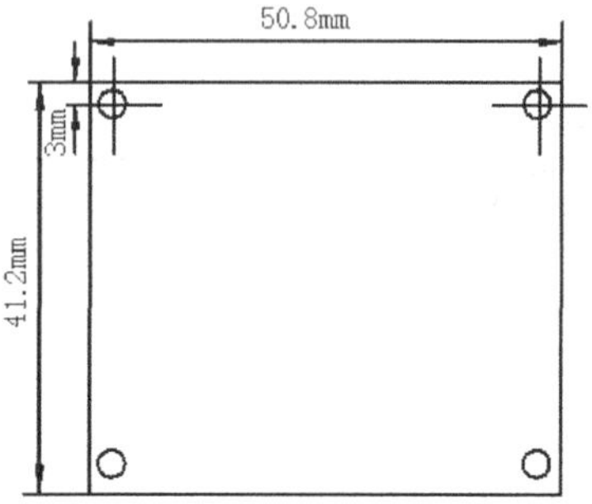

图 4.18　印制板丝印图

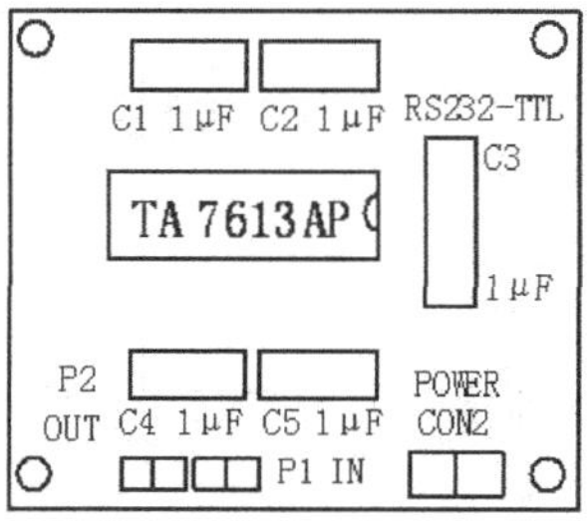

图 4.19　印制板阻焊图

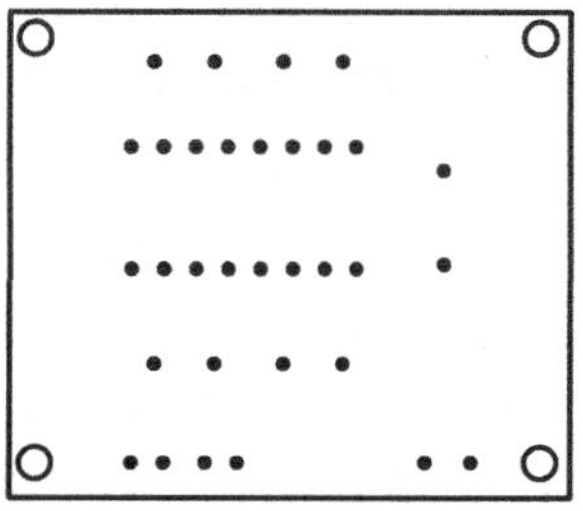

图 4.20　印制板阻焊图

印制电路板采用的印制板从单面板、双面板发展到多层板和挠性板。印制板的线条越来越细，现在印制导线可做到 0.2mm 以下。但应用最广泛的还是单面印制板和双面印制板。

4.3　印制电路板制造过程的基本环节

印制电路板的制作工艺基本上可以分为减成法和加成法两种。减成法工艺就是在覆满铜箔的基板上按照设计要求，采用机械的或化学的方法除去不需要的铜箔部分来获得导电图形的方法，如丝网漏印法、光化学法、胶印法、图形电镀法等。加成法工艺是在没有覆铜箔的层压板基材上采用某种方法敷设所需的导电图形，如丝网电镀法、粘贴法等。在生产工艺中，用得较多的是减成法。其工艺流程如下。

（1）绘制照相底图。当电路图设计完成后，就要绘制照相底图，绘制照相底图是印制板生产厂家的第一道工序，可由设计者采用手绘制或计算机辅助设计（CAD）完成，可按 1∶1、2∶1 或 4∶1 比例绘制，这是制作印制板的依据。

（2）底图胶片制版。底图胶片（原版底片）确定了印制电路板上要配置的图形。获得底图胶片有两种基本途径：利用计算机辅助设计系统和激光绘图机直接绘制出来，先绘制黑白底图，再经过照相制版得到。把照相底版制好后，将底版上的电路图形转移到覆铜板上，称为图形转移。具体方法有丝网漏印、光化学法（直接感光法和光敏干膜法）等。

（3）蚀刻钻孔。蚀刻在生产线上也称烂板。它是利用化学方法去掉板上不需要的铜箔，留下组成图形的焊盘、印制导线与符号等。蚀刻的流程是：预蚀刻→蚀刻→水洗→浸酸处理

→水洗→干燥→去抗氧膜→热水洗→冷水洗→干燥。钻孔是对印制板上的焊盘孔、安装孔、定位孔进行机械加工，可在蚀刻前或蚀刻后进行。除用台钻打孔以外，现在普遍采用程控钻床钻孔或雕刻机钻孔。

（4）孔壁金属化。双面印制板两面的导线或焊盘要连通时，可通过金属化孔来实现，即把铜沉积在贯通两面导线或焊盘的孔壁上，使原来非金属的孔壁金属化。在双面和多层板电路中，这是一道必不可少的工序。

（5）金属涂覆。为提高印制电路的导电性、可焊性、耐磨性、装饰性，延长印制板的使用寿命，提高电气的可靠性，可在印制板上的铜箔上涂覆一层金属。金属镀层的材料有金、银、锡、铅锡合金等，方法有电镀和化学镀两种。

（6）涂助焊剂与阻焊剂。印制板经表面金属涂覆后，为方便自动焊接，可进行助焊和阻焊处理。

4.4 印制板加工技术要求

设计者将图纸（或设计图文件）交给制板厂加工的同时需向对方提供附加技术说明，一般称技术要求。它一般写在加工图上，简单图也可以直接写到线路图或加工合同中。技术要求包括：外形尺寸及误差；板材、板厚；图纸比例；孔径及误差；镀层要求；涂层要求（阻焊层、助焊剂）。

1. 印制板的生产流程

（1）单面印制板流程

单面板的生产流程为：覆铜板下料→表面去油处理→上胶→曝光→成形→表面涂覆→涂助焊剂→检验。单面印制板的生产工艺简单，质量容易得到保证。但在进行焊接前，还应进行检验，内容如下。

① 导线焊盘、字与符号是否清晰、无毛刺，是否有桥接或断路。

② 镀层是否牢固、光亮，是否喷涂助焊剂。

③ 焊盘孔是否按尺寸加工，有无漏打或打偏。

④ 板面及板上各加工的孔尺寸是否准确，包括印制板插头部分。

⑤ 板厚是否合乎要求，板面是否平直无翘曲等。

（2）双面印制板生产流程

双面板与单面板生产的主要区别在于增加了孔金属化工艺，即实现了两面印制电路的电气连接。由于孔金属化工艺很多，相应双面板的制作工艺也有多种方法。概括分类有电镀后腐蚀和腐蚀后电镀。电镀后腐蚀的方法有板面电镀法、图形电镀法、反镀漆膜法；腐蚀后电镀的方法有堵孔法、漆膜法。常用的图形电镀工艺法为：下料→钻孔→化学沉铜→擦去表面沉铜→电镀铜加厚→贴干膜→图形转移→二次电镀加厚→镀铅锡合金→去保护膜→涂覆金属→成形→热烙→印制阻焊剂与文字符号→检验。

（3）多层印制板的生产工艺流程

多层板是在双面板的基础上发展起来的，除了双面板的制造工艺外，还有内层板的加工、层定位、层压、粘合等特殊工艺。目前多层板的生产以 4～6 层为主，如计算机主板、工控机

CPU 板等，在巨型机等领域内，有可达几十层的多层板。其工艺流程是：覆铜箔层板→冲定位孔→印制、蚀刻内层导电图形，去除抗蚀膜→化学处理内层图形→压层→钻孔→孔金属化→外层抗蚀图形（贴干膜法）→图形电镀铜、铅锡合金→去抗蚀膜、蚀刻外形图形→插头部分退铅锡合金、插头镀金→热熔铅锡合金→加工外形→测试→印制阻焊剂文字符号→成品。

多层印制板的工艺较为复杂，即内层材料处理→定位孔加工→表面清洁处理→制内层走线及图形→腐蚀→层压前处理→外内层材料层压→孔加工→孔金属化→制外层图形→镀耐腐蚀可焊金属→去除感光胶→腐蚀→插头镀金→外形加工→热熔→涂焊剂→成品。

（4）挠性印制电路板

挠性印制电路板的制作过程与普通印制板基本相同，主要不同是压制覆盖层。

（5）手工自制印制板

在样机尚未定型试制阶段或在科技创新活动中，往往需要制作少量的印制电路板供实验、调试使用。若按照正规加工工艺标准规程，送专业生产厂加工制造，不但费用高，而且加工时间较长。因此，掌握自制印制板加工方法很有必要。手工自制印制板的方法有漆图法、贴图法、铜箔粘贴法、热转印法等。下面简单介绍采用热转印法手工自制印制板，此方法简单易行，而且精度较高，其制作过程如下。

① 用 Protel、oRCAD、CorelDRAW 及其他制图软件，甚至可以用 Windows 的“图画”功能制作印制电路板图形。

② 用激光打印机将电路图打印在热转印纸上（没有可以用不干胶反印纸代替）。

③ 按照需要裁好覆铜板。

④ 用细砂纸磨平覆铜板及四周，将打印好的热转印纸覆盖在覆铜板上，送入照片塑封机（温度调到 150℃～200℃）来回压几次，使熔化的墨粉完全吸附在覆铜板上（用电熨斗反复熨烫也能实现）。

⑤ 覆铜板冷却后，揭去热转印纸，检查焊盘与导线是否有遗漏。如有，则用稀稠适宜的调和漆或油性笔将图形和焊盘描好。

⑥ 在焊盘上打样冲眼，以冲眼定位钻焊盘孔。钻孔时注意钻床转数应取高速，钻头应刃磨锋利，进刀不宜过快，以免将铜箔挤出毛刺。

⑦ 将印好电路图的覆铜板放入浓度为 28%～42%的三氯化铁水溶液（或双氧水＋盐酸＋水，比例为 2∶1∶2 混合液）。将板全部浸入溶液后，用排笔轻轻刷扫，待完全腐蚀后，取出用水清洗（或采用专用腐蚀箱进行腐蚀）。

⑧ 将腐蚀液清洗干净后，用碎布沾去污粉后反复在板面上擦试，去掉铜箔氧化膜，露出铜的光亮本色。冲洗晾干后，应立即涂助焊剂（可用已配好的松香酒精溶液）。

4.5 Protel 99 SE 的电路设计

4.5.1 Protel 99 SE 的安装步骤

Protel 99 SE 的安装步骤分为主程序的安装、补丁程序的安装、附加程序的安装三大部分。

1．主程序的安装

首先确定 Protel 99 SE 文件夹的安装路径，需要记住该路径，这里将此路径分配在 E 盘。

（1）双击其中 Setup.exe 的文件，出现如图 4.21 所示的欢迎安装对话框，单击【Next】按钮。

（2）在图 4.22 所示的界面中，填写 Name、Company 信息，Access Code 在安装路径中的 Sn.txt 中。

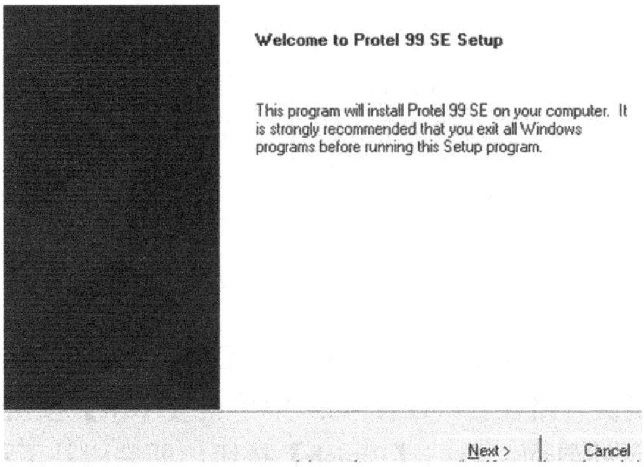

图 4.21　主程序安装界面（欢迎安装对话框）

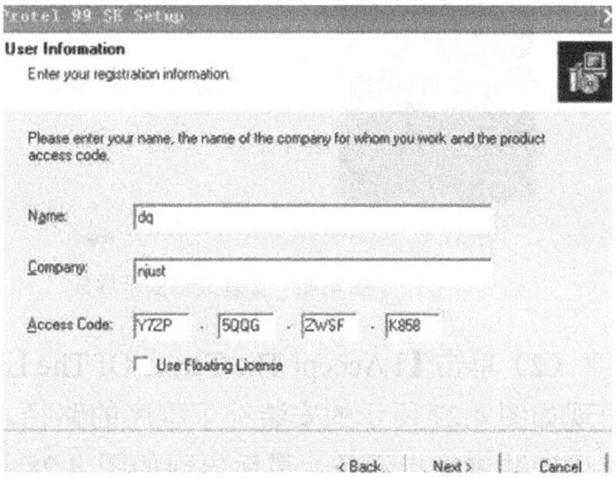

图 4.22　填写用户信息

（3）在图 4.22 中单击【Next】按钮，出现如图 4.23 所示的安装路径选择对话框，这里安装在 C 盘。此后，一直按默认的选择单击【Next】按钮即可。

（4）出现如图 4.24 所示的安装进度显示对话框，这个过程根据机器的配置不同，会有一点差别。几分钟后，进入图 4.25 所示的安装成功提示界面。

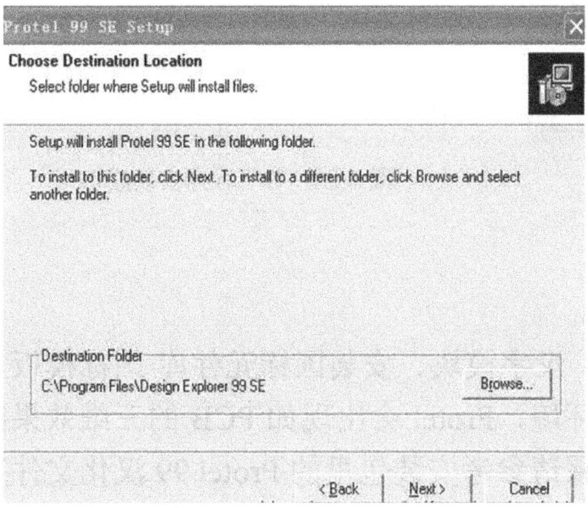

图 4.23　选择安装路径对话框

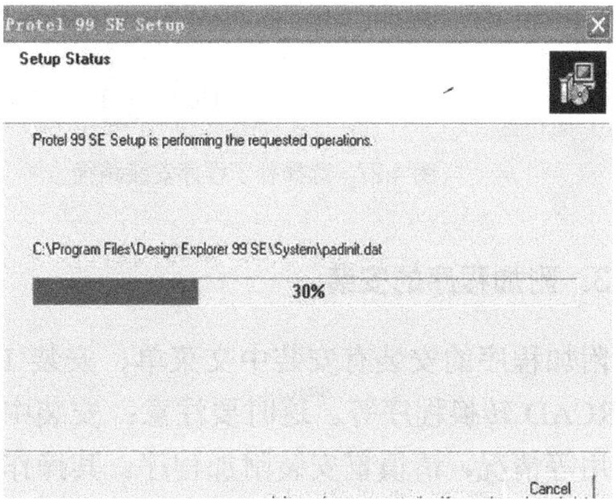

图 4.24　显示安装进度

（5）单击【Finish】按钮，完成 Protel 99 SE 主程序的安装工作，在桌面上出现 Protel 99 SE 的图标。

2．单击补丁程序的安装

主程序安装完后，接着安装 Protel 99 SE 的补丁程序，以便运行中文菜单等功能。

（1）打开路径 E 下的 Protel 99SP6，双击其中的 Protel 99 SE Service Pack6.exe，出现如图 4.26 所示的界面。

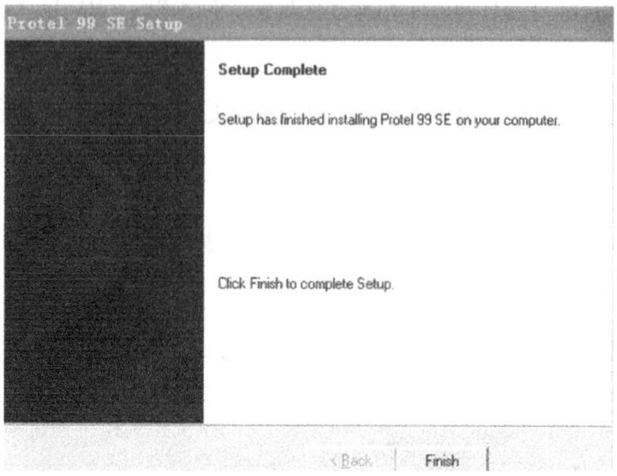

图 4.25 安装成功提示界面

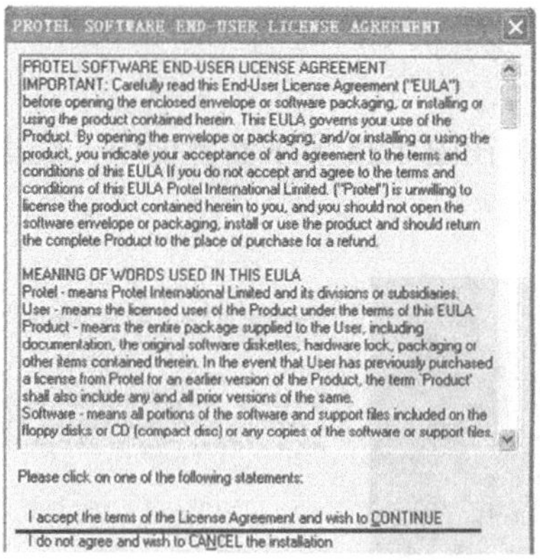

图 4.26 补丁程序安装信息确认界面

（2）单击【I Accept The Terms Of The License Agreement And Wish To CONTINUE】按钮，出现如图 4.27 所示的安装补丁程序的路径，默认为路径 C。在图 4.27 中单击【Next】按钮，出现安装进度指示条，最后出现如图 4.28 所示的界面，单击【Finish】按钮，即完成补丁程序的安装。

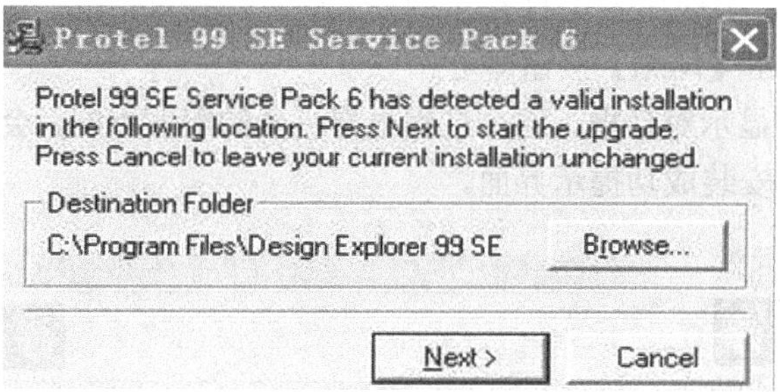

图 4.27 选择补丁程序安装路径

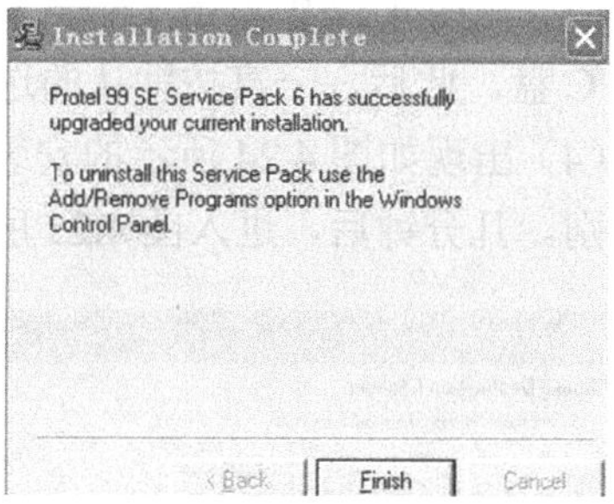

图 4.28 补丁程序安装成功

3．附加程序的安装

附加程序的安装有安装中文菜单、安装 PCB 汉字模块、安装国标元件库/国标模板、安装 oRCAD 转换程序等。这时要注意：安装中文环境，Protel 会出现如 PCB 的三维效果图不能使用等情况，请慎重安装附加程序。其操作步骤请参考安装包里的 Protel 99 汉化文件夹中的安装说明.txt。

中文菜单的安装步骤如下。

① 双击在安装包里的 Protel 99 汉化文件夹中的 Setup.bat 即完成中文菜单的安装。如计算机没有 Setup.bat 文件，可将 Protel 汉化文件夹中的 CLIENT99SE.rcs 文件复制一份至 Windows 操作系统的根目录下（Windows XP 系统，为 C 盘的 WINDOWS），出现如图 4.29 所示的文件替换对话框，单击【是】按钮即可。再次打开 Protel 即可出现中文菜单，如图 4.30 所示。如果以后不需要用中文菜单，可先将 WINDOWS 下的 CLIENT99SE.rcs 文件保存起来。

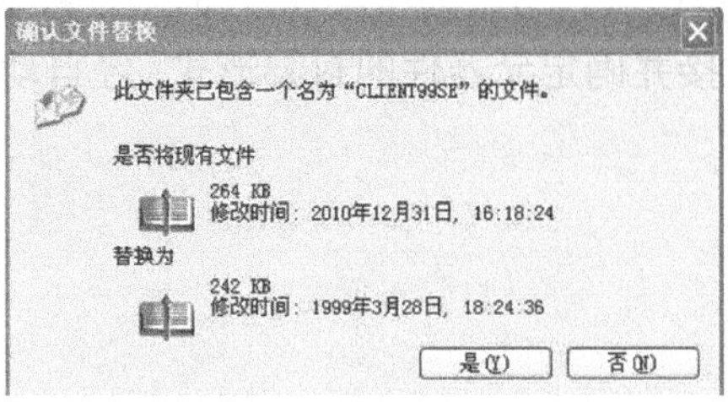

图 4.29　文件替换对话框

图 4.30　Protel 中文菜单

② 安装 PCB 汉字模板。打开安装包里的 Protel 99 汉化夹中的 Pcb_hz，单击其中的 Setup.bat，如计算机没有安装该文件，可将 Pcb_hz 下的全部文件复制到路径 C 下，然后将 Hanzi.lgs 和 FONT.DDB 两个文件的属性由原来的只读改为存档即可。

③ 安装国标元器件库/国标模板。将安装包里的 Protel 99 汉化文件夹中的 Gb4728.ddb（国标库）复制到路径 C 下的 Library→Sch 目录中，将路径 E 下的 Protel 99 汉化文件夹中 Guobiao Template.ddb（国标模板）复制到路径 C 中，同样将两者属性中的只读去掉。

④ 安装 oRCAD 转换程序。如果需要将 Protel 99 SE 与其他 oRCAD 软件互相转换，需要安装 oRCAD 转换程序，操作方法如下：将安装包里的 Protel 99 汉化文件夹中的 oRcad Protel 中的全部文件复制到路径 C 中即可。

4.5.2　计算机辅助设计印制电路的新概念

印制电路设计是电子实习实训的一个重要组成部分，随着人们审美意识的不断提高，印制电路板除了要布局合理，满足电气要求，有效抑制各种干扰外，还需要美观，这也是印制电路设计的新理念。需要整体布局元器件的摆放位置（方向）、印制导线的走线方向和拐角形式，以及焊盘的大小等。

印制电路板辅助软件有多种，国内市场上常用的软件主要有 Protel、PADS、oRCAD、Workbench 等，其中以 Protel 应用最广泛，Protel 是 Protel Technology 公司开发的功能强大的电路 CAD 系列软件，基本上可以分为 5 个组件：原理图设计组件、PCB 设计组件、自动布线组件、可编程逻辑器件组件、电路仿真组件。下面对 Protel 软件的功能及使用方法进行简单介绍。

4.5.3　Protel 99 SE 电路设计简介

Protel 99 SE 是目前印制电路设计应用中最为广泛的软件之一，它是一种有效的电路检测工具，能对电路进行有序的设计管理，它具有多样的编辑功能，可方便设计者进行便捷的自动化设计。Protel 99 SE 为用户提供了丰富的原理图元件库、PCB 元件库及库文件的编辑和管理。同时，设计者还可建立自己的库文件。在 Protel 99 SE 原理图编辑器（Schematic Document）中，设计者可以充分利用原理图元件库中提供的大量元器件及各种集成电路的电路符号，直接进行电路的原理设计，还可以利用原理图元件库编辑器（Schematic Library Document）编辑特殊的电路符号。印制电路图在印制电路板编辑器（PCB Document）中自动生成，设计者可根据要求对生成的电路图进行编辑，调整元器件的位置与方向。同样，在 Protel 99 SE 的印制电路板编辑器中，提供了大量元器件及集成电路封装形式图形，设计者在设计过程中可随时调用。印制电路元件库编辑器（PCB Library Document）可用来编辑特殊元件的封装形式。网络表是将电路原理图（Sch）生成印制电路板图（PCB）的桥梁和纽带，在 PCB 设计系统中，根据网络表文件自动完成元器件之间的连接并确定元器件的封装形式，经自动布局、布线后，完成印制电路的设计工作。

4.5.4　电路原理图设计

1．启动 Protel 99 SE

双击 Windows 桌面上的 Protel 99 SE 图标，或单击 Windows【开始】菜单中的 Protel 99 SE 图标来启动应用程序，如图 4.31 所示。

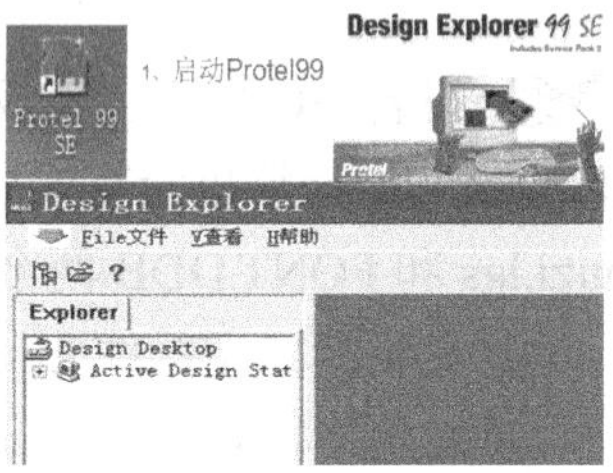

图 4.31　启动 Protel 99 SE

2．创建一个新的设计文件

执行菜单命令【File 文件】/【New 新建】，如图 4.32 所示。出现【New Design Database】创建设计数据文件对话框。选择【Location】标签，在“Database File Name”文本框中输入文件名，单击【Browse...】按钮选择文件的存储位置，Protel 99 SE 的默认文件名为“My Design.ddb”，如图 4.33 所示。选择【Password】密码标签，设置密码（密码可以不设，否则忘记密码就打不开文件了），单击【OK】按钮，进入设计数据库文件主窗口。

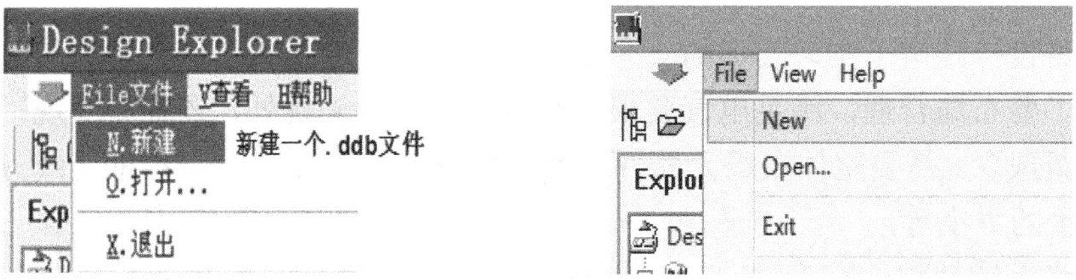

（a）新建.Ddb 文件汉化版　　（b）新建.ddb 文件英文版

图 4.32　新建设计文件

打开数据库文件夹。在设计数据库文件主窗口中双击文件夹 Documents 图标，打开数据库文件夹。也可以在设计管理器窗口中单击“My Design.ddb”下的“Documents”文件夹来打开数据库文件夹，如图 4.34 所示。

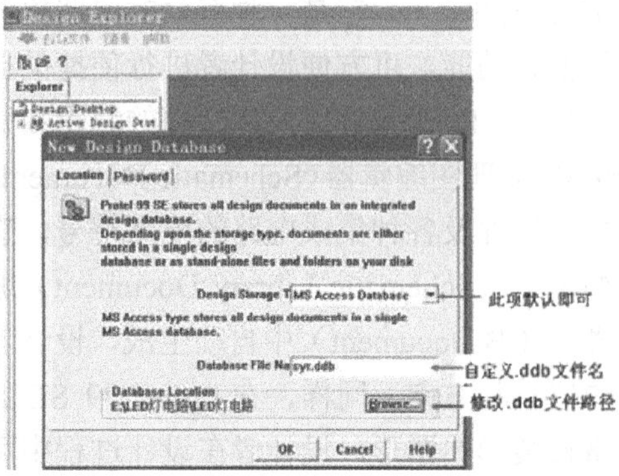

图 4.33　创建设计数据文件对话框

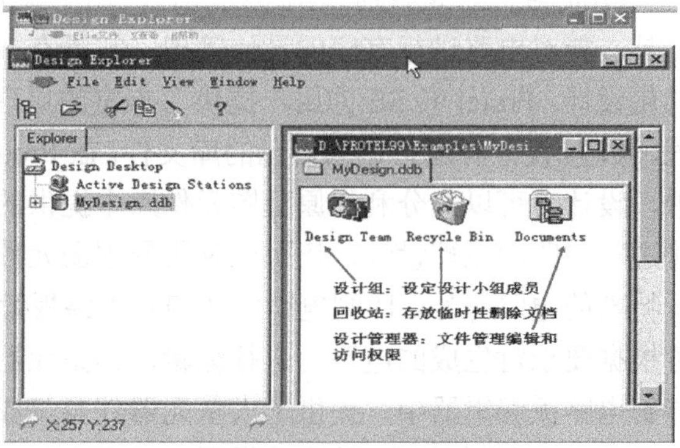

图 4.34　主设计窗口

3. 启动原理图编辑器（Schematic Document）

（1）执行菜单命令【File 文件】/【New…新建】，进入选择文件类型【New Document】对话框，如图 4.35 所示。

（2）在文件类型对话框中单击原理图编辑器（Schematic Document）图标，然后单击【OK】按钮，或双击原理图编辑器图标新建原理图文件，如图 4.36 所示。

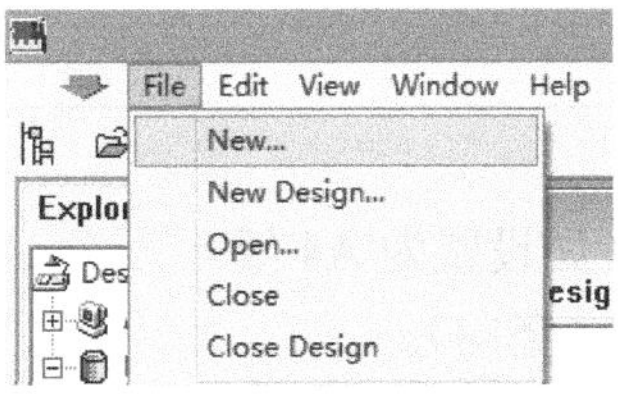

图 4.35 建立一个新文件类型

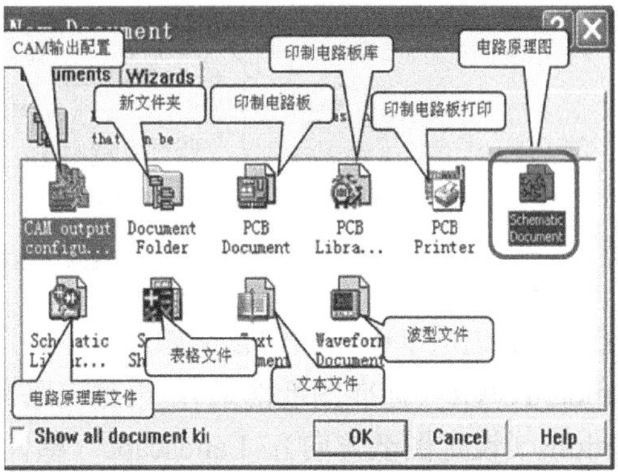

图 4.36 建立一个新的原理图文档

（3）原理图文件创建完成后，可右击原理图文件，进行打开（Open）、剪切（Cut）、拷贝（Copy）、删除（Delete）、重命名（Rename）等操作，如图 4.37 所示。

（4）双击工作窗口中的原理图文件图标（Sheet1）即可启动原理图编辑器。打开原理图编辑器后不能进行重命名操作，需先右击 Sheet1.Sch 标签，选择快捷键菜单中的【Close】关闭原理图编辑器再进行操作，如图 4.38 所示。

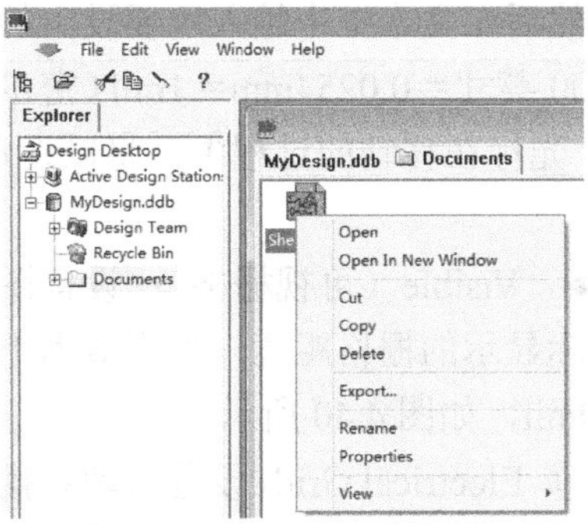

图 4.37 原理图文件的操作

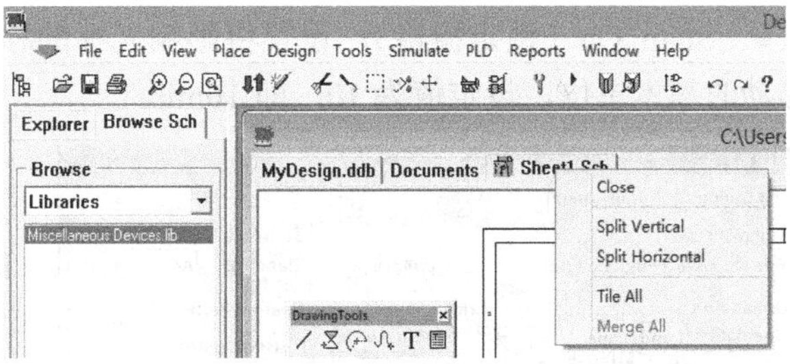

图 4.38 关闭原理图文件

4. 原理图绘制

（1）设置图纸尺寸

绘制电路原理图时，首先设置图纸尺寸及相关参数，如图纸的尺寸、方向、标题栏、边框底色、文件信息等。执行菜单命令【Design 设计】/【Options…】，出现设置或更改图纸属性对话框。单击【Sheet Options】标签，如图 4.39 所示。

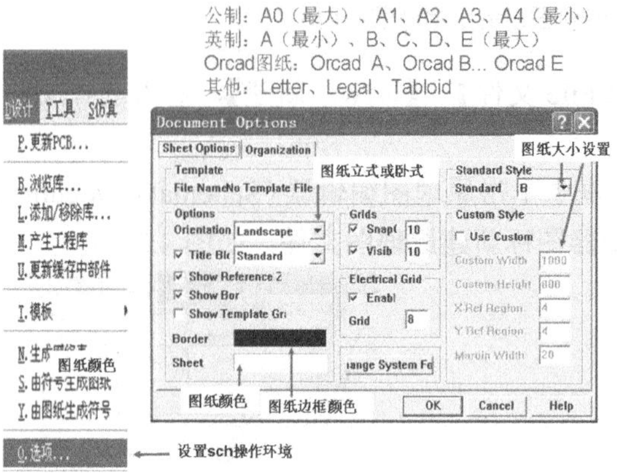

图 4.39　设置原理图操作环境

Sheet Options 选项卡中各项的含义如下。

① Standard Style（标准图纸格式）：根据电路大小设置。（如设置为 A4 纸）

② Options（设定图纸方向）：Landscape（横向）、Portrait（竖向）。

③ Title Block（设置图纸标题栏）：Standard（标准型）、ANSI（美国国家标准协会模式）。若显示标题栏，则选中“Title Block”复选框。

④ Show Reference Zones（设置显示参考边框）：选中此项可以显示参考图纸边框。

⑤ Show Border（设置显示图纸边框）：选中此项可以显示图纸边框。

⑥ Show Template Graphics（设置显示图纸模板图形）：选中此项可以显示图纸模板图形。

⑦ Border Color（设置图纸边框颜色）：默认值为黑色。

⑧ Sheet Color（设置工作区的颜色）：默认值为淡黄色。（可设置为白色）

⑨ Grids（设置图纸栅格）：首先选中相应的复选框，然后在文本框中输入所要设定的值。在该对话框中，所有设定值的单位均为 1/1000 英寸【1/1000 英寸＝0.0254mm＝1mil（密尔）】。

● Snap On（锁定栅格）：设置将影响光标的移动，光标在移动的过程中，将以设定值为移动的基本单位，设定值为 10，即 10mil。

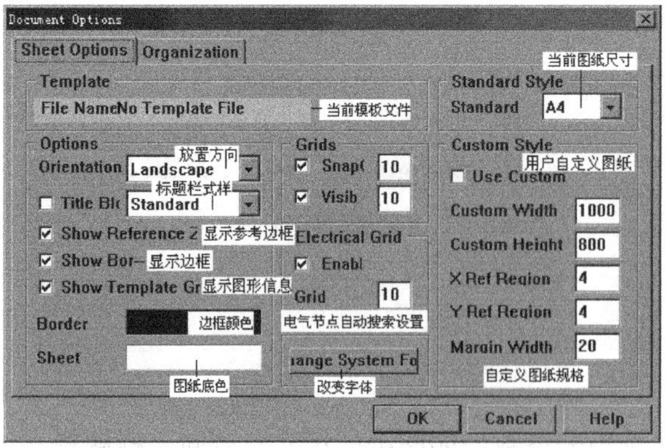

图 4.40　设置 Protel 环境

● Visible（可视栅格）：设置图纸上实际显示的栅格距离，设定值为 10，即 10mil，如图 4.40 所示。

⑩ Electrical Grid（设置自动寻找电气节点）：选中该项时，系统在绘制导线时会以【Grid】栏中的设定值为半径，以箭头光标为圆心，向周围搜索电气节点。如果找到了，此范围内最近的节点就会把光标移至该节点上，并在该节点上显示出一个圆点。选中【Enable】复选框，然后在【Grid Range】文本框中输入所要设定的值，如“8”等。

⑪ Change System Font（更改系统字体）：单击【Change System Font】按钮，出现更改

系统对话框，选择字体字号。

⑫ Custom Style（自定义图纸格式）：选中【Use Custom Style】复选框，然后在各选项后的文本框中输入相应的值。其中：

- Custom Width（定义图纸宽度）：最大值为 6 500，单位为（mil）。
- Custom Height（定义图纸高度）：最大值为 6 500，单位为（mil）。
- X Ref Region Count（X 轴方向参考边框划分的等分数）。
- Y Ref Region Count（Y 轴方向参考边框划分的等分数）。
- Margin Width（边框宽度）。

⑬ 单击对话框顶部的【Organization】标签可打开设置文件信息对话框，如图 4.41 所示。

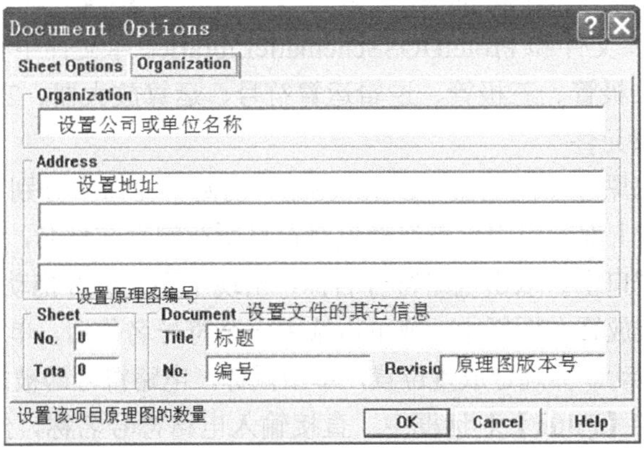

图 4.41　设置文件信息对话框

- Organization：设置公司或单位名称。
- Address：设置公司或单位地址。
- Sheet：No.设置原理图编号，Total 设置该项目原理图的数量。
- Document：设置文件其他信息，其中 Title 设置原理图的标题，No.设置原理图的编号，Revision 设置原理图的版本号。

（2）装入元件库

绘制一张原理图首先要把有关的元器件放置到工作平面上，在放置元器件之前，必须知道各个元器件所在的元件库，并把相应的元件库装入原理图管理浏览器中。原理图元件库中装有各种元器件的电路符号，如果在原理图元件库中没有需要的电路符号，就需要在原理图元件编辑器中设计电路符号。装入元件库的具体步骤如下。

① 打开原理图管理浏览器。在工作窗口为原理图编辑器窗口的状态下，单击设计管理器上部的【Browse Sch】标签，打开原理图管理浏览器窗口。

② 装入原理图所需的元件库。单击原理图管理器窗口中的【Add/Remove】按钮，出现用来装入所需的元件库或移出不需要的元件库的对话框。

③ 单击所需的库文件，然后单击【Add】按钮或双击所需的库文件，被选中的库文件即出现在【Selected Files】列表框中，重复上述操作可添加不同的库文件，然后单击【OK】按钮，将列表框中的文件装入原理图浏览器中，该元件库文件包含的所有元件都会出现在原理图管理器中，如图 4.42 所示。

④ 要移出某个已经装入的库文件，只要在【Selected Files】列表框中选中该文件，单击【Remove】按钮，然后单击【OK】按钮即可。

⑤ 自己设计的特殊电路符号也要按上述方法装入原理图浏览器中。

⑥ 原理图所用元器件的库文件路径为（若 Protel 99 SE 装在 C 盘）：C: \Programfiles\ Designexplorer99\Library\Sch。

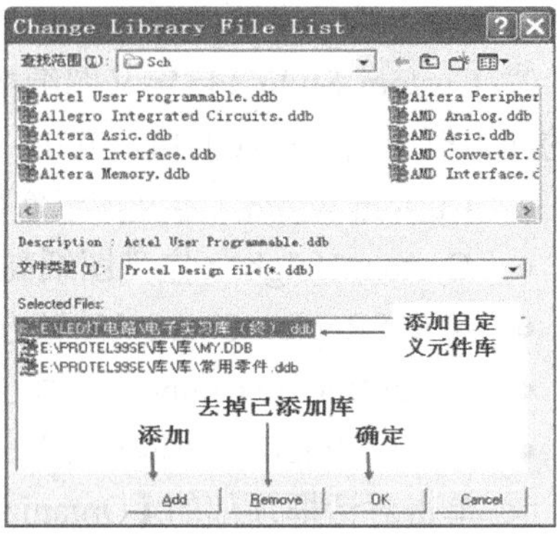

图 4.42 添加和删减库文件对话框

Sch 原理图元件库提供了 6 万多种元器件，根据不同种类和厂家放在不同的库文件中。MiscellaneousDevices 库文件和 ProtelDOSSchematicLibraries 库文件中有常用的各种元器件，如电阻器、电容器、二极管、三极管、逻辑运算符号、运算放大器、TTL 电路等。

（3）在图纸中放置元件

元件库装入后，在原理图浏览器（BrowseSch）的两个窗口中分别可以看到库文件名和电路符号的名称。首先在上部窗口中单击选择电路符号所在的库文件名，该库文件中的所有电路符号名称显示在下部窗口中。双击电路符号名称，出现十字光标并拖动鼠标，确定放置位置，单击鼠标电路符号即被放置在图纸中，或单击选中电路符号名称后，单击【Place】按钮，电路符号显示在光标处，拖动鼠标确定放置位置，单击鼠标，电路符号即被放置在图纸中。

也可以在窗口中的【Filter】对话框中，直接输入电路符号名称，然后在上部窗口中选中库文件名，完成上述操件，如图 4.43 所示。

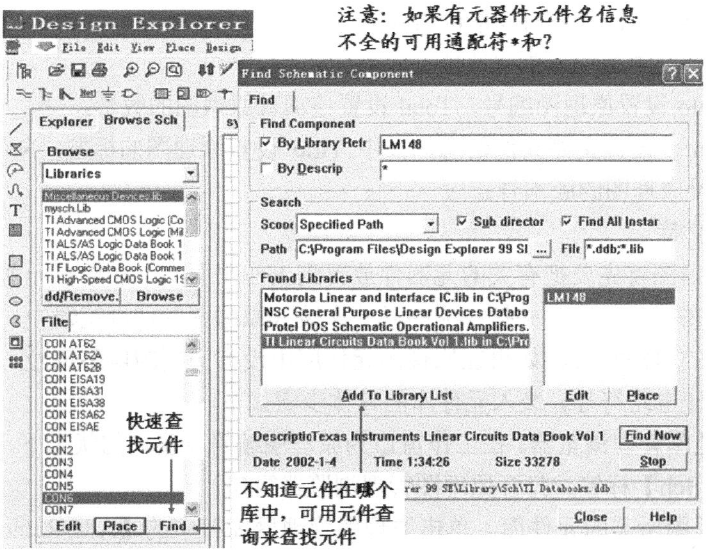

图 4.43 放置和查找元件

5．画面管理与基本操件

（1）设计管理器（Design Manager）窗口的打开、关闭和切换

执行菜单命令【View 视图】/【Design Manager】设计管理器，如图 4.44 所示，可打开

或关闭设计管理器，也可在主工具栏中单击设计管理器打开、关闭按钮。

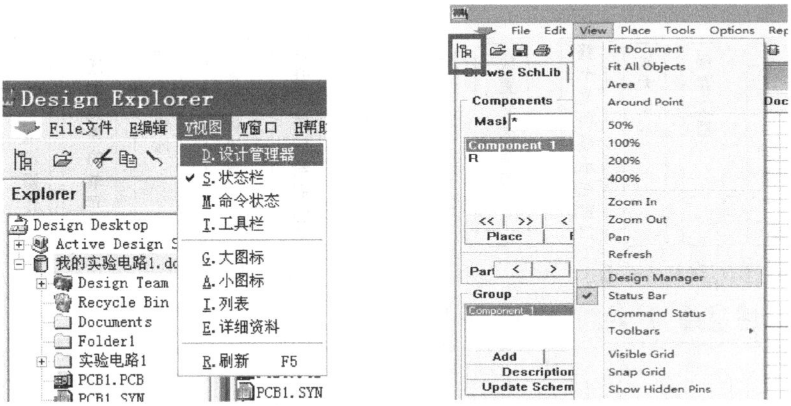

（a）汉化版设计管理器窗口的打开　　（b）英文版设计管理器窗口的打开

图 4.44　设计管理器窗口的打开、关闭和切换

通常情况下，设计管理器窗口为项目浏览器（Explorer）和当前运行的编辑器的浏览器所共用，通过标签进行切换。如启动原理图编辑器时，设计管理器窗口为项目浏览器（Explorer）和原理图浏览器（Browse Sch），管理器窗口与文件管理的菜单如图 4.45 所示。

（2）工作窗口的打开、关闭和切换

工作窗口也称为设计窗口。Protel 99 SE 的工作窗口除包括项目管理窗口外，还可以为多个编辑器所共用。各个工作窗口之间通过单击工作窗口上部相应的标签来切换。当在各个工作窗口之间切换时，其左侧的设计管理器窗口和主窗口中的菜单栏也会相应的变化。

（3）工具条的打开与关闭

Protel 99 SE 为原理图、印制电路图的设计、修改提供了常用工具，这些工具可根据设计对象的不同而选择使用，各工具条打开、关闭的方法为：执行菜单命令【View】视图/【Tool Bars】工具条，在选项菜单中选择所需的工具，再进行上述操作可关闭工具条，如图 4.46 所示。

图 4.45　管理窗口与文件的管理

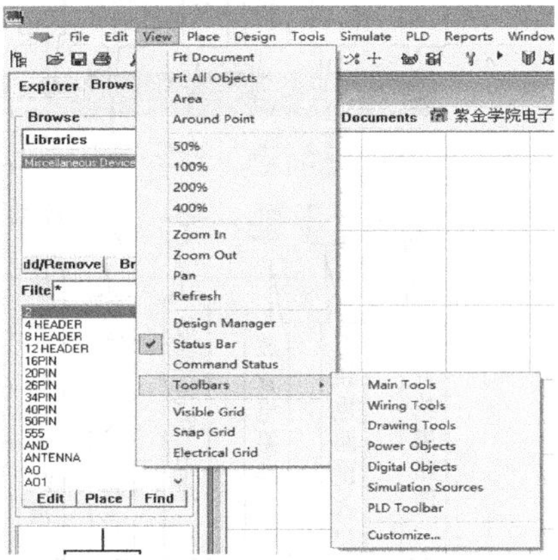

图 4.46　工具条的打开与关闭

① 主工具条（Main Tools）：是画面管理的主要工具，电路设计时不宜关闭。各工具的

功能如图 4.47 所示。

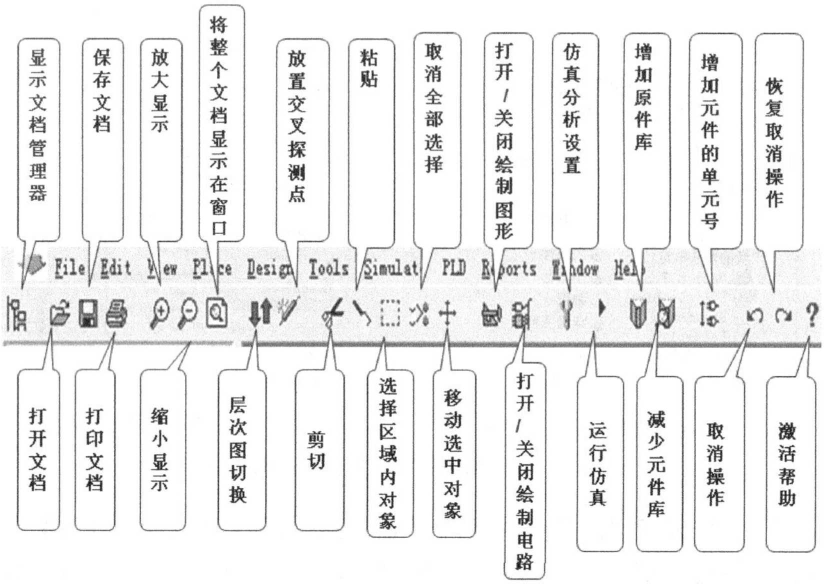

图 4.47 主工具条

② 连线工具条（Wring Tools）：原理图设计（绘制）时用此工具。该工具具有电气的性能，所画线条在电路中相当于一根导线，可使元器件电气自动连接，可在主工具条中打开或关闭。各工具的功能如图 4.48 所示。

③ 绘图工具条（Drawing Tools）：可在原理图编辑状态下绘制图形，添加字符或文档。画线工具没有电气意义。可在主工具条中打开或关闭。各工具的功能如图 4.49 所示。

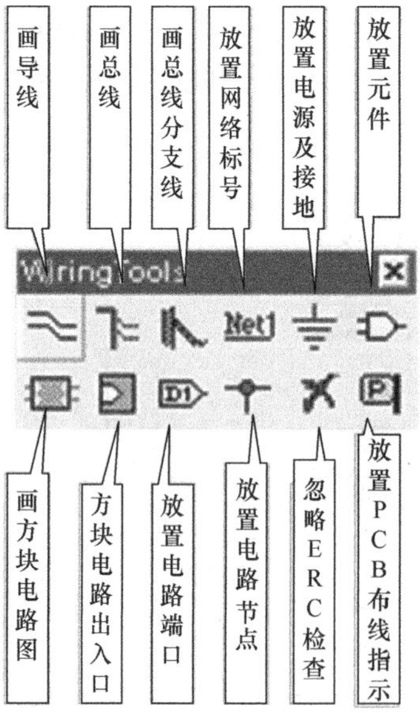

图 4.48 电路绘制连线栏

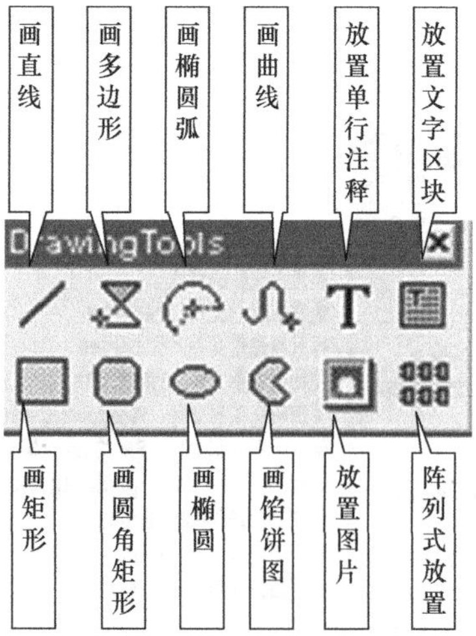

图 4.49 绘画工具栏

④ 电源及接地符号工具条【Ower Objects】电源实体。

⑤ 常用器件工具条【Digital Objects】数字实体。

⑥ 可编程逻辑器件工具条【PLD Tools】PLD 工具条。

⑦ 模拟仿真信号源工具栏【Simulation Sources】激励源。

（4）绘图区域的放大、缩小与刷新

① 放大。执行菜单命令【View】视图/【Zoomin】放大，或单击主工具条的【放大】按钮。在设计窗口中按 PageUp 键（右手小键盘的放大键），以光标指示为中心放大。

② 缩小。执行菜单命令【View】视图/【ZoomOut】缩小，或单击主工具栏的【缩小】按钮。在设计窗口中按 PageDown 键（右手小键盘的缩小键），以光标指示为中心缩小。

③ 刷新画面。设计时会发现在执行滚动画面、移动元件、自动布线等操作后，有时会出现画面显示残留的斑点、线段或图形，虽然并不影响电路的正确性，但不美观。执行菜单命令【View】视图/【Refresh】刷新，或按【End】键（右手小键盘）就可以刷新画面。

（5）导线绘制

打开绘图工具条，单击绘制线段工具，拖动鼠标至线段的起始点，单击鼠标左键，继续拖动鼠标至线段的终止点，单击鼠标左键后再单击鼠标右键，即完成线段的绘制。再次单击鼠标右键退出线段绘制状态。若绘制折线，则在折点处单击鼠标左键。

（6）导线和元器件的删除与移动

① 删除。单击要删除的对象，该对象出现黄色边框，按【Delete】键（右手小键盘）。或按住鼠标左键拖动，选中对象，单击主工具条上的剪切工具，或执行菜单命令【Edit】编辑/【Delete】删除，出现十字光标，单击要删除的对象即可删除。

② 取消选中。单击主工具条中的取消选中目标工具。

③ 移动和转动。将光标指向要调整的对象，按住鼠标左键拖动鼠标，对象即被移动。或按住鼠标左键拖动产生一个区域框，被选中的对象变为黄色或出现黄框，将光标指向任一被选中的对象，按住鼠标左键拖动鼠标，被选中的对象将整体移动。在上述两种选中方式中，按住鼠标左键的同时，按空格键对象旋转；按 X 键，对象在 X 轴向上翻转，按 Y 键，对象在 Y 轴向上翻转。其他编辑状态的画面管理和基本操作与上述基本相同。

6. 设计电路符号

虽然 Protel 99 提供了大量的电路符号，但有很多电路符号是按元器件的型号给出的，如晶体管的电路符号就有近千个，有些电路符号元件库中却没有提供。另外在原理图绘制时，为了更清楚地表达原理，一个元件的电路符号往往要根据原理图的需要绘制在不同的位置，如波段开关、继电器等。所以遇到这种情况，就需要自己设计电路符号。设计元器件电路符号的基本方法如下。

（1）执行菜单命令【File】文件/【New…】新建文件，进入选择文件类型【New Document】对话框。

（2）在选择文件类型对话框中单击原理图元件库编辑器（Schematic Library Document）图标，选中原理图元件库编辑器图标，单击【OK】按钮，或双击该图标，即可完成原理图元件库文件的创建。

（3）双击工作窗口中的原理图元件库文件图标.Schlib1，即可启动原理图元件库编辑器。此时左侧的设计管理器（Designmanager）变为项目浏览器（Explorer）和原理图元件库浏览器（BrowseSchlib）。

（4）用原理图元件库编辑器提供的工具在工作窗口绘制电路符号。

注意：所绘制的电路符号应在窗口内坐标原点附近（看屏幕左下角状态栏的坐标显示）。自己设计的特殊电路符号，也要按上述方法装入原理图浏览器中。也可以单击原理图元件库浏览器窗口中的【Place】放置按钮，将设计好的电路符号直接放在原理图中。

下面以 AT89C2051 单片机芯片为例，介绍电路符号的绘制方法。

① 执行菜单命令【Tools】工具/【New Component】新建元件，在【New Component Name】新元器件名称对话框中输入要画的元件名（AT89C2051）新建其原理图符号，如图 4.50 所示。

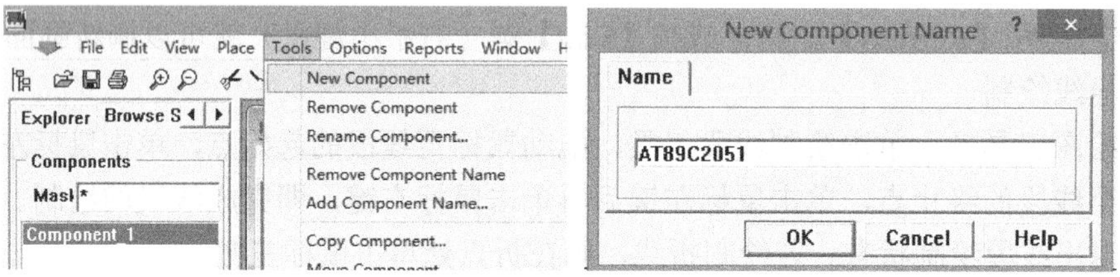

图 4.50　新建元件并命名

② 执行菜单命令【View】视图/【Snap Grid】捕获网格，可使光标在一个栅格中移动。再次执行该命令，光标移动范围恢复为一个栅格，如图 4.51 所示。

执行菜单命令【Place】放置/【Rectangle】直角矩形，或单击画图工具栏中的【Sch: Place Rectangle】按钮 □，放置直角矩形。如图 4.52 所示。

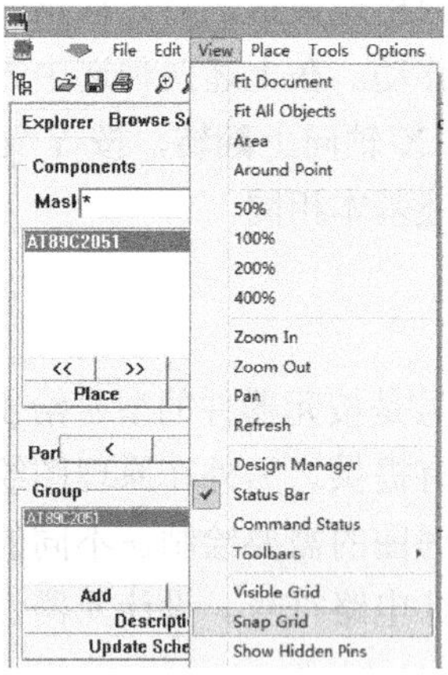

图 4.51　捕获网格

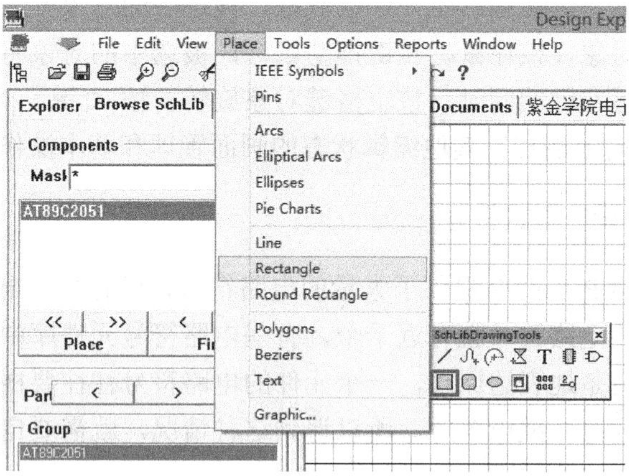

图 4.52　画直角矩形工具

将十字光标移动到工作窗口的（0,0）点附近画一个矩形，以此代表 AT89C2051 的外形，如图 4.53 所示。

③ 执行菜单命令【Place】放置/【Pin】引脚，或单击画图工具栏中的【Sch: Place Pin】按钮 放置其引脚。如图 4.54 所示。

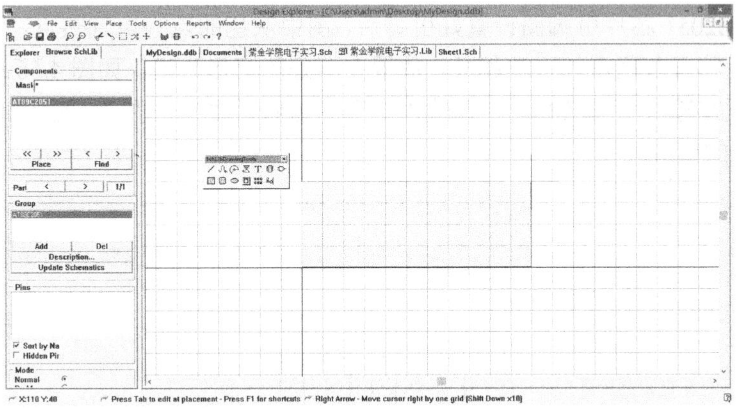

图 4.53　画元器件电路符号外框

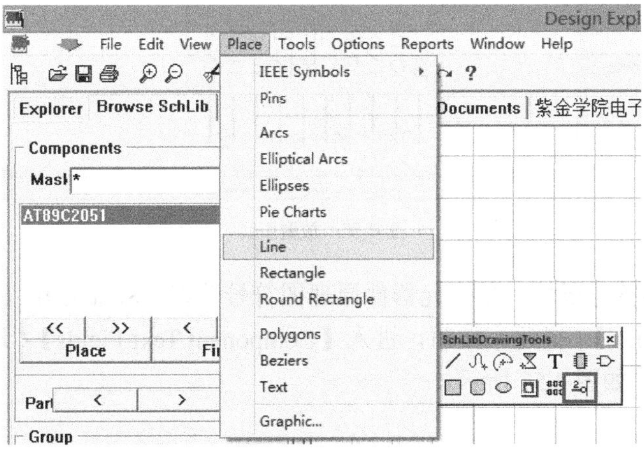

图 4.54　放置引脚

按键盘上的【Tab】键，弹出【Pin】（引脚属性）对话框，可设置引脚的名称（Name）、编号（Number）、方向（Orientation）、颜色（Color）、引脚长度（Pin）等，并可选择是否隐藏引脚，是否显示名称、编号，如图 4.55 所示。

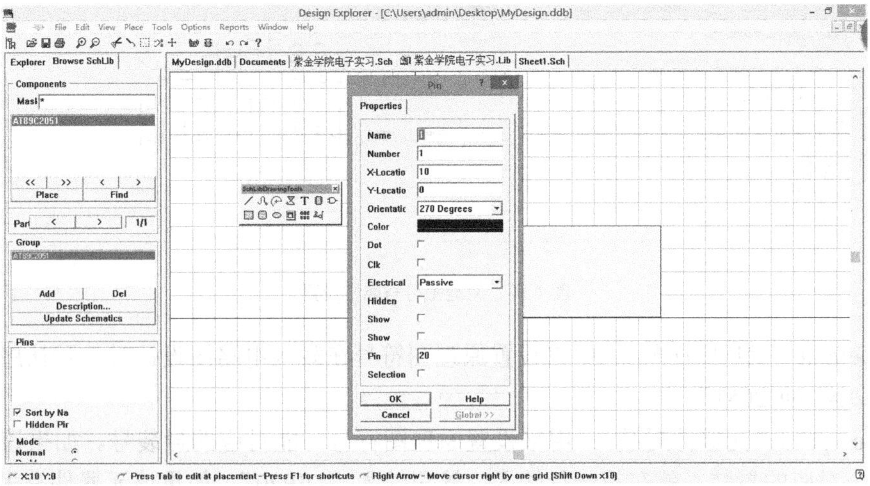

图 4.55　设置引脚属性

按照 AT89C2051 芯片引脚图设置好引脚后，图中灰色的点为电气热点，可按空格键将引脚旋转好方向，将有灰色点的一端朝外，放置在画好的矩形边沿，如图 4.56 所示。其他引脚放置方法相同。在输入引脚名称时，每输入一个字母后紧跟一个“\”，就会出现图 4.56 中 6、7 脚引脚名称上的横线。

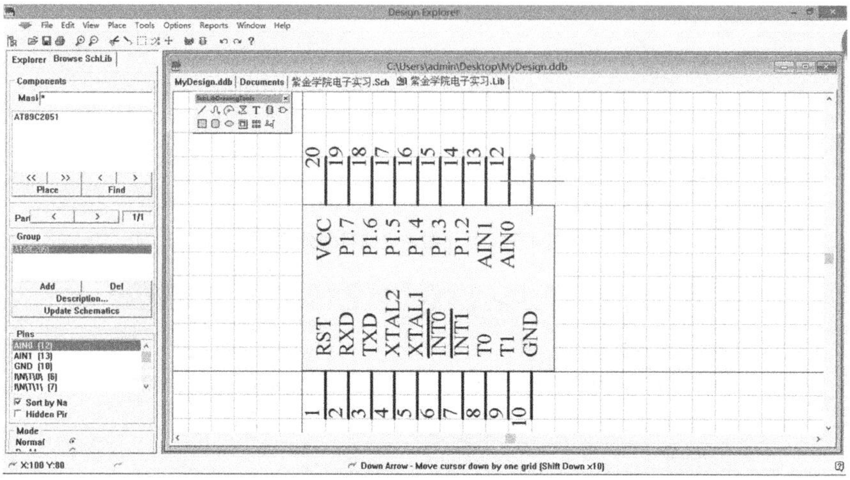

图 4.56 放置引脚

④ 编辑原理图符号属性。单击元器件原理图符号管理（Schematic Library Manager）窗口中的【Description...】（描述）按钮，进入【Component Text Fields】（元器件文本属性）对话框设置相关属性，如图 4.57 所示。

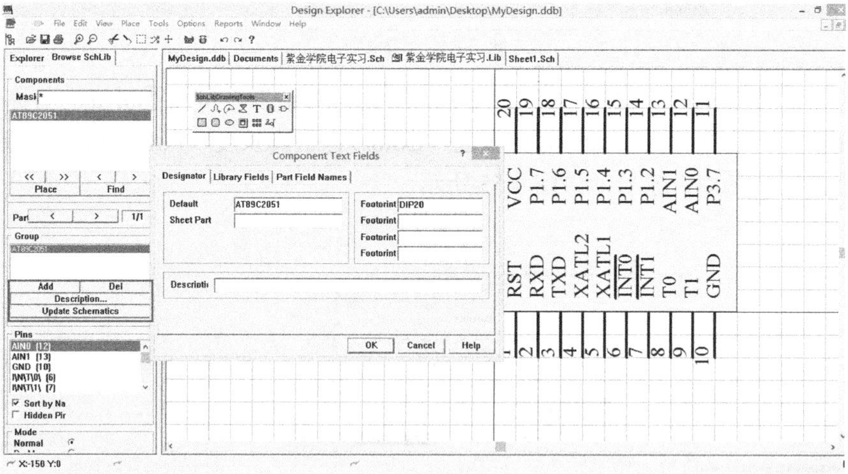

图 4.57 原理图符号属性设置

- Default（默认的序号）：用来设置原理图符号在载入电路图设计时的默认序号，这里可标注为“AT89C2051”。
- Footprint（元器件封装）：用来设置原理图符号可能对应的封装号。如果该原理图符号只有一个对应的封装，就在第一行输入，这里输入“DIP20”。如果该元器件有多个封装，则可以在后面的 Footprint 行输入。

⑤ 执行菜单命令【Tools】工具/【Rename Componen】重命名，可重命名原理图符号。

⑥ 执行菜单命令【File】文件【Save】保存，将画好的元器件符号保存在库中。

7. 定义属性

原理图绘制完后，要定义元器件属性，方法是：双击元器件，在出现的【Part】对话框中，选择【Attributes】标签，如图 4.58 所示。定义以下各项。

（1）“Lib Ref” 中显示该元件在元件库中的电路符号名（或元件型号），不必修改。

（2）“Footprint” 用于设置该元件的封装形式，如电阻器的封装为 “AXIAL0.4”。

（3）“Designator” 用于设置元件名及序号，如原理图中第一个电阻器为 “R1”。

（4）“Part” 用于设置元件型号，如电阻器的标称值 “1k”。

（5）“Sheet” 和 “Part” 可根据情况改写或不写。定义元件属性也可以在将元件放入图纸前进行，方法是在双击原理图浏览器（Browse Sch）窗口中电路符号名称出现十字光标后，按【Tab】键（左手键盘），出现上述对话框。同类元件的序号将按此次的写入顺序排列。

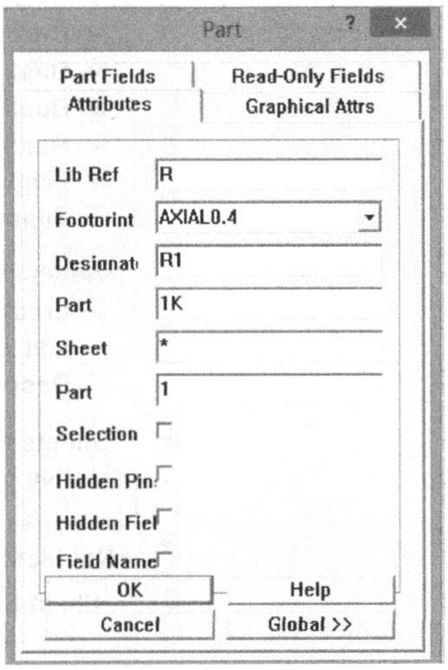

图 4.58 定义元器件属性

8. 电气规则检查

电气规则检查主要是对所绘制的原理图进行规则方面的检查，可以按指定的物理特性和逻辑特性进行。可检查元件标号是否重复、网络标号或电源是否连接等，但元件的封装及型号不在此检查范围内。在原理图编辑状态，执行菜单命令【Tools】工具/【ER…】电气规则检查，在【Setup Electrical Rule Check】对话框中选择【Setup】设置标签，默认各项设置，单击【OK】按扭，如图 4.59 所示。在设计窗口中的 Sheet1.ERC 标签下显示错误信息及具体位置，切换到原理图编辑状态时，在所绘制的图纸中有错误指示。

9. 创建网络表

网络表是由电路原理图自动生成印制电路图的桥梁和纽带。在 PCB 设计系统中，印制电路图根据网络表文件自动完成元器件之间的电气连接，并根据元器件的封装形式，自动给出元器件在板中的形状和大小。执行菜单命令【Design】设计/【Create Netlist…】创建网络表，在出现的对话框中，选择【Preferences】参数选择标签，在 “Output Format” 输出格式下拉菜单中选择 “Protel”，其他按默认设置。单击【OK】按钮，如图 4.60 所示。

在主窗口中的 “Sheet1.NET” 标签下显示网络文件内容。在网络表文件中，方括号内列出了在原理图设计时定义的元器件名称序号、封装形式、标称值（或型号）。圆括号内列出了元器件引脚之间的连接关系，在生成印制电路图时按此连接关系连线。网络表中的内容将在印制电路图中体现，如图 4.61 所示。

图 4.59　检查电气规则

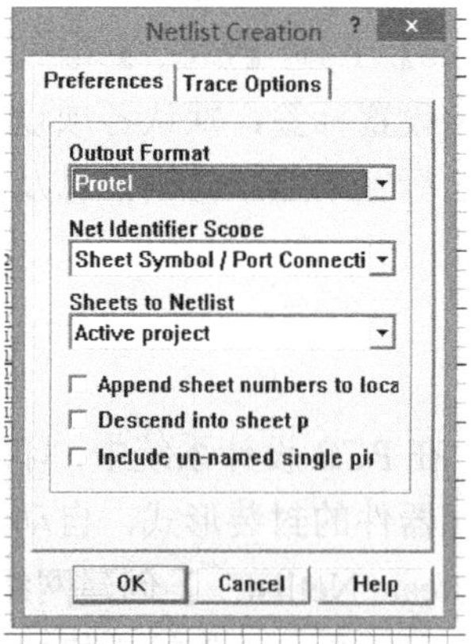

图 4.60　创建网络表图

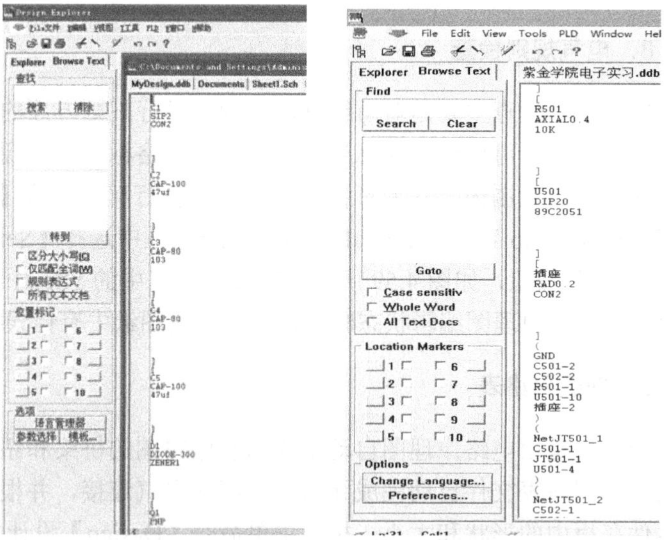

（a）汉化版　　（b）英文版

图 4.61　网络表文件

10．材料清单

在电路原理图设计完成之后，为了方便采购元器件，可以生成一份包含所需元器件的报表清单。执行菜单命令【Reports】报告/【Bill Of Material】材料清单，打开元器件报表生成向导对话框。在该向导中可以设置输出项目、列表标题以及输出格式。

4.5.5　印制电路图设计

印制电路图（PCB）是生产印制电路板的依据，在设计过程中，虽然软件有自动布局和自动布线功能，但要想使电路达到工艺及电气要求，还需要认真调整元器件的布局，修改印制导线的走向，避免各种干扰的出现。这也是印制电路设计过程中工作量较大的部分。原理图设计（绘制）完后，即可设计印制电路图。

1. 启动印制电路板设计编辑器（PCB Document）

（1）执行菜单命令【File】/【New…】，进入选择文件类型【New Document】对话框。

（2）在选择文件类型对话框中单击印制电路图编辑器（PCB Document）图标，再单击【OK】按钮，或双击印制电路编辑器图标，即可创建新的印制电路板设计文件（.PCB）。

2. 设置工作层面

为了印制电路板制作加工的需要，Protel 99 SE 在电路板设计功能上提供了不同的层面，其中有信号层 16 个（顶层、底层及 14 个中间信号层）、内部电源/接地层 4 个、机械层 4 个、钻孔图及钻孔位置层 1 个、阻焊层 2 个（顶层与底层）、锡膏防护层 2 个（顶层与底层）、丝网印刷层 2 个（顶层与底层），以及禁止布线层、设置多层面、连接层、DRC 错误层、可视栅格层（2 个）、焊盘层、过孔层等 39 个层面。设计时根据不同的印制电路板选择不同的层面。

单面电路板的设计，若需要丝印，只需使用机械层（Mech）、禁止布线层（Keepout）、底层（Botton）、丝印刷层（Silkscreen）。电路设计完成后，可根据需要分别打印输出各个层面图，也可将选定层面图打印在一张图纸上。

执行菜单命令【Design】设计/【Options…】选项，出现【Document Options】文件选项对话框，单击【Layers】图层标签进入工作层面设置对话框，选择需要的层面，如图 4.62 所示。

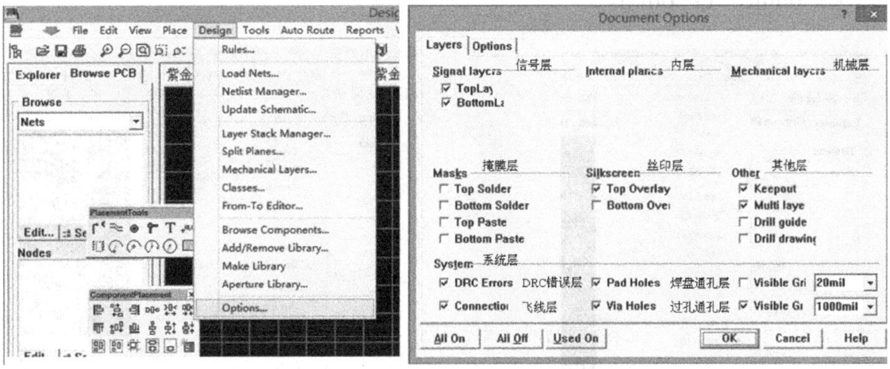

图 4.62　设置工作层面

- DRC Errors：用于设置是否显示电路板上违反 DRC 的检查标记，当电路设计中有出现违反设计规则的地方时，PCB 图中将显示为高亮度的绿色，对设计者起到很好的提示作用，所以一般选择该复选框。
- Connections：用于设置是否显示飞线，飞线是在从原理图更新到 PCB 中后提示电路电气连接关系的“飞线”，在元件布局和布线过程中都给工作带来很大的方便，所以一般选择该复选框。

- Pad Holes：用于设置是否显示焊盘通孔，一般需要选中复选框。
- Via Holes：用于设置是否显示过孔的通孔，一般需要选中该复选框。
- Visible Grid1：用于设置第一组可视网格间距以及是否显示出来。
- Visible Grid2：用于设置第二组可视网格间距以及是否显示出来。

PCB 中可视网格的作用和 SCH 环境中可视网格的作用相同，不同的是 PCB 中有两组网格。一般在工作窗口看到的网格为第二组网格，如果第一组网格 Visible Grid1 前选项也打“√”，放大画面之后，才可见到第一组网格。

单击 Options 选项卡，PCB 环境中也有隐藏网格，和 SCH 下的隐藏网格作用相同，不同的是它分 x 方向和 y 方向，如图 4.63 所示。

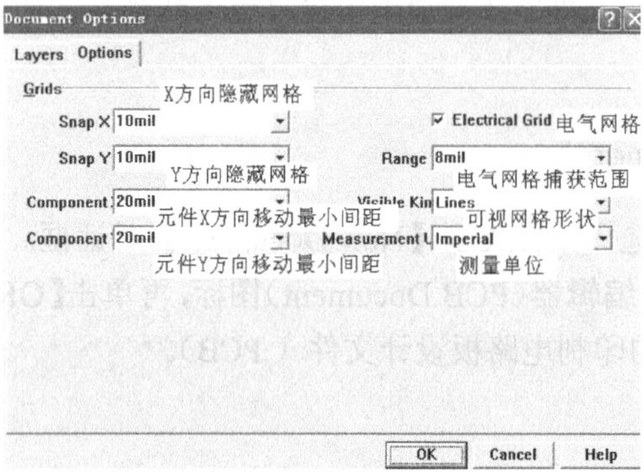

图 4.63　设置 PCB 隐藏网格

3．确定印制电路板的尺寸

首先在 PCB 设计窗口内画出所设计的印制电路板的大小，以及固定孔、安装孔的大小及位置。

（1）执行菜单命令【View】视图/【Status Bad】状态栏，在屏幕的左下角可显示光标在设计窗口中的位置（英制 Mil）。执行菜单命令【View】/【Toggle Units】公英制转换，将坐标单位变为公制（mm），如图 4.64 所示。

（2）设置原点。执行菜单命令【Edit】/【Origin】原点/【Set】设置，如图 4.65 所示，光标变为十字形，在设计窗口内的适当位置单击，光标所指处即为坐标原点。屏幕左下角的状态栏显示为 X：0mm，Y：0mm。

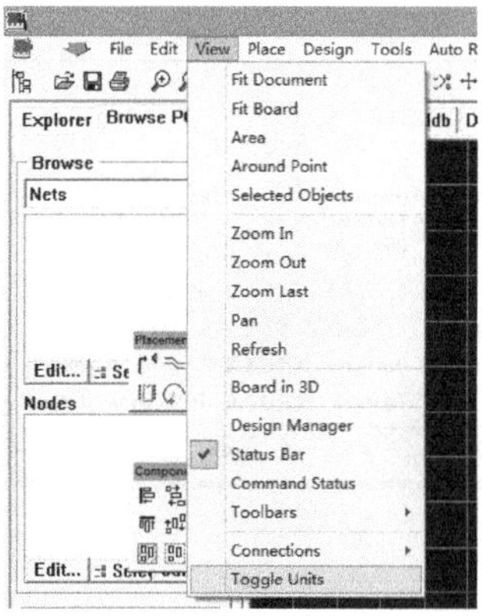

图 4.64　公英制转换

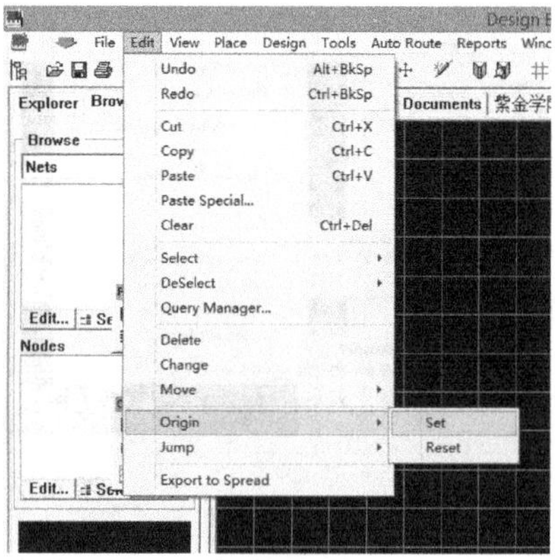

图 4.65　设置原点

执行菜单命令【View】/【Tool Bars】工具条/【Placement Tools】放置工具，选择设置原点工具，在设计窗口内的适当位置单击，即可设定原点。按【Ctrl+End】组合键可自动找到原点。

（3）在设计窗口中画出板的外形尺寸

板的尺寸应设计在机械层，单击设计窗口下的【Mech】标签，切换到机械层。打开放置工具，单击画线工具 ，在设计窗口内单击确定线段的起始点，拖动鼠标至线段终止点单击。电路板的外形尺寸边框是由线段构成的，最好在所设原点开始画线。

双击线段，在出现的对话框中可设置线宽（Width）、层面（Layer）及线段的起始点（Start）、终止点（End）。也可以在单击画线工具后，按【Tab】键进行设置。印制电路图中的导线绘制也使用画线工具，使用时注意先选择层面。

4．确定自动布局区域

印制电路板上的元器件布设一般情况下不要紧靠板的边缘，更不可超出板外。因此在自动布局时，要使元器件自动布设在规定的区域内。方法是将工作窗口切换到禁止布线层，单击工作窗口下的【Keepout】标签，在印制电路板的边框内，用画线工具画出一个区域，方法与画边框相同。

5．装入 PCB 元件库

在 PCB 浏览器（Browse PCB）窗口中的【Browse】下拉列表框中选择【Libraries】选项，执行菜单命令【Design】/【Add/Remove Library】或单击 PCB 浏览器（Browse PCB）中的【Add/Remove Library】按钮，在出现的【PCB Libraries】对话框按 PCB 元件库所在路径找到库文件，将需要的封装文件装入 PCB 浏览器中。封装库文件的路径为（若 Protel 99 SE 装在 C 盘）：C\Programfiles\Designexplorer99\Library\Sch。

6．设计 PCB 封装符号

扫一扫　看视频

元件封装是指实际元件焊接到电路板时所指示的元件外轮廓形状及引脚尺寸，它由元件引脚焊盘大小、相对位置及外轮廓形状、尺寸等部分组成。某些元件的外轮廓形状及引脚尺寸完全一致，那么这些元件可以共用一个封装，如 74LS20 和 74LS00，它们都是双列直插 14 脚器件，它们的封装形式都是 DIP14；另一方面，同种元件可有不同的封装，如原理图中 RES2 代表电阻，但实际元件的外观却有很多种，不仅有贴片和针脚的大分类，而且即使都是针脚类元件，根据功率不同还包含很多类，因此它的封装形式有 AXIAL0.3、AXIAL0.4、AXIAL0.6 等，设计时需要根据不同的功率选择合适的电阻封装。

很多时候我们会在画图中用到 PCB 封装库中没有的元器件，这时候就必须根据所选用的元器件，自己设计其封装符号。

（1）创建 PCB 元件库文件

① 执行菜单命令【File】/【New…】进入选择文件类型【New Document】对话框。

② 在选择文件类型对话框中单击 PCB 元件库编辑器（PCB Library Document）图，再单

击【OK】按钮，或双击该图标，完成 PCB 元件库文件的创建。

③ 双击工作窗口中的 PCB 元件库文件图标 Pcblib1.Lib，启动印制电路板元件库编辑器。此时左侧的设计管理器（Design Manager）变为项目浏览器（Explorer）和 PCB 元件库浏览器（Browse PCB Lib），重命名方法同原理图，如图 4.66 所示。

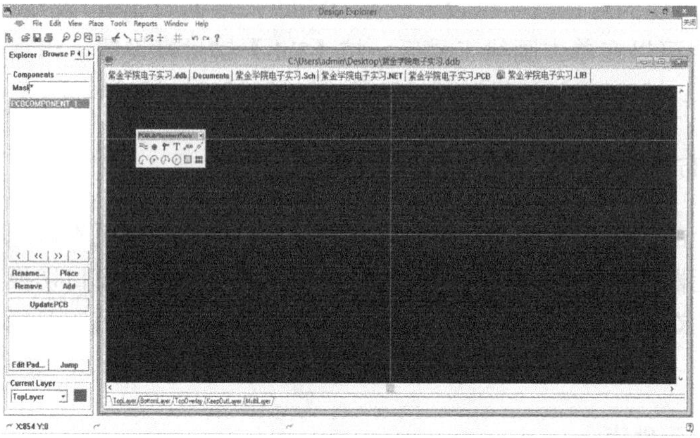

图 4.66　印制电路板元件库编辑器

（2）使用设计向导绘制元件封装

采用设计向导绘制元件一般针对通用的标准元件。下面以设计双列直插式 20 脚 IC 的封装 DIP20 为例，介绍如何采用向导方式设计元件。

① 进入元件库编辑器后，执行菜单命令【Tools】/【New Component】新建元件，弹出元件设计向导，如图 4.67 所示。

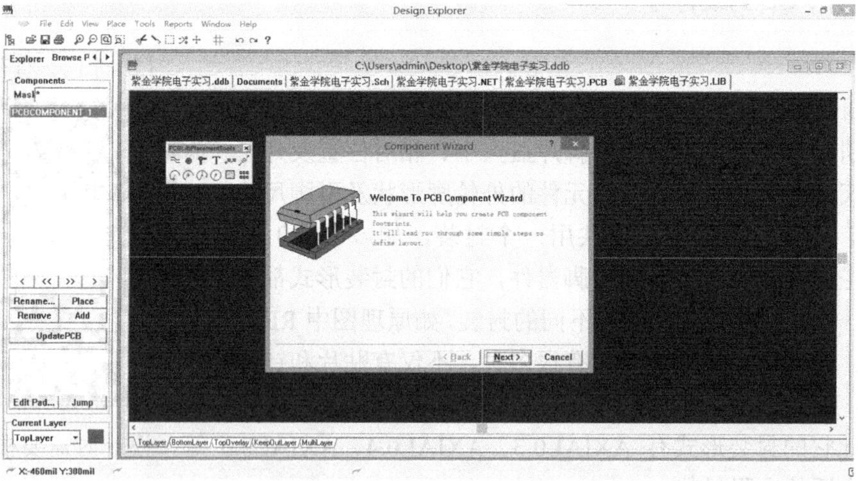

图 4.67　利用向导创建元件

② 单击【Next】按钮，进入元件设计向导，如图 4.68 所示。

③ 选中元件的基本封装后，单击【Next】按钮，如图 4.69 所示，设定焊盘的直径和孔径，可直接修改图中的尺寸。具体尺寸可查找该元件的手册，或者用实物进行测量，根据其具体尺寸进行设置。

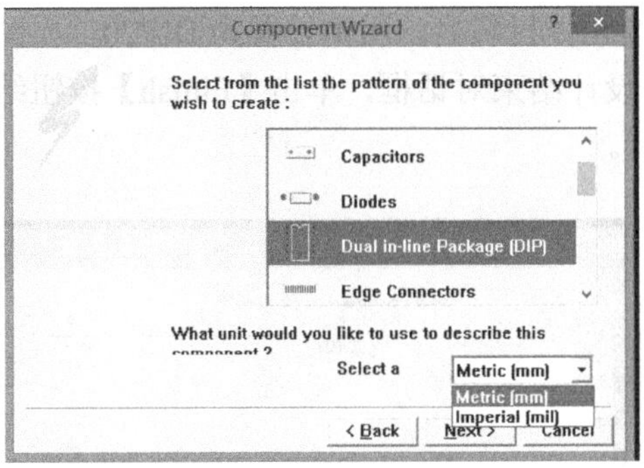

图 4.68 设定元件基本封装

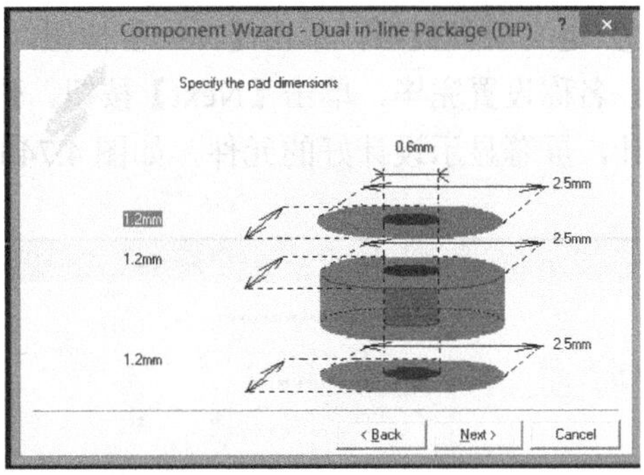

图 4.69 设置焊盘尺寸

设定元件的基本封装，共有 12 种封装形式。

- Ball Grid Array（BGA）：BGA 封装，格点阵列型。
- Diodes：二极管型封装。
- Capacitors：电容型封装。
- Dual In-line Packages（DIP）：双列直插型封装。
- Edge Connectors：边缘连接型。
- Leadless Chip Carrier（LCC）：LCC 封装，无引线芯片载体型。
- Pin Grid Arrays（PGA）：PGA 封装，引脚网格阵列式。
- Quad Packs（QUAD）：QUAD 封装，四方扁平塑料封装。
- Resistors：电阻型封装。
- Small Outline Package（SOP）：SOP 封装，小型表面贴装型封装。
- Staggered Ball Grid Array（SBGA）：错列的 BGA 封装。
- Staggered Pin Grid Array（SPGA）：错列的 PGA 封装。

图 4.68 中选中的为双列直插型元件 DIP，对话框下方的下拉列表框用于设置使用的单位制。

④ 设定好焊盘直径和孔径后，单击【Next】按钮，设定焊盘的间距，如图 4.70 所示。

⑤ 定义好焊盘间距后，单击【Next】按钮，设置元件边框的线宽，如图 4.71 所示。

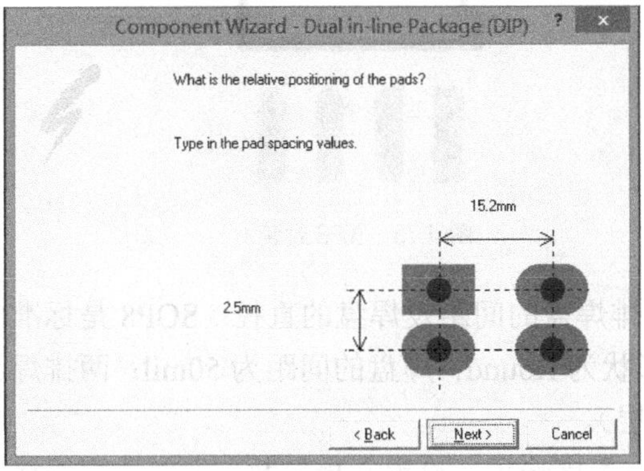

图 4.70 设置焊盘间距

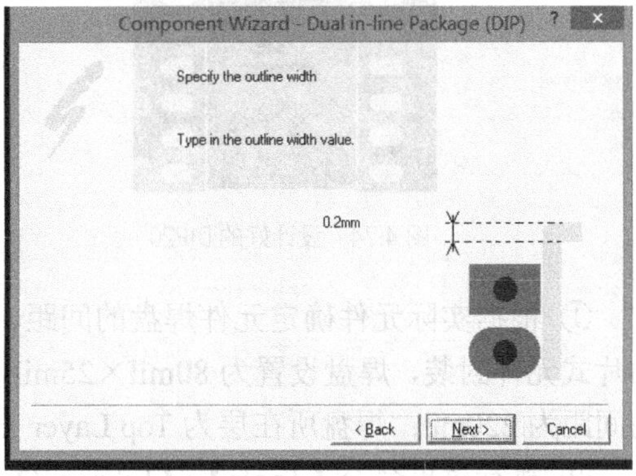

图 4.71 设置边框的线宽

⑥ 定义好线宽后，单击【Next】按钮，设置元件的引脚数，DIP20 的引脚数为 20 脚，图中设置为 20，如图 4.72 所示。

⑦ 定义引脚数后，单击【Next】按钮，设置元件封装名，图中设置为 DIP20，如图 4.73 所示。名称设置完毕，单击【Next】按钮，弹出设计结束对话框，单击【Finish】按钮结束元件设计，屏幕显示设计好的元件，如图 4.74 所示。

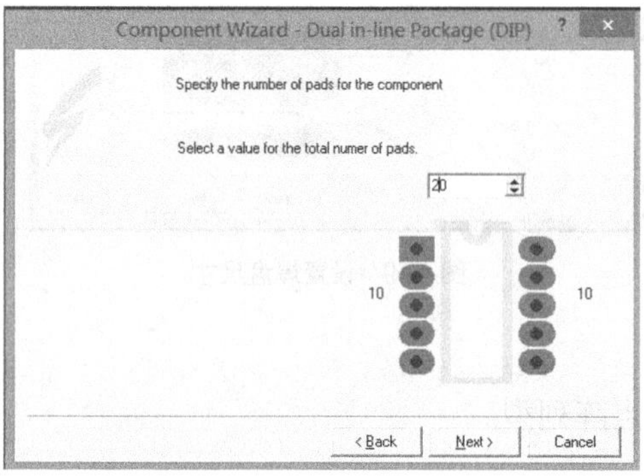

图 4.72 设置元件的引脚数

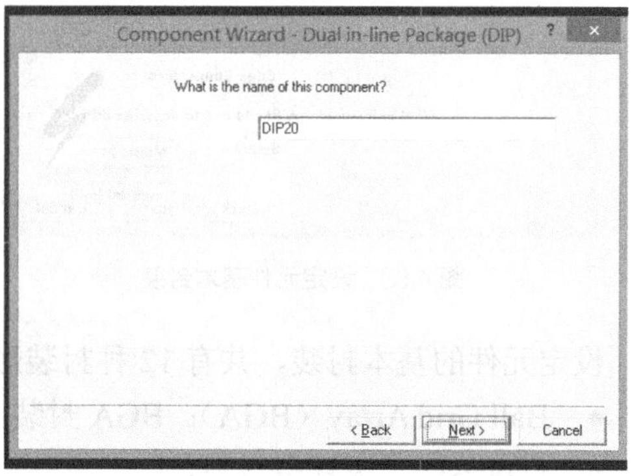

图 4.73 设置元件名称

采用设计向导可以快速绘制元件的封装形式，绘制时应了解元件的外形尺寸，合理选用基本封装。对于集成块应特别注意元件的引脚间距和相邻两排引脚的间距，并根据引脚大小设置好焊盘尺寸及孔径。

（3）手工设计元件封装

手工绘制方式一般用于不规则的或不通用的元件设计。

设计元件封装，实际就是利用 PCB 元件库编辑器的放置工具，在工作区按照元件的实际尺寸放置焊盘、连线等各种图件。下面以图 4.75 所示的贴片式 8 脚集成块的封装 SOP8 为例，介绍手工设计元件封装的具体步骤。

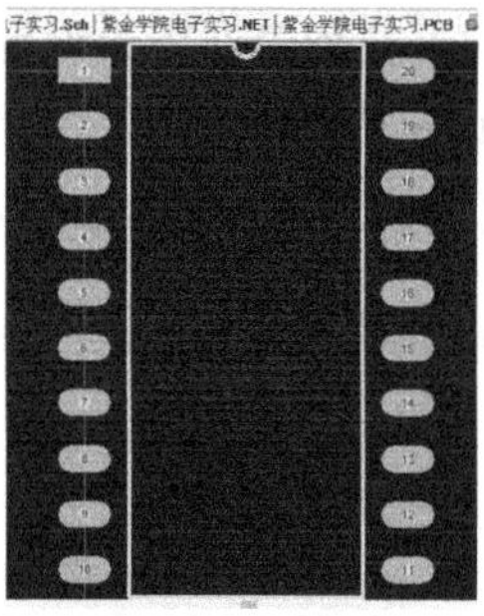

图 4.74 设计好的 DIP20

图 4.75 SOP8 封装

① 根据实际元件确定元件焊盘的间距、两排焊盘的间距及焊盘的直径。SOP8 是标准的贴片式元件封装，焊盘设置为 80mil×25mil，形状为 Round；焊盘的间距为 50mil；两排焊盘的间距为 220mil；焊盘所在层为 Top Layer（顶层）。

② 执行菜单命令【Tools】/【Library Options】库选项，设置文档参数，电气捕捉栅格范围 Range 设置为 5mil，如图 4.76 所示。

- Snap X：x 方向上的捕捉栅格参数。
- Snap Y：y 方向上的捕捉栅格参数。

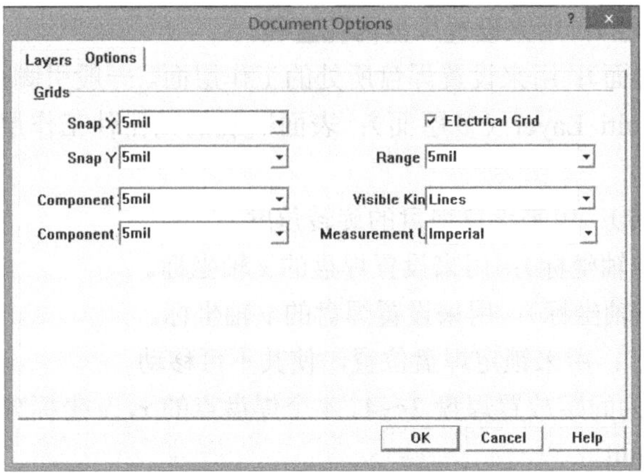

图 4.76　电气捕捉栅格设置

- Component X：*x* 方向上元器件移动的单位距离。
- Component Y：*y* 方向上元器件移动的单位距离。
- Electrical Grid（电气捕捉栅格）：选中该项可以使用电器捕捉功能。
- Range：电气捕捉范围。
- Visible Kind：可视栅格样式。有 Dots（点状）和 Lines（线状）两种。
- Measurement Unit：计量单位。有 Metric（公制）和 Imperial（英制）两种。我国多采用英制，英美国家则多采用公制。

一般情况下，将光标捕捉栅格（Snap Grid）、电气捕捉栅格（Electrical Grid）和元器件捕捉栅格（Component Grid）设置成相近值。这样光标捕捉和放置图件会比较方便，如果光标捕捉栅格和电气捕捉栅格相差过大，放置焊盘或外形图时，光标很难捕获到所需位置，并且电气捕捉栅格和光标捕捉栅格不能大于元器件封装的引脚间距。

③ 执行菜单命令【Edit】编辑/【Jump】跳转/【Reference】参考，将光标跳回原点（0，0）。

④ 执行菜单【Place】/【Pad】放置焊盘，或直接单击 Pcblib Placement Tools（PCB 元件库放置工具）按钮，Place Pads On The Current Document（在当前文件放置焊盘）。按 Tab 键，弹出焊盘的属性对话框，设置参数如下，如图 4.77 所示。

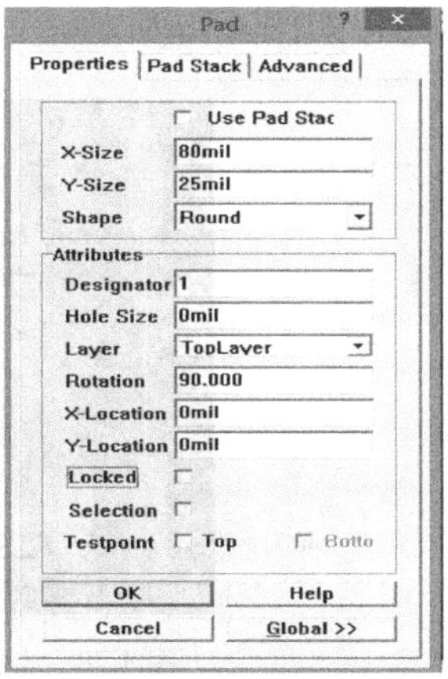

图 4.77　设置焊盘参数

X-Size：80mil；Y-Size：25mil；Shape：Round；Designator：1；Layer：Top Layer；其他默认。退出对话框后，将光标移动到原点，单击鼠标左键，将焊盘 1 放下。

- X-Size（*x* 轴尺寸）：用来设置焊盘在 *x* 轴上的长度尺寸。
- Y-Size（*y* 轴尺寸）：用来设置焊盘在 *y* 轴上的长度尺寸。
- Shap（焊盘形状）：用来设置焊盘的形状，在该下拉菜单中有 Sound（圆形）、Rectangle（矩形）和 Octagonal（八角形）可供选择。
- Designator（序号）：用来设置焊盘编号。设置时要注意与原理图符号库元器件的引脚编号的名称相一致。

- Hole Size（孔径）：用来设置焊盘内孔直径。
- Layer（工作层面）：用来设置焊盘所处的工作层面。一般引脚插入电路板的直插型元器件工作层面选择 Multi Layer（多层面）；表面贴装的元器件工作层面选择 Top Layer 或 Bottomlayer 即可。
- Rotation（旋转）：用来设置焊盘的旋转角度。
- X-Location（x 轴坐标）：用来设置焊盘的 x 轴坐标。
- Y-Location（y 轴坐标）：用来设置焊盘的 y 轴坐标。
- Locked（锁定）：用来锁定焊盘位置，使其不可移动。

⑤ 依次以 50mil 为间距放置焊盘 2～4。4 个焊盘点的 x，y 坐标分别为（0，0）、（0，50）（0，100）、（0，150）mil。

⑥ 对称放置另一排焊盘 5～8，两排焊盘的间距为 220mil。4 个焊盘点的 x，y 坐标分别为（150，220）、（100，220）、（50，220）、（0，220）mil。

⑦ 双击焊盘 1，在弹出的对话框中的 Shape 下拉列表框中选择 Rectangle，定义焊盘 1 的形状为矩形，设置好的焊盘如图 4.78 所示。

⑧ 绘制 SOP8 的外框。将工作层切换到 Top Overlay，执行菜单【Place】/【Track】（放置/连线）或直接单击 PCB Lib Placement Tools（PCB 元件库放置工具）中的 Place Lines On The Current Document（在当前文件放置连线）按钮。执行菜单【Place】/【Arc】（放置/圆弧）或直接单击 PCB Lib Placement Tools（PCB 元件库放置工具）中的 Place Arc By Centen On The Current Document（在当前文件放置圆弧中心位置）。线宽均设置为 10mil，外框绘制完毕的元件如图 4.79 所示。

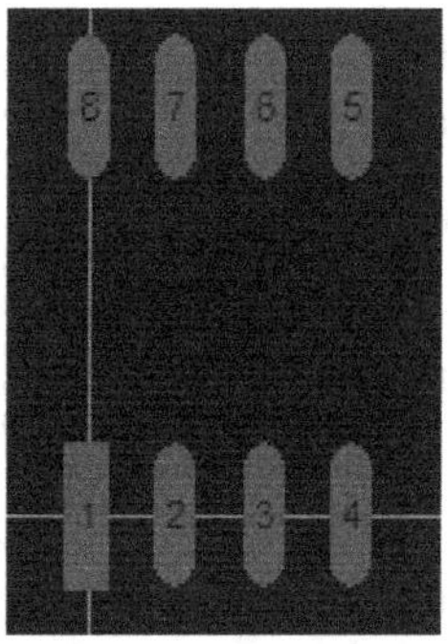

图 4.78 放置焊盘

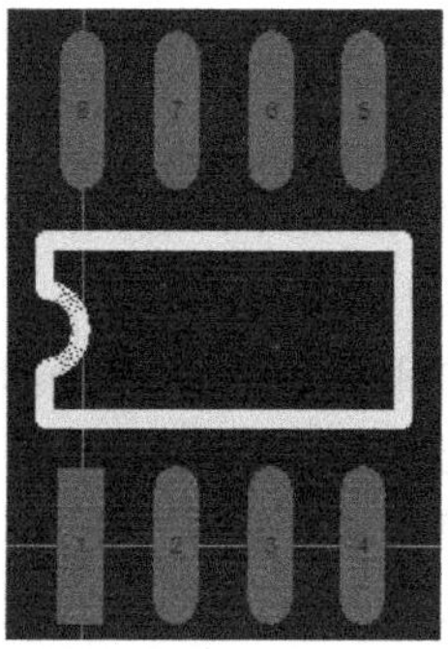

图 4.79 设计好的 SOP8

⑨ 执行菜单【Edit】/【Set Reference】/【Pin1】（编辑/设置参考点/引脚 1），将元件参考点设置在引脚 1。

⑩ 执行菜单【Tools】工具/【Rename Component】重命名，将元件名修改为 SOP8。

⑪ 执行菜单【File】文件/【Save】保存，保存当前元件。

（4）编辑元器件封装

编辑元件封装，就是修改已有的元件封装属性，使之符合要求。

① 修改元件封装库中的元件

修改元件封装库中的某个元件，先进入元件库编辑器，选择【File】文件/【Open】打开，打开要编辑的元件库，在元件浏览器中选中要编辑的元件，窗口显示此元件的封装图，若要修改元件封装的焊盘，则双击要修改的焊盘，出现此引脚焊盘的属性对话框，从中修改引脚焊盘的编号、形状、直径、钻孔直径等参数；若要修改元件外形，可以单击某一条轮廓线，再次单击它的非控点部分，移动鼠标，即可改变其轮廓线，或者删除原来的轮廓线，重新绘制新的轮廓线。元件修改后，执行菜单【File】文件/【Save】保存，将结果保存。

修改元件封装库的结果不会反映在以前绘制的电路板图中。如果单击 PCB 元件库编辑器上的【Update PCB】按钮，系统会用修改后的元件更新电路板图中的同名元件。

绘制 PCB 时，若发现所采用的元件封装不符合要求，需要修改，可以不退出文件，直接修改。方法是：在元件浏览器中选中该元件，单击【Edit】按钮，系统自动进入元件编辑状态，其后的操作与上面相同。

② 直接在 PCB 图中修改元件封装的引脚

在 PCB 设计中，如果某些元件的原理图中的引脚号和印制板中的焊盘编号不同（如二极管、三极管等），在自动布局时，这些元件的网络飞线会丢失或出错，此时可以直接编辑焊盘的编号来匹配引脚。方法为：

直接双击元件焊盘，在弹出的焊盘属性对话框中修改焊盘编号。

7. 利用网络表文件装入网络表和元件

在 PCB 编辑状态执行菜单命令【Design】/【Netlist】网络表，出现网络宏对话框，如图 4.80 所示。单击【Browse】按钮，进入选择网络表文件对话框，在对话框中选中所需的网络表文件（Sheet1.NET），单击【OK】按钮，所有网络宏都显示在对话框中，如图 4.81 所示。网络宏正确时，对话框中的“Status”显示为“All Macrosvalidated”，单击【Execute】执行按钮，即以网络宏显示的信息将元器件装入 PCB 图中。

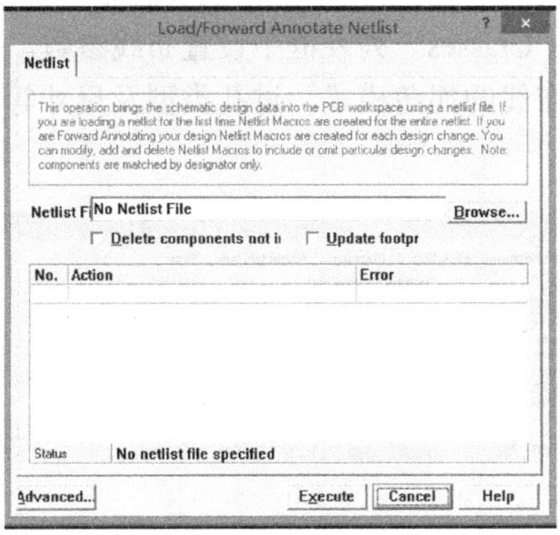

图 4.80　网络宏对话框

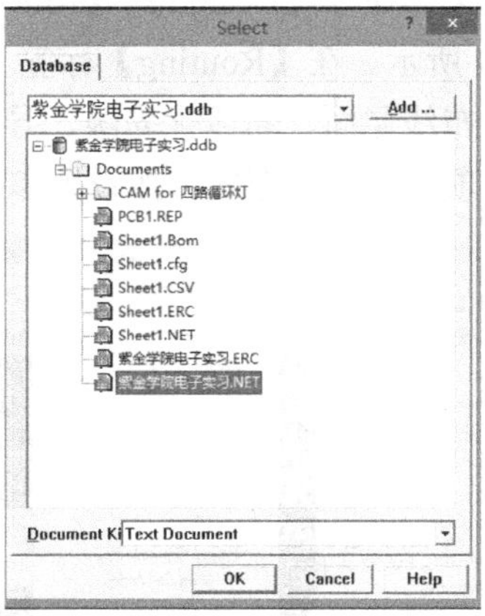

图 4.81　选择网络表文件对话框

常见的错误提示如下。

- Net Not Found：找不到对应的网络。
- Component Not Found：找不到对应的元件。
- New Footprint Not Matching Old Footprint：新的元件封装与旧的元件封装不匹配。
- Footprint Not Found In Library：在 PCB 元件库中找不到对应元件的封装。
- Warning Alternative Footprint ××× Used Instead Of: 警告信息，用×××封装替换。

用户应该根据错误提示回到原理图进行修改，重新生成网络表，直至没有错误提示为止。

8．自动布局及手工调整

导入的元器件显示在印制电路板规定的区域中间，需要设计布局，布局的方法有自动布局和手动布局两种。手动布局是将光标移至元器件上，按住鼠标左键拖动元器件至适当位置。

自动布局是利用软件按随机方式将元器件均匀布设。因为布局的随机性，元器件的放置位置并没有考虑连线最短、干扰最小的布线原则，所以还需要手工调整。

自动布局的方法如下。

执行菜单命令【Tools】/【Auto Place…】，出现元件自动布局对话框，选择【Statistical Placer】项，其他设置默认，单击【OK】按钮，开始自动布局。布局结束后出现提示对话框，选择【OK】。关闭元件自动布局窗口，用鼠标右键单击设计窗口的【Place1】标签，在出现的菜单中选择【Close】选项，出现提示用户更新的对话框，单击【是】按钮。再单击设计窗口上的“PCB”标签，切换到 PCB 状态，将看到自动布局后的电路。元器件引脚之间用直线连接（可交叉），只代表元器件之间的连接关系，并不是最终的印制导线。此电路还应手动调整，调整时元器件的连接关系不变。

9．自动布线

经手工调整后的电路可自动布线，生成不交叉的印制导线，布线能否成功，与元器件的摆放位置有很大关系。

执行菜单命令【Design】/【Rules…】规则，如图 4.82 所示。出现设置布线参数对话框，如图 4.83 所示。在【Routing】标签下的“Rule Classes”列表框中设置布线参数。自动布线参数包括布线层面、布线优先级、导线宽度、布线的拐角模式、过孔类型及尺寸等。根据要求设置各项后，自动布线将按设置参数进行。

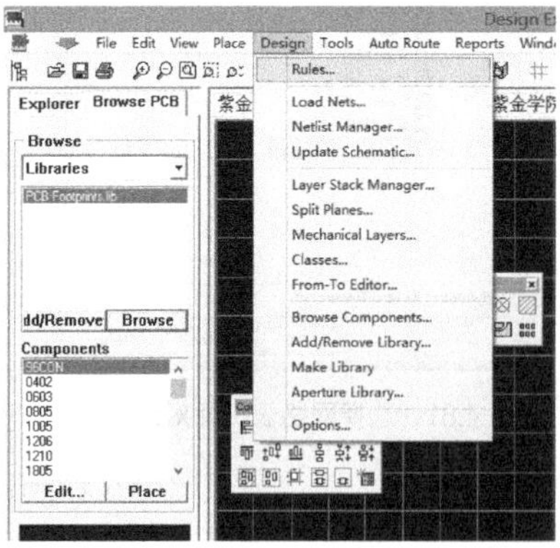

图 4.82　设计规则

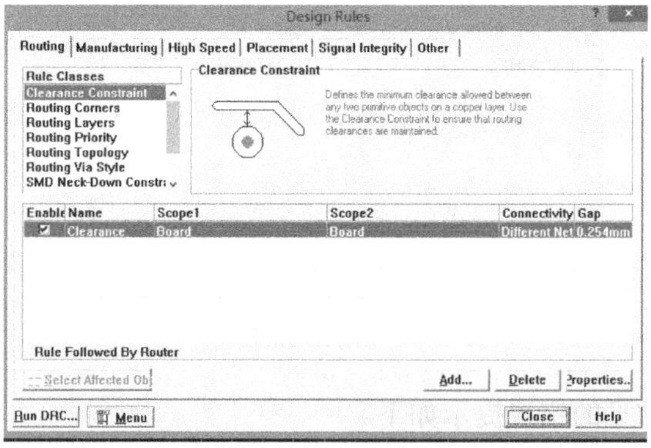

图 4.83　设计规则对话框

“RuleClasses”列表框中的各项的含义如下。

- Clearance Constraint 设置安全间距。
- Routing Corners 设置布线的拐角模式。

- Routing Layers 设置布线工作层面。
- Routing Priority 设置布线优先级。
- Routing Topology 设置布线拓扑结构。
- Routing Viastyle 设置过孔形式。
- Width Constraint 设置布线宽度。

（1）设置布线工作层面。选中列表框中的“Routing Layers”布线层选项，单击【Properties...】属性按钮，或双击【Routing Layers】选项，进入布线工作层面设置对话框，如图 4.84 所示。

- 布线范围（Rule Scope）设定为 Whole Board（整个印制板）。
- 布线属性（Rule Attributes）用于设定布线层面和各个层面的布线方向。T（Top Layer）代表顶层，B（Botton Layer）代表底层，1～14 代表中间层。单面印制电路板顶层及中间层不布线，将 T 及中间层设为 Not Used，底层布线将 B 设为 Any，单击【OK】按钮确定。

（2）设置布线宽度。选中列表框中的“Width Constraint”导线宽度选项，单击【Properties...】按钮，或双击【Width Constraint】选项，进入布线宽度设置对话框。布线范围（Rule Scope）仍为 Whole Board（整个印制板），布线属性（Rule Attributes）中的最小宽度（Minimum Width）、最大宽度（Maximum Width）按电路要求设置，单击【OK】按钮确定。其他各项的设置可参考工作层面及布线宽度的设置，如图 4.85 所示。

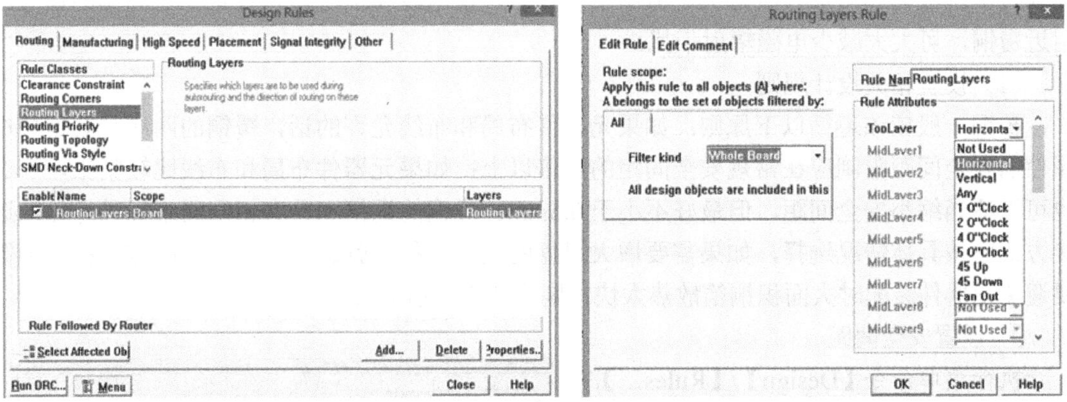

图 4.84　设置布线工作层面

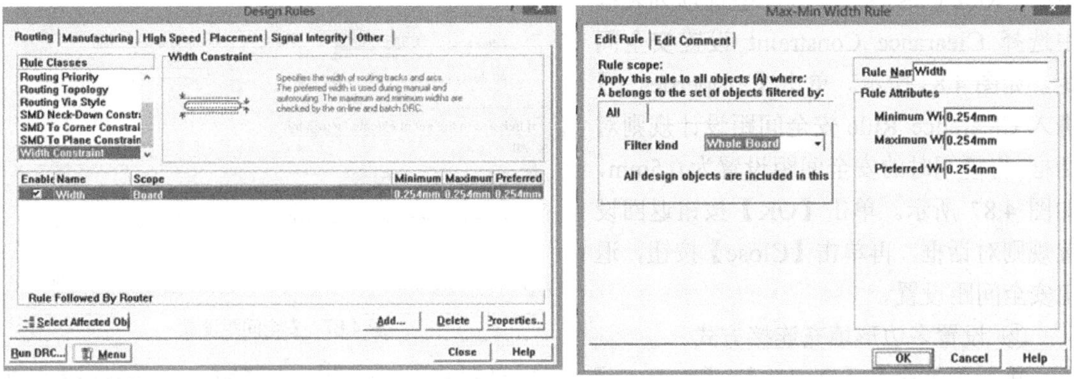

图 4.85　布线宽度设置

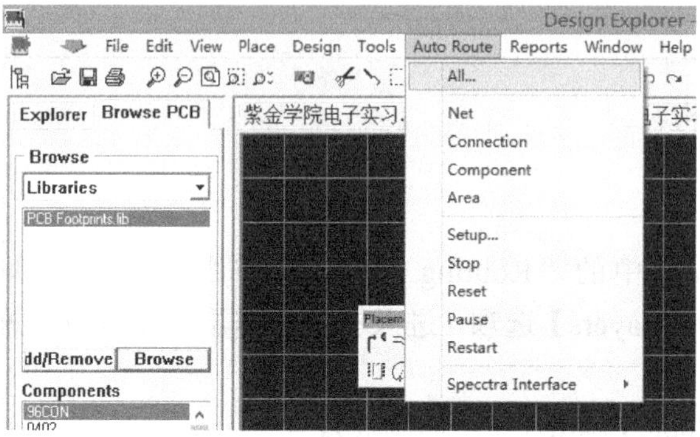

图 4.86 自动布线

（3）自动布线。各项设置完成后可自动布线，布线结束后若出现短路交叉，应重新调整元器件的位置再布线，直到没有短路交叉为止。执行菜单命令【Auto Routing】/【All…】，如图 4.86 所示，程序开始对整个电路板进行布线，布线完成后单击【End】按钮刷新画面。

一块设计精良的印制电路板，需要经过反复的修改、调整、布线，另外采用手工布线进行修改也是一种很好的技能，在一些复杂电路中都需要手工布线才能使电路设计完美无缺。

10. PCB 板的覆铜

PCB 板覆铜就是将 PCB 板上闲置的空间作为基准面，然后用固体铜填充，把电路板上没有布线的地方铺满铜箔。

覆铜的对象可以是地线网络、电源网路、信号线等，其中对地线网络进行覆铜是最常见的。对地线网络进行覆铜，可以增大地线的导电面积，有利于降低电路接地引入的公共阻抗，提高抗干扰能力和增加导线过大电流的负载能力，使电源和信号传输稳定。在高频的信号线附近覆铜，可大大减少电磁辐射干扰。

（1）设置相关设计规则

覆铜一般应该遵循以下原则：如果元器件布局和布线允许的话，覆铜的网络与其他导电图件的安全间距限制应在常规安全间距的两倍以上；如果元器件布局和布线比较紧张，那么也可以适当缩小安全间距，但最好不小于 0.5mm。覆铜的铜箔和具有相同网络标号焊盘的连接方式应按具体情况选择，如果需要增大焊盘的载流面积，就选用直接连接的方式；如果需要避免元器件装配时大面积铜箔散热太快，则应选用辐射的方式连接。

① 设置安全间距

执行菜单命令【Design】/【Rules…】，出现设置规则对话框。在【Routing】标签下的“Rule Classes”规则类型选项列表框中选择 Clearance Constraint 设置安全间距，如图 4.83 所示。单击【Properties…】进入 Clearance Rule 安全间距设计规则对话框，将覆铜时的安全间距设置为 0.5mm，如图 4.87 所示。单击【OK】按钮返回设置规则对话框，再单击【Close】按钮，退出安全间距设置。

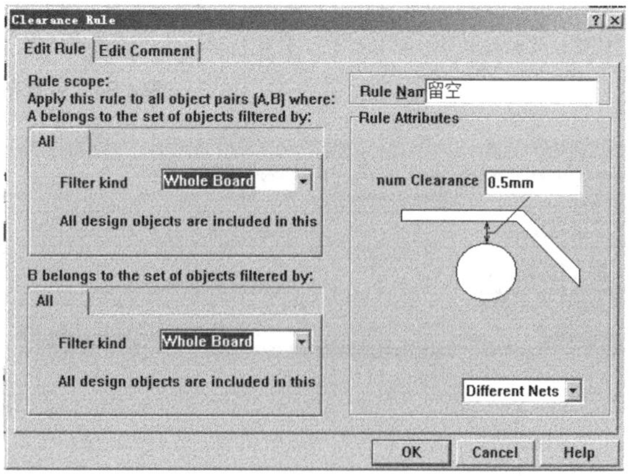

图 4.87 安全间距设置

② 设置多边形填充连接方式

执行菜单命令【Design】/【Rules…】，出现设置规则对话框。在【Manufacturing】标签下的“Rule Classes”规则类型列表框中选择 Polygon Connect Style，设置多边形填充连接方式，如图 4.88 所示。设置多边形填充连接方式主要用于选择覆铜与具有相同网络标号的焊盘、过孔的连接方式。

单击【Properties…】按钮，进入【Polygon Connect Style】设置多边形填充连接方式对话框，如图 4.89 所示。

- Relief Connect：辐射方式连接，多边形填充覆盖具有相同网络标号的导电图件时，不是直接覆盖，而是通过导线连接的。可根据需要对连接导线的宽度、数目以及角度进行设置。
- Direct Connect：直接连接，多边形填充将直接覆盖具有相同网络标号的导电图件。
- No Connect：不连接。

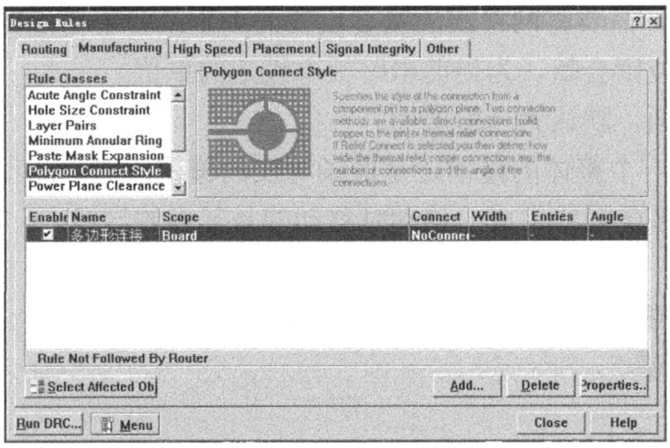

图 4.88　设计规则对话框

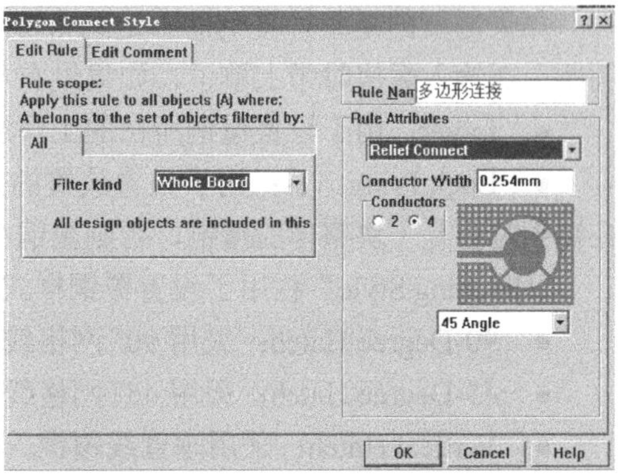

图 4.89　多边形填充连接方式对话框

将连接方式设置为 Direct Connect 直接连接，单击【OK】按钮，返回设置规则对话框，再单击【Close】按钮，退出多边形填充连接方式设置。

（2）电路板覆铜

执行菜单命令【Place】/【Polygon Plane…】多边形覆铜，或单击画图工具栏中的【sch:Place Polygon Plane】按钮（图上方框中），如图 4.90 所示。

在弹出的覆铜参数设置对话框（见图 4.91）中，各选项设置如下。

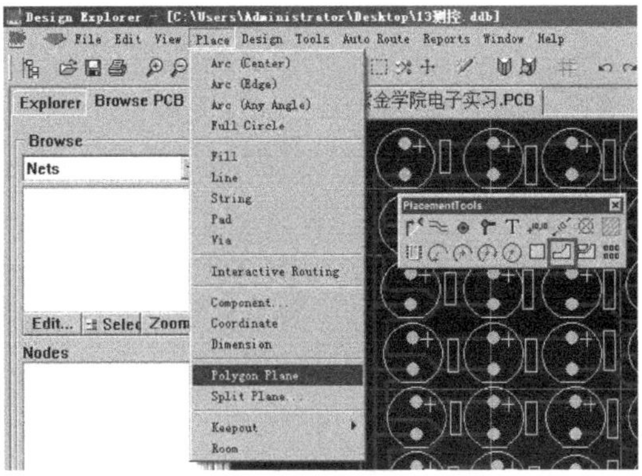

图 4.90　放置多边形覆铜

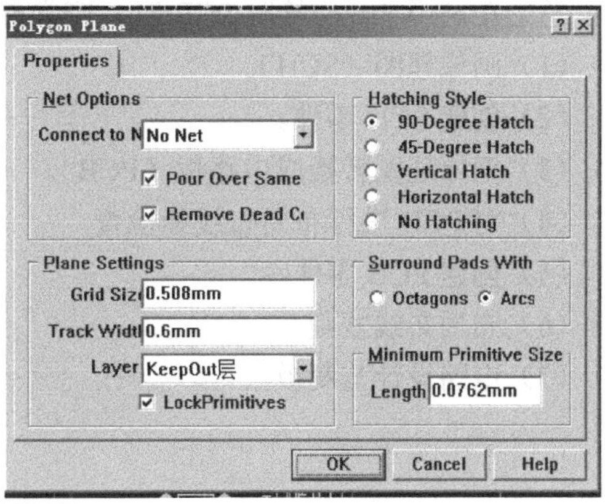

图 4.91　覆铜设置

“Net Options”栏用于设置覆铜的电气网络名称以及它与相应网络之间的关系。

- Connect To Net：可以根据具体的需求选择所要连接的网络。选择“Not Net”表示该覆铜不和任何网络连接。
- Pour Over Same Net：选中此项在覆铜时会覆盖和覆铜具有相同网络名称的导线。
- Remove Dead Copper：选中此项可以清除死铜。死铜是指在覆铜之后与任何网络都没有连接的部分覆铜。

“Plane Settings”栏用于设置覆铜的格点间距、网格线的宽度以及所在的工作层等。

- Grid Size：设置覆铜的格点距离。
- Track Width：用于设置覆铜网格的宽度。

如果需要的是整片覆铜而不是网格覆铜，需要将网格线的宽度设置为大于或等于格点的间距。在输入数值时带上单位，如果没有单位则会默认为当前电路板中设定的单位。

- Layer：用于设置覆铜所在的工作层面，默认为当前层面。
- Lock Primitives：用于设置放置的是一个整体的覆铜还是多条导线的覆铜。选中此项在覆铜时会是一块整体的覆铜，否则覆铜由多条导线组成，移动时移动的是其中的导线。

“Hatching Style”栏用于设置覆铜样式。

- 90-Degree Hatch：采用 90° 网格线覆铜。
- 45-Degree Hatch：采用 45° 网格线覆铜。
- Vertical Hatch：采用垂直线覆铜。
- Horizontal Hatch：采用水平线覆铜。
- No Hatching：采用中空覆铜。

“Surround Pads With”栏用于设置焊盘与四周覆铜的连接方式。

- Octagons：采用八角形的连接方式。
- Arcs：采用圆弧形的连接方式。

“Minimum Primitive Size”栏用于设置最短的覆铜网格线长度。

覆铜设置完成后，单击【OK】按钮，出现十字光标，在 PCB 板需要覆铜的地方绘制一个封闭的区域，方法与画导线相类似，在转角处需单击，这样系统会自动为所画的封闭区域覆上铜箔。

总之在利用 Protel 绘制 PCB 时，应掌握以下操作。

（1）画原理图（SCH）。

（2）创建 SCH 零件。

（3）把原理图转换成电路板（PCB）。

（4）对 PCB 进行布局布线和检查。

（5）创建 PCB 零件库。

（6）布局布线规则。

（7）电路设计与制板

思考与练习

1．简述创建封装库的注意事项。

2．创建封装库有哪些技巧？画图说明。

3．按照图 4.92 练习绘制消防车警笛电路的原理图和双层 PCB 板图，制版尺寸为 2800mil×2210mil。

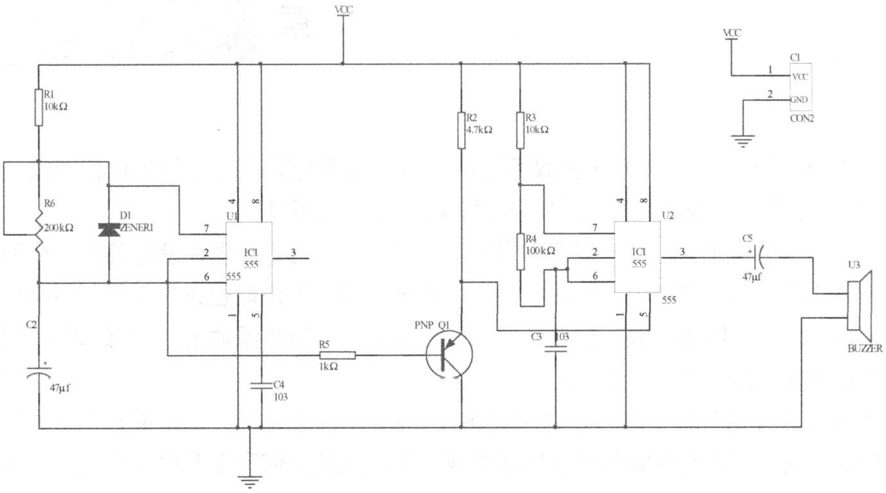

图 4.92　消防车警笛电路的原理图

第5章 线路板制作工艺

实际 PCB 电子制造工艺流程包括以下几步：（1）原理图设计；（2）PCB 板图设计；（3）线路板制作；（4）元器件装配；（5）元器件焊接；（6）检测与返修。

在以上制作工艺中（1）、（2）涉及软件设计，（3）~（6）为硬件设计部分。线路板制作在整个电子制作工艺中占重要地位，线路板的好坏直接决定了电路能否正常工作。线路板制作包括以下流程：板预处理、线路生成、钻孔、贯孔、阻焊处理（涂覆绿油）、字符处理（涂覆白油）、助焊处理（镀锡或 OSP 工艺）、板检测。

在第 4 章重点介绍了基于 Protel 的原理图设计及 PCB 图设计，本章重点介绍如何利用无锡华文默克仪器有限公司的视频雕刻机进行线路板制作，以及如何利用无锡华文默克仪器有限公司的 HW-K1000 金属孔化箱进行电路板处理等。

特别注意事项如下。

（1）运输过程中为防止机械部件意外损坏，主轴电机被固定在支架上，在通电之前请拆除主轴固定物，直到主轴可以自由移动。

（2）本机配备的 PCB，钻头从 0.4mm 到 3.0mm，如果用户有其他规格的需要，请联系各经销商另行配备购买。钻头都属于易耗品，不在保修范围之内。

（3）本机采用环氧树脂底板，安全、无毒、可靠，该部件为损耗件，经长期使用后需更换，如底板厚度小于 5mm，请联系各经销商拆卸更换。本机配备一把 3mm 的平头铣刀，用于加工底板时使用，请妥善保存。

（4）本机连续长时间工作，主轴电机会有发热现象，请勿连续工作超过 6 小时，以免损坏主轴电机。非工作时间请关闭机器主电源，以免机器过热造成损伤。

（5）本机丝杠等机械部分，请定期加注润滑油，以确保使用流畅。

（6）本机器属于工业设备，使用时具有一定的操作危险性，请使用者务必谨慎，严格按用户手册操作。如在工作过程中发现意外情况，请及时关闭电源，并在等待一段时间后再重新使用。

（7）本套机型在投入使用前请详细阅读说明书后，再安装使用。使用过程中，要建立专门登记册，将使用人、时间及使用过程记录备案，杜绝违章操作。

5.1　HW-3030V 视频雕刻机简介

5.1.1　视频雕刻机的功能

HW-3030V 视频雕刻机是一种机电、软件、硬件相结合的高科技仪器，该仪器可根据 PCB 线路设计软件（Protel、Orcad、PADS 等）设计的线路文件，自动、快速、精确地进行线路板制作。HW-3030V 视频雕刻机利用物理钻孔过程，通过计算机控制，在覆铜板上进行电路板制作，该仪器使用简单、可靠性及精度高，制作电路板省时、省料，是高校电子、机电、计算机、控制、仪器仪表等相关专业实验室、电子产品研发企业及科研院所、军工单位等的理想工具。HW-3030V 视频雕刻机的主要功能如下。

（1）可在覆铜板上钻孔。

（2）透铣、沿外形线进刀，使电路板与板材分离。

（3）有原点直接设置、复位功能。

（4）用软件虚拟加工，可预览加工路径。

（5）显示加工路径、进度，方便控制。

（6）多孔径钻孔一次完成，省却了频繁的换刀工序。

（7）高转速主轴电机，转速最高达 60000rpm。

（8）智能化转速控制，可根据刀具自动优化主轴转速。

5.1.2　视频雕刻机的主要结构和部件

HW-3030V 视频雕刻机整机正面如图 5.1（a）所示。雕刻机中包含了工业摄像头，如图 5.1（b）所示，当雕刻机在捕捉 mark1、mark2 点时，可使用该摄像头定位，重现钻孔信息及雕刻路径，方便使用者操作。在雕刻机侧面设置了保护复位钮，如图 5.1（b）所示，当 x、y、Z 超限保护后，需按下保护复位钮，同时移动 x、y、z 位置回到正常位置。

电源保险丝在雕刻机背面，当电源保险丝损坏时，取出如图 5.1（c）所示的保险丝，进行更换。

注意：*在关闭电源时，延时 30s 后再打开电源开关，可以延长保险丝的使用寿命。*

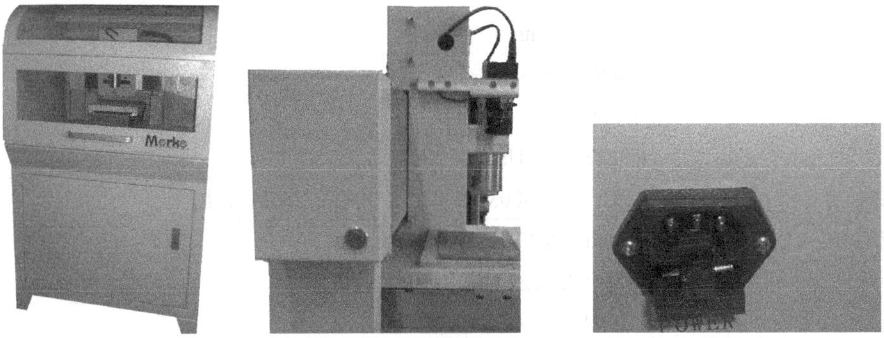

（a）视频雕刻机整机正面图　（b）雕刻机的工业摄像头　（c）电源保险丝位置图

图 5.1　Hw-3030V 视频雕刻机

控制面板主要由 6 部分组成，如图 5.2 所示。

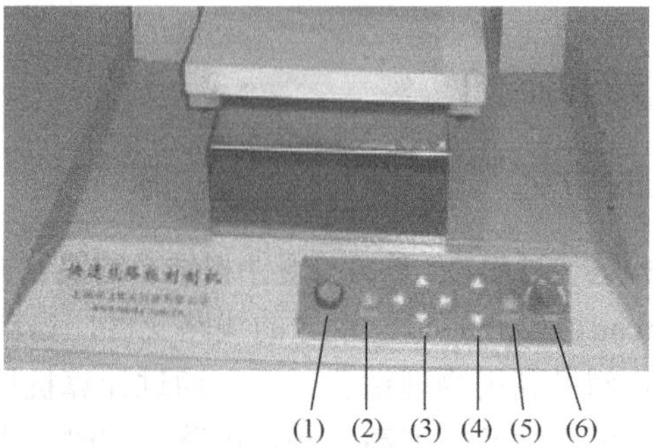

图 5.2　控制面板

（1）主轴　（2）设原点　（3）X、Y 粗调　（4）Z 粗调　（5）回原点　（6）Z 微调

具体作用如下。

（1）主轴启停开关：启动/停止主轴电机。

（2）设原点：将当前位置设为原点。

（3）X、Y 粗调：X、Y 方向位置快速移动。

（4）Z 粗调：Z 方向位置快速移动。

（5）回原点：X、Y、Z 回到设置的原点位置。

（6）Z 微调：左旋，Z 向下 0.01mm/格；右旋，Z 向上 0.01mm/格。

5.1.3　HW-3030V 视频雕刻机的规格和技术参数

HW-3030V 视频雕刻机规格和技术参数如表 5.1 所示。

表 5.1　　Hw-3030v 视频雕刻机规格和技术参数

最大工作面积	300mm×300mm
加工面数	单/双面
驱动方式	x 轴、y 轴、z 轴步进电机
最高转速	60000rpm
最大移动速度	4.8 M/Min
钻孔深度	0.2～3mm
钻孔孔径	0.3～3.175mm
钻孔速度	100 Strokes/Min （Max）
操作方式	半自动
通信接口	RS232 串口/USB
计算机系统	CPU：PⅢ-500MHz 以上；内存：256M 以上
操作系统	WindowsXP/Vista/Win 7
电源	交流（220±22）V，（50±1）Hz
功耗	110 VA
重量	66kg（主机 56kg、电控箱 10kg）
外形尺寸	750mm（L）×660mm（W）×1200mm（H）
保 险 丝	3 A

5.2 HW-3030V 视频雕刻机的安装

5.2.1 运输和储存条件

1. 运输条件

应符合包装箱上图文标志要求，拆箱前应检查包装箱是否颠倒、破损，主机是否完好，发现问题应立即通电检查开机是否正常，必要时向运输单位索赔。

2. 存储条件

经包装后的主机应存放在−20℃～50℃，相对湿度不超过 80%，无腐蚀性物质和通风良好的室内。

5.2.2 环境及电源要求

仪器工作场所应避免阳光直晒，仪器安放地点地面需平坦，且有足够的空间，仪器正常工作环境温度为 5℃～30℃。

仪器使用电源电压：交流（220±22）V，（50±1）Hz；输入功率：<200VA。

注意：交流电源必须接地良好（保护接地端电压<3v。机器内部的保护接地端统一采用⏚标识。交流电源必须稳定，禁止与大功率用电器共用电源。当拔下电源线时，必须抓住插头本身，而不是电源线。如发现主机有烟雾、异味或奇怪的声音发出，立即关闭电源，并与销售商联系。

5.2.3 仪器及配套软件的安装

1. 仪器包装及拆分

打开包装木箱，并拆除运输材料。请保存好包装箱与包装材料，方便日后需要重新包装仪器时用。先从高木箱中取出机柜，安放在平坦的地面上。打开前、后柜门，取出控制柜和附件，按“装箱单”检查附件是否齐全。将静音垫平铺在机柜上面。接着从矮木箱中取出防尘罩和主机，把主机安放在静音垫上，再安上防尘罩，并用随机所附螺钉固定好防尘罩。

2. 连接电缆

打开仪器防尘罩后侧板，取出随机附带的电缆（步进电机电缆 3 根、主轴电缆 1 根、控制电缆 1 根、串口电缆 1 根、Usb 连接线 1 根、电源线 1 根），连接主机和控制柜，连接方式如下。

（1）步进电机电缆为黑色四芯电缆。将电缆的两端一一对应连至主机和电控箱的 x 轴、y 轴、z 轴。

（2）主轴电缆为黑色四芯电缆，上有红色色环标记。将电缆的两端分别连至主机和电控箱的 Cutter 口。

（3）控制电缆为白色 25 芯电缆。将电缆的两端分别连至主机和电控箱的 Sensor 口。

（4）将控制柜上的总电源开关拉至机柜左侧。

3. 连接电脑

将 RS232 串口、USB 连接线一头连接到钻孔机的串口、USB-C，另一头连接到 PC 的串口（串口 1 和串口 2 可选，但需要在操作软件的设置项中设置对应的通信端口号）、USB 口。

4. 配套软件安装

PC 推荐配置如下。CPU：PIII-500MHz 以上；内存：256M 以上；外设：CD-ROM 驱动器；接口：至少一个可用的串口；操作系统：Windows XP/Vista/Windows 7。

将软件光盘插入 CD-ROM 中，安装程序自动运行，如图 5.3 所示；单击【下一步】，如图 5.4 所示：选择安装目录后，单击【下一步】按钮，根据提示，单击【安装】按钮完成软件的安装。

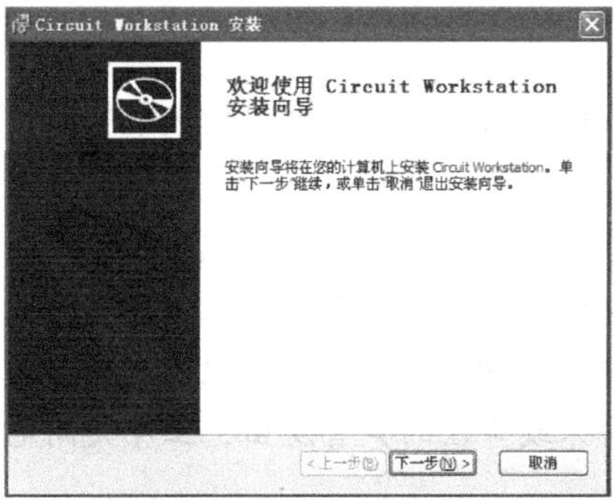

图 5.3　Circuit Workstation 安装图

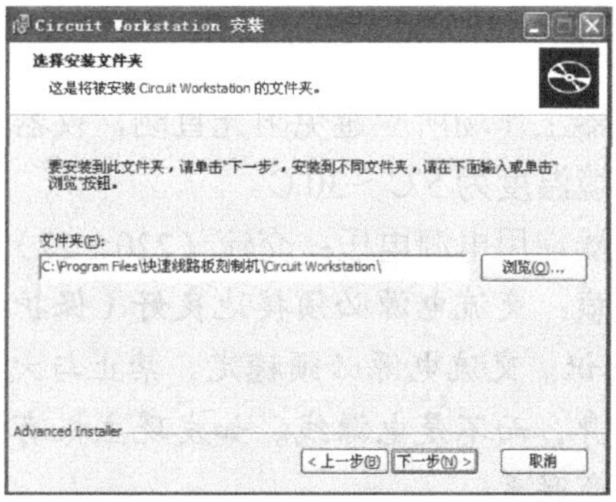

图 5.4　Circuit Workstation 安装

软件安装完毕，桌面和开始菜单中会出现 circuit Workstation 图标。

5.3　HW-3030V 视频雕刻机软件的使用

5.3.1　生成加工文件

扫一扫　看视频

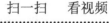

线路板文件设计好后，需输出机器可执行的加工文件来驱动机器钻孔，雕刻出需要的线路板。Protel 99 SE/ Protel DXP 2004/ ORCAD /PADS 等软件均自带了自动输出 Gerber 文件功能。

注意：PCB 文件转换前，请检查当前 PCB 文件是否有 KeepOut（禁止布线）层，如果未设置 KeepOut 层，请添加。雕刻机软件以 KeepOut 层为加工边界。

1. 使用 Protel DXP 2004 输出 Gerber 文件

下面介绍如何使用 Protel DXP 2004 输出标准 Gerber 加工文件。

（1）设定光绘文件

打开 Main Board.PCB 文件，执行“文件/输出制造文件/Gerber Files”命令，打开“光绘文件设定”对话框，如图 5.5 所示，在“一般”选项卡的“单位”栏中选择公制单位“毫米”作为度量单位，在“格式”栏中选择 4∶4。

在“光绘文件设定”对话框中选择“层”选项卡，如图 5.6 所示，在该对话框中可选择输出的层，一次选中需要输出的所有的层。

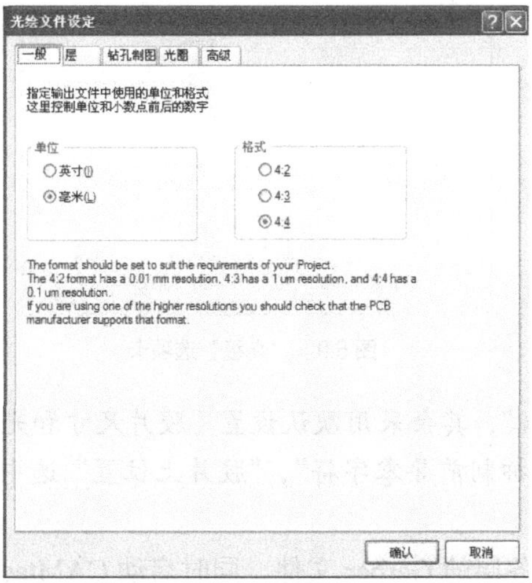

图 5.5 设定光绘文件

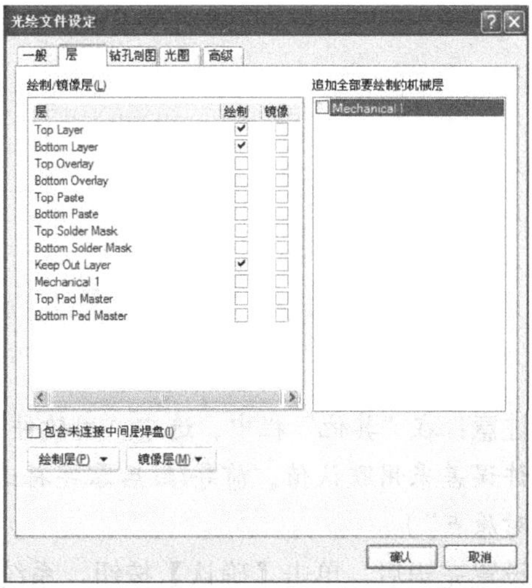

图 5.6 “层”选项卡

注意：请保持“镜像”栏的所有层为未选中。

在“光绘文件设定”对话框中选择“钻孔制图”选项卡，如图 5.7 所示，取消其中所有选中项目。

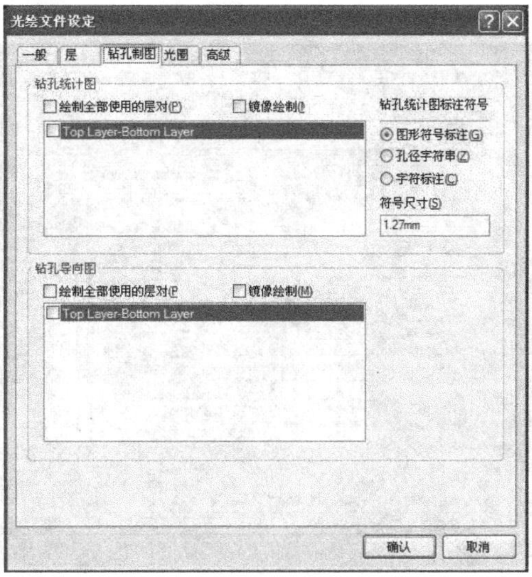

图 5.7 “钻孔制图”选项卡

在“光绘文件设定”对话框中选择“光圈”选项卡，然后选择“嵌入的光圈”，如图 5.8

所示，系统在输出加工数据文件时，自动产生 D 码文件。

在“光绘文件设定”对话框中选择选择“高级”选项卡，如图 5.9 所示。

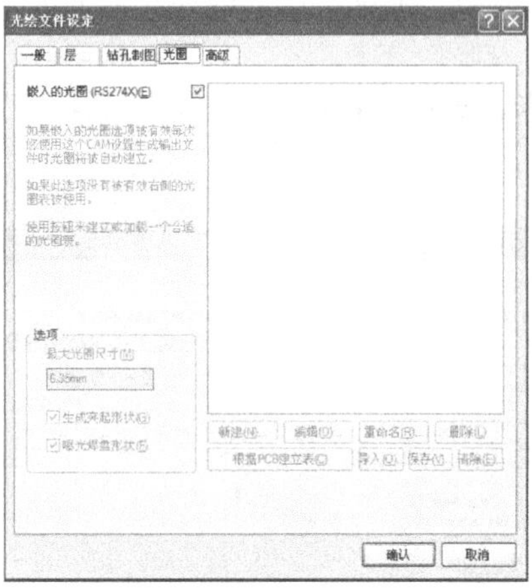

图 5.8 “光圈”选项卡

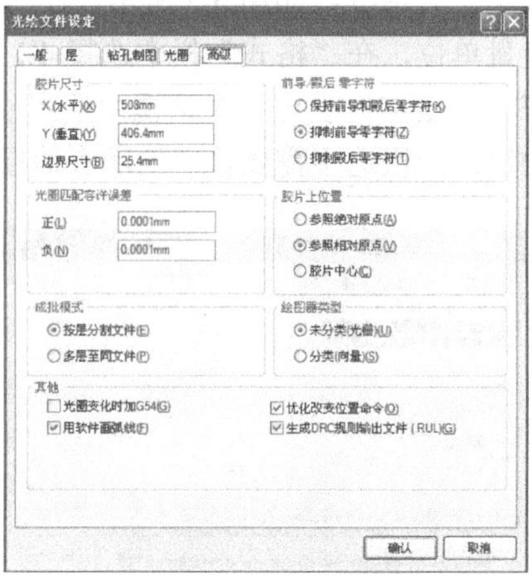

图 5.9 “高级”选项卡

注意：在“其他”栏中，选中“用软件画弧线”，其余采用默认设置（胶片尺寸和光圈匹配容许误差采用默认值，前导/殿后零字符选中“抑制前导零字符”，“胶片上位置”选中“参考相对原点”）。

设置完毕后，单击【确认】按钮，系统输出各层的 Gerber 文件，同时启动 CAMtastic1，以图形方式显示这些文件，结果如图 5.10 所示。本设备需要 3 个 Gerber 文件：顶层文件*.gtl、底层文件*.gbl、禁止布线层文件*.gko，都自动保存在当前 PCB 文件的目录下。至此，各层加工文件输出完毕。

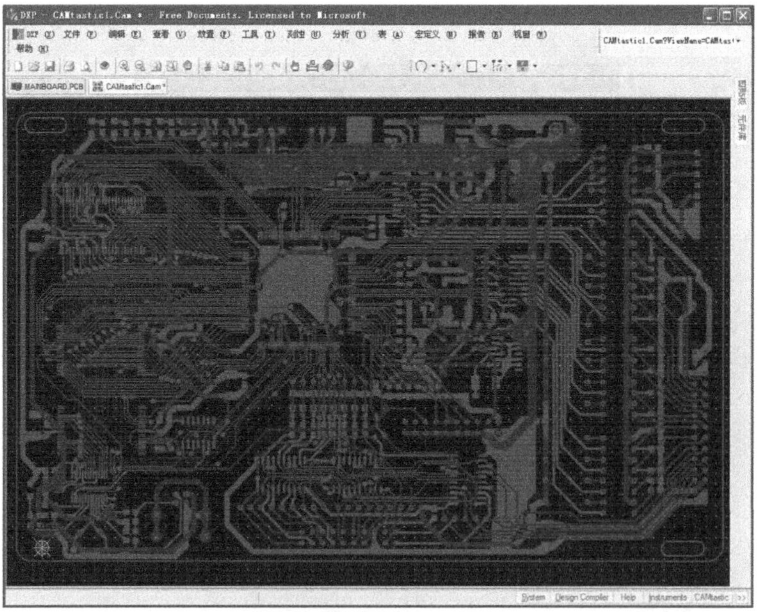

图 5.10 各层的 Gerber 文件

（2）输出钻孔加工文件

执行“文件/输出制造文件/NC Drill Files”命令，弹出“Nc 钻孔设定”对话框，如图 5.11 所示，在“单位”栏中选择单位为毫米，在“格式”栏中选择数据格式为 4：4，在“前导殿后零字符”栏中选择“抑制殿后零字符”，其他选项保持默认。

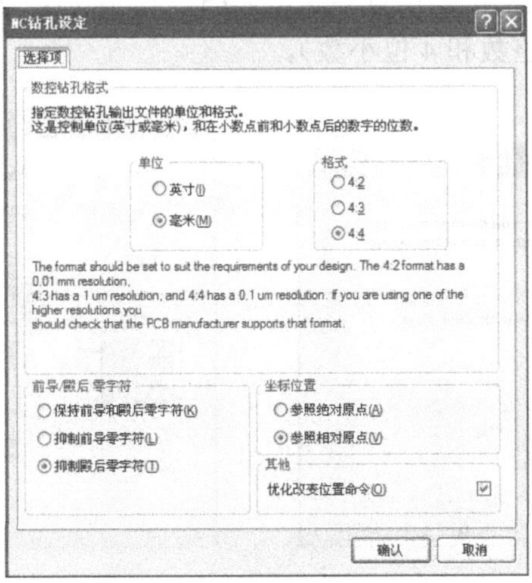

图 5.11　Nc 钻孔设定

设置完成后单击【确认】按钮，输出 NC 钻孔图形文件，如图 5.12 所示。加工所需的钻孔文件为*.txt，自动保存在当前 PCB 文件的目录下。

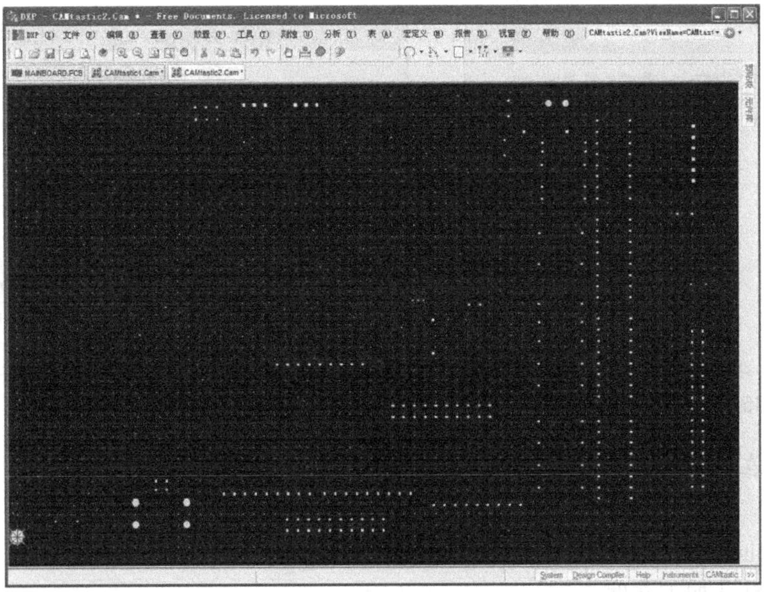

图 5.12　NC 钻孔图形文件

2．Protel 99 SE 输出 Gerber 文件

在 Protel 99 SE 环境下，输出 Gerber 文件的方法如下。

（1）生成线路板光绘文件 Gerber Output1

在 DDB 工程中，选中需要加工的 PCB 文件，在 file（文件）菜单中选择 CAM 管理器（CAMManager），弹出“Output Wizard”对话框，如图 5.13 所示。

单击 Next 按钮，提示输出加工文件类型，选择 Gerber 文件格式，如图 5.14 所示，连续单击【Next】按钮，显示数字格式设置界面，如图 5.15 所示，这里选择 Millimeter（毫米）和 4∶4 格式（即保留 4 位整数和 4 位小数）。

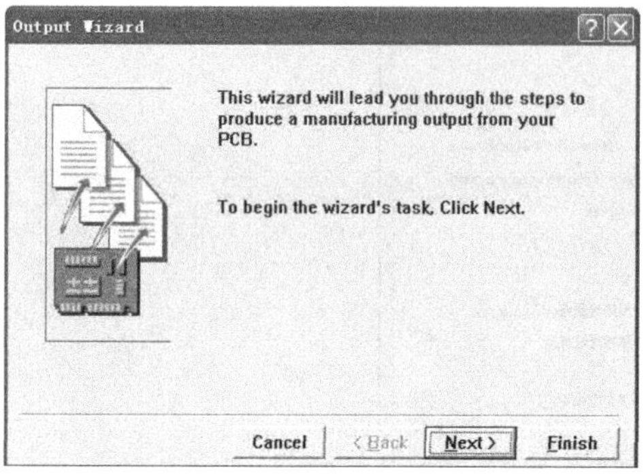

图 5.13　Output Wizard

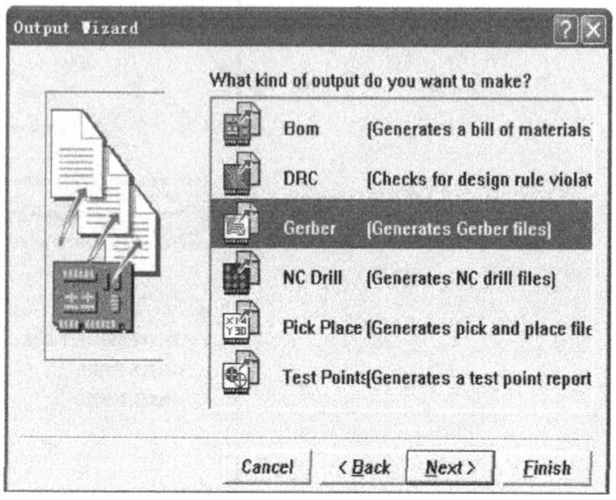

图 5.14　Output Wizard

单击【Next】按钮，弹出图层选择对话框，如图 5.16 所示，该对话框用于选择布线中使用的图层。双面板要选择顶层（TopLayer）、底层（BottomLayer）、禁止布线层（Keep Out Layer），单面板要选择底层（BottomLayer）、禁止布线层（Keep Out Layer）。

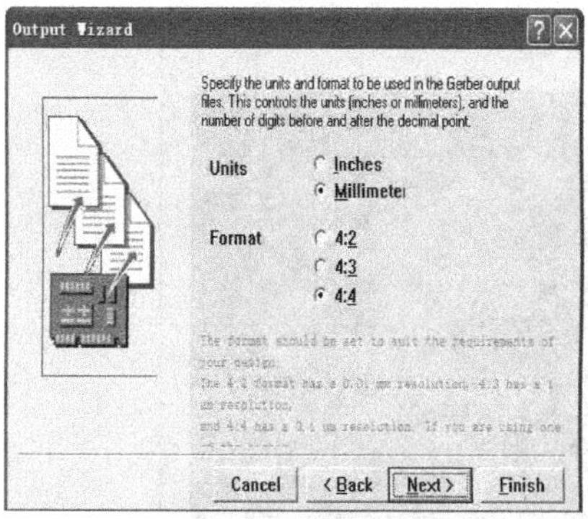

图 5.15　Output Wizard 对话框

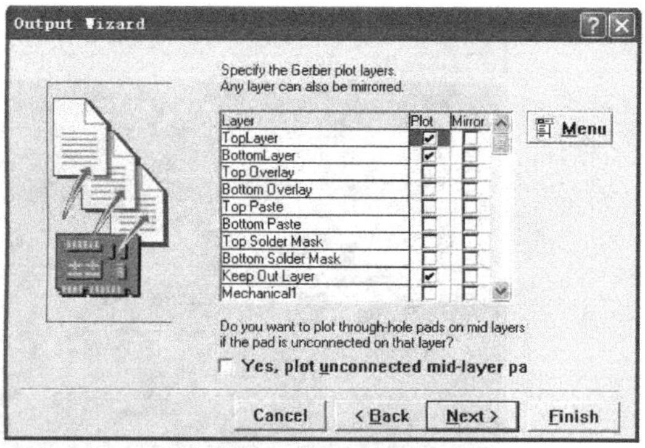

图 5.16　Output Wizard 对话框

注意：只在 Plot 栏中选择，Mirror 栏不可选择，否则将输出镜像图层，不能与钻孔文件配套。

单击【Finish】按钮，即生成线路板光绘文件 Gerber Output1。

（2）生成钻孔加工文件

在 CAM Outputs 文件栏中，单击鼠标右键，选择 CAM Wizard，出现如图 5.17 所示的加工文件类型选择界面，选择数控钻孔文件 NC Drill。

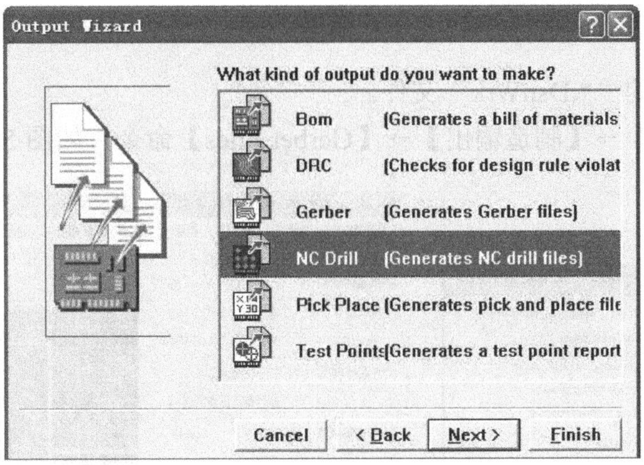

图 5.17　Output Wizard 对话框

单击【下一步】按钮，在后续数字格式设置界面中，同样设置单位为毫米，整数和小数位数为 4∶4，单击【Finish】按钮，生成钻孔文件 NC Drill Output1。

（3）统一光绘文件和钻孔文件的坐标

光绘文件和钻孔文件生成后，需要统一它们的坐标。Protel 99 SE 中钻孔文件的默认坐标系是 Center Plots On，该坐标和光绘文件 Gerber 中的坐标不一致，故需将 Gerber 文件的坐标系与钻孔的坐标系统一。

在 sp2 的 Protel 99 SE 中，用鼠标右键单击 Gerber Output1 文件，选择属性（Properties），弹出对话框，如图 5.18 所示，选择高级（Advanced）选项卡，在其他（Other）栏中取消选中“Center Plots On”复选框，单击【OK】按钮即可。

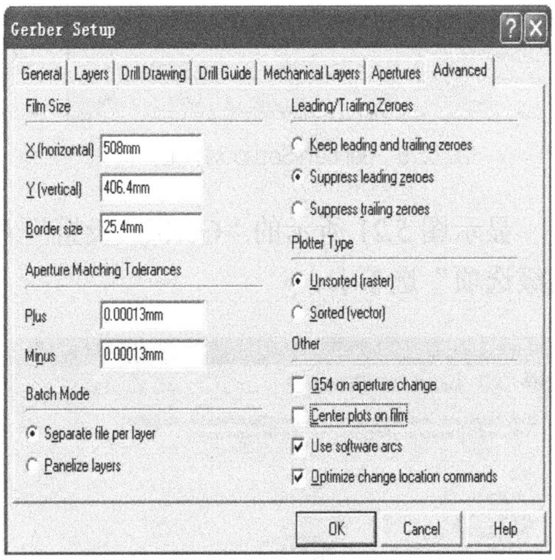

图 5.18　Gerber Setup 对话框

对于有了 sp6 的 Protel 99 SE，在 Gerber Output1 属性窗口的高级（Advanced）选项卡的“Potion On File”栏中选中“Reference To Relative Origin”，如图 5.19 所示，这是钻孔文件默认的坐标系。

（4）生成 CAM 文件

在 CAM Outputs 文件栏中，单击鼠标右键，选择生成 CAM 文件（Generate Cam Files），或直接按【F9】键生成所有加工文件。执行操作后左边栏目中出现一个 CAM 文件夹，用鼠标右键单击左边栏目中的 CAM 文件夹，选择输出（Export），将该文件夹存放到指定位置。

注意：其他选项均采用 Protel 软件的默认设置，同 Protel DXP 2004 一样，在属性（Properties）窗口的坐标位置（Coordinate Positions）项中，Gerber 文件忽略前导零（Suppress Leading Zero），而钻孔文件忽略殿后零（Suppress Trailing Zero），切勿修改此两默认项，否则会影响加工文件的正确识别。

3．Altium Designer 09 的 Gerber 文件输出

（1）打开需加工的“*.DsnWrk”文件。

（2）选择【文件】→【制造输出】→【Gerber Files】命令，如图 5.20 所示。

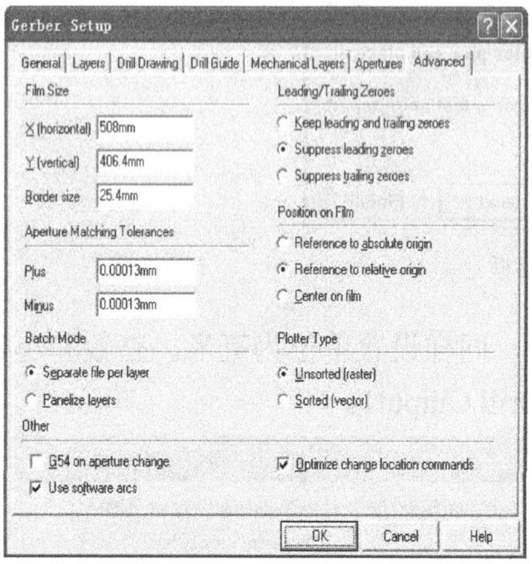

图 5.19　Gerber Setup 对话框

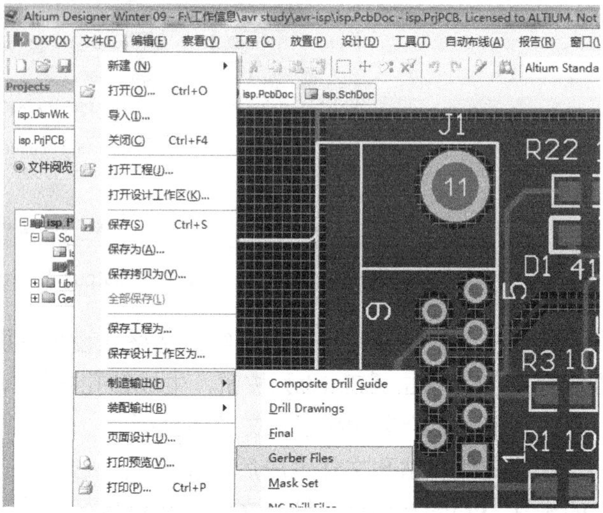

图 5.20　选择 Gerber Files

显示图 5.21 所示的“Gerber 设置”对话框，参照图 5.21～图 5.23 依次设置“单位、层、高级选项”选项卡。

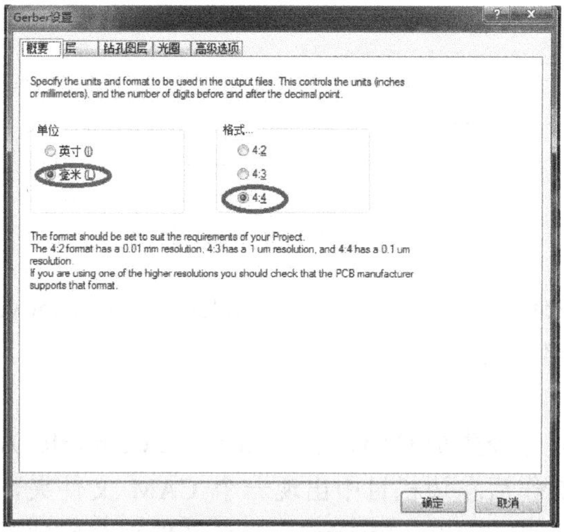

图 5.21　“概要”选项卡

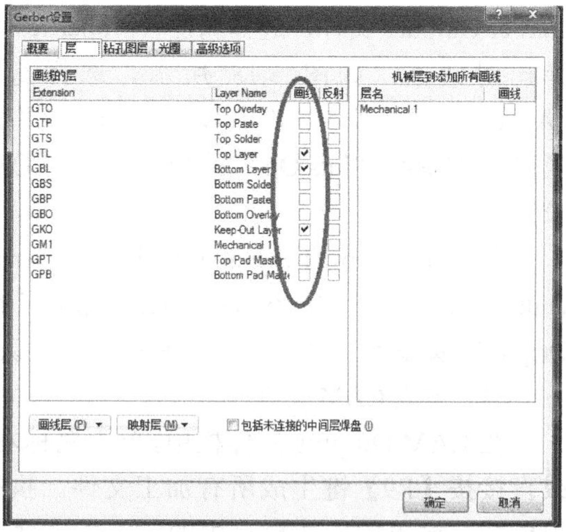

图 5.22　“层”选项卡

（3）选择【文件】→【制造输出】→【NC Drill Files】命令，如图 5.24 所示。单击“NC Drill Files”，弹出“NC 钻孔设置”对话框，如图 5.25 所示，设置单位为毫米，格式为 4∶4。设置完成后单击【确定】按钮，显示“输入钻孔数据”对话框，如图 5.26 所示，单击【确定】按钮即可。

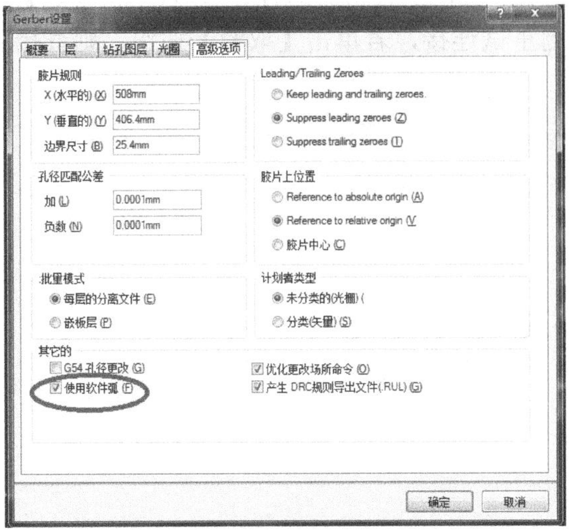

图 5.23 “高级选项”选项卡

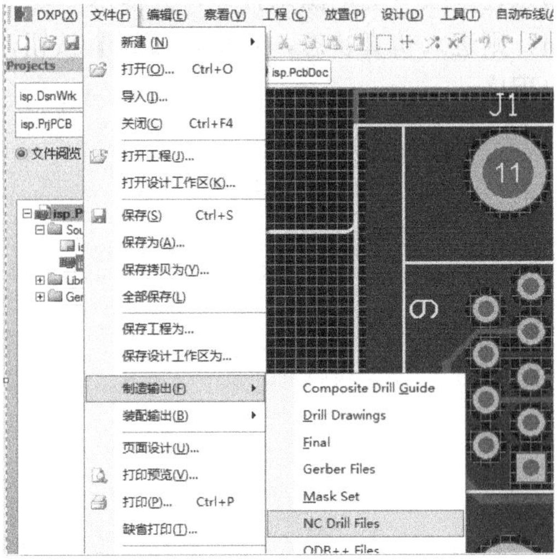

图 5.24 选择 NC Drill Files 命令

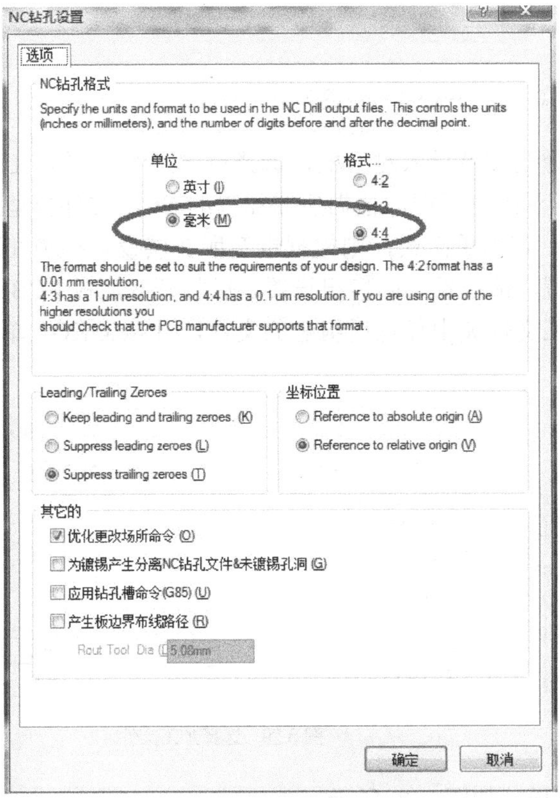

图 5.25 “NC 钻孔设置”对话框

图 5.26 “输入钻孔数据“对话框

5.3.2 视频雕刻软件功能说明

1. 打开软件

双击图标，打开 Circuit Workstation 软件，其主界面如图 5.27 所示。若计算机与仪器未连接或主机电源未打开，会提示“设备无法连接，是否仿真运行？”，若单击【是】按钮，则进入仿真状态，若单击【否】按钮，则重试连接，若单击【取消】按钮，则直接退出程序。

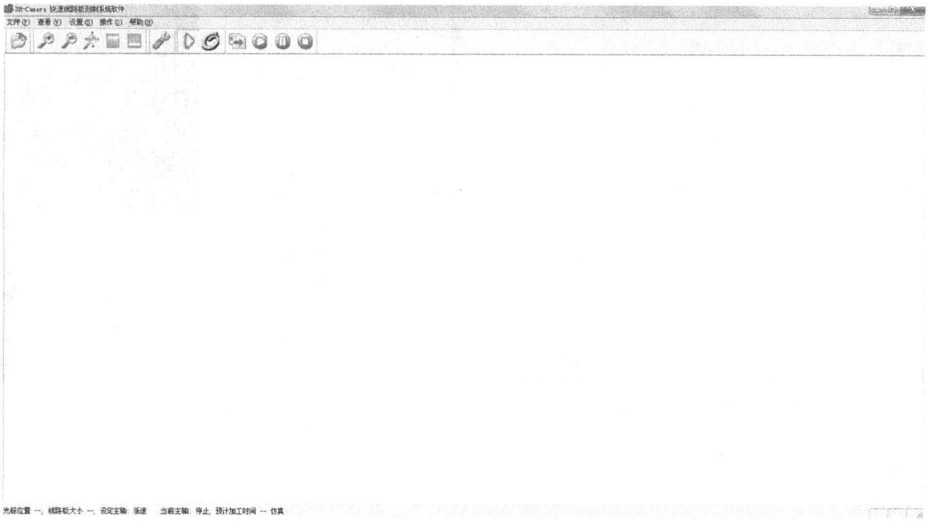

图 5.27　Gircuit Workstation 主界面

选择【文件】→【打开】命令，弹出文件导入对话框，选择单/双面板，单击工具栏上的【打开】按钮，弹出如图 5.28 所示的对话框，根据所需加工的 PCB 文件类型选择单面板或双面板，再单击【打开】按钮。若为单面板，则根据铜箔所在层设定铜箔在顶层或铜箔在底层，该选项将决定钻孔的位置，请根据实际情况设置。以打开双面板 PCB 文件为例，如图 5.29 所示，在窗口中选择加工文件夹中任意后缀名的文件，如 stc.GKO，单击【打开】按钮。

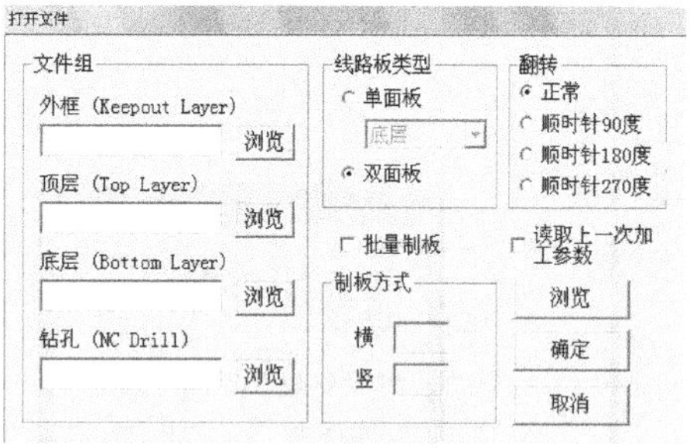

图 5.28　打开文件

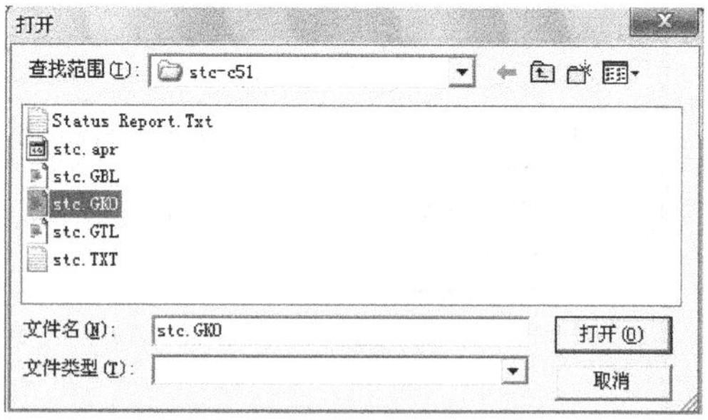

图 5.29　选择加工文件

正常打开后，默认显示层线路板底层，如图 5.30 所示。

在窗口下方的状态栏中，显示当前光标的坐标位置、线路板的大小信息、主轴电机的设定与当前状态，及联机状态信息。默认的单位为英制 mil，可通过主菜单【查看】→【坐标单位切换】，将显示单位切换至公制 mm。

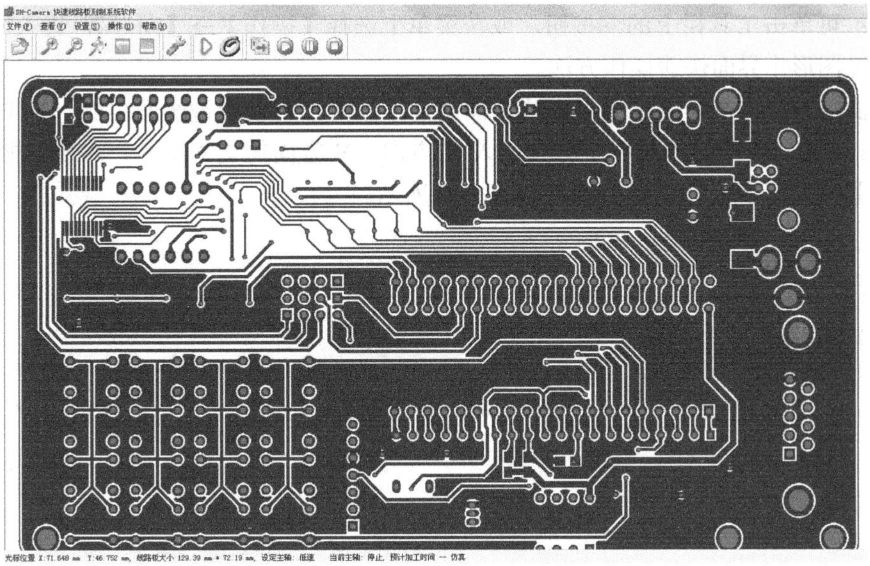

图 5.30 默认显示层为线路板底层

注意：如打开过程出现异常提示，请检查 Gerber 文件转换设置是否正确。

2. 菜单介绍

（1）“查看”菜单

① 放大、缩小、适中。可分别单击工具栏上的、、按钮来放大、缩小、适中显示线路图，也可按键盘上的【PageUp】键、【PageDn】键来放大、缩小显示线路图。在线路图上按住鼠标右键，可拖动整个板图。

② 顶层、底层。可单击工具栏上的、按钮来切换显示顶层、底层线路。

③ 孔信息。显示所有钻孔信息。

④ 坐标显示。显示当前鼠标位置坐标值。

⑤ 坐标单位切换。在公制/英制之间切换单位。

（2）“设置”菜单

① 通信口。串口 COM1、COM2、COM3、COM4、COM5、COM6、COM7、COM8、USB 选择；

② 刀具库。可单击快捷工具栏上的图标，弹出“刀具库”对话框，如图 5.31 所示，在该刀具库中可以添加所需尺寸的钻头。

③ 割边设置。可设置割边刀直径，以及 KEEPOUT 层按割边刀直径显示。

④ 主轴电机速度。预置了 24 000rpm 的转速，

⑤ 仿真运行。功能等同工具栏上的按钮。按下时处于仿真运行状态。

⑥ 仿真运行速度。设置仿真的速度，有低速、中速、高速 3 种。

⑦ 完成后关闭主轴。可设置加工完成后自动关闭主轴。主轴电机运转时，工具栏上的指示标记为，当主轴电机停止时，指示图标变灰。

⑧ 完成后关闭计算机。可设置加工完成后自动关闭计算机。

（3）“操作”菜单

向导：可单击工具栏上的按钮，或在菜单上选择【操作】→【向导】，进入向导界面。向导是通过图形化界面快速操作方法。

铣平面：当工作平台上的孔过多或平面明显不平时，可使用铣平面功能。铣平面请使用 3mm PCB 铣刀。将平面的长和宽分别填入 X 方向、Y 方向的文本框中，深度可根据平面磨损程度设置，重叠率一般设为 30%，如图 5.32 所示。

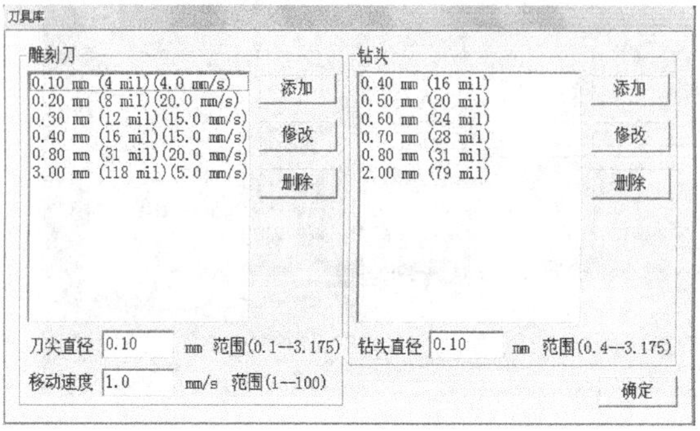

图 5.31 刀具库

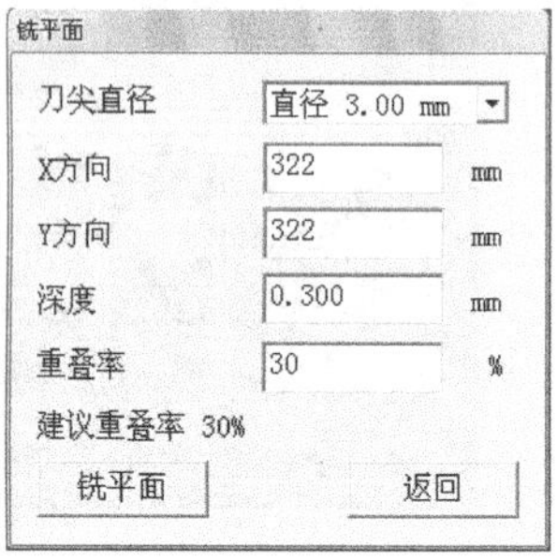

图 5.32 铣平面

摄像定位：把蚀刻好的线路板，固定在加工平台上，利用工业摄像视觉识别线路板上的任意两个点（Mark1，Mark2）的方法来确定其他孔的位置，以及根据已知线路板的孔位来重现线路板的线路雕刻路径，雕刻出线路板的线路图。详细步骤如下。

① 把打开的加工文件切换到顶层显示，如图 5.33 所示。

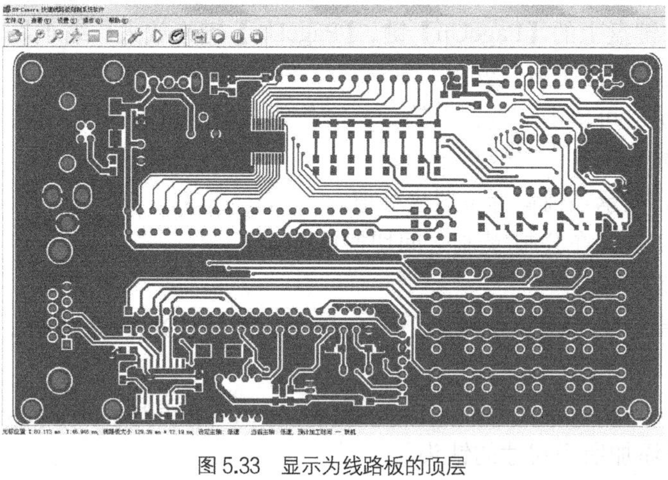

图 5.33 显示为线路板的顶层

② 添加要加工的孔信息，详见下面“向导”中的“钻孔”步骤。

③ 在 Circuit Workstation 的工作区中线路图的顶层或底层中，单击鼠标右键，选中 mark1、Mark2 两点，如图 5.34 和图 5.35 所示。

④单击软件工具栏的【操作（O)】按钮，打开“雕刻移动”面板，如图 5.36 所示

⑤ 设定摄像头的偏移量（只要设定一次即可，也可校验上次设定的偏移量）。在线路板上的 Keepout Layer 框外，用 0.8 的铣刀钻一个孔，并设该点处为零点，单击图 5.37 中的【设零点】按钮即可。

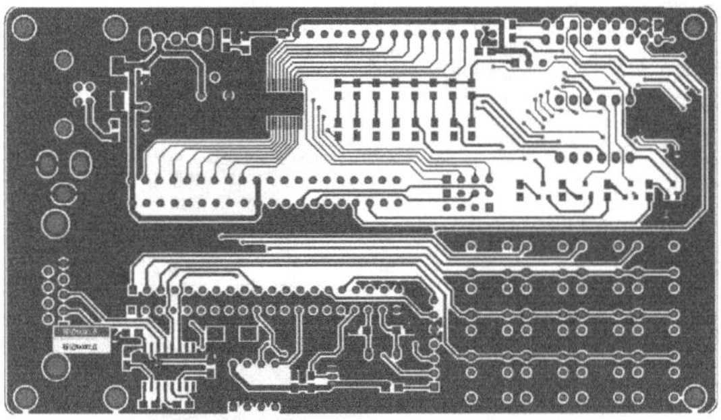

图 5.34　选中 mark1 点

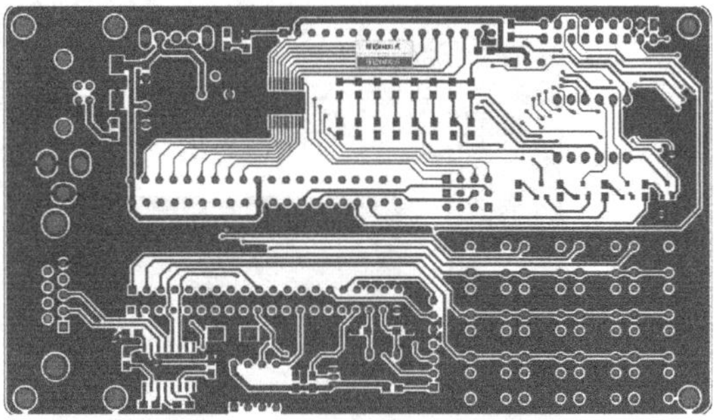

图 5.35　选中 mark2 点

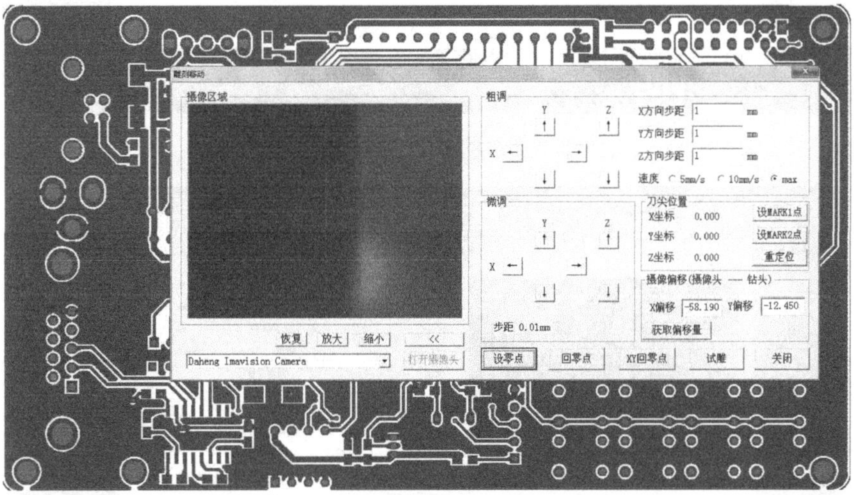

图 5.36　雕刻移动面板

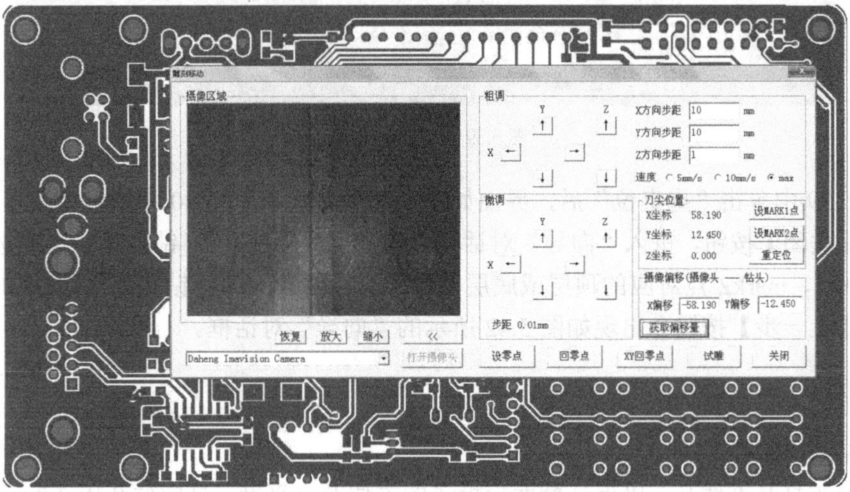

图 5.37　获取偏移量

⑥ 移动 X，Y，使摄像头中心点与步骤 3 中 mark1、mark2 分别对应，分别单击 mark1、mark2，如图 5.38、图 5.39 所示。

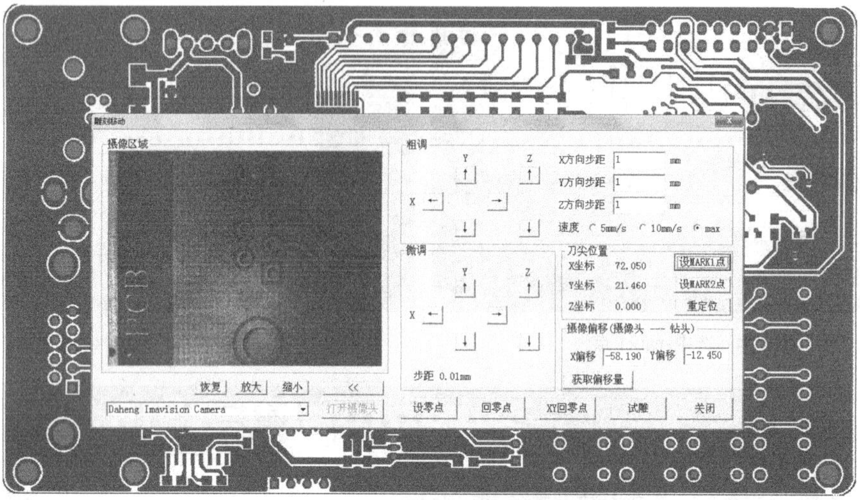

图 5.38 设定 mark1 点

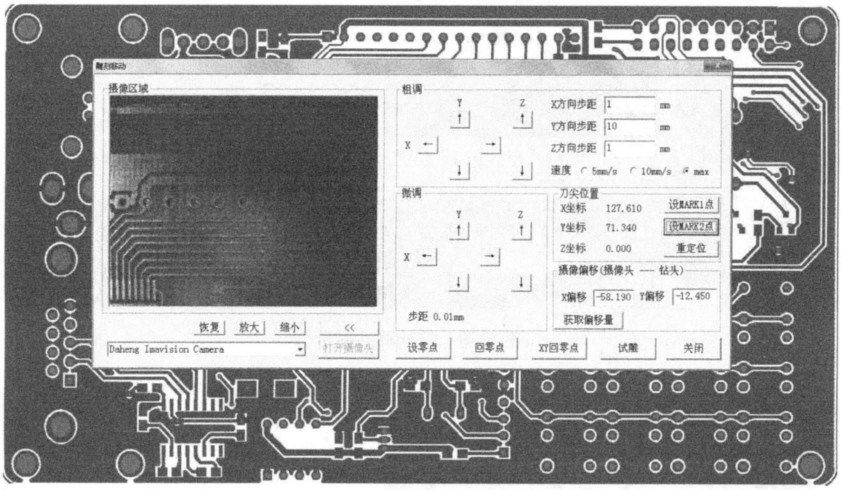

图 5.39 设定 mark2 点

在图 5.39 中单击“重定位”后，界面如图 5.40 所示。在图 5.40 中单击【回零点】按钮，然后单击【关闭】按钮，进入“向导”对话框，选择“顶层钻孔”（钻孔时一定要选择与步骤 2 中的 mark1、mark2 点对应的顶层或底层，仪器执行钻孔）即可钻孔、割边，如图 5.41 所示。单击【上一步】按钮会出现如图 5.42 所示的“向导”对话框。

3. 向导

（1）钻基准线孔

双面板需打基准线孔，以保证翻面后板子的方位及水平度。打定位孔用 2.0mm 钻头。定位孔深度需使得平台板上留下 2mm 左右深的孔，默认为 3.5mm。钻定位孔时，钻头将以加工原点为参考，以线路板图的长度为（*x* 方向）最大尺寸，在同一水平方向钻两个孔，一面加工完毕，只需取下线路板，沿 *x* 方向翻转线路板，对准工作平台上留下的定位孔，插上定位销，放置线路板。

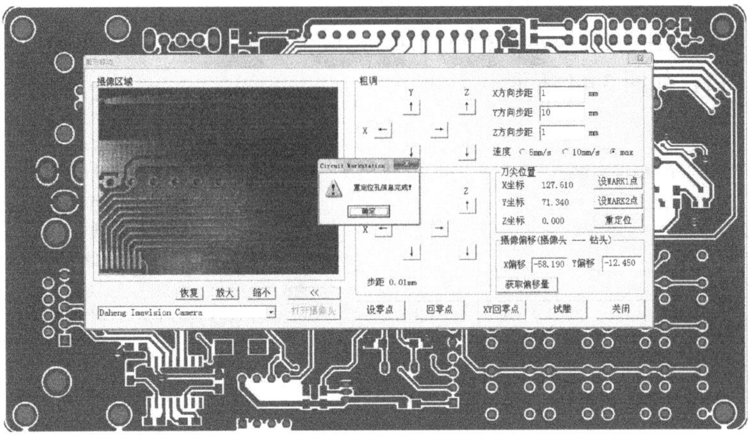

图 5.40　重定位孔信息完成

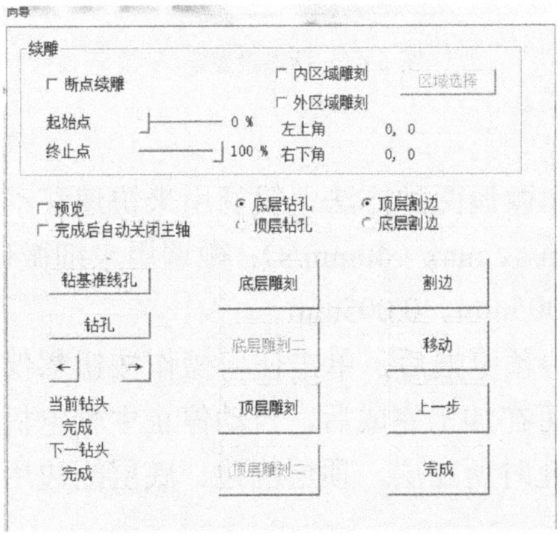

图 5.41　向导对话框一

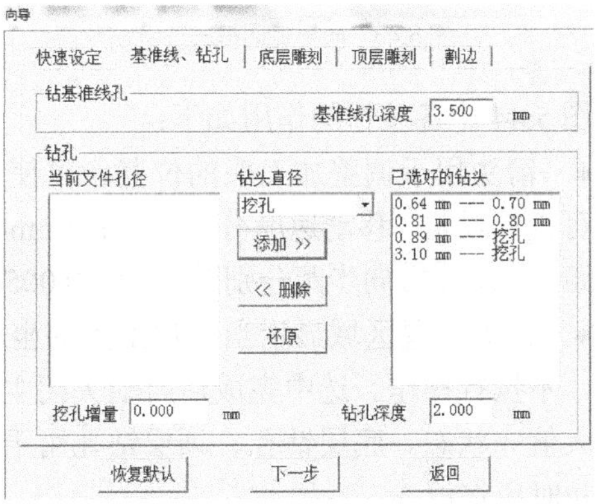

图 5.42　向导对话框二

（2）钻孔

设置各种孔径的实际钻头加工直径。线路板上需要的孔径全部列在左侧栏中，实际使用的钻头直径列在右侧栏中，中间的下拉列表框中有工具库中设置的所有钻头。从左栏的第一行开始，根据需要孔径的大小，从下拉列表框中选择相近的钻头规格，然后单击【添加】按钮，右栏中出现对应的选择。单击【删除】按钮删除右栏中的选择。请确保所有需要的孔径都有实际的钻头孔径与之相对应。【还原】按钮用于删除右栏中的所有选择。

挖空钻孔功能：用一种规格的挖孔刀（0.8mm）把大于这个规格的孔全挖了出来。这样在配件上的消耗减小了很多。实际加工中，小于 0.8mm 的孔还是使用钻头，主要因为小于 0.8 直径的挖孔刀较易折断的缘故。使用挖孔钻孔功能十分简单：只需在图 5.42 中间的下拉列表框中选择挖孔刀，然后在钻孔时安装 0.8 的 PCB 铣刀，就可完成所有孔位的钻制。

挖空增量：考虑到双面板金属孔化后，孔径会比实际略小一些，用户可以在钻孔时就设置一个增量。

（3）割边

割边是用割边铣刀沿线路板图的内外禁止布线层走刀，把板子从整个覆铜板上切割下来，直接变成我们需要的形状。割边铣刀默认使用 0.8mm 的铣刀。双面板默认在顶层割边，单面板默认在顶层或底层割边，也可手动选择割边层。

割边设置界面如图 5.43 所示，按图 5.43 完成上述各项设置后，单击“下一步”按钮，进入状态设置窗口，如图 5.44 所示。

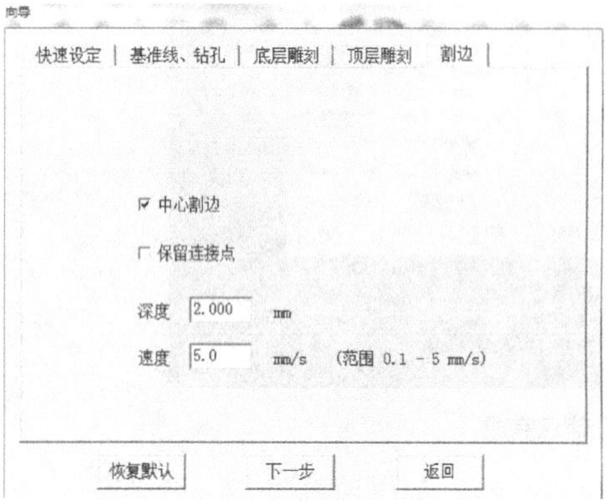

图 5.43　向导对话框三

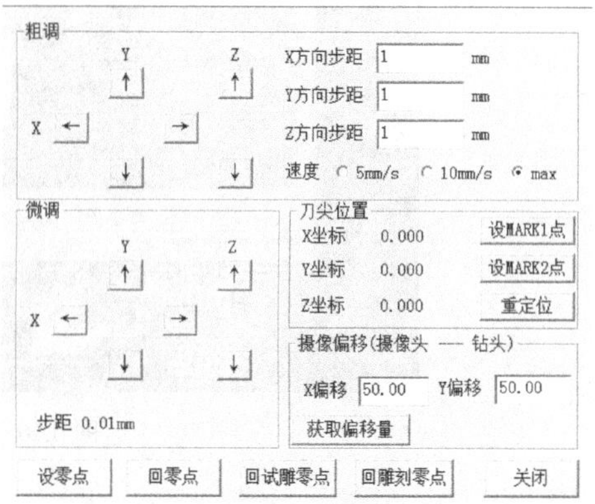

图 5.44　状态设置窗口

图 5.44 中各按钮的作用如下：

- 箭头用于调整加工头的位置，可使用粗调和微调两种方法。粗调用来快速移动，步间距可自行设定，移动速度分为 3 挡：5mm/s、10mm/s、max（40mm/s）；微调用来细微调整，步间距 *x*、*y*、*z* 方向步距分别默认为：0.005mm、0.005mm、0.005mm。
- 刀尖位置区域显示当前加工点的坐标。选中预览框后，单击任何操作按钮都仅打开预览，不执行操作。选中完成后自动关闭主轴框，可在加工完成后，自动停止主轴电机，用于无人值守状态。底层钻孔、顶层钻孔用于选择钻孔时所在层。顶层割边、底层割边用于选择割边时所在层。
- 【设零点】按钮用于设置加工零点，设置成功后刀尖位置的 *x*、*y*、*z* 坐标应为 0、0、0。
- 【回零点】按钮用于返回已设置的加工零点。单击该按钮后，*x*、*y* 先回零，然后 *z* 再回零。“XY 轴回到零点”仅用于 *x*、*y* 返回加工零点。

（4）控制面板按钮使用说明

对图 5.2 的 HW-3030V 视频雕刻机的控制面板按钮进行说明如下。

- 主轴启停：按钮弹出，主轴电机启动；按钮按下，主轴电源关闭，电机不工作。
- X、Y 粗调：在 *x*、*y* 方向快速移动加工头。有两种操作方式：按住方向键不放，连续移动；按方向键一次，移动一步。
- Z 粗调：在 *z* 方向快速移动刀头。操作方式同上。
- 设原点：将当前 *x*、*y*、*z* 位置设为原点，作为加工的基准位置。
- 回原点：当 *x*、*y*、*z* 都不在原点时，按一下该按钮，*x*、*y* 回到原点位置，再按一下该钮，*Z* 回到原点位置。当 *x*、*y* 已在原点位置时，按一下该按钮，*z* 即回原点。
- Z 微调：微调刀头高度。左旋一格，刀头向下 0.01mm；右旋一格，刀头向上 0.01mm。
- 保护复位：本设备配备了 *x*、*y*、*z* 方向共 6 处限位保护装置，当 *x*、*y*、*z* 方向超出正常加工范围后，设备将自动切断总电源，进入系统保护状态。要退出系统保护状态时，一边按下保护复位按钮，一边操作控制面板方向按钮，使 x、y、z 回到正常位置，然后松开复位保护按钮，即恢复正常操作状态。

5.4 HW-3030V 视频雕刻机制作电路板

加工的 gerber 文件生成后，需要先调整机器，然后加工设计好的电路板，本节介绍使用视频雕刻机雕刻电路的方法。

5.4.1 雕刻前的准备工作

1. 固定电路板

扫一扫 看视频

确认雕刻机硬件与软件安装完成后，打开软件并载入加工文件（CAM 文件），把仪器的主轴向加工平台的中心移动。安装Φ2.0 钻头后，在加工平台上，打定位孔（初次使用雕刻机需要打一次定位孔，下次使用不用打了）。把定位销插在上面的两个孔中即可。

选取一块比设计线路板图略大的覆铜板，一面贴双面胶，胶要注意贴匀，然后将覆铜板贴于工作平台板的适当位置，并均匀用力压紧、压平。安装上Φ0.8 铣刀，用软件的移动功能沿着 X 轴方向，把覆铜板的上边缘割掉，这样就能保证上边缘的光滑。取下覆铜板，重新贴上双面胶，将覆铜板上边缘光滑的一边与加工平台上的两个定位销对齐，紧贴即可。

2. 安装刀具

在线路板制作中，双面板的钻孔需要钻头，雕刻需要雕刻刀，割边需要铣刀，选取一种规格的刀具，使用双扳手将主轴电机下方的螺丝松开，插入刀具后拧紧。主轴电机钻夹头带有自矫正功能，可防止刀具安装歪斜。

注意：安装刀具时，请勿取下钻夹头，因为钻夹头已经高速动平衡校正。

3. 开启电源

开启刻制机电源，z 轴会自动复位，此时主轴电机仍保持关闭状态，摁下主轴电机启停按钮，开启主轴电源，几秒后，电机转速稳定后即可开始加工。按下启停按钮可关闭主轴电机。

注意：在电机未完全停止转动之前，请勿触摸夹头和刀具。

5.4.2 钻孔操作步骤

钻孔工序分为钻定位孔和钻其他孔。定位孔用于重新装载时确定相对位置。钻孔时，主轴电机自动切换为中速。

（1）用双面胶把覆铜板平整地贴于加工平台上，根据线路板的大小，调整 x、y 方向刀头的位置，以确定线路板合适的起始位置。

（2）装好适当的钻头后，通过操作控制面板上的粗调按键或计算机软件上的粗调按钮调节钻头的垂直高度，直到钻头尖与电路板垂直距离为 2mm 左右。

（3）改为手动微调，操作控制面板上的 z 微调旋钮是一个数字电位器旋钮，调节旋钮向左旋转，z 轴垂直向下移动 0.01mm/格；调节旋钮向右旋转，Z 轴垂直向上移动 0.01mm/格。

（4）调节钻头的高度时，钻头快接近覆铜板时，一定要慢慢旋动旋钮，直到钻头刚刚接触到覆铜板（注意：一定要保证主轴电机处于运转状态，否则容易造成钻头断裂，并请确保当前工作面为底层）。

（5）在向导中设置钻孔参数，双面板先钻定位孔，然后钻其他孔。

（6）更换钻头时，只需关闭主轴电机电源，等待主轴电机完全停止转动后，才能更换钻头。重复步骤（2）～（4），钻完各个规格的孔。

5.4.3 线路板割边操作步骤

线路板钻孔完毕后，需沿禁止布线层进行割边操作，以得到最终的成品线路板。在操作软件中，请将割边深度设为比实际板厚 0.2mm，确保将线路板按禁止布线层边框线切割出来。割边请使用 0.8mm 的 PCB 铣刀，以保证割边的平整光滑。

5.4.4 HW-3030V 视频雕刻机的使用技巧及注意事项

（1）形成良好的习惯，打开主电源前确认主轴电源关闭。关闭主电源和主轴电源。

（2）安装钻头、割边刀时，不要把转夹头旋下，否则不容易装正。装刀时尽量装深一些，否则易引起刀夹不正，致使高速旋转时声音过响，甚至断刀。最后，必须收紧夹头。

（3）在工作状态下，发现刀头过深或过浅时，可通过 z 微调旋钮随时调节主轴高度，注意需缓慢调节。

（4）如 X、Y 长时间停留在两侧极限位置，设备将自动进入断电保护状态，所设置的参数将丢失，请谨慎操作，尽量避免将 X、Y 移至两侧极限位置。

（5）打开文件时，提示错误，或打不开 Gerber 文件，请检查设计线路图是否有禁止布线层（Keepout Layer），本机以禁止布线层为线路板外框。或检查输出 Gerber 文件时的参数设置是否合适，详见仪器用户手册。

（6）按功能键机器无响应时，请检查 RS-232 或 USB 通信线缆是否正确连接。

（7）线路板钻孔完成后，将工作台面清理干净，避免留下双面胶等余留物，以保持下次使用时板的平整。

（8）本设备 z 轴最大行程为 35mm，如果提示“深度太深，超出范围，请减小深度再试”，是因为 z 轴超出了最大运动行程，请用随机所附内六角扳手松开主轴电机固定架，稍许向下挪移主轴电机。

5.5 HW-K1000 金属孔化箱的使用

5.5.1 部件功能说明

HW-K1000 金属孔化箱的外形如图 5.45 所示。

5.5.2　电镀过孔的基本参数

电镀过孔的基本参数如表 5.2 所示。

表 5.2　　电镀过孔的基本参数

PCB 最大工作面积：	200mm×280mm
最小孔化孔径：	0.4 mm
最大厚径比：	2.5∶1
输出电流：	0～15A
定时时间：	0～60min

5.5.3　电镀过孔的工艺流程

线路板孔化是双面板制作过程中的重要流程，主要包括过孔、焊盘孔金属化，流程如图 5.46 所示。HW-K 系列孔化箱采用新型环保黑孔化直接电镀工艺，安全、可靠、高效。黑孔液不含有传统的化学镀铜成分，取消甲醛和危害生态环境的化学物质在配方中的使用，属于环保型产品。

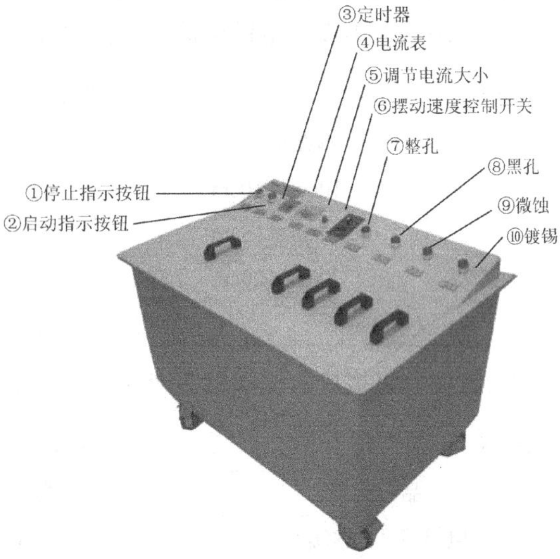

图 5.45　HW-K1000 金属孔化箱外形

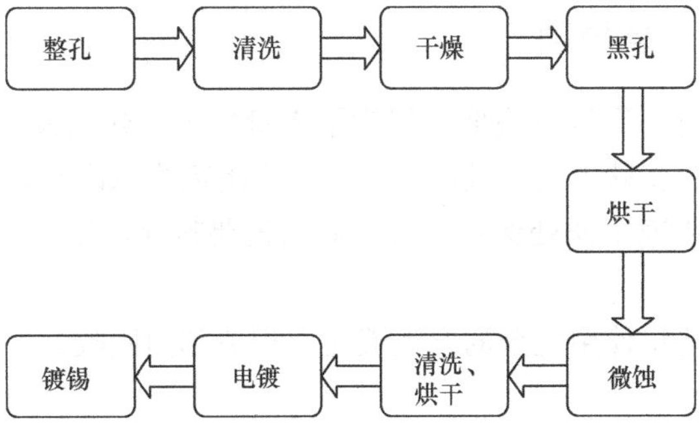

图 5.46　过孔、焊盘孔金属化的过程

（1）整孔：先将配比后的整孔液（去离子水∶整孔原液=20∶1）加温至 60℃，把钻孔后的线路板放入整孔液中浸泡，并上下轻轻摇晃 3～5 分钟。整孔是对线路板孔洞进行清理，处理金属碎屑及杂质，并将孔壁表面的电荷极性调整为负极性，以便吸附石墨和碳黑。

（2）清洗：用清水清洗孔内和表面多余的残留液。

（3）干燥：用电吹风将线路板吹干或用烘箱烘干。

（4）黑孔化处理：将干燥后的线路板置于黑孔液中浸泡，上下轻轻摇晃 3～5 分钟，通过物理吸附作用，使孔壁基材的表面吸附一层均匀细致的石墨碳黑导电层。

（5）烘干：将黑孔液浸泡后的线路板直接放入 95℃～100℃的热风循环烘箱中 5 分钟即干。

（6）微蚀：取出烘干后的线路板，放入微蚀液中，把线路板表面多余的黑孔剂去除，使仅在孔壁上吸附石墨碳黑。

（7）清洗：置于清水中轻轻摇晃，确保洗尽残留微蚀液。

（8）电镀：将清洗后的板子直接放入 $CuSO_4$ 电镀槽，确认所有接线连接无误后方可电镀。

用挂具夹好线路板，挂在电镀槽阴极铜管上，置中间位置，并确保线路板完全浸在电镀液里。开启电镀电源，设定为恒流，电流勿太大，否则容易烧板。

根据线路板大小设定电镀电流大小，建议采用表 5.3 提供的参数。

表 5.3　设定电镀电流大小依据

线路板大小	设定电流
10cm×10cm	10A
15cm×15cm	10A
20cm×20cm	10A
电镀时间为 10～20 分钟	

（9）镀锡。直接放入化学镀锡液（选配）中镀锡。镀锡中的相关配件如表 5.4 所示。

表 5.4　镀锡中相关配件

品名	数量	备注
电镀液（$CuSO_4$）	20 升	
黑孔液	4 升	导电作用，用于电镀
整孔液	5 升	
微蚀液	5 升	

5.5.4　溶剂使用注意事项

（1）一切溶剂均无毒，腐蚀性极低，但为了人身安全，建议操作时使用橡胶手套，使用中请及时用清水冲洗沾在皮肤上的溶剂，一定要避免溶剂溅入眼睛，更不能饮用溶剂。

（2）黑孔液应放在阴凉干燥处保存，使用后切记要封存，以避免溶剂挥发改变浓度影响电镀质量。

（3）为保护环境，请将使用完全的电镀液交由相关部门回收。

5.6　HW-TN200 镀锡机

5.6.1　HW-TN200 镀锡机的性能和用途

HW-TN200 型镀锡机主要用于印制电路板的快速镀锡。它具有安全、方便、快捷等显著特点，适用于各大专院校、科研院所、工厂技术部门，深受科研人员及电子爱好者的喜爱。

HW-TN200 镀锡机的镀锡液经由内置加热管加热，使液体在箱体内恒温流动，对印制电路板有镀锡抗氧化的作用。

镀锡机的外形如图 5.47 所示，该镀锡机内置浸入式可预设加热时间及温度的钛管加热系统，可使镀锡

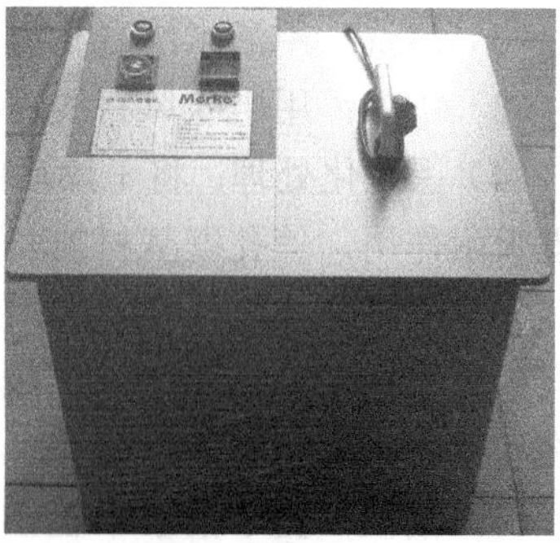

图 5.47　镀锡机外形

液至合适的温度。

5.6.2　HW-TN200 镀锡机的主要技术规格

镀锡机的主要技术参数如表 5.5 所示。

表 5.5　　镀锡机的技术参数

名　称	参　数
最大镀锡试样尺寸	300mm×300mm
试样镀锡时间	0～10 分钟
镀锡机加热器功率	1000W、220V、50Hz、单相
供电	220V、50Hz、单相
内腔尺寸	320mm×350mm×400mm
外形尺寸	600mm×400mm×500mm

5.6.3　HW-TN200 使用说明

（1）镀锡机的操作面板说明

图 5.48 为镀锡机的面板，从左向右分别电源指示及停止按钮、启动指示及按钮、时间继电器、温控器。其中温控器可设置镀锡液的温度；时间继电器可根据时间表盘设置所要镀锡的时间。

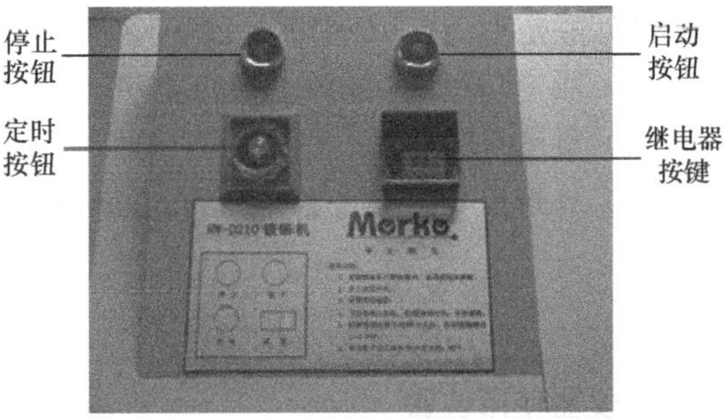

图 5.48　镀锡机操作面板

（2）镀锡机使用说明

把镀锡液倒入镀锡槽内，必须浸没加热管和温度传感器；插上电源插头，红灯亮，按绿按钮运行，绿灯亮，红灯灭；设置溶液温度；当设备停止加热，设置镀锡时间，开始镀锡；把要镀锡的板子用夹子夹好，放到镀锡槽内 1～2 分钟；拿出板子放入清水中冲洗干净，吹干。

5.7　HW-2004 小型全自动回流焊

随着电子技术的不断发展，表面贴装技术（SMT）的应用越来越广泛，小型 SMT 生产设备正是致力于该项技术的普及，为中国电子行业的发展贡献一份力量。小型全自动回流焊机 HW-2004 是在技术人员多年技术工艺积累的基础之上，根据国内客户实际需要，精心设计研发而成的经济实用型机型。它具有高精度、多功能、经济实用、节能降耗、性能稳定、寿命长及可视化操作等特点，是中小型电子厂小批量多品种生产和部分电子企业、科研院所科研生产必备的理想设备，同时也是大中型贴片生产线中配备的互补设备。本机型在投入使用前详细阅读说明书后，再安装使用。使用过程中，要建立专门登记册，将使用人、时间、及使用过程记录备案，杜绝违章操作。

5.7.1 主要技术特性

扫一扫　看视频

（1）控温段数：1～128 段，可根据实际需要在回流焊机中存储、设定 8 条 16 段程序。

（2）温区数目：单区多温段控制。

（3）控温系统：微电脑自动温控，SSR 无触点输出。

（4）温度准确度：±1℃

（5）温度范围：室温-300℃。

（6）发热来源：红外线+热风对流方式。

（7）有效工作台面积：350mm×250mm（大于 A4 纸），可放置 PCB 最大尺寸：350mm×250mm。

（8）焊接时间：6min±1min。

（9）温度曲线：可根据需要在回流焊机中设定 1～8 条温度曲线，用户在使用时可以根据焊接产品的精度来选择温度曲线。本产品出厂前预设有铅、无铅、固化等 4 条温度曲线供选择。固化 1：150℃保温 90s 左右；固化 2：150℃保温 5min 左右。

（10）冷却系统：横流式均衡快速降温。

（11）额定电压：AC 单相、220V、50Hz。

（12）额定功率：4.2kW，平均功率：1.2kW。

（13）重量：50kg。

（14）外形尺寸：长×宽×高为 620mm×460mm×385mm。

5.7.2 仪器安装

1. 仪器使用位置

避免安装在有粉尘、腐蚀性气体、潮湿、漏雨、高温、电磁、高频脉冲干扰、震动、冲击的场所。回流焊机周围不要存放易燃、易爆、易挥发性化工产品，留有一定的操作和维修空间，便于保养和清洗。

2. 仪器使用环境要求

环境温度为-10℃～48℃；环境湿度不大于 85%RH；储存温度为-10℃～60℃；储存湿度不大于 85%RH；海拔高度不大于 2000M；回流焊机周围环境不应急剧变化。

3. 电源要求

在安装本回流焊机时，需在回流焊机与固定电源之间安装一个触头容量不小于 16a 的单相带漏电保护的空气开关。

回流焊机所用电源是 AC220V 单相三线（带 PE 保护），额定功率为不小于 4kW。

保护地线（PE）可兼作防静电接地线，但接地电阻一定要符合相关要求。

回流焊机的电源插头应放在额定电流不小于 16A 的插座上。

回流焊机应放置在稳定的工作台架上，如果采用钢制台架，则注意一定接防静电地线。

4．使用说明

（1）开机前

进行必要的检查，因为长途运输震动，可能会使机器中的电线固定出现松动，检查电源插头的火线与地线是否短路，同时检查机器外壳的金属部分是否与电源插头相通。如果出现以上问题，请马上与厂家联系处理！确认供电电源与本机规定的电源相符；将本机电源插头的接地线与接地装置可靠连接。同时要求电源插座必须可靠接地，否则可能出现设备漏电的情况（可能出现打火花），如果遇到此种情况，应立即停止继续安装，马上检查电源插座是否可靠接地，否则可能伤人。

（2）开机

按下回流焊机电源开关，此时显示窗口 PV 显示当前回流焊机内的检测温度，窗口 SV 显示实际设定温度。把准备好的 PCB 板放置在 PCB 放置台上，按“运行”（RUN）键，开始一个焊接周期，温度开始上升，一个工作周期开始，到冷却风机开始启动，温度降到 85℃以下时，可以打开抽屉，取出 PCB 板，一个工作周期结束前会有音乐警报提示焊接完成。如果需要继续焊接，重复以上操作。

5.7.3　温度曲线设定

1．面板说明

正常开机进入待机模式后，在【PV】窗口中显示当前温度，【SV】显示 PROG

（1）【PV】测量值显示窗。在参数设定状态下显示参数符号；在程序设定状态下显示程序段符号。

（2）【SV】给定值显示窗。显示目标给定值，在输出监控状态下显示输出百分比，该参数的作用为在监视状态下显示可选项或参数值。

（3）指示灯

手动指示灯 MAN：在手动控制状态下，此灯闪烁，直到转为自动状态。自整定指示灯 AT：在参数自整定状态下，此灯闪烁，整定完成或解除后，此灯灭。控制输出指示灯 OP1：输出为触点或 SSR 驱动电压时，在 ON 状态，此灯亮；在 OFF 状态，此灯灭。OP2 输出为电流-电压或移相触发输出时，此灯亮。报警指示灯 AL1-AL2：当警报产生时，此灯亮。外给定指示灯 RSV：仪表在外给定状态时，此灯亮；在内给定状态，此灯灭。通信指示灯 COM：仪表与上位机通信时，此灯闪烁。

（4）棒形图百分比用于显示测量值或输出值、阀位开度。

（5）操作键 A 手/自动切换键 A/M 在 LEBELO 模式下，按此键 2s，仪表在手动与自动之间切换；在参数设置状态，按此键可返回上一屏幕。B 功能键【︿】在 LEVELO 模式的初始状态下，按此键 2s，进入模式选择菜单；再次按 2s，返回 LEVELO 模式的初始状态；在模式选择菜单下，按此键可进入参数设置状态；每按一次屏幕前移一次，直至回到模式选择菜单。C 上升键【▲】：在模式选择菜单下，选择模式；在参数设置状态下，增加数值。D 下降键【▼】：在模式选择菜单下，选择模式；在参数设置状态下，减少数值。

2．参数设置说明

在初始状态（PV 显示实际测量值；SV 为 STOP 闪烁时为初始状态）下，按住【︵】键保持 2s 进入编程模式（即 PV 显示 menu，SV 显示 PROG），相关设置参照表 5.6。

表 5.6　　参数设置

序号			
1	MENU	PV	MENU 表示菜单，PROG 为编程模式；按一次【︵】键进入一下界面，按【A/M】可以返回上界菜单
	PROG	SV	
	【︵】↓↑【A/M】		
2	PTN	PV	PTN 表示当前要编辑的曲线组号；a 为选择当前程序的组号值（1～8）。以下所有 sv 项的参数均可按【▲】键、【▼】键修改其参数。本程序仪表最多可设定存储 8 条温度曲线，每条曲线均支持擦写功能
	a	SV	
	【︵】↓↑【A/M】		
3	aSSV	PV	Assv 表示程序运行的起始温度；b 为程序起始温度设定值，一般情况设为室温 25℃。a 为当前程序的组号，以下各菜单中的 a 都为此意
	b	SV	
	【︵】↓↑【A/M】		
4	aSNO	PV	aSNO 表示当前程序最多使用的程序段数；c 为第 a 条程序最多使用的程序段数值，其具体数值从 1～16 可调
	c	SV	
	【︵】↓↑【A/M】		
5	aVmm	PV	aVmm 表示本条程序第 mm 段的目标温度值;mm 表示当前设定的是第几段，d 为第 mm 段程序设定的终点温度值
	d	SV	
	【︵】↓↑【A/M】		
6	aTmm	PV	aTmm 表示本条程序到达第 mm 段目标值所用的时间；e 为第 mm 段程序运行的时间值，也就是从前一个目标值到本目标值所用的时间
	e	SV	
	︵】↓↑【A/M】		
7	aPmm	PV	aPmm 表示本段程序运行过程中所调用的 PID 组号；f 为第 mm 段程序使用的 PID 组号值
	f	SV	
	︵】↓↑【A/M】		

到此一个目标温度的设定完成，以下所有温度段的设定和上叙第（5）条方法相同，只是设定值根据自己要设定的值设定而已。如此循环，直到选用的程序段（即 aSNO 项设定的数值）数全部设定完成，其他设定如表 5.7 所示。

表 5.7　　参数设置

序号			
8	aRPT	PV	aRPT 表示按一次运行键本程序重复运行的次数；g 为本组程序重复运行的次数，此项变为 OFF 时，按下启动按钮本组程序不运行
	g	SV	
	【︵】↓↑【A/M】		
9	aPVS	PV	aPVS 表示仪表的起始值选择项（设置为 ON 时，程序直接跳到当前值开始运行程序；设为 OFF 时，程序按照设定的起始值运行程序）；为保证曲线更接近理想曲线，一般都设为 OFF
	Off	SV	
	【︵】↓↑【A/M】		

续表

序号			
10	aADB	PV	aADB 表示程序等待宽度；因我们是过程控制曲线是连续的，故此项设置为 OFF
	Off	SV	
	【︵】↓↑【A/M】		
11	aTS1	PV	aTS1 表示第一组报警在哪一段程序启动；h 为设置的第一组报警所在的程序段号（如当总程序段数 aSNO 设定为 10 时，就把此项值 h 设为 10），设置 OFF 时，表示取消第一组警报。在设定时都将其设为最后一段程序，即与 aSNO 值相同（第一组警报输出是冷却风机开始信号）
	h	SV	
	【︵】↓↑【A/M】		
12	aON1	PV	aON1 表示第一组警报在本段哪个时间启动；i 为设定的本段启动开始的时间值。单位是 s，60 进一后单位是 min。在设定时，一般都设为 0.01s，即进入本段的第一秒就开始输出
	i	SV	
	【︵】↓↑【A/M】		
13	aOF1	PV	aOF1 表示第一组警报在本段哪个时间停止；j 为设定的本段第一组警报停止的时间值，单位是 s，60 进一后单位为 min。在设定时，一般设定为与最后一段冷却时间相同（有铅一般为 3.00min；无铅一般为 3.30min；温度更高可适当延长冷却时间，直到冷却完成后，PV 显示在 80℃左右为好，以免温度过高取板时烫伤手）
	j	SV	
	【︵】↓↑【A/M】		
14	aTS2	PV	aTS2 表示第二组报警在哪一段程序启动；k 为设置的第二组报警所在的程序段号，设置为 OFF 时，表示取消第二组警报。在设定时，都将其设为最后一段程序，即与 aSNO 值相同（第二组警报输出的是响铃提示取板信号）
	k	SV	
	【︵】↓↑【A/M】		
15	aON2	PV	aON2 表示第二组警报在本段哪个时间开始启动；l 为设定的本段开始启动的时间值，单位是 s，60 进一后单位是 min。在设定时，一般设为总冷却时间减 6s。即进入本段后结束前倒数第六秒就开始输出（有铅一般设为 2.54s；无铅一般设为 3.24s）此警报为响铃警报（此警报输出表示焊接完成可以准备取板了）
	l	SV	
	【︵】↓↑【A/M】		
16	aOF2	PV	aOF2 表示第二组警报在本段哪个时间停止；m 为设定的本段警报停止的时间值，单位是 s，60 进位后单位为 min。在设定时一般设为最后一段冷却时间减 2s（有铅一般为 2.58s；无铅一般为 3.28s；最高温度大于 250℃时，可根据实际将总冷却输出时间延长，可根据总时间减 2s 算出响铃提示时间
	m	SV	
	【︵】↓↑【A/M】		

注意：为了保证快速降温，本程序仪表在设定温控曲线时，特设定两段冷却，请用户务必配合完成以下操作，具体为：当本程序的“最高温度”设置完成后，必须保证本程序还有且只有两段程序未编辑。按【︵】键将下一段程序目标温度设为 50℃，运行时间设为 3s，PID 组号设为 8；然后按【︵】键再将下一段程序目标温度设为 25℃，运行时间设为：有铅一般为 3.00min，无铅一般为 3.30min；当最高温度设定超过 250℃时，再适当增加其冷却时间。在确保取板时不会烫伤手的情况下，冷却时间越短，生产效率越高。正常情况下，冷却到 80℃左右就可以取板了，最后将 PID 号设为 8。

例如，本程序有铅曲线设定总段数 aSNO 为 10，最高温度是 220℃，那么最高温度必须设在第 8 段，然后按【︵】键，将第 9 段目标值设为 50℃，时间 aTmm 设为 3s，PID 组号 aPmm 设为 8；再按【︵】键，将第 10 段目标值设为 25℃，时间 aTmm 设为 3.00min，PID 组号 aPmm

设为 8。

5.7.4 参数设计实例说明

1．设计思路

现以有铅曲线为例，开始设置第一条曲线的参数（本仪表最多存储 8 条曲线）。

首先了解所设定的工艺曲线的工艺要求，然后根据控制要求估算使用的参数段数，每一段其实就是在工艺曲线上选的一个参考点。按常理来讲，在满足焊接要求的基础上，选用的参数段数越少，编程越快、工作效率越高；不过程序段数越多，控制会越精确，设定出来的工艺曲线会与理想曲线越接近。在要求不是很高的情况下，焊接效果几乎差不多。一般情况选用 8～12 段就够用了。选好控制段数之后，根据曲线要求估算每段的温升情况。例如，目标值为 130℃，前一个目标值是 100℃；在 100℃～130℃温升要求是每秒 1℃～2℃，那么可以算出从 100℃到达 130℃所用的时间。具体方法为（130−100）÷1～2，估算取平均值在 18s 左右。其他段的设定相同。时间设定完成后，选择 PID 组号，出厂前将 1～4 组设为 PID 控制，5～8 组设为 ON/OFF 控制。一般情况为，保证控制精确，将冷却段以前的程序 PID 组号都设为 1～4，只有冷却段设为 5～8。以上设计完成后，设计冷却段，冷却段一般设为 2 段，第 1 段为快速冷却区，此区设定完成后会形成一个差位值，保证在冷却时无热补偿。第 2 段为末端冷却，在此段冷却辅助设备风机设置以及焊接完成提示警报设置等都会在设定时间内启动，具体设定方法见上编程方法第 11～16 步。

2．程序设定

（1）列表

根据设计思路中选定的参数段数确定编程步数，根据各段差值算出本段运行的时间，根据程序运行状态（加热还是冷却）调用对应的 PID 组号，如表 5.8 所示。

表 5.8　　PID 组号

程序段数	1	2	3	4	5	6	7	8	9	10
目标值	100	120	130	140	160	170	190	210	50	25
本段运行时间	40	20	12	18	1.00	10	15	8	3	3.00
本段 Pid 组号	1	1	1	1	1	1	1	1	1	8

（2）参数设计

列表完成后，将编程方法 2 中的 a 用【▲】键、【▼】键改为 1，3 中的 b 改为 25℃，然后将 4 中的 c 改为 10：5 中的 d 改为 100：6 中的 e 改为 40：7 中的 f 改为 1；5、6、7 中的菜单开始循环，直到第 10 组编程完毕。请将表 5.8 中 2～10 段下面对应的参数依次输入仪表后，便会自动记忆并存储。输入完成后，依照编程方法中的 8～10 设置参数。然后将编程方法 11 中的 h 改为 10：12 中的 i 改为 0.01：13 中的 j 改为 3.00：14 中的 k 改为 10：15 中的 l 改为 2.54：16 中的 m 改为 2.58；仪表回到编程初始模式，按住【︿】键 2s，退出编程模式回到开机时的初始状态，到此所有编程完成。

注意：本设备为红外管加热，焊盘因颜色不同，一般实际温度较设定温度高20℃左右，编程时请将温度相应下调。

3．温度曲线说明

温度曲线是保证焊接质量的关键，曲线为焊膏熔化的曲线，可以分为5个过程：升温过程、保温过程、快速升温过程、降温过程。现以有铅曲线为例：升温过程是从室温升到145℃时，加热单元表现为加热；145℃～160℃为保温阶段，在此阶段，锡膏中的助焊剂可以充分挥发，这时加热管根据设定温度和实际温度有无差值进行调节，出现闪烁的现象，到183℃以上时，焊锡膏熔化，温度继续上升，进行焊接，焊接完成后进行风冷降温。一个焊接过程结束。

设置回流焊机温度曲线的如下。

（1）根据使用焊膏的温度曲线进行设置，不同金属含量的焊膏有不同的温度曲线，应按照焊膏生产商提供的温度曲线设置具体产品的回流焊机温度曲线。

（2）据PCB的材料、厚度、是否为多层板以及PCB尺寸设定不同的温度曲线。PCB如果是铝基板，温度相应就设置得高一些（根据PCB板的数量和大小可向上调高30±10℃），PCB板厚度比较薄（特别是小于1.2mm），温度相应就设置得低一些。

（3）根据PCB表面组装元器件的密度、大小、颜色以及有无BGA、CSP等特殊元器件进行设置。

（4）回流焊机为快速加热系统，设定温度值与显示温度值存在差异，设置温度要比实际温度稍低一些。刚开始使用时的温差比使用几个回合后的温差大一些，这是机器热传导的结果。

5.7.5 控制面板使用说明

1．运行

直接按下【运行】键，启动运行程序，此时面板上仪表程序开始按照指定目标运行。OP2灯亮表示石英加热管输出，PV窗口动态显示当前回流焊机中的实际温度，SV窗口动态显示当前设定的温度。这时温度开始上升，待温度达到设定的报警温度后，冷却风机开始运行，机器在延时加热，然后温度开始下降，如果不中断冷却，到指定温度时会有音乐提示，此时告诉客户焊接已经完成。机器会在时间继电器设定的时间到达后自动停止运行，回流焊机运行，完成整个过程。再按【RUN】键，程序将从指定段重复开始。

注意：

（1）回流焊机在运行过程中只允许对本组温度曲线进行设置或修改。

（2）在放置PCB板时，不要超过回流焊机允许焊接范围350mm×250mm，放置时注意保持水平。线路板较小时，尽量放在中间位置。

（3）缓慢推拉抽屉，避免PCB晃动，否则可能会导致元器件移位。

（4）回流焊机在运行时，需有专业人员值守。

（5）请勿触摸温度传感器前端的部分。

（6）焊接完成取板时，带上防烫手套，以免烫伤。

（7）每次使用机器前请确认开始段号，即按【︿】键 PV 出现 PTN 时，可根据实际需要，通过【▼】键、【▲】键调节 SV 栏中的数字来选择执行哪条程序。出厂设定：有铅为第 1 组，无铅为第 2 组，固化 1 为第 3 组，固化 2 为第 4 组。可根据需要选取适合自己的曲线，也可以根据实际情况自己编写程序。

2. 电源开关

本开关控制机器所有电气元件的进电。

3. 本机与外置模式切换开关

本机模式时，按下运行按钮本设备运行；置位外置模式时，传感器信号由外部给定，加热信号、冷却信号、响铃信号均通过相应的外置接口输出。

4. 风冷时间的设置与调节

为了保障有效冷却，TYR108 型回流焊炉设置了独立的冷却风道与时间控制单元。时间单位通常用秒（s），可以根据实际需要设置风冷时间，一般情况下有铅设置为 3min，无铅设置为 3.30min，具体见上面的编程方法。

5. 关机

工作完成后，等炉内温度下降到 60℃时，可以直接关闭电源开关。这个时间可能比较长，需要 15min 左右。如要快速降温可以将抽屉拉出，这样实测温度下降至 120℃左右时，焊接冷却就可以达到要求了。当然如果是人手直接取出电路板，请戴上防静电手套，最好等到温度降到 80℃以下为宜。

5.7.6 使用注意事项

1. 安全警告

（1）请安装带漏电保护器空气开关，否则可能致触电、人身伤害或火灾。

（2）请把电源插座的地线接线柱与大地可靠连接，否则可导致触电、损坏器件或发生火灾等严重后果。

（3）如果发生故障，先切断电源，查清原因，排除故障，再重新开始运行，否则可能导致触电或损坏设备。

（4）不要把手插入风扇叶片内，否则可能导致人身伤害。

（5）不要自行拆卸结构及电器，否则可能引起设备损坏。

（6）不要堵塞散热孔，不要在机壳上堆放物，否则可能导致设备损坏。

（7）所有操作人员不要离观察窗太近，观察窗玻璃选用钢化玻璃，在实际焊接时，温度可以达到 150℃以上，不遵守此警示可能引起人员烫伤、烧伤或其他严重后果。

注意：本设备未经允许请勿开启贴有 QC 标签的螺丝。以上各项请操作人员务必遵照执行，以免给工作带来不必要的损失和麻烦。必须严格执行安全规章制度。

2．日常保养和维护

（1）清洁。连续工作1个月后，待机器冷却后应断开电源擦试回流焊机内外；不得用强腐蚀清洗剂，内壁可用酒精擦洗。

（2）传感器维护。传感器位于回流焊机上盖石英加热管上部，使用时不得撞击传感器顶部探头，应定期用无水酒精棉球轻轻擦试探头部分，防止污物残留，影响正常工作。

（3）检查电源线工作前，检查电源插头的接线是否接触可靠，不得有松动现象，如有应排除。

（4）加热故障。当回流焊机按正常温度曲线完成整个焊接程序后，PCB上的焊膏仍没有完全融化时，请检查石英加热管是否有坏管，可以通过观察发热管在通电时是否发亮来判断发热管是否损坏。若有坏管，就需要更换新管（请更换原厂特殊研制生产的石英加热管，以保证发热均匀），如果更换后还是没有融化，应该把焊接段的温度提高2℃～5℃，本段时间相应加长2～3s，就基本能解决问题。如果还有其他问题，请直接致电厂商技术部，由专业的焊接技术人员提供技术支持。

注意：更换加热管必须由专业电气技术人员断电后，按照正确的操作方法方可操作，以免引起触电及设备损坏。

3．维修方法

（1）使回流焊机在运行状态，观察石英加热管，一直不亮的即为坏管。

（2）停机；将电源开关打到OFF的位置拔下电源线的插头，等机器冷却后，拉开抽屉，用M4的内六角扳手拆下上盖与内胆的连接螺丝（3个内六角螺丝在内胆与抽屉接触的挡板后面，手伸进去可以摸到），翻起上盖卸下内胆上的螺丝，拆下内胆，旋下石英加热两端的瓷帽，拧下两端紧固螺母将加热管拉出。

（3）从内胆上取下石英加热管，换上新的石英加热管，再按（2）项的相反顺序操作即可。

（4）放下上盖开机，观察工作是否正常。正常后锁上两侧挡板，再将上盖与内胆锁紧即可。

（5）此操作应注意：机体必须冷却；使用固定扳手时不能破坏瓷套绝缘件。

（6）在正常生产时，如果警报器发出嘀嘀的声音并且间断闪烁，请马上察看设定温度是否超过设备允许的最高温度（本设备最高设定温度为300℃），如果设定正常，请查看固态继电器是否故障，具体方法如下：关掉电源开关，拔下电源插头，把万用表打到欧姆挡，量一下高压侧的两个触点是否导通，如果是，请将其更换。如果不是，请联系厂商的技术人员（地址和电话详见产品说明书）。

（7）打开电源开关，无显示或风扇不转。检查电源是否接通，如果供电正常仍有故障，打开右侧挡板，检查控制板上的保险丝有无断路，如有，本机自带3个30a保险丝，更换后再开机，如还有以上故障，应请专业人员检查。

（8）风扇异常声响。先切断电源，再掀开上盖，检查扇叶是否与机体相碰，若是，请先松开扇叶的紧固螺丝，然后将扇叶的前后位置调至适当，再将扇叶的紧固螺丝拧紧。

（9）工作中有强烈异味。检查温度设置是否过高致使PCB碳化或有异物，如纸屑、杂物、油污等。排除以上问题后，仍存在异味，立即切断电源，请专业维修人员检查。

（10）本设备未预留外置通风接口，安装时应放置在通风干燥的地方，以保证室内空气清新。

（11）电控箱冷却风扇、循环风机冷却风扇等连续运行 18 个月左右之后，请注意风扇是否工作正常，如有异常，请将其更换，以确保设备运行正常。

思考与练习

1. 用方框图和文字说明：线路板孔化是在双面板制作过程中将过孔、焊盘、孔金属化的过程，并写出设定电镀电流大小的依据。

2. 用框图说明过孔、焊盘孔金属化的过程。

第6章 收音机原理分析

6.1 收音机的基本工作原理

1. 概述

收音机是接收无线电广播发送的信号，并将其还原成声音的机器，根据无线电广播种类（即调幅广播（AM）和调频广播（FM））的不同，接收信号的收音机的种类也不同，即调频收音机和调幅收音机。

既能接收调幅广播，又能接收调频广播的收音机称为调幅调频收音机。

2. 调幅收音机的构成

收音机的基本功能就是把空中的无线电波转变成高频信号，这些由接收天线实现。然后解频，即把调制的高频载波上的音频信号卸下来，也常称检波，实现这一功能的电路叫检波器。最后，用检波出来的音频信号来推动扬声器或耳机，即把声音恢复。

收音机的分类方法众多，依其电路程式可分为直接检波式、高放式和超外差式。

直接检波式和高放式收音机因其灵敏度低，音质差，已基本不再生产使用，现在用的调幅收音机基本上都是超外差式，故这里只介绍超外差式调幅收音机的结构和原理。

（1）超外差式收音机的结构框图如图 6.1 所示。

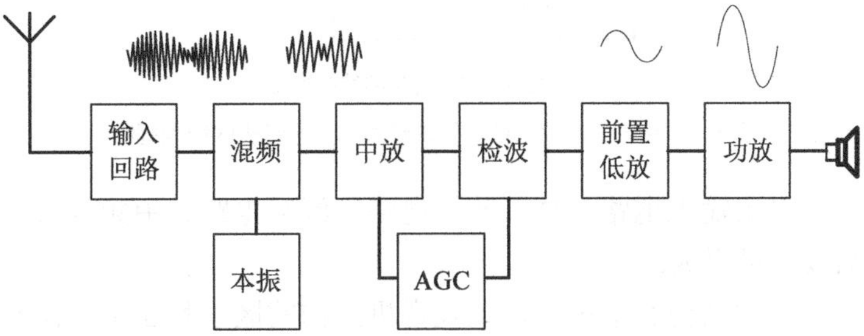

图 6.1 超外差式收音机的结构框图

超外差式收音机主要由输入电路、混频电路、中放电路、检波电路、前置低放、功率放大器和喇叭或耳机组成。

（2）工作原理。由输入电路，即选择电路，或称调谐电路把空中许多无线电广播电台发出的信号选择其中的一个，送入混频电路。

混频将输入电路送来的已调幅高频信号变为中频调幅信号，而它们所携带的信号是不变的，即调幅信号的频率变为中频，但其幅值变化规律不改变。不管输入的高频信号的频率如何，混频后的频率是固定的，我国规定为 465kHz。

中频放大器将中频调幅信号放大到检波器所要求的大小。由检波器将中频调幅信号携带的音频信号取下来，送给前置低放。

前置低放将检波出来的音频信号进行电压放大，再由功放将音频信号放大到其功率所能够推动扬声器或耳机的水平。由扬声器或耳机将音频电信号转变为声音。

调频收音机的最基本功能和调幅收音机较相似。在调频式收音机中，解调功能由鉴频器（也叫频率解调器或频率检波器）完成，它将调频信号频率的变化还原为音频信号。其他功能的电路和调幅收音机的相同。

调频收音机根据电路程式可分为直接放大式和超外差式两种；根据接收信号的种类可分为单声道调频收音机和调频立体声收音机。

单声道调频收音机和调频立体声收音机的结构框图如图 6.2 所示。

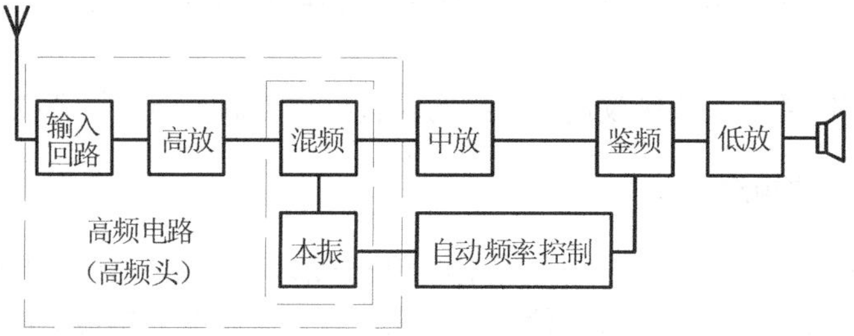

（a）单声道调频收音机的结构框图

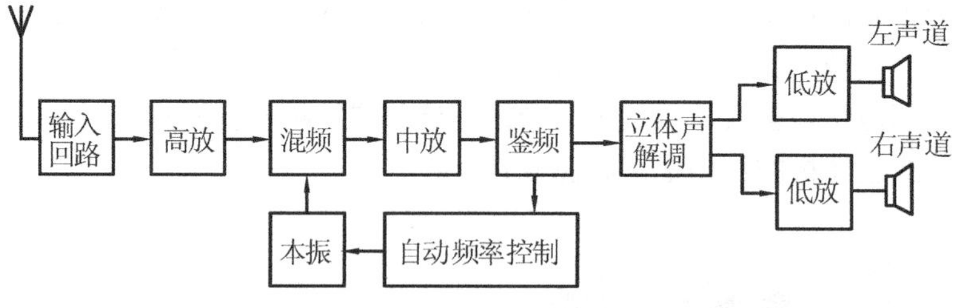

（b）调频立体收音机的结构框图

图 6.2　单声道调频收音机和调频立体声收音机的结构框图

单声道调频收音机由输入电路、高频放大电路、混频电路、中频放大电路、鉴频器、低频放大电路和喇叭或耳机组成。

调频立体声收音机的结构和单声道调频收音机结构的区别就在于，在鉴频器后加一个立体声解调器，分离出两个音频通道来推动两个喇叭，形成立体声音。

调频收音机电路比调幅收音机电路多出一个高频放大电路，其功能是将输入电路送来的信号放大到混频所需的大小。

6.2　超外差式收音机与直放式相比的主要优点

（1）三极管的放大能力是随着工作频率的升高而降低的，频率越高，放大能力越低。由于 465 千周的中频信号比要接收的任何电台信号频率低，因此，相对于高频来说，中频可以获得较高的增益（即放大倍数），故收音机的灵敏度较高。

（2）由于把要接收的各种电台信号频率都变成固定的 465 千周的中频，因此，对于各种不同频率的电台信号都能有相等的增益，这使得整个波段内的灵敏度比较均匀。

（3）由于变频级输出的始终是 465 千周的固定中频信号，因此可以采用数个固定的谐振电路（谐振频率为 465 千周）来选择 465 千周的中频信号，并同时衰减其他频率的电台信号。

发送和接收的主要环节是调制（Modulation）和解调（Demodulation），使信号加到高频载波上的过程为调制。调制通常采用调幅及调频两种方法。

调幅：将音频信号和高频等幅信号同时送进调制器，使高频等幅信号的幅度随着音频信号的幅度而变化，这个过程叫调幅。调频：将音频信号和高频等幅信号同时送进调制器，使高频信号的频率随音频信号的幅度而变化，这个过程叫调频。超外差式收音机框图如图 6.3 所示。

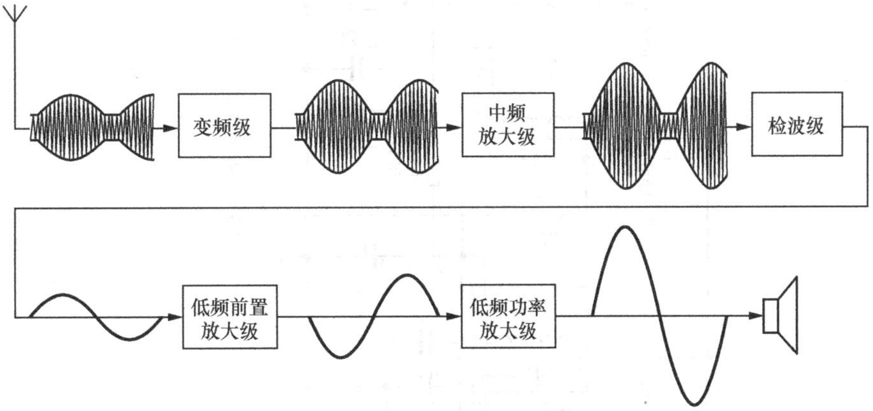

图 6.3　典型超外差式收音机框图

各地电台的高频信号“装载”着自己的音频信号来到接收天线上，天线把它们都接收下来。调谐电路能从接收天线上选择出一个所需的调幅信号，而不让其他的调幅信号进入收音机。

变频级把调幅信号的频率变换成一个固定的中频（465 千周）并加以中频放大。检波器能从被选择的调幅信号中取出音频电流（电压），并把高频信号过滤掉。取出的音频信号经低频放大后，再送入扬声器，引起喇叭纸盆振动，就可以听到电台节目的声音了。

6.3　9018 型袖珍收音机原理分析

9018 型袖珍收音机的原理图如图 6.4 所示。

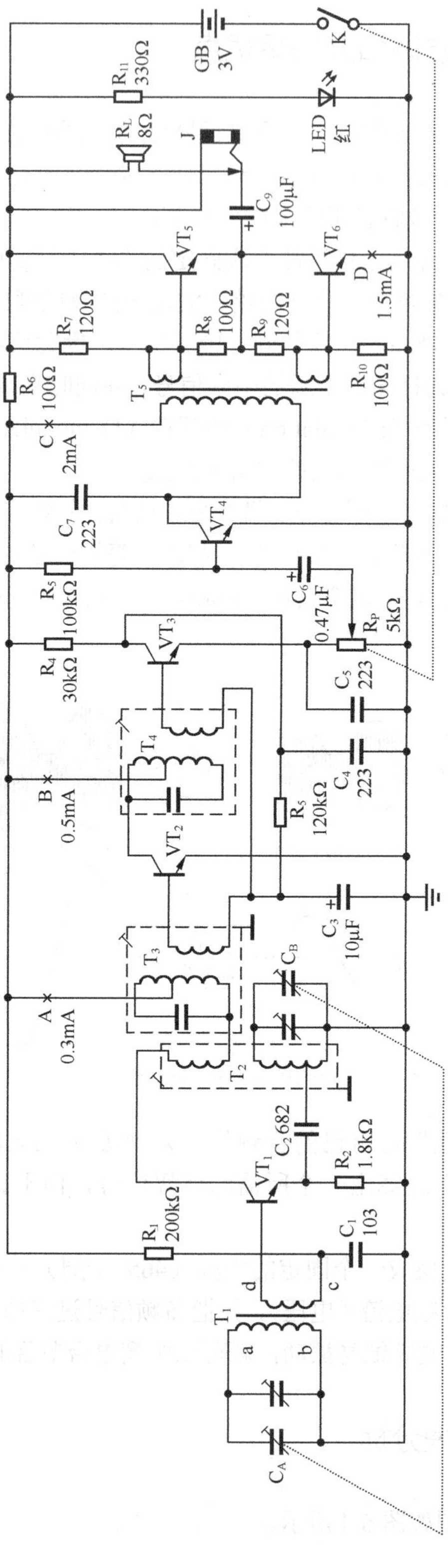

图 6.4　9018 收音机原理图

6.3.1 输入调谐回路电路

输入调谐回路（Input Tuned Circuit）也称为天线输入回路，T_1是中波段输入调谐回路的高频变压器。ab 是 T_1 的初级线圈，cd 是 T_1 的次级线圈，abcd 都绕在中波磁棒上，C_A 是双连可变电容器的调谐连，C_A 旁的是补傍电容（大多数用小型半可变微调电容，其容量范围为 2～25pF、调节它可以使输入回路和振荡回路的高端频率同步，从而提高频率高端的灵敏度。

C_A 与线圈 ab 组成串联谐振回路，由于 C_A 的容量可以调节，故又把这种随时可以调节谐振频率的谐振回路称为调谐回路（Tuned Circuit）。C_A 的容量可以从最大调到最小，可使谐振频率从最低的 535 千周到最高的 1 605 千周连续变化。当外来信号的某一电台频率与调谐电路的谐振频率一致时，调谐电路发生谐振，这时 ab 两端某一电台频率的信号电压最高，并同时衰减了其他频率的电台，这样就达到了选择电台的目的。

谐振频率 $f_0=\dfrac{1}{2\pi\sqrt{LC}}$，电感量（载电容量）越大，谐振频率越低。ab 不但与 C_A 组成调谐回路，还与 cd 组成变频变压器，具有隔直、传交（即耦合）。ab 信号电压通过 cd 偶合到下一级。考虑到收音机的灵敏度和选择性，通常次级线圈数为初级线圈数的 1/10 左右。次级线圈过少，灵敏度变低，次级线圈数过多，选择性变差。

ab 和 cd 在磁棒的中间位置时，其电感量最大，但 Q 值略低：在磁棒的两端时，电感量最小，但 Q 值最高。在统调时，如果 ab、cd 被调到磁棒的中间位置，说明电感量不够，应增加线圈的圈数，如果被调得太靠左或太靠右了，则可减少或增加一些线圈圈数。

6.3.2 变频级电路

变频级电路的任务是把调谐回路选出来的某种频率的高频信号转变为一个固定的 465 千周的中频信号，然后把载有音频信号的 465 千周的中频信号耦合到中放级。

1. 本机振荡电路

本机震荡电路（Local Osillation Cirucit）如图 6.4 所示，R_1、R_2 和 VT_1 组成电流负反馈偏置电路，VT_1 是变频管，C_1 是变频旁路电容，构成变频电路。C_2 是振荡电路的耦合电容，T_2 是振荡线圈（原理图上）上部是初级线圈，下部是次级线圈。C_B 为双连的振荡连，与 T_2 的次级线圈组成振荡回路。调节 C_B 的电容量从最大到最小，可使振荡频率从 1 000 千周（535 千周+465 千周）连续变化到 2 070 千周（1 605 千周+465 千周）。因为 C_A 与 C_B 是同轴双连，所以振荡回路和输入调谐回路可以同步调节谐振频率。调节振荡线圈的磁芯，可以改变低端的振荡频率，与 C_B 并联的半可变电容器称为振荡线圈的微调电容（也称补偿电容），调节它的电容量可以显著改变高端的振荡频率。此补偿电容通常采用拉丝微调电容。

2. 振荡电路工作原理

若变压器初级有一变化的电流（如稳定直流在接通电源瞬间），在次级上就会感应出一个变化的电压。在收音机接上电源的一瞬间，变频管的集电级电流从 0 增加到一定的数值（如从 0 增加到 0.3mA），在这一瞬间，这个变化的电流便流过 T_2 的初级线圈，通过初次级线圈的互感作用，在 C_B、T_2 的次级线圈和半可变电容振荡回路产生变化的感应电流，使上述电容充电和放电，导致这个振荡回路产生振荡，在回路的两端便形成了振荡电压。通过 C_2 的耦合作用，加到三级管 VT_1 的发射结，于是便形成了振荡电流 I_b，I_b 经过三级管放大，在集电极上产生一个放大的振荡电流 I_c，I_c 通过 T2 的初级线圈时，由于初次级线圈的互感作用，又在次级线圈产生振荡电流 I_b'，如果通过初级线圈电流的方向适宜，就会使 I_b' 与 I_b 电流同向，加强原来的变频振荡，如反馈的能量能够补偿振荡回路的损耗，就会使振荡电路产生等幅振荡，否则振荡将停止。

3．变频电路

用一只或两只三极管完成振荡与混频两个任务的电路称为变频电路（Frequency Conversion Circuit）。当外来的变频调幅信号经 cd 线圈耦合到基极和发射极回路中时，从集电极和发射极回路输出。本机振荡回路的变频信号加在发射极和基极回路中，而从集电极和基极回路输出，结果在集电极电流中包含外来信号和本机振荡信号两种频率。当这两种不同频率的信号在同一时间从基极进入三极管的输入回路以后，就会在集电极中输出 $F_{外}$、$F_{振}$、$F_{振}+F_{外}$，$F_{振}-F_{外}$，$F_{外}-F_{振}$等多种频率的混合信号，其中 $F_{振}-F_{外}$=465 千周，正是中放级需要的中频信号，为了选择出 465 千周的中频，并同时衰减集电极中的其他频率信号，在集电极电路中并联了由第一中频变压器 T_3 中由初级线圈和电容组成的谐振电路，调节 T_3 的磁芯，使它谐振于 465 千周，此时 T_3 初级线圈两端的阻抗很大，使 I_c 中 465 千周的电流在初级线圈两端转换成很高的谐振电压。通过 T3 线圈间的互感把信号耦合到次级，对于其他频率，由于它们的谐振阻抗低，不可能形成电压来耦合到次级，这样就达到了选频的目的。

变频管的输出阻抗低，只有几十千欧，而 T_3 初级线圈两端的阻抗大于 100kΩ，为了使负载阻抗（次级线圈阻抗）与变频管的输出阻抗近似匹配，故从初级中抽出一个头接到 CB+，T_3 的 1、2 端的谐振阻抗就比 1、3 端低，接近匹配。

这样做不但不影响谐振频率，而且会提高变频管输出的功率，兼顾到了选择性和灵敏度。

6.3.3 中频放大电路

9018 型袖珍收音机是典型的两级单调谐中频放大电路（Intermediate Frequency Amplifier Circuit），VT_2 是一级中放管，VT_3 是第二级中放管，VT_2 和 VT_3 组成共发射极放大电路，放大 465 千周的中频信号。T_3 是第一中周， T_4 是第二中周。

中周的主要作用如下。

（1）中周线圈 L 和电容 C 组成谐振回路，选择 465 千周的中频信号，并衰减其他频率的信号。

（2）隔直流。

（3）阻抗转换。在前后级的输出输入回路间匹配阻抗。

（4）传递（即耦合）中频信号。

每一只中周的参数和性能有所不同，第一中周主要考虑选择性，第二中周兼顾通频带宽度和增益。C_3 旁路电容，T_4 的初级线圈中心抽头接至 C_8+的作用与 T_3 一致。这样一来可使三级管的输出阻抗与中频谐振回路的阻抗近似匹配，而又不降低谐振回路的电感量和 Q 值。

通过调节中周的磁芯，使它们都谐振于 465 千周，并衰减其他高、中频信号，中周的次级线圈将 465 千周的信号电压耦合到 VT_2 的基极回路，经 VT_2 放大以及 T_4 初级谐振回路的选择，通过 T_4 次级耦合到 VT_3，又经 VT_3 的放大，通过 VT_3 的发射极将 465 千周中频信号进行检波输出，对 VT_4 基极进行低频放大。

由此可见，中频信号在中放级经过二次放大，并经过两个谐振回路选择，因此可以说超外差式收音机的灵敏度和选择性主要决定于中放级。

C_8 为退耦电容，依靠它旁路掉不需要的低频交流信号。可以防止不需要的交流信号互相耦合互相干扰。R_6 为退耦电阻，依靠它来损耗一部分不需要的高、低频交流信号。

6.3.4 检波级电路

检波级电路（Detection Circuit）的任务是把需要的低频信号从中频信号中取出来，并耦合到低频放大级去放大。由三级管 VT_3 的 BE 结做检波二极管，C_5 为检波滤波电容，R_P 为音量电位器（也称检波器的负载电阻），R_3 为自动增益控制电路中的反馈电阻，C_4 为滤波电容。中频信号经过 T_4 耦合到 VT_3 晶体管，VT_3 与输出端音频信号（由 R_P 输出）接成共集电极电路，中频信号由 VT_3 的 B 极输入，经 VT_3 的 BE 结和二极管的检波 R_3C_5 电容滤波，C_5 对中频成分的阻抗很小，对音频成分的容抗较大，因此中频成分经滤波后被短路，检波以后，低频电流在 R_P 上，形成音频信号电压，由电容 C_6 耦合到低频放大级。

6.3.5 自动增益控制电路

自动增益控制（Automatic Gain Control，AGC）电路的作用是使收音机接收不同电台的音量相差的幅度减小，并使同一电台的音量不致于明显的忽大忽小地变化。这是因为当接收强电台时，它能使收音机的增益自动降低，不致于使后一级输入信号过大而失真；当接收弱电台时，使收音机的增益自动提高，本机的 AGC 电路由 R_3 自动增益滤波电阻，C_3、C_4 自动增益滤波电容三者组成 π 型滤波器，由 VT_3 的集电极输出信号（音频+中频成份）加到 VT_2 的基极，否则增益过高可能会引起自激振荡。因此，在 AGC 电路中加上 C_4、C_3 及 R_3 组成了 π 型滤波，利用滤波后的音频脉动直流成分的大小来控制 VT_2 发射结正向电压大小，从而改变 VT_2 的增益，AGC 电路实际上起了负反馈的作用。

6.3.6 低频放大电路

由检波级输出的电信号是收音机中所需的音频信号，这种音频信号通过喇叭音圈就能发声，为了使收音机有足够的音量，需要把这种音频信号放大。

VT_4、R_5、T_5 组成变压器耦合放大电路，VT_4 是低频三极管，R_5 是上偏流电阻，这个电路中变压器 T_5 代替了阻容耦合放大器中的集电极电阻 R_C 和耦合电容 C，变压器 T_5 有隔直传交和变换阻抗的作用，这样在次级形成两组相位相反的信号，用于驱动互补功放管实现功率放大。C_5 是变频旁路电容，其作用有以下 3 点：①旁路检波器中滤净剩余的中频信号，避免电路产生寄生振荡而发出呼啸声。②旁路较高的音频频率，可消除“蝼蝼”的尖叫声。③旁路超音频的寄生振荡并减小噪音。

6.3.7 无输出变压器的推挽功率放大器

功率放大电路（Power Amplifier Circuit）的主要任务是将前级送来的交流低频信号

放大到音频，有足够的功率输出（即有足够的信号电压和信号电流输出），从而推动喇叭发音。

本机使用的 T_5 是输入变压器，属于耦合元件，具有隔直通交流和转换阻抗的作用。VT_5、VT_6 是推挽功率放大管，R_7、R_8、R_9、R_{10} 是偏置电阻，为 VT_5 和 VT_6 提供一定的直流电位，使 VT_5 和 VT_6 在静态时处于微导通状态，在有信号时不至于产生交越失真（输出失真），影响音质。为了消除交越失真，必须给 VT_5 和 VT_6 一定的静态电流，即给它发射结正向偏压 VEB，VT_5 和 VT_6 的 VEB 可通过偏置电阻来获得。C_9 是输出耦合电容。

OTL 电路的特点：VT_5、VT_6 两管的直流供电形式是串联的，两管的静态集电级电流完全相等，两管集电结反向电压 VCE 相等，并且等于电源电压的二分之一，由于 OTL 电路末级交流负载的总阻抗为输出变压器电路交流负载总阻抗的四分之一，故不需要经过变压来阻抗转换，因此，两管的输出端可直接并接喇叭。

OTL 电路的原理：当有音频信号输入时，输入变压器把末前级的输入信号变成大小相等、方向相反的两组信号。当 T_5 初级线圈 A 点为正，B 点为负时，由于 T_5 线圈的同方向绕制（同名端），所以通过初次级线圈的感应，则 C 为正，D 为负，E 为正，F 为负。使 T_5 的 C—D 端相当于串联了一个信号电压，此信号电压与原来 VT_5 的发射结正相电压极性相同，VT_5 因而导通，VT_5 的发射结正相电压升高，基极电流增大，集电级电流 I_c 相应增加 β 倍。信号电流遇到阻抗而转换成信号电压。也就是对信号电流和信号电压进行了放大。而此时 T_5 的 E—F 端也相当于串联了一个信号电压，只是极性与原 VT_6 的发射结极性相反，使基极电压变得更低，因而 VT_6 截止，不导通，I_c=0。

同时，当 T_5 的输入信号改变极性后，T_5 的 A 为负，B 为正，C 为负，D 为正，E 为负，F 为正。VT_5 截止，不导通，不工作。VT_6 导通，有信号电流放大，流过负载。故两只推挽轮流进行放大，并轮流注入喇叭音圈中，在喇叭音圈中形成一个完整的正弦波后，再输出。

6.4 9018 型袖珍收音机部分器件说明

本教学用的散装件是 3V 低压全硅管六管超外差式收音机，具有安装调试方便、工作稳定、声音宏亮、耗电省电等优点。它由输入回路高放混频级、一级中放、二级中放、前置低放、兼检波级、推挽和功放级等部分组成，接受频率范围为 535kHz～1 605kHz 的中波段。在电子实训散件的组装过程中，除了可以进一步学习电子技术外，还可以掌握电子安装工艺，了解测量和调试技术，一举多得，在动手焊接前，仔细阅读本说明会对自己的理论和实际安装有很大的帮助。

6.4.1 磁棒天线及使用电路分析

磁棒天线（Antenna）是收音机、收录机调谐电路中的一个重要元件，用来聚集电磁波信号能量，以供输入调谐电路之用。一般只在调幅收音机中（中波和短波）使用磁棒天线，调频收音机中则用拉杆电线，机内不放磁棒天线。磁棒天线外形如图 6.5 所示。磁棒天线电路符号如图 6.6 所示。

天线线圈分成初级和次级两组线圈。线圈采用高额电阻小的多股导线绕制而成。学过集肤效应的都知道，当电流频率高到一定程度以后，电流只在导线表面很薄的一层中流动，使导线的有效截面积下降，相当于导线的电阻增大。

由于天线线圈中的电流频率很高，为了降低集肤效应的影响，中波天线线圈采用特制的多股纱包线来绕制，线的股数多了，相当于增加了导线表面层的有效面积，可减少高频电阻。也有采用单股线绕制的，并在导线表面镀上银层来减少高频电阻，如 9018 收音机的天线线圈。

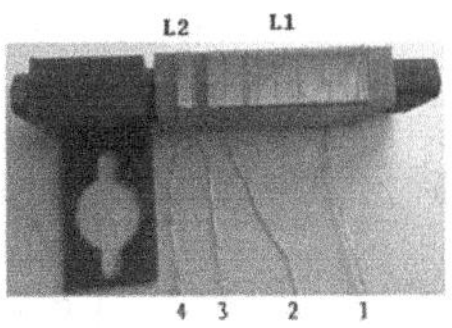

图 6.5 磁棒天线的外形

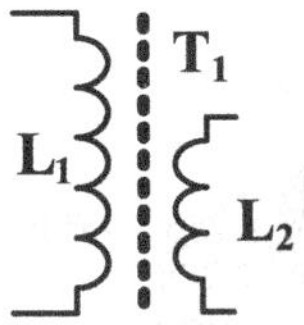

图 6.6 磁棒天线电路符号

磁棒天线如同一个高频变压器，初级和次级线圈之间具有耦合信号的作用。磁棒采用导磁材料制成，具有导磁特性，它能将磁棒周围的大量电磁波聚集在磁棒内，使磁棒上的线圈感应出更大的信号，所以具有提高收音机灵敏度的作用。

6.4.2 收音机输入调谐电路原理分析

磁棒天线用于收音机输入调谐电路中，如图 6.7 所示。在多波段调幅收音机中，各波段的输入调谐电路基本相同。电路中 C_A 双联可变电容器调谐联旁边没有标号的是微调电容器，调谐（选台）时调整调谐旋钮，使调谐 C_A 容量改变，L_1 和 C_A、C_A 旁的微调电容构成并联调谐回路。

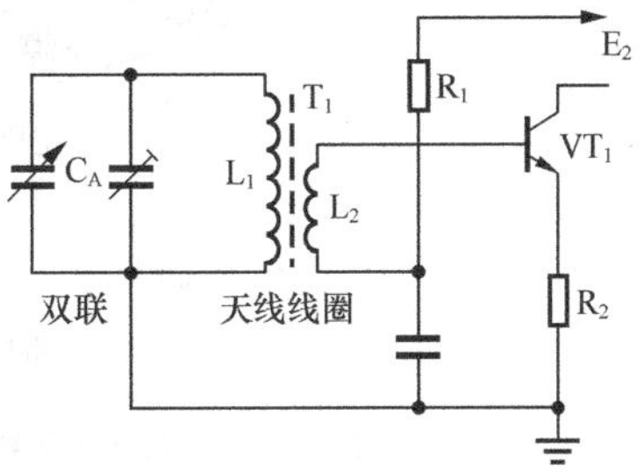

图 6.7 收音机输入调谐电路

当每个调幅广播电台的高频信号分布在初级线圈所在的空间时，设所要接收的某台高频信号频率为 f，通过调谐使初级所在的谐振回路的调谐频率为 f_0，由于初级所在回路发生谐振，f_0 的频率信号在初级两端能量最大，其他频率信号由于失去调谐而能量很小，通过耦合次级线圈输出的频率为 f_0 的信号，即通过输入调谐电路在众多频率中选出所需的频率为 f_0 的电台信号。

6.4.3 可变电容器和微调电容器及其使用电路分析

可变电容器和微调电容器主要用于调输入调谐回路和本机振荡器电路，这是一种容量可在较大范围内连续变化的电容器，其外形如图 6.8 所示。

可变电容器和微调电容器的典型应用电如图 6.9 所示。C_A、C_A 旁边的微调电容和 T_1 磁棒电线构成 L_C 并联谐振电路，当连续调整可变电容器 C_A 容量时，T_1 磁棒线圈所在的回路谐振频率连续变化，当谐振频率与某一电台载波频率相同时，便能接收这一电台信号，完成输入调谐。C_A、C_B 是双联可变电容器，它们的容量同步变化，使本机振荡器的振荡频率始终比 T_1 所在的回路振荡频率高出一个中频频率。C_A 旁边的微调电容是高频补偿电容，是一个微调电容器，设在双联上，当本波段的高频（指频率比较高的频段）接收灵敏度比较低时，通过调整它可以得到一定的改善。

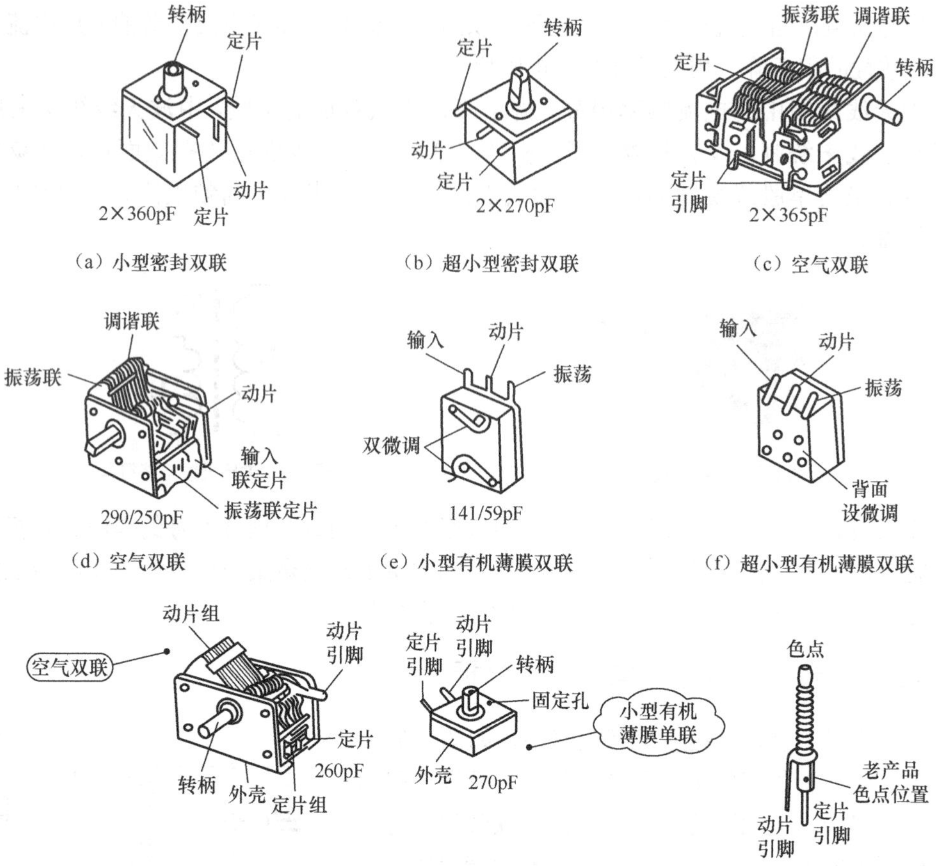

（a）小型密封双联　（b）超小型密封双联　（c）空气双联

（d）空气双联　（e）小型有机薄膜双联　（f）超小型有机薄膜双联

（g）空气单联　（h）有机薄膜单联　（i）拉线微调电容

图 6.8　可变电容器和微调电容器外形结构

注：(a)(b)(c) 为等容双联可变电容 (Constant Two-Gang Variable Capacitor);

(d)(e)(f) 为差容双联可变电容器 (Different Two-Gang Variable Capacitor);

(g)(h) 为单联可变电容器 (Single Variable Capacitor);

(i) 为微调可变电容器 (Trimmer Variable Capacitor)。

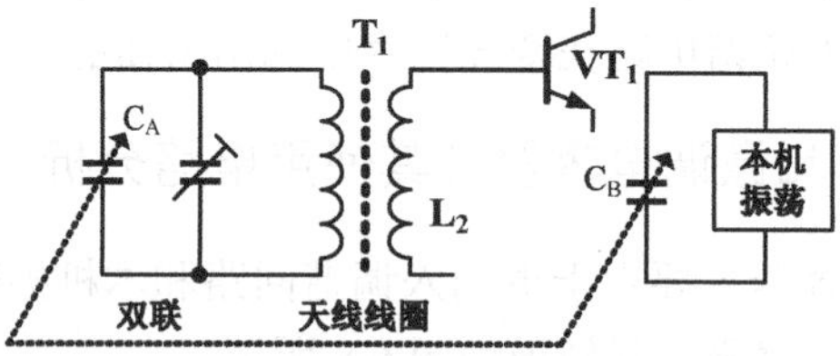

图 6.9　可变电容器和微调电容器的典型应用电路

6.4.4　振荡线圈和中频变压器及其电路分析

在超外差式收音机电路中，振荡线圈（Oscillation Coil）和中频变压器（Intermediate Frequency Transformer）是重要的元器件。振荡线圈用在本机振荡器中，中频放大器则用在中频放大器中，中频放大器又称中周。调幅和调频收音机电路中都有中周，虽然它们结构相同，但是工作频率不同。中频变压器和振荡线圈外形如图 6.10 所示。

中频变压器按用途分为以下两种。

（1）调幅收音机电路用的中频变压器，其谐调频率为 465kHz。

（2）调频收音机电路用的中频变压器，其谐振频率为 10.7MHz。

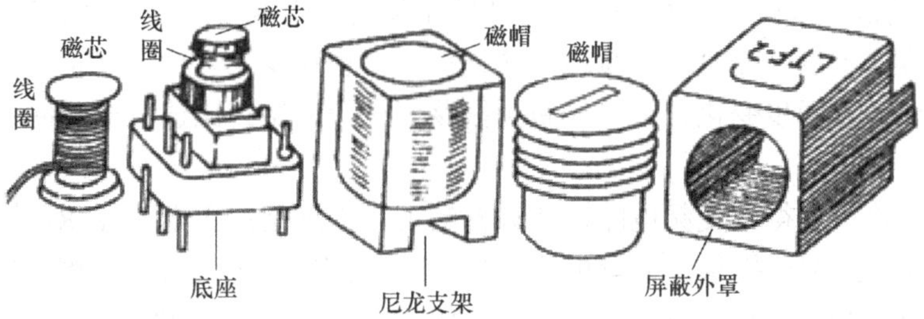

图 6.10　中频变压器和振荡线圈的外形

中频变压器和振荡线圈电路符号如图 6.11 所示，调幅收音机中的本机振荡器和变频器电路如图 6.12 所示。

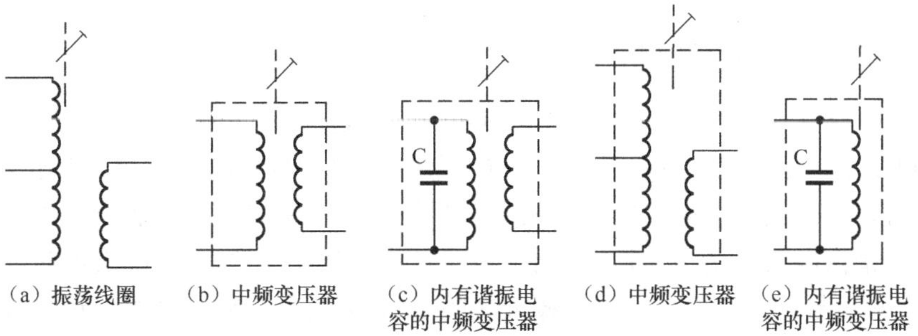

图 6.11　中频变压器和振荡线圈电路符号

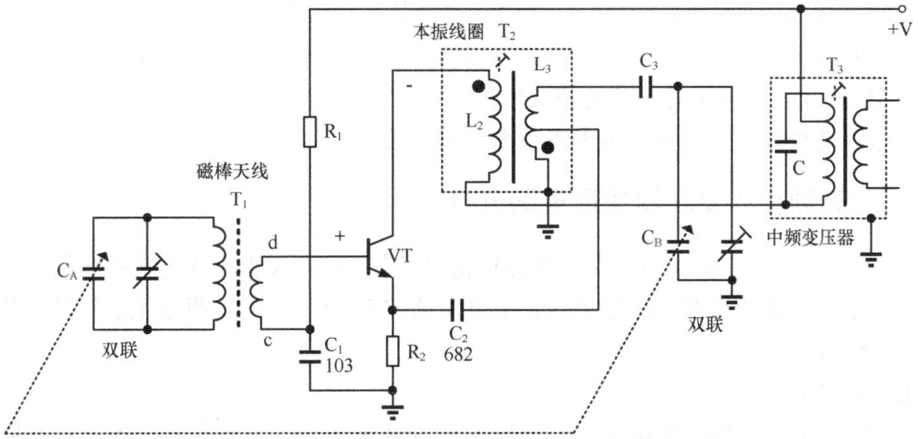

图 6.12　调幅收音机中的本机振荡器和变频器电路

6.4.5　本机振荡器的工作原理

1．正反馈过程

设某瞬间振荡信号相位在 VT_1 基极为“+”，集电极为“−”，根据天线 T_1 同名端可知，c、

d 抽头上振荡信号相位也为“-”，经过 $C_2$682 电容耦合到 VT_1 发射端，由于发射极信号相位为“-”，其基极电位增大，等效为 VT_1 基极振荡信号相位为“+”，所以这是正反馈过程。

2．选频

选频由 T_2 的次级线圈 C_2、C_B 和 C_B 旁边的微调电容组成，这是一个 LC 并联谐振电路。当双联可变电容器容量改变时，选频电路的谐振频率也在变化。由于 C_B 容量与天线谐振电路中的另一个谐振连同步变化，所以能做到振荡信号频率始终比选频电路的谐振频率高出一个中频 465kHz。

有了选频电路，就得有变频电路，变频器的工作原理是：正电压经 R_1 降压后，由 c、d 加到 VT_1 的基极，为 VT_1 提供了偏置电流。直流工作电压+V 经 T_3、T_2 初级加到 VT_1 集电极，这样 VT_1 就建立了静态工作电路。线圈 c、d 输出的高频信号从基极馈入变频管 VT_1，而本机振荡信号由 $C_2$682 电容加到 VT_1 发射极，这样两输入信号在 VT_1 非线性的作用下，从集电极输出一系列新频率信号，这些信号加到中频变压器 T_3 初级回路中，T_3 初级也是 VT_1 的集电极负载。

6.4.6 中频选频电路分析

中频选频电路由 T_3 初级和其并联的电容组成，这是一个 LC 并联谐振电路，该电路谐振在中频 465kHz 上，这个 LC 并联谐振电路（T_3 初级）是 VT_1 集电极负载。由于 LC 并联谐振电路在谐振时阻抗最大，这样 VT_1 集电极负载阻抗最大，使 VT_1 电压放大倍数最大，而其他频率信号由于谐振电路失谐，其阻抗很小，VT_1 放大倍数小，这样从 T_3 次级耦合输出的信号为 465kHz 中频信号，即本振信号与磁棒天线的 c、d 端输入高频信号的差频信号（本振信号减高频信号称差频信号），实现从众多频率中选出中频信号。

T_3 为第一中放用的中频变压器（白色），改变其磁芯的上下位置，即改变 T_3 初级线圈的电感量，从而改变中频变压器 T_3 初级的谐振频率，使之准确地调在 465kHz 上。

电路中的 C_1 为旁路电容，将磁棒天线的次级 C 端杂波干扰高频信号接地。双联的谐振联旁边的电容是高频补偿电容，用来跟踪高频段的频率。

6.4.7 音频输入变压器使用电路分析

图 6.13 为音频输入变压器电路。电路中的 T_5 是音频输入变压器，它有两组独立的次级线圈，能够分别输出两组音频信号电压，电路中的 VT_4、VT_5、VT_6 组成三极管放大电路，用来放大音频信号。

其工作原理如下。

（1）三极管 VT_4 的集电极电流流过变压器 T_5 的初级线圈，其两组独立的次级线圈输出两组音频信号电压。

（2）对于音频输入变压器来说，它的两组次级线圈的匝数相等，这样输出的两组音频信号大小相同。同时，从次级线圈的同名端可以看出，加到 VT_5 和 VT_6 基极的两组音频信号大小相等，但是相位相反，如图 6.13 所示的信号波形。

（3）两组音频信号大小相等，但相位相反，使 VT_5、VT_6 以及基极在信号输入的一个周期内，始终保持轮流导通推挽式工作。

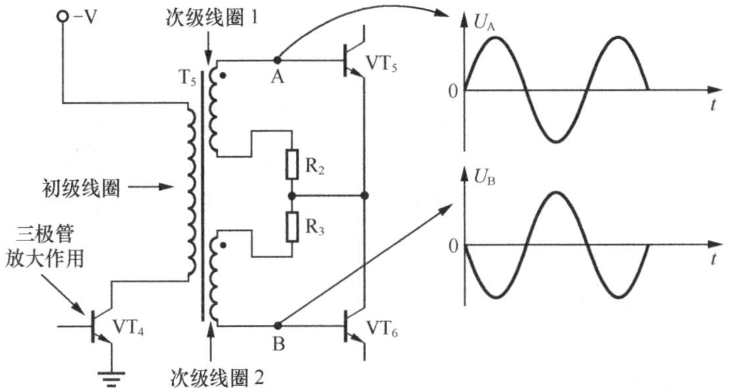

图 6.13 音频输入变压器

6.5 几种常用的检修方法

6.5.1 直观检修法

（1）看看电池是否良好地接入电路。

（2）检查电池与接触片是否接触可靠。

（3）外接电源插座与各接触点是否接触良好。

（4）元件有无碰撞、短接或接触不好。

（5）各元件引脚有无断脱，印刷电路板的铜泊有无断裂之处。

（6）各个焊点有无松动。

（7）调台旋钮，拉线有无打滑现象。

6.5.2 干扰法

干扰法是一种简单易行的方法，利用这一方法，可以简单地判断收音机的故障部位。方法是手拿小螺丝刀，指头捏住小螺丝刀的金属部分，用刀口由后向前去碰触电路中除接地或旁路接地的各点。这相当于在该点注入一个干扰信号，如被触点以后的电路工作正常，喇叭里应有咯咯声，越往前级，声音越响。如果碰触各点均无声音，则故障多半在末级，如果只有某一级无声，则着重检查这一级。但碰触末级一般不会有明显响声，应末级增益低。用干扰法可以寻找出收音机无声或声音小的所在级。

6.5.3 短路法

检查收音机的汽船声、啸叫声、杂音等故障，不能用干扰法而采用短路法。短路法与干扰法相反，不是在收音机各点注入信号，而是把收音机适当的点加以短路，从而使短路点以前的故障现象（如杂音）不反映在小喇叭中。换句话说，就是把某一级的输入端对地短路，使这一级和这一级以前的部分失去作用。如果短路到某一级（注意：一般是从前级向后级依次进行），故障现象消失，则表示故障就发生在这一级．短路主要是对信号而言，为了不破坏直流工作状态，短路时需要用一只较大容量的电容，将一端接地，用另一端去碰触。对于低频电路，则需用电解电容。

6.5.4 代替法

在检修收音机时，如发现可疑的元件，可以用另一类似的好元件代替它试一下，这时如果故障消除，则证明所怀疑的元件的确坏了。这种方法就叫“代替法”。怀疑收音机中的某一只电容是否开路或失效，用代替法时不用将元件取下，只要拿一只容量近似的好电容在所怀疑的电容上一试，就能确定原电容是否失效。

6.5.5 电压、电流检查法

以上修理方法具有简单易行的优点，但只能查出故障大致发生在哪一级或发现断线、脱焊等明显的故障。要进一步找到产生故障的根源，有时候必须用万用表测量电压，电流。

扫一扫 看视频

6.6 PNP 型超外差收音机电路原理分析

图 6.14 为“超外差”调幅收音机的典型电路，由 PNP 型三极管和电阻、电容、LC 谐振电路等分立元件构成。该电路可以划分为 7 个部分：磁性天线、第一中频放大、第二中频放大、检波与滤波、前置低频放大和功率放大。

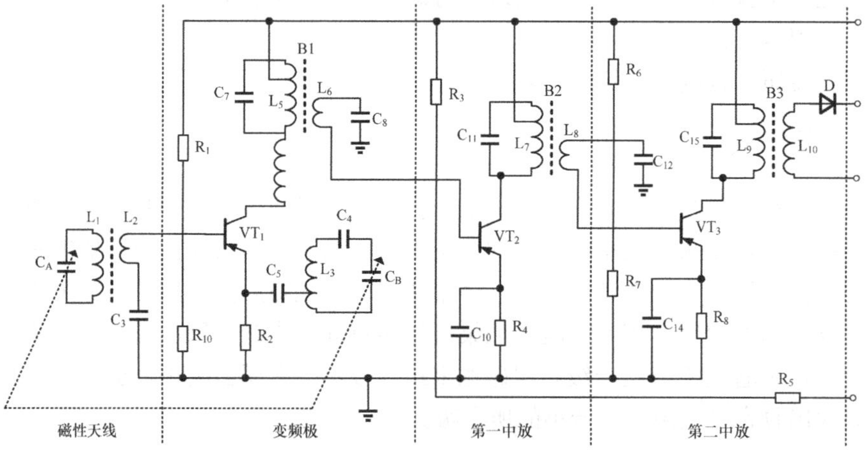

图 6.14 超外差式典型电路

该电路共有 5 个 LC 谐振回路：L_1、C_A、L_3、C_4、C_B、L_5、C_7、C_{11}、L_9、C_{15}。其中后 3 个 LC 并联谐振回路是中频谐振回路，通常被称作“中频变压器”或者“中周”。所谓“中频”，在调幅收音机中是指 465kHz。L_3、C_4、C_B 是振荡谐振回路，通常称振荡线圈，它与 T_1 及相关元件组成振荡电路，振荡的频率可以由可变电容器 C_B 调节。L_1、C_A 是天线串联谐振回路，L_1 通常称作“磁性天线”，是将调谐回路的线圈绕在磁棒上而成的，磁棒一般用锰锌铁氧体（呈黑色）或镍锌铁氧体（呈棕色）制成。磁棒有聚集电磁波中磁场分量的能力，从而在调谐回路中感应出较大的电动势。

磁性天线线圈的等效电路，如图 6.15 所示。e 表示由空中电磁波所感应产生的电动势（电台信号），R 代表谐调回路中的高频损耗。可以看出该电路属于串联谐振电路，当 e 的频率与谐振频率一致时，回路电流最大，因而磁通的变化也最大，则在 L_2 上感应出的电压也就最大，达到了选台的目的。回路电流最大，因而磁通的变化也最大，在 L_2 上感应出的电压也就最大，达到了选台的目的。回路中的电容 C_A 是可变电容器，它与 C_B 同轴联动，收音机在使用时旋转“调台”旋钮，就是改变 C_A 与 C_B 的电容量。

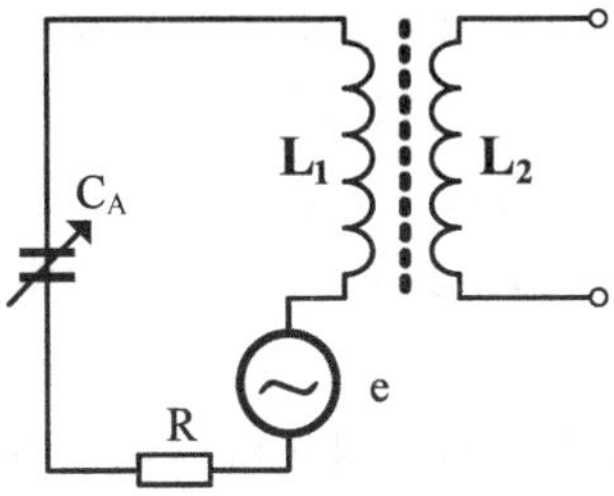

图 6.15　天线线圈等效电路

天线线圈谐振回路的谐振频率与振荡线圈回路的谐振频率（振荡频率）总是保持相差一个中频（振荡频率高 465kHz），天线接收到的电台信号（这时 L_1、C_A 谐振于该信号频率）与振荡电路产生的振荡信号同时被送入三极管 VT_1，前者经 L_2 耦合进入 VT_1 基极，后者经 C_5 耦合进 VT_1 发射极。两个频率的信号在 VT_1 的作用下，能生成这两个频率以外的其他频率的信号。设由 L_2 耦合进入 VT_1 的电台信号频率为 f_1，振荡频率为 f_2，则在 VT_1 的集电极电流中，会出现 f_2+f_1、f_2-f_1 的新频率信号。这一过程称为变频，其中 f_2-f_1=中频=465kHz，它与 L_5、C_7 组成的并联谐振回路发生谐振，使 L_6 上得到最大的耦合电压，而进 VT_2 级进一步放大；而除此以外的其他频率的信号，由于 L_5、C_7 失谐，几乎不能在副边 L_6 上感应出电压，这就达到了选频目的。

经变频并初步选频后的电台信号十分微弱，因此将 L_6 上的感应电压继续送入 VT_2 基极进行第一次中频放大，VT_2 与 L_7、C_{11} 并联回路等元件组成第一级中频放大器。这是一个典型的小信号调谐放大器的电路结构，它对电台信号进一步选频放大，而对其他信号进行有效抑制。经放大后的信号由 L_8 耦合继续送入 VT_3 基极，由 VT_3、L_9、C_{15} 等组成的第二级中频放大器再进一步放大。可以看出，这也是一个典型的调谐放大电路，如图 6.16 所示。

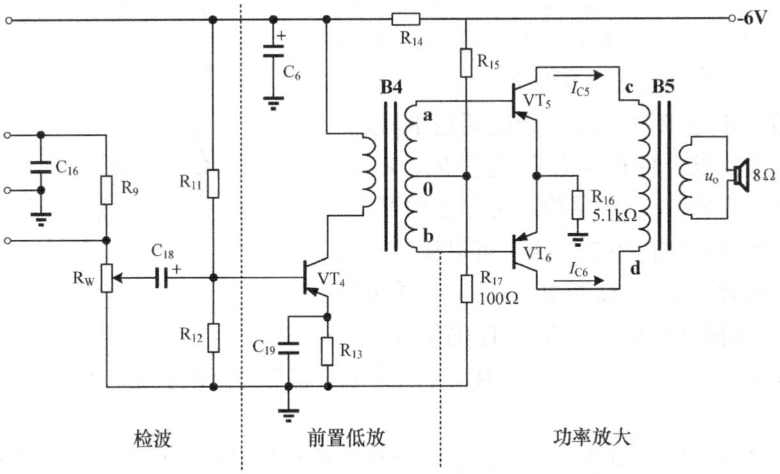

图 6.16　典型的调谐放大电路

经第二次中放后的信号已较强，该信号经 L_{10} 送入检波器、经二极管 D 检波（削去负半周）、电容 C_{16} 滤波（滤去 465kHz 的成分）得到了代表音乐或语言信号的音频信号。因为该

信号电流流过 R_9 和电位器 Rw，所以在 Rw 的滑动臂上可以得到适当大小的信号电压，这一电压经电容 C_{18} 耦合到由 VT_4 及输入变压器 B_4 等组成的低频放大器放大。

VT_5、VT_6、输出变压器 B_5 以及 B_4 副边等元件组成推挽功率放大电路。输入变压器 B_4 的副边绕组有一个中心抽头，因此 u_{a0} 与 u_{b0} 大小相等而极性相反，如图 6.17 所示，它们分别加到 VT_5 和 VT_6 的基极与发射极之间（R_{17} 和 R_{16} 都很小，一般 R_{17} 取 100Ω 左右，R_{16} 取 5.1Ω 左右，因此可以认为 0 点 VT_5、VT_6 发射极之间的交流信号损失很小）。假如 0 点的直流电位较小（即 VT_5、VT_6 的基极偏压较小，接近输入曲线的截止部分，即工作状态），那么在 u_{a0} 和 u_{b0} 的作用下，VT_5、VT_6 中必有一个在前半周导通（但不饱和）而另一个截止，而在后半周，VT_5、VT_6 的导通情况也恰好相反（例如，当 u_{a0} 为正时，u_{b0} 为负，PNP 管 VT_5 截止，而 VT_6 工作）。总之，VT_5、VT_6 是轮流工作与截止的（各半周），故称为推挽放大电路。

输出变压器 B_5 的结构与输入变压器 B_4 相似，其原边也有一个中心抽头，当 VT_5 工作、VT_6 截止时，电路由“地”（即电源正极）经 T_5 发射极—T_5 集电极—B_5 上方 c 点—中心抽头—电源负极形成回路；当 T_5 截止而 T_6 工作时，电流由“地”经 T_6 发射极—T_6 集电极—B_5 下方的 d 点—中心抽头—电源负极形成回路。注意在前一种情况下，变压器 B_5 原边电流流向是从上而下的（从 c 点到中心抽头）；在后一种情况下，电流则是从下而上的（从 d 点到中心抽头）。在这两种情况下，信号电流方向相反、大小相同，因而在 B_5 副边感应出一个完整的波形 u_0。图 6.17（b）是 T_5 集电极电流波形，T_5 在 u_{a0} 的负半周导通；图 6.17（c）是 T_6 集电极电流波形，T_6 在 u_{b0} 的负半周导通；图 6.17（d）是输出变压器 B_5 副边的电压（即输出电压）的波形。

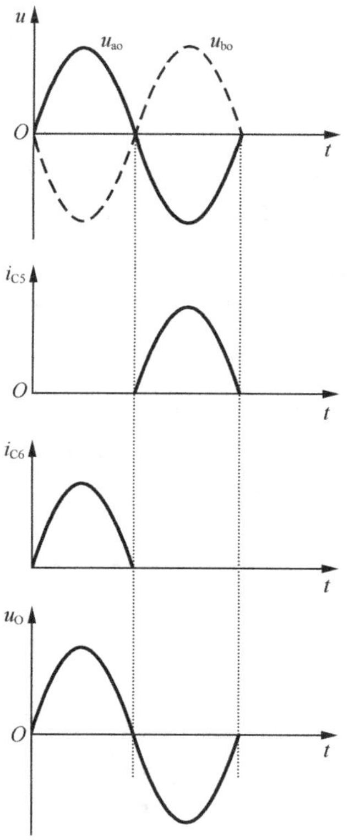

图 6.17　推挽级信号波形

T_1 的偏置电阻是 R_1 和 R_{10}，一般调整 R_1 以满足静态工作点的要求。T_2 的偏置电阻是 R_3、R_5 及电位器 Rw，一般调整 R_3 以满足静态工作点的要求，R_5 从 Rw 上取得自动增益控制电压，可以稳定整机的输出。T_3 的偏置电阻是 R_6 和 R_7。T_4 的偏置电阻是 R_{11} 和 R_{12}。推挽功率放大级 T_5、T_6 的偏置电阻是 R_{15} 和 R_{17}，R_{17} 应取较小值，调整 R_{15} 可以满足静态工作点的要求，使 T_5、T_6 工作在甲乙类状态。

本电路中多处使用了调谐回路，这是一个典型的小信号调谐放大电路的应用实例。在通信设备中，无论是调幅收音机、调频收音机、电视机，还是广播发射机、无线对讲机或其他通信设备，都必不可少地广泛使用了调谐回路。

图 6.18 是 PNP 型超外差收音机原理图。

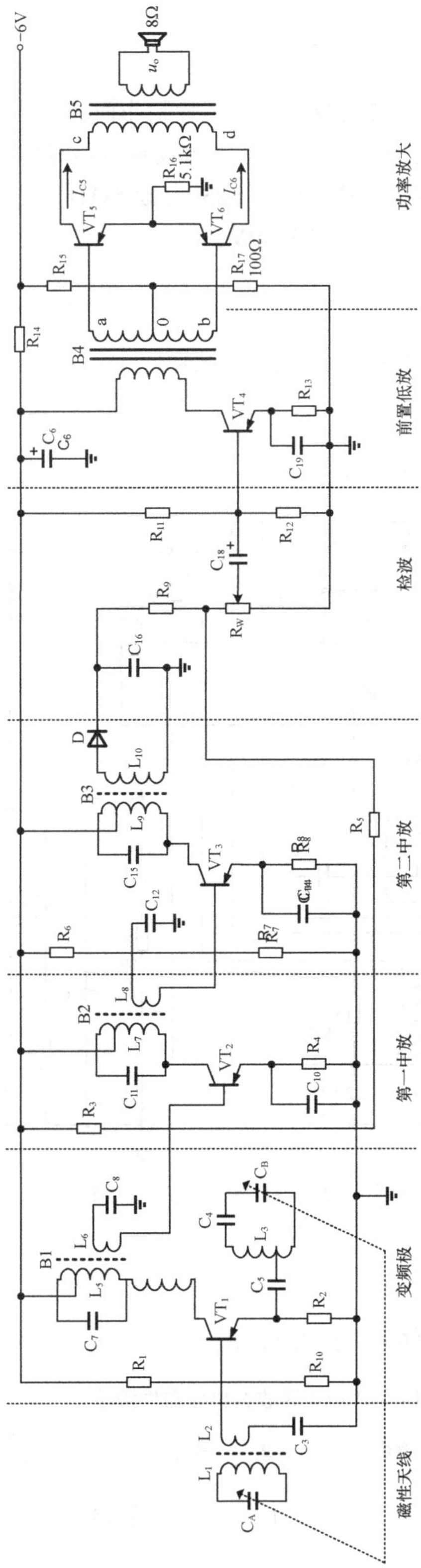

图 6.18 PNP 型超外差收音机原理图

6.7 9018 集成电路收音机原理

9018 型集成电路收音机采用 TA7613AP 集成芯片制作而成，结构简单，灵敏度极高，装配调试简单，所制作收音机声音宏亮，选择性好。该收音机具有调幅接收功能，电源电压为直流 3V，整机静态电流 8mA，接收频率范围为 535～1 605kHz，灵敏度为 3μV，音频放大增益>40dB，音频输出失真<3%，输出功率>350mW。

6.7.1 电路原理图

9018 型集成电路收音机电路原理图如图 6.19 所示。

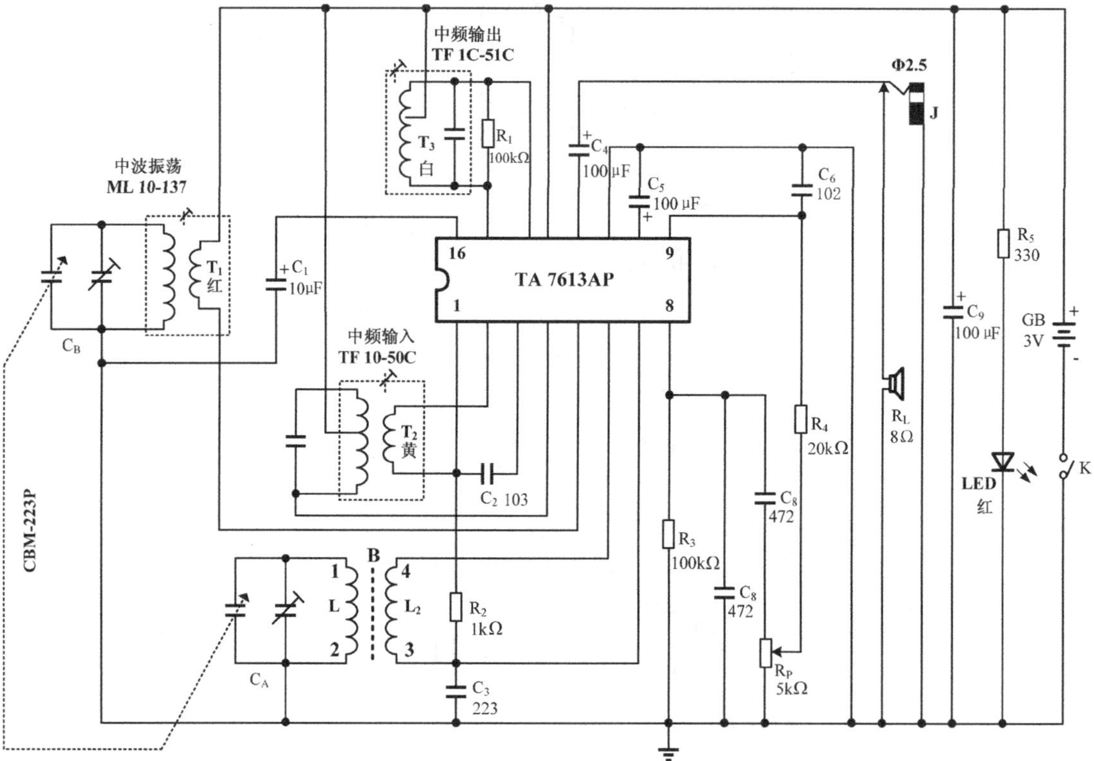

图 6.19　9018 型集成电路收音机电路原理图

6.7.2 元器件清单

9018 型集成电路收音机元器件清单如表 6.1 所示。

表 6.1　　　9018 型集成电路收音机元器件清单

序号	名　称	型号及参数	数量	序号	名　称	型号及参数	数量
1	集成块	TA7613AP	1	3	电位器（兼开关）	WH-15（4.7-5k）	1
2	发光管	Φ3 红	1	4	碳膜电阻	330、1k、20k	各 1

续表

序号	名　称	型号及参数	数量	序号	名　称	型号及参数	数量
5	碳膜电阻	100k	2	16	刻度板		1
6	瓷片电容	102、472、103	各 1	17	耳机插座	Φ2.5	1
7	瓷片电容	223	2	18	集成块插座	16 脚	1
8	电解电容	10μF	1	19	印刷电路板	5×6cm	1
9	电解电容	100μF	3	20	正负极及连体簧	3 件	1
10	双联电容	CBM-223P	1	21	说明书		1
11	中频变压器	T_1 振荡为红色	1	22	前盖、后盖		1
12	中频变压器	T_2 第一中周为黄色	1	23	大、小拔盘		1
13	中频变压器	T_3 第二中周为白色	1	24	磁棒支架、音窗		1
14	磁棒线圈	5mm×13mm×55mm	1	25	螺丝	3 种	5
15	扬声器	8～32Ω	1	26	导线		4

6.7.3 TA7613AP 集成芯片简介

TA7613AP 为单片收音机集成电路，采用双列 16 脚封装，其外形及引脚分布如图 6.20 所示。该芯片电源电压 V_{CC}=13V，允许功耗 Pd=600mW，16 脚电压=2.4V，输出功率=0.28W，电源电流=44mA，静态电流=12mA，内部稳压定电压=13.2V，功放增益=42dB，功放失真=0.5%，工作温度=−18℃～65℃。各引脚电压如表 6.2 所示，各引脚功能如表 6.3 所示。

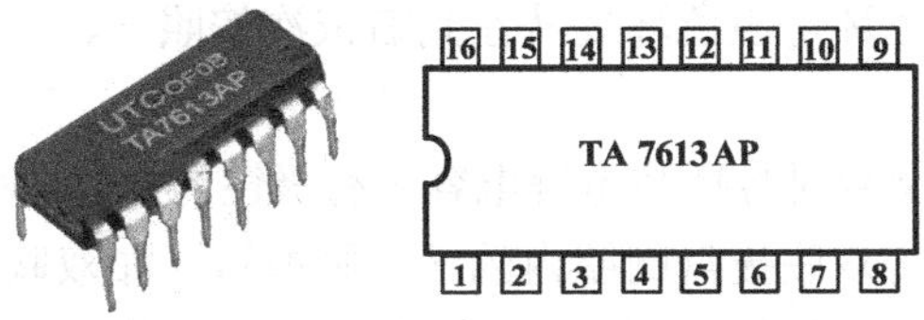

图 6.20　TA7613AP 外形及引脚分布图

表 6.2　　TA7613AP（3839A）各引脚工作电压

引　脚	1	2	3	4	5	6	7	8
测试电压（V）	1.2	1.2	0	3	3	1.15	1.15	1.15
引脚	9	10	11	12	13	14	15	16
测试电压（V）	0	0.66	0	1.1	3	3	3	1.45

表 6.3　　TA7613AP（3839A）各引脚功能

引脚	作　用	引脚	作　用	引脚	作　用	引脚	作　用
1	中频去耦	5	振荡	9	低放输入	13	VCC
2	中频输入	6	调幅输入	10	低频去耦	14	检波输入
3	低电平接地	7	高频去耦	11	地	15	中频输出
4	输出	8	检波输出、增益调整	12	音频输出	16	自动增益调整

6.7.4 安装及焊接技术

1. 安装技巧

安装时应注意以下几个问题。

（1）发光二极管直接插在印刷板的铜箔面，对准孔插入后再焊接。

（2）耳机插座焊接前要将其中的一个引脚弯曲后采用卧式安装，另一个焊片用多余的元件腿导线引焊在电路板相应的焊盘上，如图 6.21 所示。焊接时间不要过长，以免使插座变形导致故障。现在的收音机，耳机不用安装。如随机配置没有耳机，可不焊。

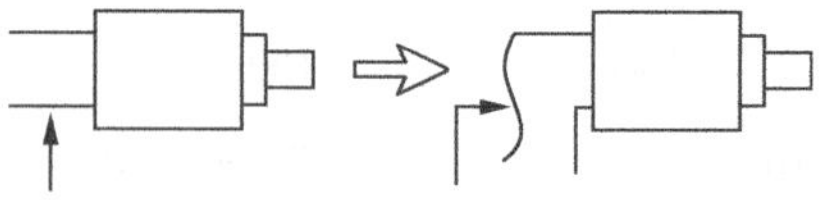

图 6.21 耳机安装方法

（3）集成电路芯片安装时一定要先将塑料插座焊好，调试时再将集成电路芯片插在集成电路插座上。

2. 焊接技巧

焊接时按照以下步骤进行，一般先装低矮、耐热的元件，再装高大、不耐热的元件，具体步骤如下。

（1）按元件清单清点所有元件，并检测元件好坏，如有不合格应及时更换。

（2）确定各元件的安装方式、高度，并检查印刷电路板与电路图是否一致。

（3）元件引脚成形，本电路中电阻一律采用卧式安装，引脚成形时可弯曲至根部。瓷片电容不要装得太高或太矮，电解电容应紧靠电路线板，采用立式插装。尽量把元件上的字符置于便于观察的位置，如色环电阻色环要从左到右依次按照一、二、三、四道色环，或从上到下，以便于以后检查。

（4）插装。根据元件型号对号插装电解电容等有极性的元件，插孔时要小心。

（5）焊接。焊接前先将双联拔盘圆圈内的元件脚剪短（如双联的 3 个焊片，电位器上端的 2 个引脚、中周 T_1 的 5 个引脚和屏蔽的 2 个引脚），以免调台时受到影响。各焊点加热时间及用锡量要适当，对耐热性差的元件应使用工具辅助散热。防止虚焊、焊错，避免拖锡造成短路。

（6）焊后处理。焊接完毕后，应剪去多余的引脚，检查所有焊点。磁性天线线圈初级接 1 和 2，次级接 3 和 4。应音窗网罩上的塑料引脚对应插在前盖的孔内，然后压平。将扬声器放入槽内，然后用烙铁将旁边的 3 个柱子熨倒，将扬声器压住，将正负极焊上导线，对应地焊在电路板上。

6.7.5 测试与调整

测试前，先测量整机静态电流。具体方法为：将电位器关掉，用万用表电流挡直接跨接在开关两端。测量整机静态电流应在 8～10mA，如过大，请检查有无短路及损坏的元件；如过小，应检查有无开路以及线路接错的故障。开机后即可收到电台，但要经过以下的调试才能达到满意的效果。

（1）调中频。调中频就是将收音机调在某一个电台上，再调中周磁帽（用 465kHz 的中频信号更好），多调整 T_2 和 T_3 几遍，直到声音最大，并无啸叫和自激声为止。

（2）调频率范围。先将收音机置于低端一个已知频率的电台，并核对刻度盘的指示，然后调整 T_1，使指示的频率与电台频率接近即可；在高端收到一个已知频率的电台，将指针对准刻度频率的数字，然后调整振荡回路的微调电容 C_B，这样反复调整两三遍即可。

（3）统调。在低端收一个电台，然后调整磁棒线圈在磁棒上的位置，直到声音最响为止。调好后，可以用胶带或牙签插在线圈和磁棒的中间，将磁性天线线圈固定起来。在高端收到一个电台，然后调整输入回路中的微调电容 C_A 使声音最响，使高端达到统调。要反复调整几次才能调好。

6.8 调频调幅二波段——208HAF 收音机

调频调幅二波段——208HAF 收音机选用频率稳定的晶体元件，采用收音机集成芯片制作而成，结构简单，装配调试简单，只要安装无误，即可收到调频、调幅电台的广播，所制作收音机声音宏亮，选择性好。

6.8.1 电路原理图

频调幅二波段——208HAF 收音机的电路原理图如图 6.22 所示。

6.8.2 元器件清单

频调幅二波段——208HAF 收音机元器件清单如表 6.4 所示。

表 6.4　　频调幅二波段——208HAF 收音机元器件清单

序号	名 称	数量	序号	名 称	数量	序号	名 称	数量
1	电阻器	7	12	变容二极管	1	23	小轮	1
2	电位器	1	13	二极管	1	24	不干胶圆片	1
3	圆片电容	17	14	三极管	3	25	细线	6
4	电解电容	6	15	波段开关	1	26	集成电路	1
5	四联可变	1	16	Φ3 焊片	1	27	集成电路座	1
6	空心线圈	3	17	Φ2.5 丝杆	4	28	线路板	1
7	中周	1	18	Φ3×3 自攻丝	1	29	拉杆天线	1
8	变压器	2	19	拉杆天线螺丝	1	30	说明书	1
9	磁棒 线圈	1	20	电位器螺丝	1	31	机壳带喇叭	1
10	磁棒支架	2	21	正极片	2	32	大轮	1
11	滤波器	3	22	负极弹簧	2			

6.8.3 安装流程

（1）安装四联可变电容器。四联可变电容器有 7 个焊条，其中有 2 个焊片并在一起插入带“双”字的空中。插好后，用 2 支螺丝固定好，焊好 6 个焊点。

（2）安装波段开关、IC 座、变压器、中周、电阻、二极管、三极管、空心线圈、滤波器、圆片电容、电解电容、电位器，最后安上磁棒支架，插上磁棒，套上线圈，线圈的头要从对应的空中穿过并焊好。

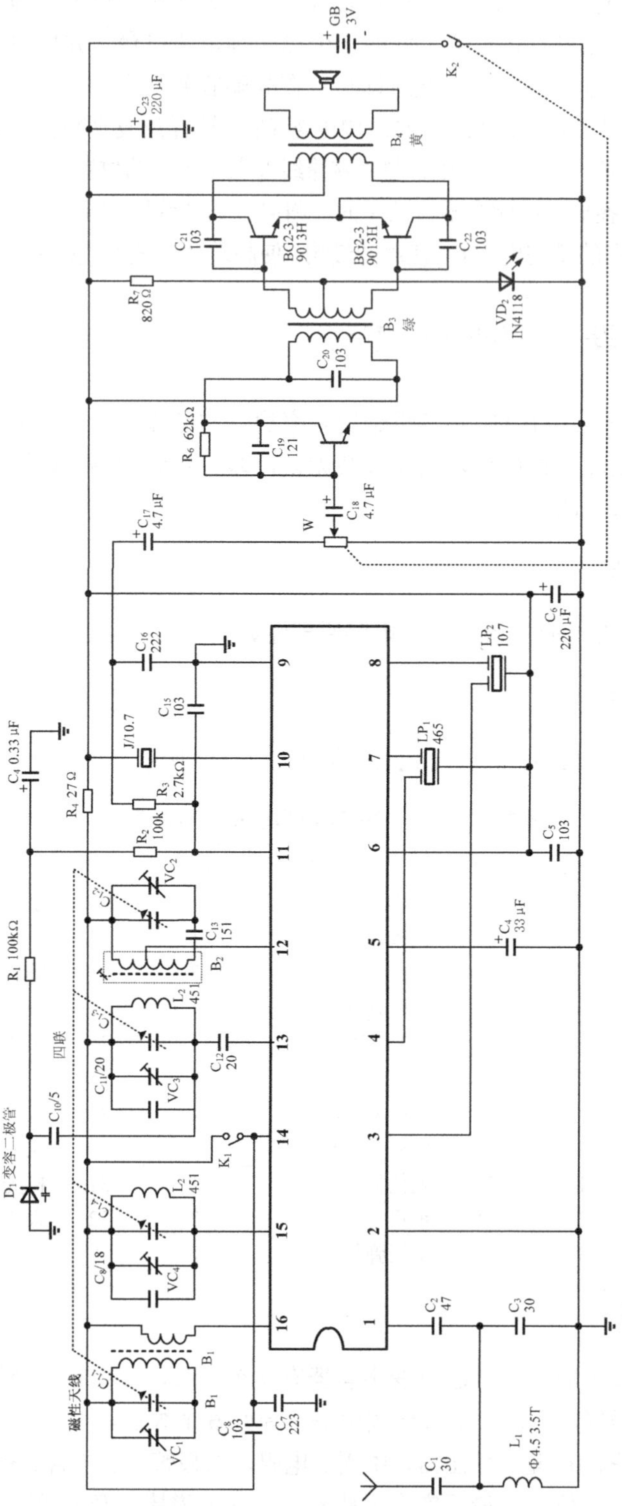

图 6.22 调频调幅二波段——208HAF 收音机电路原理图

（3）电阻、二极管都是平装，紧贴线路板，其他元件也要尽可能靠近线路板，不要把元件引脚留得太长。

（4）焊点要圆滑，不要留有虚焊和短路，焊完后，用6条引线连上喇叭、电池的正负极片和固定在后壳上的拉杆天线。

（5）在电位器的转柄上安装小拨轮，在四联的转柄上安装大拨轮，参考刻度盘在大拨轮上贴上带红线的圆片。

6.8.4 波段的调整步骤

1. 调幅波段的调整步骤

（1）四联可变电容器 $C_{1\text{-}1}$、$C_{1\text{-}2}$ 及上面带的微调 C_1、C_2 和电路中的磁性天线 B_1、中周 B_2 用来调整调幅波段，故首先把四联上带的微调电容 C_1 和 C_2 预调制到 90° 位置上。

（2）将四联可变电容器旋转至容量最大值，即接收频率的最低端（535kHz），调整中频电压器 B_2 的磁芯，使收音机能接收到信号源输出的535kHz的调幅信号，然后移动磁棒上的线圈位置，使声音最大，用蜡将线圈封住，不能让线圈再移动位置。

（3）将四联可变电容器旋转至容量最小位置，即接收频率的最高端（1606kHz），然后调整可变电容器上带的微调电容 C_2，使收音机能接收到信号源输出的1605kHz的调幅信号，然后调整 C_1 使声音最大即可。

2. 调频波段的调整步骤

（1）四联可变电容器的 $C_{1\text{-}3}$、$C_{1\text{-}4}$ 及上面带的微调 C_3、C_4 和空心线圈 L_3、L_2 用来调整调频波段，首先将四联可变电容器上带的微调 C_3 和 C_4 预调至 90° 位置上。

（2）将四联可变电容器旋转至容量最大值，即接收频率的最低端（88MHz），调整 L_3，即用竹片做成的无感改锥调整空心线圈 L_3 的匝间距，使收音机能接收到信号源输出的88MHz的调频信号。

（3）将四联可变电容器旋转至容量最小位置，即接收频率的最高端（108MHz），然后调整可变电容器上带的微调电容 C_3，使收音机能接收到信号源输出的108MHz的调频信号。反复进行第（2）步和第（3）步，达到满足频率覆盖要求即可。

（4）调整90MHz灵敏度。调整电路中的 L_2（即4.5T空心线圈），使收音机能接收到信号源输出的90MHz的调频信号，且失真最小。

（5）调整100MHz灵敏度。调整可变电容器上带的微调电容器 C_4，使收音机能接收到信号源输出的100MHz的调频信号，且失真最小。反复调整第（4）步和第（5）步，直到满足要求为止。

思考与练习

1. 写出HX218型AM/FM收音机的调试步骤。
2. 测出CXA1691M各脚静态电压。

第 2 篇

实践创新篇

第7章 基本实践技能训练

技能技巧是由一系列实际操作训练、心智领悟和巧用技能形成的。只有学习实用技术，提高技术的应用能力，探索技术，开发创新思想，才能迎合人才资源培养的需要，才能跟上新技术、新科技的步伐，满足知识经济社会所迫切需要的、具有创新意识和创新能力的高级技术人才与高级管理人才的需求。

7.1 电信号定量测定的方法

1. 实验目的

基本掌握常用仪器的使用以及电信号定量测定的方法。

2. 预习要求

（1）认真阅读指导书中常用仪器介绍部分，初步了解仪器面板主要旋钮的功能及其主要用途。

（2）明确操作内容和操作步骤。

3. 实验原理

在电子技术实验中，常用仪器常用来定性定量地测定和分析电信号的波形和幅值，从中了解电路的性能和工作情况。它们在测试电路中的相互关系如图7.1所示。

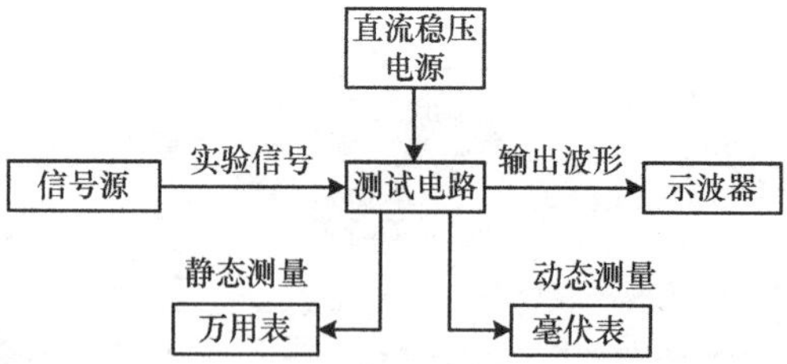

图7.1 常用电子仪器在实验电路中的相互关系

4. 仪器的主要用途

（1）直流稳压电源：为测试电路提供能源。

（2）信号源：为测试电路提供各种频率与幅值的输入信号。

（3）示波器：观察电路各点的波形，监测电路的工作状态，定量测定波形的周期、幅值、相位等。

（4）毫伏表：用于测定电路输入、输出等正弦信号有效值。

（5）万用表：用于测量电阻值、电路静态工作点及直流信号的值，还可判断电子元器件的好坏、电路和导线的通断情况等。

5. 使用仪器

（1）双踪示波器 6502 一台。
（2）低频信号源 AG260 1A 一台。
（3）双路直流稳压电源 DH1718 一台。
（4）万用表 MF-47 一块。

6. 实验内容及步骤

（1）示波器操作

示波器各旋钮位置如表 7.1 所示。

表 7.1　示波器各旋钮位置

旋 钮 名 称	作 用 位 置	旋 钮 名 称	作 用 位 置
POWER（电源）	OFF	TRIG MODE（触发方式）	AUTO（自动）
INTENSITY（亮度）	中心	TRIG SOURCE（同步信号）	INT
FOCUS（聚焦）	中心	TRIG LEVEL（触发电平）	中心
AC-GND-DC（输入方式选择）	AC	TIME/DIV（扫描时间）	0.5MS/DIV
POSITION（上下位移）	中心（×5MAG 旋钮关闭）	POSITION（左右位移）	中心（×5MAG 旋钮关闭）
MODE（方式）	CH1		

在示波器屏上应能显示一条扫描亮线，适当调整 INTENSITY（亮度）与 FOCUS（聚焦）钮，使光线细亮、清晰。

（2）自校

自校正通常用来调校 y 轴（CH1 或 CH2）VOLTS/DIV 的偏转灵敏度和 x 轴（TIME/DIV）扫描时间，一般是当示波器对输入信号需定量测定时，对仪器各定量钮的自校正，可直接将示波器面板上的校正信号"CAL 0.5V"通过 CH1 或 CH2 电缆输入示波器，在屏上应能看到一个连续变化的方波，其标准频率为 1kHz，幅值为 0.5V，可通过 VOLTS/DIV、TIME/DIV 钮进行测定，若不符，则调校 VOLTS/DIV、TIME/DIV 的微调钮使之相等。

（3）低频信号源操作

① 信号源幅值的调整与测定。将信号源频率 f 调定在 1kHz，FINE（电压调节）顺时针最大并保持不变，按表 7.2 所示的数值变换分贝衰减器位置，用示波器及毫伏表定量测定其输出电压的峰-值与有效值，填表 7.2 录测量结果。

表 7.2　数据记录表

输出衰减（db）	峰-峰波形高度（格数）	峰-峰电压 U_{opp}（V）	有效值电压（V）
0			
−20			
−40			

② 信号源频率的调整与测定。调定 FINE（用示波器观察）使输出峰-峰值为 5V，并保持不变，按表 7.3 所示的数值调定信号源频率，用示波器定量测定其频率并与调定值比较。

表 7.3　　数据记录表

信号频率（kHz）	TIME/DIV（每格时间）	一个周期占水平格数	频率 $f=\frac{1}{t}$
1			
10			
100			

（4）稳压电源操作

DHl718 型双路直流稳压电源，具有稳压恒流工作状态，且可随负载自动切换，两路电源具有串联主从工作功能，左电源为主，右电源为从，输出电压范围为 0～32V，输出电流范围为 0～3A，此功能在输出正、负对称电源时使用，除此之外也可作单电源使用仪器，配有两块能指示输出电压、电流的双功能表，由“VOLTS”“AMPS”键切换功能。

单电源输出的调整与测量如下所述。

① 以输出+12V 为例。抬起左路（VOLTS）（AMPS）键，此时表头被切换为指示该电路输出电压，按下则指示电流（当空载时电流表指示为 0），调节（VOLTAGE）观察表头指示值，使其输出指示 12V，用万用表“直流电压”档测定输出接线柱正负端电压值（GND 端为机壳，使用时机壳不接）。

② 输出正负对称电源的调整与测量。以输出±12V 为例。按下（TRACKING）跟踪键，使左右两路电源处于主从跟踪状态，调左电源（VOLTAGE）为 12V，右路电源将以“从”的方向同步跟踪至 12V（即主从工作方式），此时左右两顶端点接线柱，分别为电源的正负电源输出端，串接点为公共地。

③ 大于 32V 电源的调整。以输出+45V 为例，抬起跟踪键（TRACKING），此时为非跟踪状态（INDEPENDENT），调节左路钮（VOLTAGE）使左表头输出指示为 20V，再调节右路（VOLTAGE）使右表头指示为 25V，将左右两路正、负短接（串接），从左路“正极”，右路“负极”输出，此时输出电压 $U_O=U_{左}+U_{右}$，即 U_O=20V+25V=45V。

（5）万用表的使用

万用表是电子技术实验中必不可少的工具，应用范围及其广泛，除用来测量电压、电流、电阻外，还可用来判别元器件的好坏与优劣，本实验在此不一一介绍，只简单介绍如何判别常用二、三极管性能的好坏。根据常用普通的二、三极管材料的不同（有硅、锗之分），二极管的单向导电性及正反向电阻存在一定的差异，通过测量正反向电阻即可判别其好坏，具体的测量方法请参阅书中“万用表判别晶体管”中的有关说明。

7．思考题

（1）在实验中均要求单线连接电源，用屏蔽电缆线连接信号，其中屏蔽网状线应接实验系统的地，芯线接信号，对于交流信号能颠倒吗?为什么?

（2）测量中，为什么示波器测得的峰-峰值大于交流毫伏表测得的有效值？

（3）万用表的交流电压挡能测量任何频率的交流信号吗?为什么?

8. 实验报告

（1）整理测试结果。

（2）回答思考题。

7.2 基本技能焊接训练

1. 实验目的

掌握电烙铁的修理及使用，电烙铁手工焊接的要点、工艺和焊点要求等。

2. 实验器材及工具

电烙铁、39锡铅焊料、各种元器件若干、印制电路板及斜口钳、镊子等工具。

3. 实验要求

（1）手工焊接的时间一般不大于3s（电烙铁应能在3s内熔化焊接部位的焊料）。

（2）在焊接中学会判断焊料的润湿程度，防止焊接缺陷的产生。

（3）焊接中要将焊锡、引线及焊盘完全覆盖住，焊点大小与焊盘相当，焊点形状呈凹圆锥形。通过焊锡能看到引线的形状。焊点表面均匀而有光泽。

（4）要掌握焊接要领，热量大的元器件引线与焊盘焊接采用“5节拍顺序”的焊接方式，热容量小的元器件细引线与焊盘焊接采用“3节拍顺序”的焊接方式，如图7.2所示。

5节拍顺序　　　　3节拍顺序

图7.2　焊接的两种节拍顺序

（5）学会拆卸元器件及重新按装焊接元器件。

4. 预习要求

（1）复习焊接工艺及基本技能。

（2）掌握元器件的识别、元器件的型号、元器件在印制板上的安装及焊接。在规定时间内焊出一定数量的合格焊点。（分立元器件和贴片元器件）

（3）学会用万用表测量所焊器件的好坏，将测量结果填入表7.4中。

表7.4　　万用表测量元器件的焊接质量检查数据

序号	色环标志（颜色按顺序写）	万用表测量			焊接质量检查	
		万用表量程	读数	阻值	好	坏
1						
2						
3						
4						
5						

第8章 收音机实践训练

8.1 9018收音机的装配

1. 实验目的

（1）通过散装件的组装与电路调试，学习、了解并掌握电子技术的电子安装工艺及基本的调试技术。

（2）通过散装件的组装、测量，了解各种器件和基本功能。

（3）增强动手能力，提高分析问题、解决问题的能力。

2. 实验仪器及器件

万用表一块；示波器一台；各种工具一套；9018收音机散件一套（自备五号电池两节）。原理图参见图6.4。在套件中也附有一份原理图。

元器件清单如表8.1所示。

表8.1　元器件清单

序号	名　称	型号规格	位　号	数量
1	三极管	9018（绿）	VT_1	1支
2		9018（蓝）	VT_2、VT_3	2支
3		9014（紫）	VT_4	1支
4		9013H	VT_5、VT_6	2支
5	发光二极管	Φ3红	LED	1支
6	磁棒线圈	5mm×13mm×55mm	T_1	1套
7	中周	红、白、黑	T_2、T_3、T_4	3个
8	输入变压器	E型6个引出脚	T_5	1个
9	扬声器	Φ58 mm	BL	1个
10	电阻器	100Ω	R_6、R_8、R_{10}	3支
11		120Ω	R_7、R_9	2支

续表

序号	名　　称	型号规格	位　号	数量
12	电阻器	330Ω、1.8kΩ	R_{11}、R_2	各1支
13		30kΩ、100kΩ	R_4、R_5	各1支
14		120kΩ、200kΩ	R_3、R_1	各1支
15	电位器	5k（带开关插脚式）	R_P	1支
16	电解电容	0.47μF、10μF	C_6、C_3	各1支
17		100μF	C_8、C_9	2支
18	瓷片电容	682、103	C_2、C_1	各1支
19		223	C_4、C_5、C_7	3支
20	双联电容	CBM-223P	C_A	1支
21	收音机前盖			1个
22	收音机后盖			1个
23	刻度尺、音窗			各1块
24	双联拨盘			1个
25	电位器拨盘			1个
26	磁棒支架			1个
27	印制电路板			1块
28	电路原理图及装配说明			1份
29	电池正负极簧片（3件）			1套
30	连接导线			4根
31	耳机插座	Φ2.5mm	J	1个
32	双联拨盘螺丝	Φ2.5×5mm		3粒
33	电位器拨盘螺丝	Φ1.6×5mm		1粒
34	自攻螺丝	Φ2×5mm		1粒

3．预习要求

（1）超外差式收音机天线输入回路的工作原理。

（2）变频电路的工作原理。

（3）无输出变压器推挽功率放大器工作原理图。

（4）学会分析电路，看懂电路中各种元器件的工作原理。

（5）画出超外差式收音机原理方框图。

（6）说出直放式、超外插式收音机有何不同之处。

（7）在实训报告中填写测量数据。

4．焊接和装配顺序

（1）把4只螺钉吸置在喇叭上。

（2）弯发光二极管。注意引脚正负方向（不焊），长腿为正，短腿为负，发光二极管的外形及符号如图8.1所示。

（3）检测发光二极管。万用表测正向电阻为 30kΩ（万用表拨至 R×10k 挡），反向电阻为∞。

（4）焊接电阻。电阻焊接方式如图 8.2 所示，该实验中电阻采用卧式焊接。

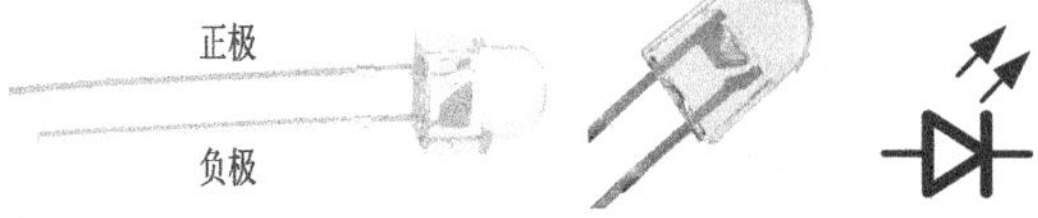

图 8.1　发光二极管的外形及符号

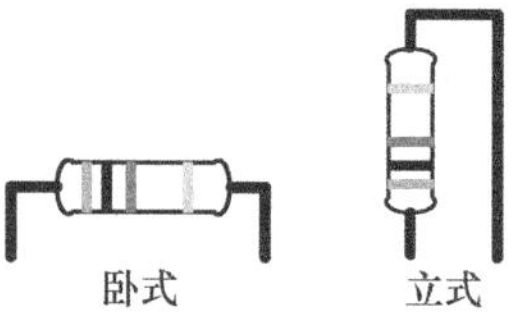

图 8.2　电阻焊接方式

色环电阻中各色环的含义如图 8.3 所示。

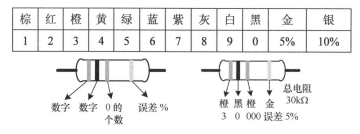

棕	红	橙	黄	绿	蓝	紫	灰	白	黑	金	银
1	2	3	4	5	6	7	8	9	0	5%	10%

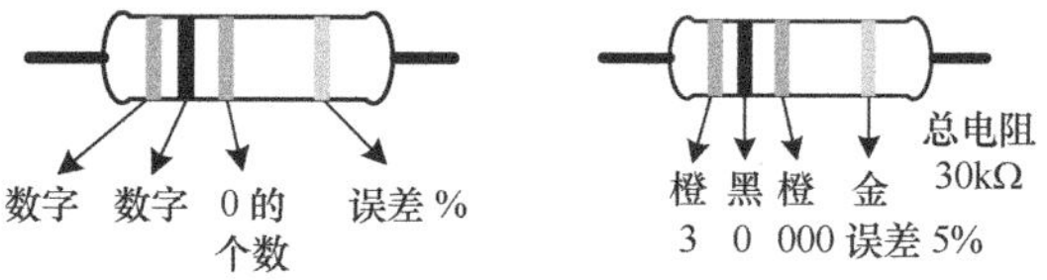

图 8.3　色环电阻中色环的含义

（5）焊接瓷片电容。瓷片电容引脚不分正负极，其外形及符号如图 8.4 所示。电容上第一二位数字代表电容值，第三位数字代表 0 的个数，即 100000pF=0.1μF。

（6）焊接三级管。三极管外形、引脚分布及符号如图 8.5 所示。原理图 6.4 中 VT_5、VT_6 为中放管，无点；VT_1、VT_2、VT_3、VT_4 为高频小功率管，不能与 VT_5、VT_6 混用；VT_1 为绿点，VT_2、VT_3 为蓝点，VT_4 为紫点。

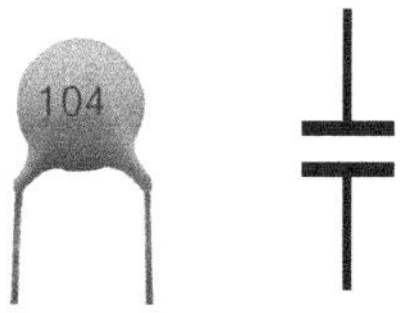

图 8.4　瓷片电容的外形及符号

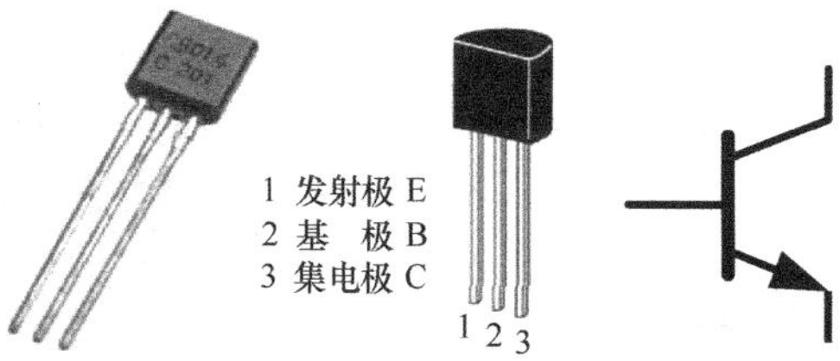

图 8.5　三极管外形、引脚分布及符号

（7）焊接音量开关电位器。

（8）焊接电解电容。电解电容的外形及符号如图 8.6 所示，电解电容引脚区分正负极，在安装过程中要注意电解电容的正极接高电位。

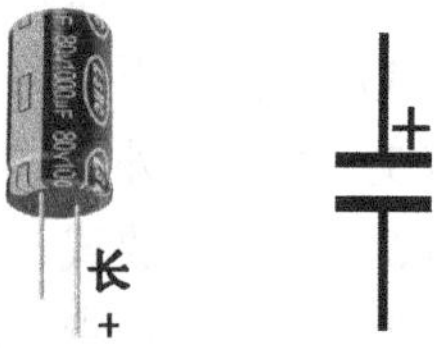

图 8.6　电解电容外形及符号

（9）焊接中周。收音机实物图如图 8.7 所示。注意中周的位置，T_2 为振荡线圈，红色；T_3 为第一中放，白色；T_4 为第二中放，黑色。判断中周初级、次级线圈时，万用表拨至 R×1k 挡。若指针向右满偏，则为同一组线圈。

（10）焊接耳机。耳机引脚要向下弯曲成 90° 后与导线连接，如图 8.8 所示。

（11）焊接输入变压器。注意带点方向，如图 8.7 所示。

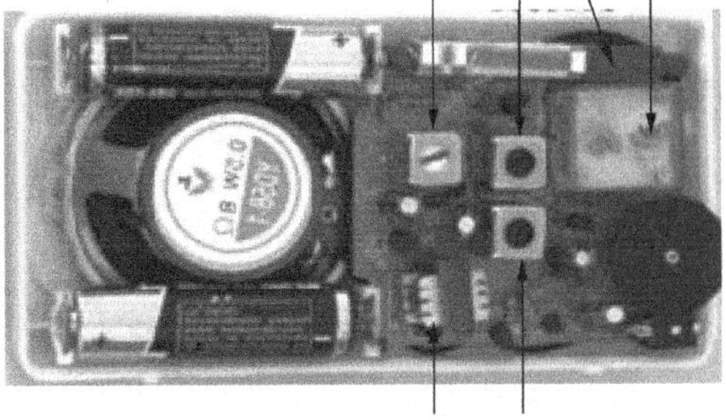

图 8.7　收音机实物对照图

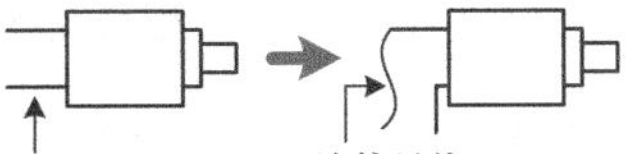

图 8.8　耳机座

（12）焊接双联可变电容器。焊接前不许弯腿和剪腿，如图 8.7 所示。
（13）固定磁棒支架，上沉头螺钉。如图 8.7 所示。
（14）焊发光二极管。注意正负级：长为正，短为负。如图 8.9 所示。
（15）固定磁棒天线。先上锡再测初级、次级，然后焊接。磁棒天线符号如图 8.10 所示。

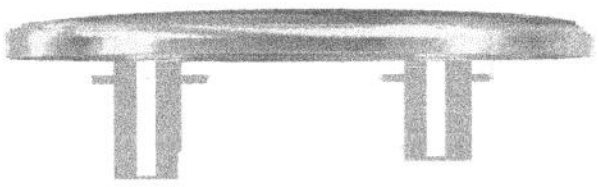

图 8.9　电源指示灯

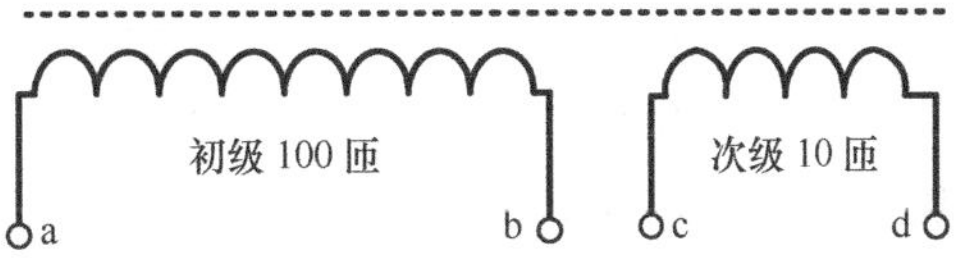

图 8.10　磁棒天线

（16）安装调谐盘。注意调谐盘的方向。
（17）焊喇叭线、电源线，装电池正负极弹簧。
（18）插上磁棒。
（19）整机检查。
（20）装电池，整机合拢。
（21）选台试音。

5. 思考题

（1）为什么收音机中无检波二极管却能达到检波的目的？
（2）天线线圈被剪短后，会产生什么效果？
注：组装一只完整的收音机，测试合格，交指导老师检查认可后，方为合格。

6. 实验报告

写出组装收音机的实验报告及解决问题的方法。

8.2　集成电路超外差式调幅收音机的组装

1. 目的与要求

（1）熟悉集成电路调幅收音机的电路结构及工作原理；掌握接收系统调试和故障排除等。
（2）通过对收音机的组装，掌握收音机的装配工艺、测试方法。

2．实验器材

万用表一块；常用电工组合工具一套；PCB 板一块；集成电路调幅收音机元器件一套。元器件清单如表 8.2 所示。

表 8.2　　元器件清单

序号	名称	型号及参数	数量	序号	名称	型号及参数	数量
1	集成块	TA7613AP（3839）	1 块	14	磁棒线圈	5mm×13mm×55mm	1 套
2	发光管	Φ3 红	1 支	15	扬声器	8～32Ω	1 个
3	带开关电位器	WH-15（4.7～5kΩ）	1 支	16	正负极及连体簧	3 件	1 套
4	碳膜电阻	330Ω、1kΩ、20kΩ	各 1 支	17	磁棒支架、音窗		各 1 个
5		100kΩ	2 支	18	耳机插座	Φ2.5	1 支
6	瓷片电容	102、472、103	各 1 支	19	集成块插座	16 脚	1 个
7		223	2 支	20	印制电路板	5cm×6cm	1 块
8	电解电容	10μF	1 支	21	刻度板		1 块
9		100μF	3 支	22	说明说		1 份
10	双联电容	CBM-223P	1 支	23	前盖、后盖		各 1 个
11	中频变压器	T1 振荡为红色	1 支	24	大、小拨盘		各 1 个
12		T2 第一中周为黄色	1 支	25	螺丝	三个品种	5 粒
13		T3 第一中周为白色	1 支	26	导线		4 根

3．实验原理

超外差式收音机是采用专用集成电路 ULN3839A 组装的集成电路调幅收音机。图 8.13 是超外差式收音机的电路原理图，它的核心是 ULN3839A 单片收音机集成电路，其内部电路功能图如图 8.11 所示，内部包含了变频级、中频放大器、检波电路、低频放大和功率放大电路等单元，ULN3839A 各引脚功能如表 8.3 所示。

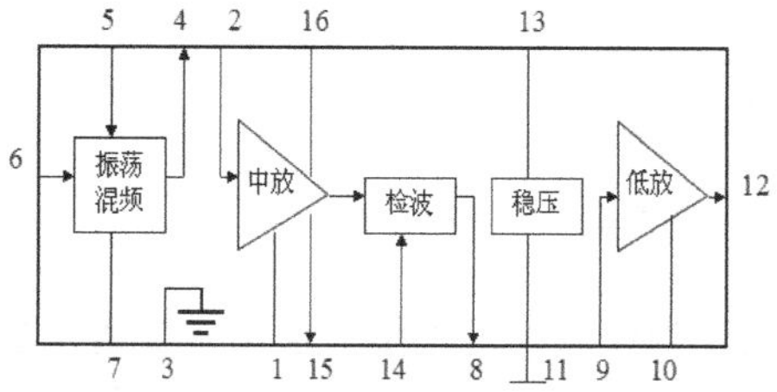

图 8.11　ULN3839A 内部电路功能图

表 8.3　　ULN3839A 的引脚功能

引脚	功能	引脚	功能	引脚	功能	引脚	功能
1	中频去耦	5	振荡	9	低放输出	13	电源
2	中频输入	6	调幅输出	10	低频去耦	14	检波输入
3	低电平接地	7	高频去耦	11	地	15	中频输出
4	输出	8	检波输出调幅增益调整	12	音频输出	16	自动增益控制

超外差式收音机原理图如图 8.12 所示。

电路工作原理：可变电容器 C_{1a} 与磁性天线 T_1 的初级组成输入回路，接收到的电台信号被送到集成电路的 6 脚上。振荡线圈 T_2、可变电容器 C_{1b} 与集成电路产生本机振荡信号，混频后的信号由集成电路的 4 脚输出，经过中频变压器 T_3 的选频作用后被送到集成电路的 2 脚。集成电路的 15 脚接到中频变压器 T_4 与电容器 C_2 组成的并联谐振电路。电阻器 R_1 并联在中频变压器 T_4 的线圈两端起到拓宽频带的作用。放大后的中频信号被送到集成电路的 14 脚上进行检波，再由 8 脚输出音频信号，经过电容器 C_{10} 滤出残余的中频信号，由电容器 C_9 送到电位器 R_P 上。音频信号经过音量电位器的调节后，通过电阻器 R_4 被送到集成电路的 9 脚进行低频放大和功率放大，放大后的信号由集成电路的 12 脚输出，经过隔直电容器 C_7 被送到扬声器上。

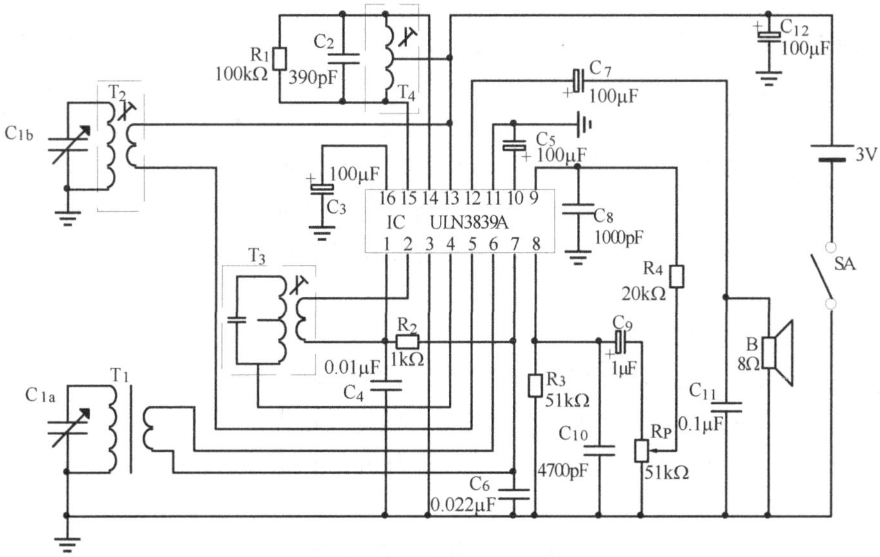

图 8.12　超外差式收音机原理图

4．实验内容

收音机实物如图 8.13 所示，焊接过程中，收音机集成芯片的方向要和印制板上标识的方向一致，先焊集成电路座，再插集成电路芯片。

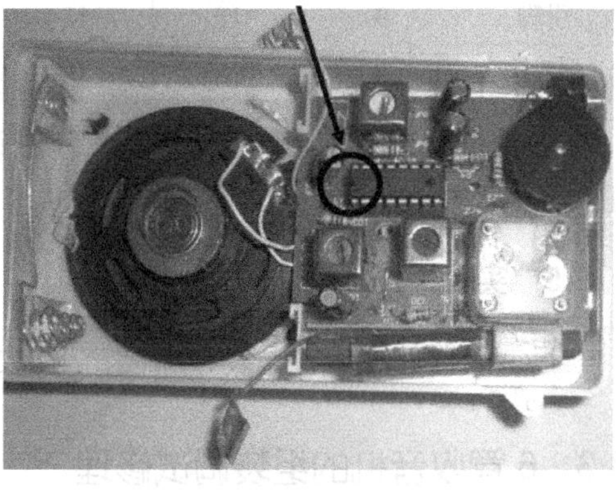

图 8.13　收音机焊装实物

（1）元器件检测与处理

① 集成电路引脚阻值的测量。利用万用表电阻挡测量集成电路各引脚电阻，与手册中参考值相比较，判断其好坏。

② 磁性天线测量。磁性天线 T_1 由线圈和磁棒组成，线圈有初、次级两组，可用万用表 R×1Ω 挡测电阻值，测得阻值为 3Ω 左右是初级线圈，0.6Ω 左右为次级线圈。

③ 振荡线圈及中频变压器测量。中频变压器由屏蔽罩、磁芯、尼龙架、线圈与底座构成。其中线圈有初、次级之分。初级线圈一般都带有中心抽头，故底座一般有 5 个引脚。T_2 为中波振荡线圈，磁帽为黑色；T_3 为第一中频变压器，磁帽为白色，它的底座有谐振电容器；T_4 为第二中频变压器，磁帽为红色，它的底部没有谐振电容器。安装前利用万用表 R×1Ω 挡测量初、次级线圈的阻值。一般初级线圈的电

阻值约为 2Ω，次级线圈约为零点几欧，若为∞，则说明内部开路。

④ 扬声器的测量。用万用表的 R×1Ω 挡测量，所测电阻值比标称阻值略小些为正常，同时，测量时，扬声器应发出“咔咔”声。

⑤ 用万用表按常规检测其他阻容件。

（2）元器件的安装与焊接

① 检查 PCB 板有无毛刺、缺损，焊点是否氧化。

② 按照原理图 8.13 及 PCB 板图，确定每个组件所在 PCB 板上的位置。

③ 安装顺序：电阻→集成块→电容→线圈→中周→可调电容器（双联）→磁性天线→连线。

④ 本振线圈 T_2、磁性天线 T_1、中频变压器 T_3、T_4 等的焊接，应做好引线的处理工作，在刮去漆包线的漆皮时，应注意不要弄断漆包线，然后镀好锡，焊接速度要快，避免使引脚与底座脱落，屏蔽罩需要焊接在 PCB 板的相应位置上，注意磁性天线线圈的初级圈数多，次级圈数少。其他组件都要去除引脚线端的氧化层，镀上焊锡，方可焊装。电阻为卧式安装，电容器的安装高度以中频变压器为准，不宜过高。有极性的元器件注意不要插错，集成电路安装时要看准标记。在焊接集成电路时，因其引脚较密，用锡要少，避免连焊。扬声器及电池夹均用导线与 PCB 板连接。

（3）电路的检查与测试

① 按照原理图与 PCB 板图检查元器件安装是否正确。

② 检查焊接质量是否符合要求，有无虚焊、假焊及连焊。

③ 静态调试：装好电池，断开开关 SA，将万用表串接在 SA 两端，用直流电流挡测整机电流，正常应为 6～8mA。

④ 将万用表拨在直流电压挡，测量 ULN3839A 的各引脚电压，其电压参考值见表 8.4。

表 8.4　ULN3839A 各脚电压参考值

引脚	1	2	3	4	5	6	7	8
电压/V	1.2	1.2	0	3	3	1.15	1.15	1.15
引脚	9	10	11	12	13	14	15	16
电压/V	0	0.66	0	1.1	3	3	3	1.45

若以上③、④两项测量值不正常，则说明电路安装有问题，否则应进行初级检测，直至正常。

5. 实验报告

记录元器件检测、安装、焊接、测试过程，写出实验报告。

8.3　6 管收音机的组装调试修理

1. 目的与要求

（1）熟悉集成电路调幅收音机的电路结构及工作原理；掌握接收系统调试和故障排除等。

（2）通过对收音机的组装，掌握收音机的装配工艺、测试方法。

2．实验器材

万用表一块；常用电工组合工具一套；PCB 板一块；调幅收音机元器件一套。

3．元件清单

6 管收音机的元件清单如表 8.5 所示。

表 8.5　　6 管收音机的元件清单

序号	代号与名称		规格	数量	序号	代号与名称		规格	数量
1	电阻	R_1	82kΩ	1	27	B_1		天线线圈	1
2		R_2	2.7kΩ	1	28	B_2		本振线圈（黑）	1
3		R_3	150kΩ	1	29	B_3		中周（白）	1
4		R_4	30kΩ	1	30	B_4		中周（绿）	1
5		R_5	91kΩ	1	31	B_5		输入变压器（蓝）	1
6		R_6	100kΩ	1	32	B_6		输入变压器（黄）	1
7		R_7	1kΩ	1	33	带开关电位器		4.7/5kΩ	1
8		R_8	200Ω	1	34	耳机插座 CIO		Φ2.5mm	1
9	电容	C_1	双联电容	1	35	磁棒		55×13×5（mm）	1
10		C_2	瓷介 223（0.022μF）	1	36	磁棒架			1
11		C_3	瓷介 103（0.01μF）	1	37	频率盘		Φ37mm	1
12		C_4	电解 4.7～10μF	1	38	拎带		黑色（环）	1
13		C_5	瓷介 103（0.01μF）	1	39	透镜（刻度盘）			1
14		C_6	瓷介 333（0.033μF）	1	40	电位器盘		Φ20mm	1
15		C_7	电解 4.7～100μF	1	41	导线			6
16		C_8	电解 4.7～10μF	1	42	正、负极片			3
17		C_9	瓷介 103（0.01μF）	1	43	负极片弹簧			2
18		C_{10}	瓷介 103（0.01μF）	1	44	螺钉	固定电位器盘	M1.6×4（mm）	1
19		C_{11}	涤纶 103（0.01μF）	1	45		固定双联	M2.5×4（mm）	2
20	三极管	VT_1	9018F	1	46		固定频率盘	M2.5×5（mm）	1
21		VT_2	9018G	1	47		固定线路板	M2×5（mm）	1
22		VT_3	201A（蓝β值最小）	1	48	印制电路板			1
23		VT_4	9011（β值最大）	1	49	金属网罩			1
24		VT_6	9013	1	50	前壳			1
25		VT_7	9013	1	51	后盖			1
26	二极管	VT_5	1N4148（CDG24）	1	52	扬声器（Y）		8Ω	1

4．收音机的原理图及实物图

6 管收音机的原理图如图 8.14 所示，实物图如图 8.15 所示。

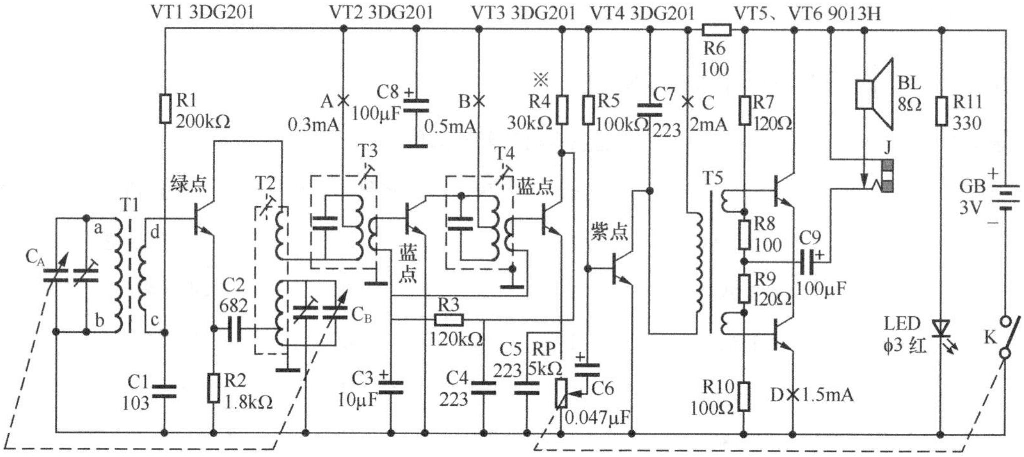

图 8.14　6 管收音机原理图

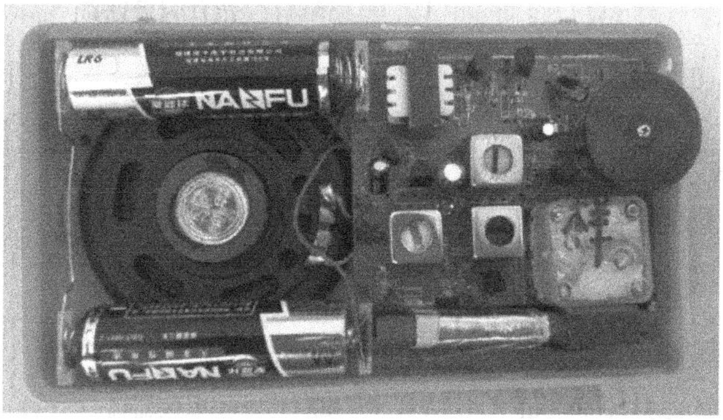

图 8.15　6 管收音机原理实物图

5．组装前的准备工作

（1）清点元器件。参照元器件清单清点元器件的种类和数目，并用万用表检查各元器件的参数是否正确及是否损坏。

（2）电阻的检查。通过电阻的色环读出各电阻的电阻值，并用万用表进行验证，检查其数量和参数是否与清单一致。

（3）电容及双连的检查。用万用表的欧姆挡检查电容有无短路、断路。好的电容在用万用表检查时有明显的充电过程。

（4）测量三极管放大倍数。

（5）检查下列各种器件。

① 检查天线线圈、中周、输入及输出变压器各电感线圈是否存在开路？

② 对照原理图检查印刷电路板布线及各元器件位置是否正确。要求能清楚地将原理图和印刷电路板的元器件和连线对应起来。学会看印制电路板。

③ 处理元器件各引脚（去氧化层）并镀锡。

6．组装顺序

实际组装顺序可根据实际情况进行。本次实验所有元器件高度均不应该超过中周，组装顺序可按以下执行。

（1）电阻、电容、三极管、双联电容、电位器、振荡线圈、中周、变压器、耳机插座、扬声器、导线、电源线等。

（2）测量整机电流和图 8.14 中 A、B、C、D 的断点电流。

收音机在通电情况下，无法正常接收信号，或测量数值与原理电路图给出的数值相差较大时，应检查焊接过程是否出现错误，自行检查并改正。如自己无法解决，请指导老师帮助。

7．考核内容参考

（1）常用元器件的辨别与检测。

（2）焊接工艺评定。

（3）超外差式收音机组装、调试与维修的质量评定。

（4）涉及的理论问题如下。

9018 型超外差收音机工作原理。

① 接收回路的作用：LC 并联谐振回路在其固有振荡频率等于外界某电磁波频率时，产生并联谐振，从而将某台的调幅发射信号接收下来。并通过线圈耦合到下一级电路。

② 变频电路的作用：将天线回路的高频调幅信号变成频率固定的中频调幅信号。利用晶体管的非线性特性，对输入信号的频率进行合成，得到多个频率不同的输出信号，并通过选频回路选择所需的信号。在超外差收音机中，用一只晶体管同时产生本振信号和完成混频工作，这种电路称为变频。

③ 中频放大电路的作用：将中频信号进行放大需要有足够的中放增益（60dB），常采用两级放大；有合适的通频带（10kHz）；频带过窄，音频信号中各频率成分的放大增益不同，将产生失真；频带过宽，抗干扰性将减弱、选择性降低。为了实现中放级的幅频特性，中放级都由以 LC 并联谐振回路为负载的选频放大器组成，级间采用变压器耦合方式。

注： 本次综合实验所用的中频变压器（中周）不可互换，厂家已经调整好，请不要随意调整。

④ 检波电路的作用：VT_3 在电路中的使用相当于一个二极管。当 VT_3 输入某一正半周峰值时，VT_3 导通，C_5、C_{11} 充电，当 VT_3 输入电压小于 C_5 上的电压时，VT_3 截止，C_5、C_{11} 放电，放电时间常数远大于充电时间常数，在放电时，C_5 上的电压变化不大。在下一个峰点到来时，VT_3 导通，C_5、C_{11} 继续充电。这样就能将中频信号中包含音频信息的包络线检测出来。

⑤ 低放和功放的作用：对音频信号的幅度和功率进行放大，推动扬声器。VT_4 用于低放，功放主要由 VT_6、VT_7 组成的互补对称功率放大器构成。

8.4 调频调幅二波段——208HAF 收音机的制作

1. 实验目的

（1）通过收音机散装件的组装与调试，学习和了解电路原理，掌握电子安装工艺及基本的调试技术。

（2）通过散装件的组装、测量，了解各种器件的基本功能与参数。

（3）增强动手能力，提高分析问题、解决问题的能力。

（4）用 Protel 99 SE 软件设计出原理图及单层 PCB 板图（上机操作）。

（5）用 Gerber 文件在视频雕刻机上刻出 PCB 印制电路板（上机操作）。

2. 实验设备及器材

（1）计算机一台。

（2）雕刻机一台。

（3）万用表一块。

（4）常用工具一套。

（5）套装元器件一袋。（内有原理图）

3. 元器件清单

208HAF 收音机元件清单如表 8.6 所示。

表 8.6　208HAF 收音机元器件清单

序号	名称	数量	序号	名称	数量	序号	名称	数量
1	电阻器	7	12	变容二极管	1	23	小轮	1
2	电位器	1	13	二极管	1	24	不干胶圆片	1
3	圆片电容	17	14	三极管	3	25	细线	6
4	电解电容	6	15	波段开关	1	26	集成电路	1
5	四联可变电容器	1	16	Φ3 焊片	1	27	集成电路座	1
6	空心线圈	3	17	Φ2.5 丝杆	4	28	线路板	1
7	中周	1	18	Φ3×3 自攻丝	1	29	拉杆天线	1
8	变压器	2	19	拉杆天线螺丝	1	30	说明书	1
9	磁棒 线圈	1+1	20	电位器螺丝	1	31	机壳带喇叭	1
10	磁棒支架	2	21	正极片	2	32	大轮	1
11	滤波器	3	22	负极弹簧	2			

4. 焊接步骤与安装要求

（1）先焊 IC 座、电阻、圆片电容、二极管、三极管、空心线圈、滤波器、电解电容。

（2）电阻、二极管都是平装，紧贴线路板，其他元件也要尽可能靠近线路板，不要把元件引脚留得太长。

（3）安装波段开关、变压器、中周、电位器。要求元件贴紧印制电路板。

（4）安上磁棒支架，插上磁棒，套上线圈，线圈的头要从对应的空中穿过，磁棒在线圈中的松紧度要恰当，方便调试调整，并用万用表测量确定初、次级，再将线圈的四只脚搪好焊锡后焊好。

（5）安装四联可变电容器。四联可变电容器有 7 个焊片脚，其中有 2 个焊片并在一起插入印制板上带“双”字的孔中。插好后，用 2 个螺钉固定好，再焊 6 个焊点。

（6）焊点要圆滑，不要留有虚焊和短路，焊完后，用 6 条引线连上喇叭、电池的正负极片和固定在后壳上的拉杆天线。

（7）在电位器的转柄上安装小拨轮。

（8）在四联的转柄上安装大拨轮，参考刻度盘在大拨轮上贴上带红线的纸圆片。

5. 收音机调幅波段的调整步骤

（1）四联可变电容器 $C_{1\text{-}1}$、$C_{1\text{-}2}$ 及上面带的微调 C_1、C_2 和电路中的磁性天线 B_1、中周 B_2 是用来调整调幅波段的，故先把四联上带的微调电容 C_1 和 C_2 预调制到 90° 位置上。

（2）将四联可变电容器旋转至容量最大值，即接收频率的最低端（535kHz），调整中频变压器 B_2 的磁芯，使收音机能接收到信号源输出的 535kHz 的调幅信号，然后移动磁棒上的线圈位置，使声音最大，用蜡将线圈封住，不能让线圈再移动位置。

（3）将四联可变电容器旋转至容量最小位置，即接收频率的最高端（1606kHz），然后调整可变电容器上带的微调电容 C_2，使收音机能接收到信号源输出的 1605kHz 的调幅信号，然后调整 C_1 使声音最大即可。

6. 调频波段的调整步骤

（1）四联可变电容器的 $C_{1\text{-}3}$、$C_{1\text{-}4}$ 及上面带的微调 C_3、C_4 和空心线圈 L_3、L_2 是用来调整调频波段的，首先将四联可变电容器上带的微调 C_3 和 C_4 预调至 90° 位置上。

（2）将四联可变电容器旋转至容量最大值，即接收频率的最低端（88MHz），调整 L_3，即用竹片做成的无感改锥，调整空心线圈 L_3 的匝间距，使收音机能接收到信号源输出的 88MHz 的调频信号。

（3）将四联可变电容器旋转至容量最小位置，即接收频率的最高端（108MHz），然后调整可变电容器上自带的微调电容 C_3，使收音机能接收到信号源输出的 108MHz 的调频信号。反复进行第（2）步和第（3）步，达到满足频率覆盖要求即可。

（4）90MHz 灵敏度的调整。调整电路中 L_2（即 4.5T 空心线圈），使收音机能接收到信号源输出的 90MHz 的调频信号，且失真最小。

（5）100MHz 灵敏度的调整。调整可变电容器上带的微调电容器 C_4，使收音机能接收到信号源输出的 100MHz 的调频信号，且失真最小。反复调整第（4）步和第（5）步，直到满足要求为止。

（6）回答理论分析提问并上交调试过程和测试参数。

（7）验收合格，在指导老师同意后，清理工作台，整理工具后，方可离开实验室。

第9章 模拟电子线路实践训练

9.1 直流稳压电源器的制作与组装

1．实验目的

（1）用 Protel 99 SE 软件设计出原理图及单层 PCB 板图（上机操作）。
（2）用 Gerber 文件在视频雕刻机上刻出 PCB 印制电路板（上机操作）。
（3）了解电路性能。

2．测试技术指标

（1）其输入电压为交流 220V 50Hz，输出电压为直流 0.5V、3V、4.5V、6V。
（2）输出直流电流范围为 0～100mA。
（3）稳压输出电压的纹波≤2mV。
（4）该电路具有短路、过热自动保护功能。

3．实验设备及器材

计算机一台；雕刻机一台；万用表一块；常用工具一套；套装元器件一袋。

4．元件清单

直流稳压电源器元器件清单如表 9.1 所示。

表 9.1　　直流稳压电源器元器件清单

名　　称	代　　号	型号、参数
电阻	R	1kΩ×1
二极管	VD_1～VD_{10}	1N4007×10
集成稳压器	IC	7806
电解电容	C	2200μF/25V×1
变压器	B	初级电压：220V 次级电压：8V 次级电流：2 200mA

5. 实验原理

本实验所用三端稳压器 7806 引脚分布如图 9.1 所示。

注意：不同型号的稳压芯片的引脚分布不同，具体参照芯片的说明书。

直流稳压电源电路原理图如图 9.2 所示。该电路由变压器实行降压，由桥式整流部分、电容滤波部分、集成稳压器稳压部分、二极管降压等部分组成。由于使用了 7806 三端稳压器，使其工作性能指标远优于一般市售整流滤波稳压电源。此种稳压电源直流稳压输出有四挡可选用。比较适应各种家用小电器电源的要求。

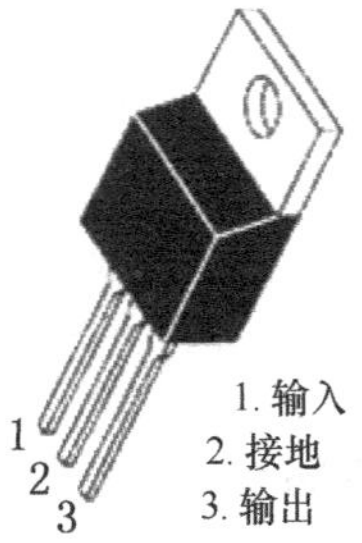

图 9.1 7806 引脚分布

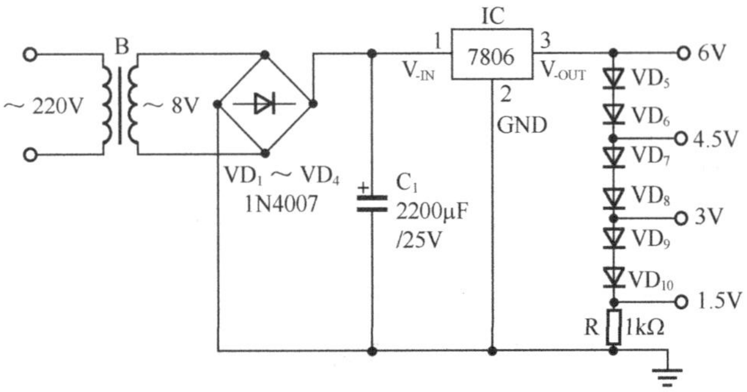

图 9.2 稳压电源原理图

6. 操作步骤

（1）用 Protel 99 SE 软件设计出原理图及单层 PCB 板图（上机操作）。

（2）用 Gerber 文件在视频雕刻机上雕刻出 PCB 印制板（上机操作）。

（3）用万用表测量元器件。

（4）将元器件引脚镀锡，引脚要成型。

（5）在自己雕刻的 PCB 板上正确安装元器件。

7. 焊接与组装要求

（1）了解与熟悉电路原理图与 PCB 板的安装方向。

（2）焊接装配稳压电源。

（3）了解安装及焊接工艺要求。

（4）电阻、二极管要紧贴印制板。

（5）7806 三端稳压器要直立安装，底部离印制板高度为 6mm 左右。

（6）电解电容正负极要认清，并且底面部分离印制板不能大于 4mm，要直立安装。

（7）以上要求各个元器件插件装配美观、整齐，高矮有序，不能歪斜和倾倒，无缺焊、虚焊、假焊现象。

（8）电源变压器要紧紧固定在印制电路板上。

（9）焊接采用直立焊接，焊完检查正确后剪去焊脚，焊脚留头离焊面（1±0.5）mm 以上。

（10）焊完 PCB 板要自行检查：焊点圆滑、光亮，无短路、虚焊、搭焊和散焊、错焊现象。

（11）检查焊点无误后，在任课老师指导下，接通电源，进行调试。

8. 实验结果

将实验测试结果填入表 9.2 中。

（1）其输入电压为交流 220V 50Hz，输出电压为直流 1.5V、3V、4.5V、6V。

（2）输出直流电流范围为 0～100mA。

（3）稳压输出电压的纹波≤2mV。

表 9.2　　稳压电源技术指标测试记录

测　量　点	未接负载时电压值（V）			接入负载后的电压值（V）		
变压器次级电压						
输出直流电流范围为 0～100mA						
电容 C_1 两端电压						
三端稳压器电压	V_{-IN}=	V_{-OUT}=		V_{-IN}=	V_{-OUT}	
桥式整流管输出电压						
二极管输出电压	VD_6=	VD_8=	VD_{10}=	VD_6=	VD_8=	VD_{10}=

9. 实验报告

（1）将测试数据填写在表 9.2 中。

（2）填写测试报告后由上课老师检验合格，答辩合格，登记打分。

（3）在登记册上填写实验仪器有无损坏，实验工具有无缺失或损坏，填写实习日期和签名。

（4）将剩余的实验器材放置到规定的位置。

（5）打扫自己的实验场所卫生，将垃圾倒入指定的垃圾桶内。

（6）经老师同意后，方可离开实验室，结束该项实习实训。

9.2 基于 LM2576 的直流稳压电源

采用开关稳压电源来替代线性稳压电源的优势是：开关管的高频通断特性以及串联滤波电感的使用，使稳压电源对来自电源的高频干扰具有较强的抑制作用。此外，由于开关稳压电源“热损失”的减少，设计时还可提高稳压电源的输入电压，这有助于提高交流电压的抗干扰能力。

LM2576 系列开关稳压集成电路是线性三端稳压器件（如 78xx 系列端稳压集成电路）的替代品，它具有可靠的工作性能、较高的工作效率和较强的输出电流驱动能力，电路提供稳定、可靠的直流电源。

1. 实验目的

（1）了解直流稳压电源的结构及工作方式。

（2）学习利用 Proel 99 SE 软件设计出基于 LM2576 的直流稳压电源的原理图和 PCB 板图。

（3）学习利用 Protel 99 SE 软件生成的 Gerber 文件在视频雕刻机上雕刻出基于 LM2576 的直流稳压电源的 PCB 印制电路板。

（4）学习电路的焊接与调试。

2. 实验器材

计算机一台；雕刻机一台；万用表一块；常用电工组合工具一套；实验器件一套。

3. 元器件清单

步进电机驱动电路元器件清单如表 9.3 所示。

表 9.3　　步进电机驱动电路元器件清单

名　　称	代　　号	型 号 参 数
稳压芯片	LM3576	LM3576
电解电容	C_1	100μF
电解电容	C_2	1000μF
肖特基二极管	VD_1	IN5822
电感	L_1	100μH

4. 实验原理

（1）LM2576 简介

LM2576 系列是由美国国家半导体公司生产的 3A 电流输出降压开关型集成稳压电路，它内含固定频率振荡器（52kHz）和基准稳压器（1.23V），并具有完善的保护电路，包括电流限制及热关断电路等，利用该器件只需极少的外围器件便可构成高效稳压电路。LM2576 系列包括 LM2576（最高输入电压 40V）及 LM2576HV（最高输入电压 60V）两个系列。各系列产品均提供 3.3V（−3.3）、5V（−5.0）、12V（−12）、15V（−15）及可调（−ADJ）等多个电压产品。此外，该芯片还提供了工作状态的外部控制引脚。

LM2576 系列开关稳压集成电路的主要特性如下。

① 最大输出电流：3A。

② 最高输入电压：LM2576 为 40V，LM2576HV 为 60V。

③ 输出电压：3.3V、5V、12V、15V 和 ADJ（可调）等可选。

④ 振荡频率：52kHz。

⑤ 转换效率：75%～88%（不同电压输出时的效率不同）。

直插式和贴片式 LM2576 的外形以及引脚分布如图 9.3 所示。

（2）直流稳压电源电路原理图

基于 LM2576 的直流稳压电源电路原理图如图 9.4 所示。

5. 实验内容

（1）查阅资料了解稳压电源的工作原理及 LM2576 的特点。

（2）在实验室利用 Proel 99SE 软件设计出基于 LM2576 的直流稳压电源的原理图和 PCB

板图。

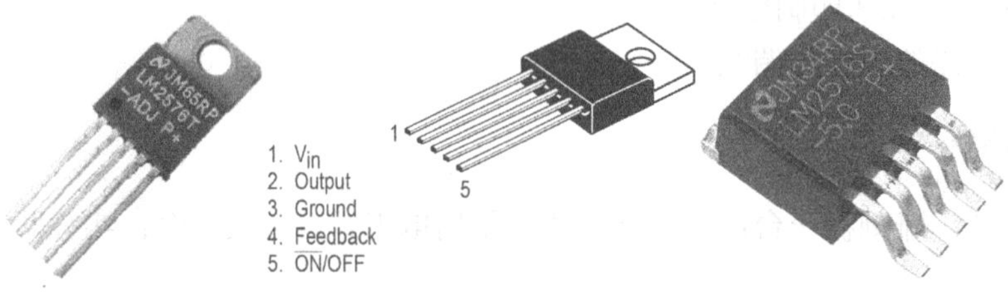

图 9.3　直插式和贴片式 LM2576 的外形以及引脚分布

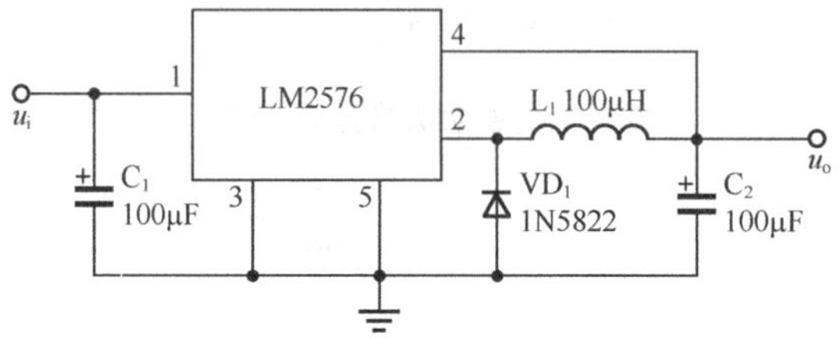

图 9.4　基于 LM2576 的稳压电源电路原理图

（3）利用 Protel 99SE 软件生成的 Gerber 文件在视频雕刻机上雕刻出基于 LM2576 的直流稳压电源的 PCB 印制电路板。

（4）检查 PCB 板是否有误。

（5）焊接 PCB 板并调试电路。

（6）撰写实验报告。

9.3　LM317 可调稳压电源套件的组装与调试

扫一扫　看视频

LM317 的输出电压范围是 1.25～37V（本电路设计输出电压范围是 11.5～12V），负载电流最大为 1.5A。LM317 可调稳压电源的使用非常简单，仅需两个外接电阻设置输出电压。此外它的线性调整率和负载调整率也比标准的固定稳压器好。LM317 内置有过载保护、安全区保护等多种保护电路。

CD4069（六反相器），为双列 14 脚封装，有直插式和表面安装两种封装外形，为数字集成电路和单片机电路的常用芯片。其工作电源电压范围是 3.0～15V。

1．实验目的

（1）用 Protel 99 SE 软件设计出原理图及单层 PCB 板图（上机操作）。

（2）用 Gerber 文件在视频雕刻机上刻出 PCB 印制电路板（上机操作）。

① 掌握可调稳压电源电路的工作原理。

② 进一步掌握在 PCB 板上焊装的技巧。

③ 用 Protel 99 SE 软件设计出原理图及单层 PCB 板图（上机操作）。

④ 用 Gerber 文件在视频雕刻机上刻出 PCB 印制电路板（上机操作）。

2. 实验器材

计算机一台；雕刻机一台；万用表一块；常用电工组合工具；套装元器件一袋。

3. 元器件清单

LM317 可调稳压电源元器件清单如表 9.4 所示。

表 9.4　　LM317 可调稳压电源元件清单

名　称	代 号	型　号	名　称	代 号	型　号
电阻	R_1	180Ω/0.25W	瓷片电容	C_3、C_5	104
电阻	R_2、R_3	1kΩ/0.25W	电解电容	C_5、C_6	10μF/25V
电阻	R_4	100kΩ/0.25W	电能电容	C_1、C_4	680μF/25V
电阻	*R_6	100kΩ/0.25	三端稳压器	U_1	LM317
电位器	R_5	100kΩ	三端稳压器散热片		一个
电位器	R_P	5kΩ	集成芯片座		一个
蜂鸣器	LSI		集成芯片	U_2	CD4069BE
二极管	VD_1～VD_2	1N4148	电源变压器	T_1	DB351491
整流二极管	VD_3～VD_6	1N4007×4	两孔插座		一个
三极管	VT_1	9014	三孔插座		一个
发光二极管	LED_1-LED_4	红白黄绿	红黑鳄鱼夹		各一个
LED 数字电压表	D-SUN	DSN-DVM-368L-3	220V 电源线		一个

4. LM317 可调稳压电源原理图

LM317 可调稳压电源原理图如图 9.5 所示。

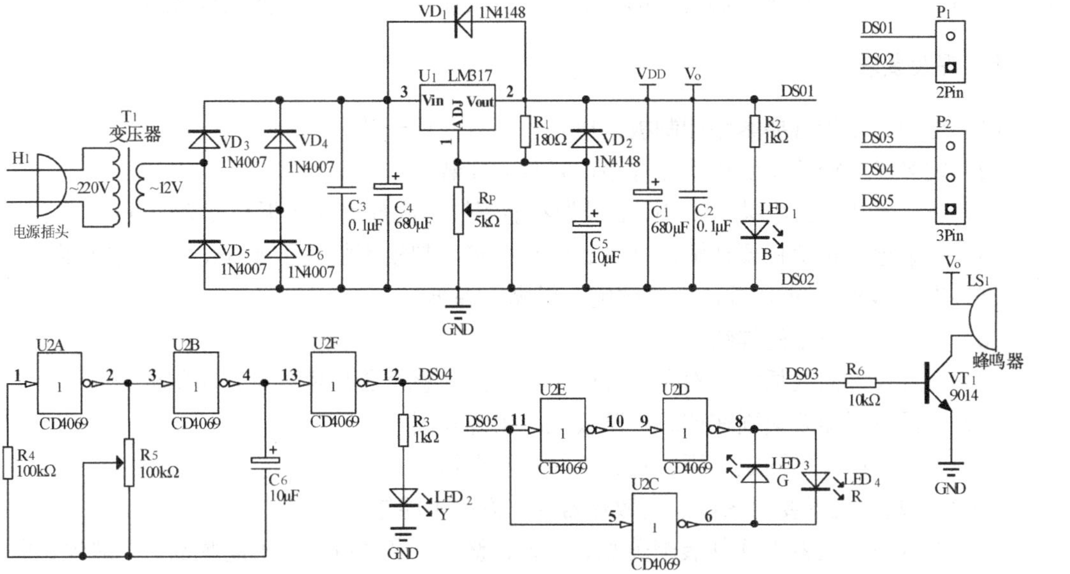

图 9.5　LM317 可调稳压电源原理图

5．电压表

电压表如图 9.6 所示，小数点可自动移位，起到反接保护作用。白线是被测试电压正极，红线是本电路正极工作电压，黑线是公共负极。电压保护范围为 0～30V。

6．CD4069 引脚图

CD4069 引脚图如图 9.7 所示。

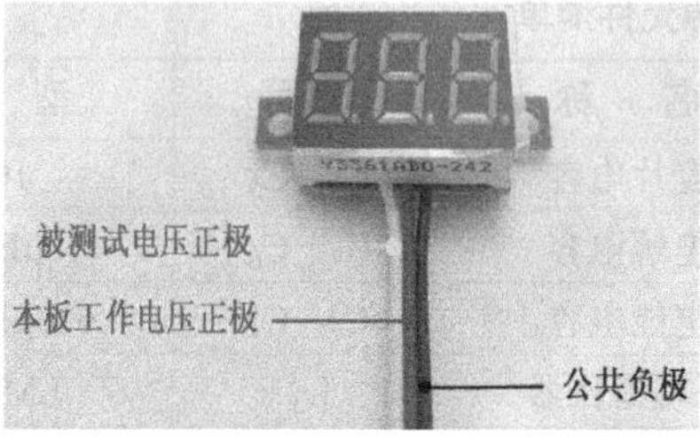

图 9.6 电压表

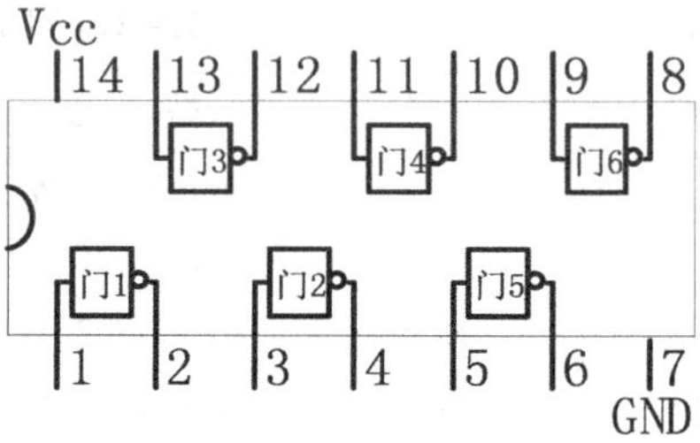

图 9.7 CD4069 引脚图

7．数码管使用注意事项说明

（1）数码管表面不要触摸，不要用手去弄引脚。

（2）焊接温度为 260℃；焊接时间为 5s。

（3）表面有保护膜的产品，可以在使用前撕下来。

数码管是一种半导体发光器件，可分为七段数码管和八段数码管，区别在于八段数码管比七段数码管多一个用于显示小数点的发光二极管单元 DP（Decimal Point），其基本单元是发光二极管。通过对不同的引脚输入相对的电流，使其发亮，从而显示出数字时间、日期、温度等所有可用数字表示的参数，在电器和家电领域应用极为广泛，如显示屏、空调、热水器、冰箱等。绝大多数热水器用的都是数码管，其他家电也用液晶屏与荧光屏。

8．焊装要求

（1）电阻、二极管要紧贴印制板，电阻色环方向要一致。

（2）发光管二极管正负极不能焊错，要直立安装。

（3）三极管要直立安装，e、b、c 引脚不能焊错。底部离印制板高度为 5mm 左右。

（4）电解电容正负极要认清，并且底面部分离印制板不能大于 4mm，要直立安装。

（5）电位器紧贴 PCB 板，不能倾倒，引脚需焊牢。

（6）蜂鸣器正负不能焊错。

（7）芯片座方向要插对。对角先焊两个点固定，整个芯片座要贴紧印制板。

（8）电源变压器要紧固在印制电路板上，用螺丝固定。

（9）电压表用螺丝固定。正、负、地线不能焊错。

（10）三端稳压器要用螺丝固定散热器片，方向不能错。

以上要求各个元器件插件装配美观、均匀、整齐，高矮有序，不能倾倒，无缺焊、虚焊、假焊现象。

（11）所有焊点直立焊接，焊完检查正确后，剪去焊脚，焊脚留头离焊面 1mm 以上。

（12）焊完 PCB 板要自行检查：焊点圆滑、光亮，无短路、虚焊、搭焊和散焊、错焊现象。

（13）检查焊点无误后，在老师指导下，接通电源，进行调试。

（14）将万用表拨置直流电压挡，测 C_1 两端电压，调节 R_{P1} 电位器，此时万用表有 0～10V 电压。

（15）调节 R_5 的阻值，使电压在空载时输出（1.12～12V）电压，最大电压不能超过 12.5V，一般输出调到 11V 时，电压能够稳住即为合格。

（16）机壳安装。

9. 实验报告

将实验过程及发生的问题和处理结果写入实验报告上交。

9.4 声控闪光电路

1. 实验目的

（1）了解三极管放大、饱和、截止 3 种工作状态，熟悉三极管的直接耦合形式。

（2）熟悉发光管的应用，熟悉电容话筒的应用。

2. 实验器材及元器件清单

稳压电源一台；示波器一台；万用表一台；面包板一块；元器件一套，元器件清单如表 9.5 所示。

表 9.5　　元器件清单

名　称	型　号	数　量
三极管	9014、9013（β>200）	各 1 只
电阻	4.7kΩ、1MΩ、10kΩ	各 1 只
发光二极管	红、绿	各 1 只
话筒	电容话筒	1
电解电容	1μF/10V、47μF/10V	各 1 只

3. 电路原理

图 9.8 为简单的声控闪光电路。电路主要由拾音器（驻极体电容话筒）、晶体管放大器和发光二极管等构成。静态时，调整 R_2 必使 VT_1 处于临界饱和状态，使 VT_2 截止，VD_1 和 VD_2 皆不发光。R_1 给电容话筒 MIC 提供偏置电流，话筒拾取室内环境中的声波信号后即转为相应的电信号，经电容 C_1 送至 VT_1、基极进行放大。VT_1、VT_2 组成两级直接耦合放大电路，电路虽然简单，但设计巧妙。选取合适的 R_2、R_3，在无声波信号时，VT_1 处于临界饱和，VT_2 处于截止状态，VD_1 和 VD_2 中无电流流过而不发光。当 MIC 拾取声波信号后，就有音频信

号注入 VT_1 的基极，其信号的负半周将使 VT_1 退出饱和，VT_1 的集电极，即 VT_2 的基极电位升高，VT_2 导通，VD_1 和 VD_2 点亮发光。当输入音频信号较弱时，不足以使 VT_1 退出饱和区，VD_1 和 VD_2 仍保持熄灭状态。只有信号较强时，发光二极管才点亮发光。所以，VD_1 和 VD_2 能随着环境声音（音乐）信号的强弱起伏而闪烁发光。

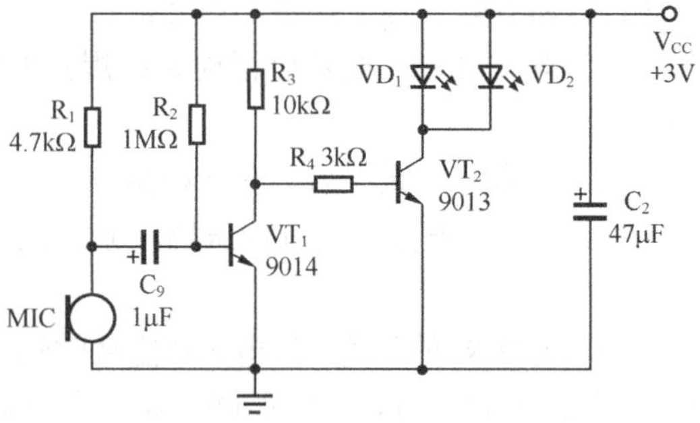

图 9.8　声控闪烁电路原理

4．焊接与调试

（1）按图 9.8 组装电路。注意三极管的极性不要接错。插接检查无误后，才能通电测量。

（2）VT_1 的集电极电位应为 0.2～0.4，该电压太低，施加声音信号后，VT_1 不能饱和，VT_2 不能导通。电压如果超过 VT_2 的死区电压，则静态时 VT_2 导通，使 VD_1、VD_2 点亮发光。因此，对于灵敏度不同的电容话筒，以及 β 值不同的三极管，VT_1 的集电极电阻值要通过调试来确定。

（3）在离话筒 0.5m 的位置，用普通大小音量讲话，VD_1、VD_2 应随声音闪烁。如果只有大声说话，发光管才能闪烁，就可适当减小 R_3 的阻值，也可更换 β 值小的三极管。

9.5　步进电机驱动电路

步进电机作为执行元件，是机电一体化的关键产品之一，广泛应用在各种自动化控制系统中。随着微电子和计算机技术的发展，步进电机的需求量与日俱增，在各个国民经济领域都有应用。

1．实验目的

（1）了解步进电机的结构及工作方式。

（2）学习利用 Proel 99 SE 软件设计步进电机驱动电路的原理图和 PCB 板图。

（3）学习利用 Protel 99 SE 软件生成的 Gerber 文件，在视频雕刻机上雕刻出步进电机驱动的 PCB 印制电路板。

（4）学习电路的焊接与调试。

2．实验器材

计算机一台；雕刻机一台；万用表一块；常用电工组合工具一套；实验器件一套。

3．元器件清单

步进电机驱动电路元器件清单如表 9.6 所示。

表 9.6 步进电机驱动电路元器件清单

名 称	代 号	型号参数
电阻	R_1	300Ω
2 脚排针	2XIN	1 个
4 脚排针	8XIN	2 个
L298N	L298N	L298N
瓷片电容	C_2、C_4	0.1μF×2
电解电容	C_1、C_3	100μF
二极管	VD_1～VD_8	IN4007
发光二极管	LED	红色

4. 实验原理

（1）步进电机简介

步进电机是利用电磁铁原理，将脉冲信号转换成线位移或角位移的电机。每来一个电脉冲，电机转动一个角度，带动机械移动一小段距离。通常电机的转子为永磁体，当电流流过定子绕组时，定子绕组产生一个矢量磁场。该磁场带动转子旋转一个角度，使得转子的一对磁场方向与定子的磁场方向一致。当定子的矢量磁场旋转一个角度时，转子也随着该磁场旋转一个角度。每输入一个电脉冲，电动机转动一个角度前进一步。它输出的角位移与输入的脉冲数成正比，转速与脉冲频率成正比。因为改变绕组通电的顺序，电机就会反转。因此可用控制脉冲数量、频率及电动机各相绕组的通电顺序来控制步进电机的转动。步进电机分为 3 种：永磁式（PM）、反应式（VR）和混合式（HB）。虽然步进电机已被广泛应用，但步进电机并不能像普通的直流电机、交流电机在常规下使用。它必须由双环形脉冲信号、功率驱动电路等组成控制系统方可使用。因此用好步进电机却非易事，它涉及机械、电机、电子及计算机等许多专业知识。步进电机外形如图 9.9 所示。

（2）步进电机驱动方式

步进电机选用华知宝，最小步距角 0.9°。该步进电机采用 4 相 8 拍工作方式，励磁顺序如图 9.10 所示。

图 9.9 步进电机外形

STEP	A	B	$\overline{A}$	$\overline{B}$
1	1	0	0	0
2	1	1	0	0
3	0	1	0	0
4	0	1	1	0
5	0	0	1	0
6	0	0	1	1
7	0	0	0	1
8	1	0	0	1

励磁顺序说明：1→2→3→4→5→6→7→8

图 9.10 步进电机励磁方式

常采用 L298N 驱动器来驱动步进电机转动，L298N 外形及引脚分布如图 9.11 所示。L298N 是内含两个 H 桥的高电压大电流双全桥式驱动器，可驱动 46V，2A 以下的电机，驱动部分输入电压为 4.8～46V，工作电流小于 2A，最大散热功耗为 25W。L298N 驱动一台两相步进电机或四相步进电机，也可以驱动两台直流电机。

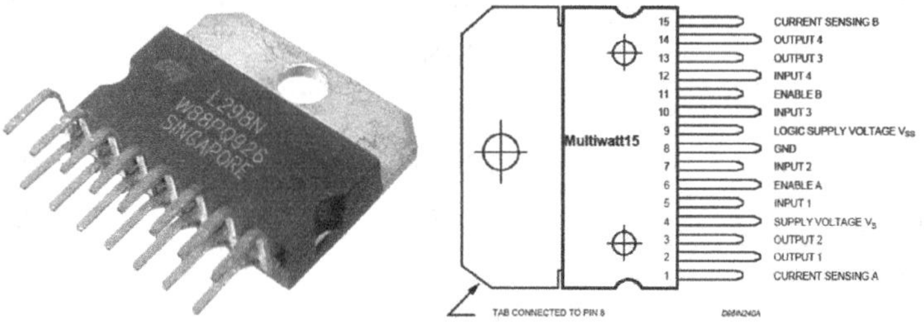

图 9.11　L298N 的外形及引脚分布

（3）步进电机驱动电路

L298N 步进电机驱动电路如图 9.12 所示。

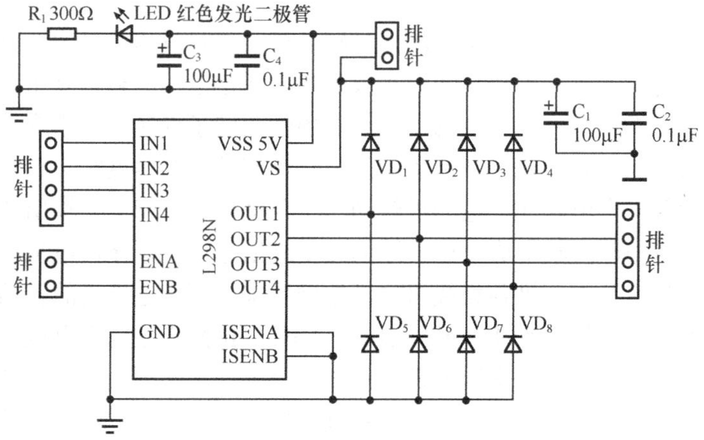

图 9.12　L298N 步进电机驱动电路原理图

L298N 步进电机驱动电路的导线层如图 9.13 所示，丝印层如图 9.14 所示。

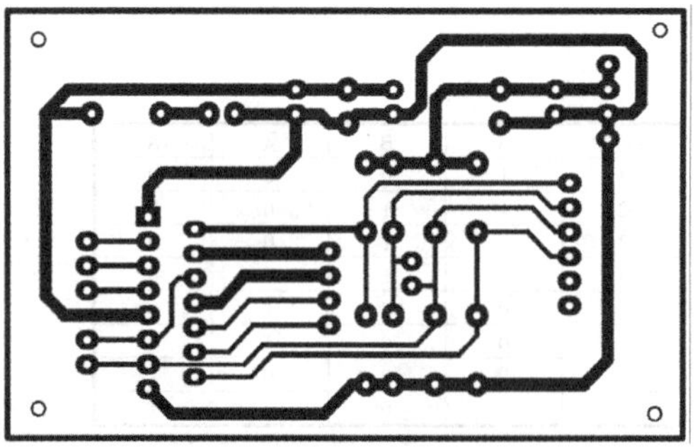

图 9.13　步进电机驱动电路的导线层

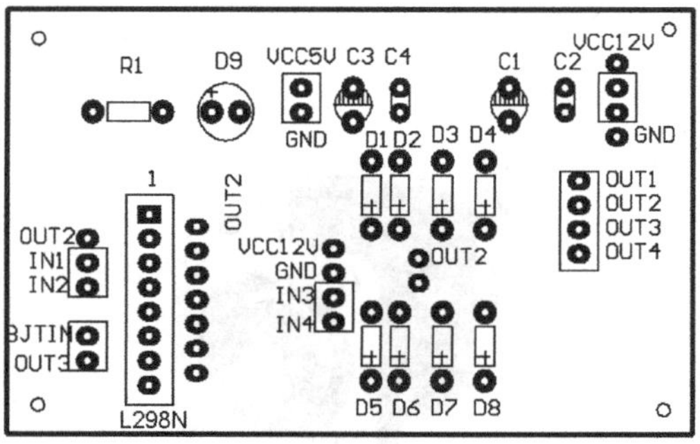

图 9.14　步进电机驱动电路的丝印层

5．实验内容

（1）查阅资料了解步进电机功能及驱动方式。

（2）在实验室利用 Proel 99 SE 软件设计出步进电机驱动电路的原理图和 PCB 板图。

（3）利用 Protel 99 SE 软件生成的 Gerber 文件，在视频雕刻机上雕刻出步进电机驱动电路的 PCB 印制电路板。

（4）检查 PCB 板是否有误。

（5）焊接 PCB 板，焊接过程中注意以下事项。

① 电解电容的正极要接在高电位。

② 发光二极管正负极不要接反。

③ L298N 采用立式安装，注意要为 L298N 安装散热片。

（6）调试电路

为电路的 IN_1～IN_4 依次输入激励信号，观察步进电机是否转动。调试中常见故障如下。

① 电源指示灯不亮，可用万用表依次测量 C_4、C_3、V_9、R_1 端口的电压，找出虚焊点。

② 若指示灯很暗，是由于限流电阻 R_1 阻值过高造成，可适当减小 R_1 阻值。

③ 若电机不转动，首先应检查 VS 端口电压是否正常，其次检查 ENA、ENB 端口是否为高电平。

④ 若电机只是在某一位置左右摆动，一方面可能是由于 IN_1～IN_4 的脉冲序列有问题，另一方面要检查步进电机的导线是否连接正确。

（7）撰写实验报告。写出完整的实验报告材料，详述实验过程中出现的问题及解决方法。

9.6 纹波电压的测试

1. 实验目的

（1）学习示波器、信号源、直流稳压源、交流毫伏表、万用表的使用方法。

（2）基本掌握常用仪器的使用以及测定电信号定量的方法。

（3）掌握用示波器检测稳压电源的纹波电压的方法。

2. 预习要求

（1）认真阅读实验指导书常用仪器介绍部分，初步了解仪器面板主要旋钮的功能及主要用途。

（2）明确实验内容和实验步骤。

3. 实验仪器

示波器一台；直流电源一台；万用表一台；毫伏表一台；滑杆电阻或可变电位器一台。

4. 电路原理图

纹波电压测试电路原理图如图 9.15 所示。R_W 有若干阻值，请自选一只合适阻值的电位器进行连接。通电前须经老师检查认可后，方可进行测试。

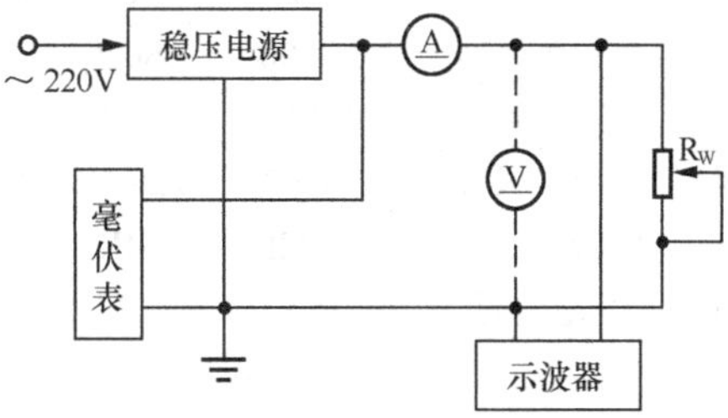

图 9.15 纹波电压测试接线图

5．测试要求

（1）当输出电压 15V 时，纹波电压是多少？
（2）当输出电压 4.5V 时，纹波电压是多少？
（3）画出纹波电压的波形（锯齿波或正弦波）。

9.7 声光控（带触摸）延时开关电路的制作

1．简介

声光控（带触摸）延时开关（以下简称“延时开关”）集声控、光控、触摸、延时自动控制技术为一体，在光照低于特定条件下，用声音或者手动触摸来控制开关的“开启”，若干分钟后开关“自动关闭”，用它代替住宅小区楼道上的开关，只有在天黑以后，当有人走过楼梯通道发出的脚步声或说话声等其他声音或触摸开关触点时，楼道灯会自动点亮，提供照明，当人们进入家门或走出公寓，楼道灯延时几分钟后会自动熄灭。在白天，即使有声音或触摸开关触点，楼道灯也不会亮，这样既能延长灯泡寿命 6 倍以上，又可以达到节能的目的。以 40W 灯具使用普通开关晚上连续点亮 10 小时为例，耗电应为 0.6kW，即 0.4 度电；如果仍以 40W 灯具使用声光控延时开关，按照晚上点亮 100 次，每次 30s 计算，耗电量为 0.033kW，即 0.033 度电。二者的耗电量相比差距将近 12 倍多，节电率达 90%以上。既可避免摸黑找开关造成的摔伤、碰伤，又可杜绝楼道灯有人开、无人关的“长明灯”现象。

本延时开关与普通的声光控延时开关相比增加了触摸功能，增加了趣味性，也增加了学生对触摸原理的理解；不仅适用于住宅区的楼道，而且适用于工厂、办公楼、教学楼等公共场所，具有体积小、外形美观、制作容易、工作可靠、节约能源等优点，装配完毕可以直接替换墙壁开关，对于电子专业的学生来说，是分析原理、电子实践的理想套件。

2．元器件的检测

本实验所用元器件清单如表 9.7 所示，在拿到本次实验所用的元器件后，请对照元器件清单核对一遍，并用万用表粗略测量一下各元器件的参数是否正确。

表 9.7　实验元器件清单

序号	名称	型号规格	位号	数量	序号	名称	型号规格	位号	数量
1	集成电路	4011	U_1	1 块	10	电阻	1MΩ	R_4、R_8	2 支
2	单向可控硅	PCR606	SCR_1	1 支	11	电阻	560kΩ、43kΩ	R_7、R_9	各 1 支
3	三极管	9014	VT	1 支	12	电阻	3.9MΩ 或 5.1MΩ	RCD	1 支
4	整流二极管	1N4007	VD_1-VD_5	5 支	13	瓷片电容	104	C_1	1 支
5	驻极体话筒	54±2dB	MIC	1 支	14	电解电容	22μF/25V	C_2、C_3	2 支
6	光敏电阻	625A	R_6	1 支	15	电路板			1 块
7	电阻	150kΩ/0.5W	R_1	1 支	16	接线铜柱		J_1、J_2	2 个
8	电阻	20kΩ	R_2、R_5	2 支	17	自攻螺丝	$\phi3$		2 个
9	电阻	2.4MΩ	R_3	1 支	18	面板	86 型		1 个

4011 选用进口的双排直插 14 脚集成电路；可控硅选用 1A 单向进口可控硅，若所需负载电流大，则可选择 3A、6A、10A、12A 等，它的测量方法为：用电阻×1 挡，将红表笔接可控硅的负极，黑表笔接正极，此时表针无读数，然后用黑表笔触一下控制极，这时表针有读数，黑表笔马上离开，这时表针仍有读数（注意接触控制极时，正负表笔始终连接），说明该可控硅是完好的。驻极体选用的是小话筒，它的测量方法如图 9.16 所示，用电阻×100 挡将红表笔接外壳的 S，黑表笔接 D，这时用口对着驻极体吹气，若表针有摆动，则说明驻极体完好，摆动越大，灵敏度越高。

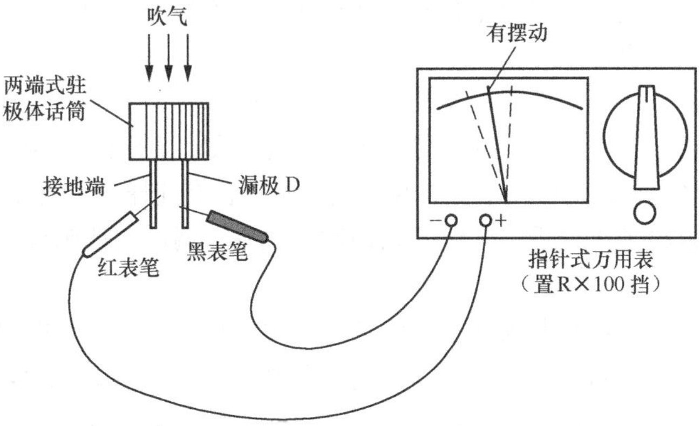

图 9.16　用万用表测量话筒

光敏电阻选用的是 625A 型，有光照射时，电阻为 10kΩ以下，无照射时，电阻值为 100kΩ以上，说明该光敏电阻完好。二极管采用普通的整流二极管 1N4007。元器件最好严格选择，否则会影响稳定性，从而产生误动作。

3. 电路原理图

声光控（带触摸）延时开关电路的电路原理图如图 9.17 所示。

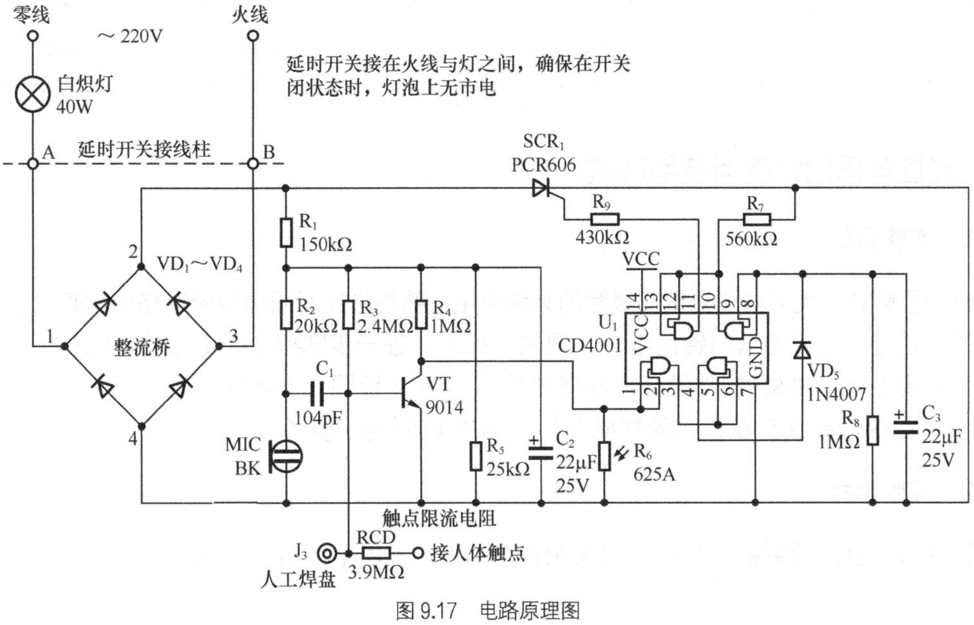

图 9.17　电路原理图

4．装配、调试说明

在装配调试中注意以下事项。

（1）在焊接、装配完全无误的情况下，电路板上仍然有多处高压电，因此加电时，切记不要用手接触电路板任何部分及任何元器件！

（2）焊接方面特别注意避免焊锡短路、引脚过长相互短路，元器件装配方面应多次检查元器件是否装反、装错。因为元器件装配错误、焊接短路等可能会造成触摸点电压过高，从而触摸时通过人体电流过大造成触电危险，所以应该多次检查装配、焊接是否有误，在无误情况下方可加 220V 进行调试。

（3）在正常情况下，不会造成触电的情况，如由于焊接、装配、调试不当等原因造成的不安全因素，由自己负责。焊接结束后交由老师检查验收，禁止自行通电！

（4）按照图纸将所有元器件安装好，并仔细检查是否有元器件位置安装错误、虚焊开路、拖焊短路现象，反复检查无误后，即可开始调试。注意，调试前请确认已经阅读并理解上述安全须知。

（5）阅读注意事项后，将开关接上灯泡加上 220V 市电，将光敏电阻的光挡住（或者可以先不安装，等效于处于无光条件），将 J_1、J_2 分别接在电灯的开关位上，拍一下手，这时灯应点亮；用光照射光敏电阻，再拍手，灯不亮，说明光敏电阻完好，这时即告本套件制作成功。若不成功，请仔细检查有无错焊、虚焊、拖焊等。（必须在老师指导下进行测试）

本实验中，RCD3.9M 电阻一端连接到 VT 的基极 b 焊点，RCD 的另一端连接到金属触摸片。各色环电阻阻值如表 9.8 所示。

表 9.8　　色环电阻阻值

电阻名	色　环	阻　值	电阻名	色　环	阻　值
R_1	棕绿黄金	150kΩ±5%	R_7	绿蓝黄金	560kΩ±5%
R_2、R_5	红黑橙金	20kΩ±5%	R_9	黄橙橙金	43kΩ±5%
R_3	红黄绿金	2.4MΩ±5%	RCD	橙白绿金 或绿棕绿金	3.9MΩ±5% 5.1MΩ±5%
R_4、R_8	棕黑绿金	1MΩ±5%			

9.8　光控音乐门铃的组装与调试

1．实验目的

（1）了解音乐集成块和光敏三极管的具体应用，熟悉光控音乐门铃的电路结构和工作原理。

（2）通过对光控音乐门铃的组装、调试、检测，进一步掌握电子电路的装配技巧。

（3）用 Protel 99 SE 软件设计出原理图及单层 PCB 板图（上机操作）。

（4）用 Gerber 文件在视频雕刻机上刻出 PCB 印制电路板（上机操作）。

2．实验器材

计算机一台；雕刻机一台；万用表 MF47 一块；常用电工组合工具一套。

3. 元器件清单

本实验所用元器件清单如表 9.9 所示。

表 9.9　　　　元器件清单

名　称	代　号	型号、参数	名　称	代　号	型号、参数
二极管	VD_1	1N4118	电阻	R_1	3.3 kΩ
	VD_2	发光　红色		R_2	10 kΩ
	VD_3	稳压管 2 CW51		R_3	24 kΩ
	VD_4			R_4	10 kΩ
三极管	VT_1	光敏 3DU		R_5	
	VT_2	9011		R_6	1 Ω
	VT_3	9013		R_7	78 kΩ
	VT_4		电解电容器	C_1	47μF/10V
	VT_5			C_2	33μF/10V
微调电位器	R_P	1 kΩ	继电器	K	HG4098 7V
音乐集成块	IC KD-153		扬声器	B	8Ω
印制电路板	PCB		干电池	Vcc	5 号 4 节

4. 实验原理

图 9.18 为光控音乐门铃电路原理图，它由光控电路和音乐门铃两部分组成。当接通电源时，用手挡住 VT_1 光敏三极管的光线，其内阻增大，使 VT_2 集电极为高电位；这样使 VT_3、VT_4 复合管饱和导通，VD_2 发光二极管发光变亮。同时电流流过继电器，产生磁场，使 SA 常开触点吸合接通，电路经 VD_3、VD_4、R_4、R_5 分压，C_1 滤波，通过 R_7 限流电阻给 IC 音乐集成块提供 3V 左右的电压，此时 IC 工作，音乐信号经 IC 的 2 脚输出，通过 VT_5 放大，扬声器发出悦耳的音乐门铃声。反之，若不用手挡住 VT_1，光敏三极管内阻较小，TV_2 基极为高电位，使 VT_2 导通，其集电极为低电位，这样 VT_3、VT_4 复合管截止，发光二极管 VD_2 不亮，继电器线圈中没有电流通过，继电器不工作，常开触点断开，音乐集成块没有电源，扬声器不发声。

VD_1 为继电器的保护二极管。当 VT_3、VT_4 复合管从导通突然转为截止时，继电器线圈中会产生一个较大的反电动势，反电动势产生的脉动电流，经 VD_1 放电，使继电器线圈不受损坏，从而达到保护继电器的作用。

5. 实验内容

（1）安装、调试与检测

① 清理检测所有元器件和零部件，按绘制的 PCB 板图正确安装元器件和零部件。

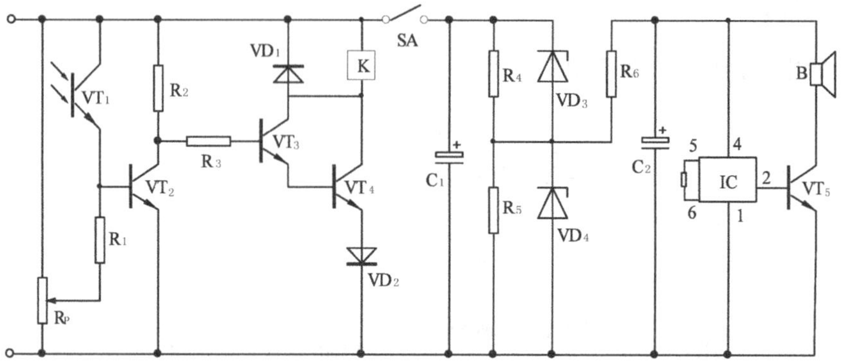

图 9.18 光控音乐门铃电路原理图

② R_7、VT_5焊接在 IC 音乐集成块的引脚上，集成块 1～4 脚用裸铜丝焊接在 PCB 板上，焊接要牢靠，高度适中。微调电位器尽量插到底，不能倾斜，三只脚均需焊接。集成电路、继电器、轻触式按钮开关底面与印制板贴紧。

③ 按要求装配其他元器件。

④ 检查无误后，用烙铁将断口 A、B、C、D 封好，再将继电器的常闭触点临时短接，接上 7V 电源。用万用表电压挡测量 VD_3、VD_4中点电压，正常应为 3V 左右。扬声器发出悦耳的音乐门铃声。

⑤ 去掉继电器常闭触点短接线。用手挡住 VT_1的光线，调节 1kΩ的电位器，使继电器刚好吸合。手不遮挡 VT_1，继电器释放，然后在不同的光线下，调试光控音乐门铃的可靠性。

（2）技能训练与故障查找

① 检测和记录三极管 VT_1～VT_5各级在两种状态下的电位值。

② 检测和记录 VD_2发光二极管亮时的电流值。

③ 用烙铁将断口 A 焊开，即 R_P下端开路。观察故障现象，用万用表测量光控电路各三极管的各级电压值，把观察到的现象和测量数据记录在实验报告表上，分析故障原因，然后用烙铁将断口 A 封好。

④ 用烙铁将断口 B 封好，相当于 VT_4发射极与集电极短路。观察故障现象，把观察到的现象和测量数据记录在实验报告表上，分析故障原因，然后用烙铁将断口 B 焊开。

⑤ 用烙铁将断口 C 焊开，把万用表拨至电流挡，串接在 C 断口处，测量和记录扬声器响和不响两种状态下的电流值。然后用烙铁将断口 C 封好。

⑥ 用烙铁将断口 D 焊开，观察故障现象，用万用表电压挡测量 IC 集成块 1～6 脚两种状态下的电压值。然后用烙铁将断口 D 封好，用万用表电压挡再测量 IC 集成块 1～6 脚两种状态下的电压值，并进行比较。

6. 实验报告

将调试结果填入表 9.10 中。

表 9.10　　光控音乐门铃制作实验报告

IC 各脚电压/V	①	②	③	④	⑤	⑥	调试中出现的故障及排除方法
状态 / 测量点	铃　响 各级电压值/V			铃 不 响 各级电压值/V			
VT_1	e	b	c	e	b	c	
VT_2							
VT_3							
VT_4							
VD_2 电流							

9.9　台灯调光电路的制作与调试

1. 实验目的

（1）了解单结晶体管和可控硅的特性及应用。
（2）掌握由单结晶体管和可控硅构成的台灯调光电路的工作原理。
（3）进一步熟悉电子电路的装配、调试、检测方法。
（4）用 Protel 99 SE 软件设计出原理图及单层 PCB 板图（上机操作）。
（5）用 Gerber 文件在视频雕刻机上刻出 PCB 印制电路板（上机操作）。

2. 实验器材

计算机一台；雕刻机一台；万用表 MF-47 一块；常用电工组合工具。

3. 元器件清单

本实验所用元器件清单如表 9.11 所示。

表 9.11　　元器件清单

名　称	代　号	型号、参数	名　称	代 号	型号、参数
二极管	VD_1～VD_4	1N4007×4	涤纶电容器	C	0.022μF
可控硅	VS	3CT	灯泡	H	220V/25W
单结晶体管	VT	BT33	灯座		
电阻	R_1	51kΩ	电源线		若干
	R_2	300Ω	安装线		若干
	R_3	100Ω	印制电路板	PCB	1 块
	R_4	18kΩ	散热片		1 块
带开关电位器	R_P	470kΩ			

4．实验原理

台灯调光电路的原理图如图 9.19 所示。电路由单结晶体管 VT，电阻 R_2、R_3、R_4，电位器 R_P，电容 C 组成单结晶体管的张弛振荡器。在接通电源前，电容 C 上电压为 0，接通电源后，电容经由 R_4、R_P 充电而电压 Vc 逐渐升高，当 Vc 达到峰点电压时，e-b_1 间变成导通，电容上电压经 e-b_1 而向电阻 R_2 放电，在 R_3 上输出一个脉冲电压。由于 R_4、R_P 的阻值较大，当电容上的电压降到谷点电压时，经由 R_4、R_P 供给的电流小于谷点电流，不能满足导通要求，于是单结晶体管回复阻断状态。此后，电容又重新充电，重复上述过程，结果在电容上形成锯齿状电压，在 R_3 上则形成脉冲电压。在交流电压的每半个周期间，单结晶体管都将输出一组脉冲，起作用的第一个脉冲触发 VS 的控制极，使可控硅导通，灯泡发光。改变 R_P 的电阻值，可以改变电容充电的快慢，即改变锯齿波的振荡频率，从而改变可控硅 VS 导通角的大小，即改变可控整流电路的直流平均输出电压，达到调节灯泡亮度的目的。本电路可使灯泡两端电压在几十伏至二百伏范围内变化，调光效果显著。

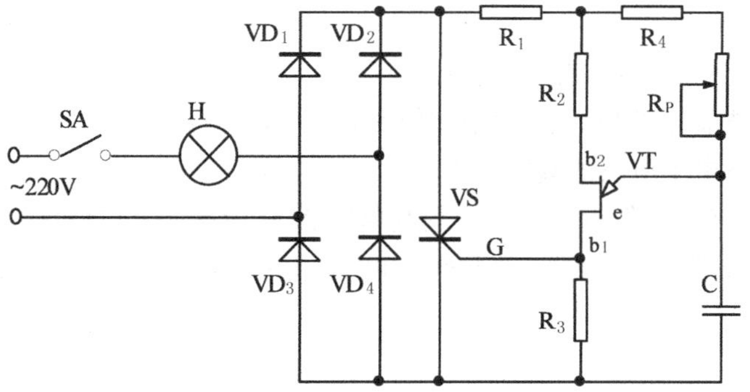

图 9.19　台灯调光电路电路原理图

5．实验内容（必须在老师指导下操作和测试）

（1）按图 9.19 绘制 PCB 板图，利用雕刻机制作 PCB 板。

（2）安装。

① 按常规检测所有元器件，并对元器件引脚进行镀锡、成型等处理后，正确安装各元器件。

② 带开关电位器用螺母固定在 PCB 板的开关 SA 定位孔上，电位器用导线连接到印制电路板上的所在位置。

③ 灯泡安装在灯头插座上，灯头插座固定在 PCB 板上。根据灯头插座的尺寸，在 PCB 板上钻固定孔和导线串接孔。

④ 在散热片上钻孔，把它安装在可控硅 VS 上，做散热用。

⑤ 印制电路板四周用 4 个螺母固定、支撑。

⑥ 其他元器件的安装工艺参考以下要求。

电阻、二极管均采用水平安装，紧贴印制板。电阻的色环方向应该一致。

单结晶体管、单向可控硅采用直立安装，底面离印制板（5±1）mm。

电解电容器尽量插到底，元器件底面离印制板最高不能大于 4mm。

开关电位器尽量插到底，不能倾斜，三只脚均需焊接。

插件装配美观、均匀、端正、整齐，不能倾斜，要高矮有序。

所有插入焊片孔的元器件引线及导线均需采用直脚焊，剪脚留头在焊面以上 1±0.5mm，焊点要求圆滑、光亮，防止虚焊、搭焊和散焊。

（3）调试与检测。

① 由于电路直接与市电相连，调试时应注意安全，防止触电。调试前认真仔细检查各元器件安装情况，然后接上灯泡，进行调试。

② 插上电源插头，人体各部分远离 PCB 板，开关打开，旋转电位器，灯泡应逐渐变亮。

（4）常见故障原因及排除。

① 由 BT33 组成的单结晶体管张弛振荡器停振，可能造成灯泡不亮，灯泡不可调光。造成停振的原因可能是 BT33 损坏、C 损坏等。可用万用表检测或采用替代法检查。

② 电位器顺时针旋转时，灯泡逐渐变暗，可能是电位器中间抽头接错位置造成。

③ 当调节电位器 R_P 至最小位置时，突然发现灯泡熄灭，则应适当增大电阻 R_4 的阻值。

6. 实验报告

将调试结果填入表 9.12 中。

表 9.12　台灯调光电路制作实验报告

序　号	名　称	测试数据
1	台灯发光状态	电位器 R_P 的电阻值/Ω
2	灯泡微亮时，断开交流电源	
3	灯泡最亮时，断开交流电源	
4	故障及排除方法	

9.10 红外探测器

1. 实验目的

在深入了解光信号及光探测器的工作原理的基础上，初步设计光接收电器，通过电路的设计、调试及检测，增加光信号的感性认识，并进一步了解发光管的性能。

2. 仪器与器材

红外探测器的材料清单见表 9.13。

表 9.13　红外探测器材料清单

名　称	代　号	型号参数
电阻	R_1	24kΩ
电阻	R_2、R_3	5.1kΩ

续表

名　　称	代　　号	型 号 参 数
电阻	R_4	100kΩ
电容	C_1	105
电容	C_2、C_4	102
电容	C_3、C_5	100μF
运算放大器	OP07	LM318
红外光接收二极管	红外光接收二极管	1 个
红外光接收三极管	红外光接收三极管	1 个

3. 相关技术和知识

光电探测器是一种将辐射能转换成电信号的器件，是光电系统的核心组成部分，在光电系统中的作用是发现信号，测量信号、并为随后的应用提取某些必要的信息。

4. 内容与步骤

（1）搭组光电三极管探测电路需用到运算放大器，运放外形如图 9.20 所示。其符号及引脚分布如图 9.21 所示。

图 9.20　运放外形

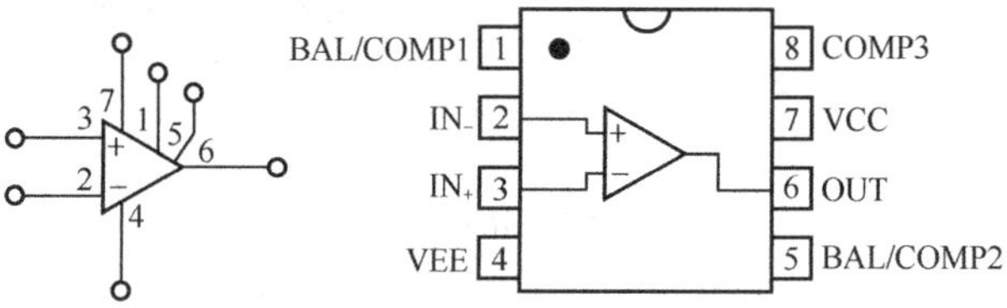

图 9.21　运放符号及引脚分布

红外探测电路原理图如图 9.22 所示。

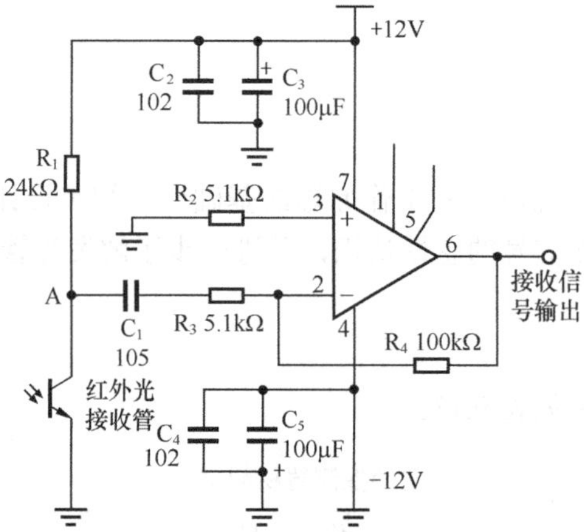

图 9.22　红外探测电路原理图

（2）检查电路，在确定电路没有错误的情况下，打开直流电源。

（3）进行电路调试。

① 把示波器的探头接到 A 点，检测光电三极管是否探测到发射电路发出的光信号。记录 A 点的输出波形及相关参数，将数据填入表 9.14 中。

表 9.14　　测量数据表格

频　率	幅　度	波 形 图

② 检查放大电路是否正常工作，记录放大电路的输出波形及相关参数，将数据填入表 9.15 中。

表 9.15　　测量数据表格

输出频率	幅　度	波 形 图

（4）搭组光电二极管探测电路，电路如图 9.23 所示。

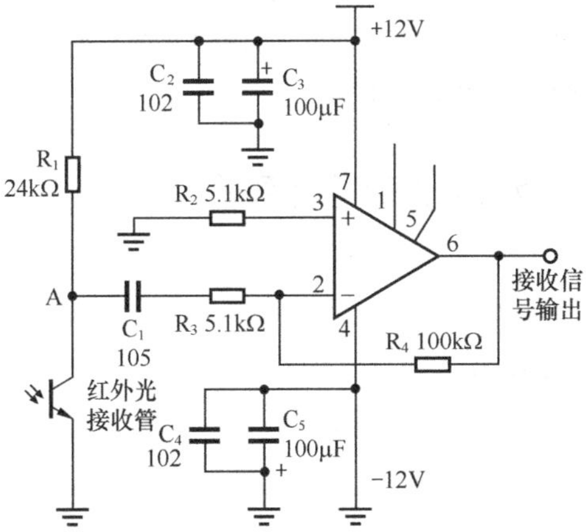

图 9.23　光电二极管接收电路

（5）检查电路，在确定电路没有错误的情况下打开直流电源。

（6）进入电路调试。

① 把示波器的探头接到 B 点，检测光电 B 二极管是否探测到发射电路发出的光信号。记录第 6 脚的输出波形及相关参数，将数据填入表 9.16 中。

表 9.16　　记录数据表格

频　率	幅　度	波 形 图

② 检查放大电路是否正常工作，记录放大电路的输出波形及相关参数，将数据填入表 9.17 中。

表 9.17　　记录数据表格

输出频率	幅　度	波形图

5. 思考题

（1）计算放大电路的理论放大倍数。

（2）比较 A 点和 B 点的电压波形幅度，说明两种管子的区别。

（3）发射管和接收管对准时，A 点和 B 点的电压幅度变大，这说明什么问题？

注意事项：

（1）直流稳压电源上都标注电压值及极性，请勿接错。

（2）示波器的每个探头都有两个接头，侧面的黑夹子接地，另一个接头接到所要探测的信号上。请勿把接地黑夹子接到电源或测试信号上。

（3）注意 LM318 的引脚排列，LM318 的 7 脚接+12V，4 脚接−12V，请勿接反。

（4）注意光接收二极管和三极管的极性。

9.11　晶闸管的简易测试及导通关断条件实验

1. 实验目的

（1）掌握晶闸管的简易测试方法。

（2）验证晶闸管的导通条件及关断方法。

2. 实验器材

0～18V 直流稳压电源二台；万用表一块；双踪示波器一台；面包板一块。

本实验所用元器件清单如表 9.18 所示。

表 9.18　　元器件清单

序　号	元件名称	数　量
1	晶闸管 TYN612	1 个
2	电阻 3kΩ，3Ω	各 1 个
3	电容 10μF/50V,0.22μF/50V	各 1 个
4	开关组	1 个
5	灯泡 24V/15W，灯座	1 套
6	导线	若干

3. 电路原理

晶闸管的引脚排列、结构图及符号如图 9.24 所示，电路原理图如图 9.25 所示。

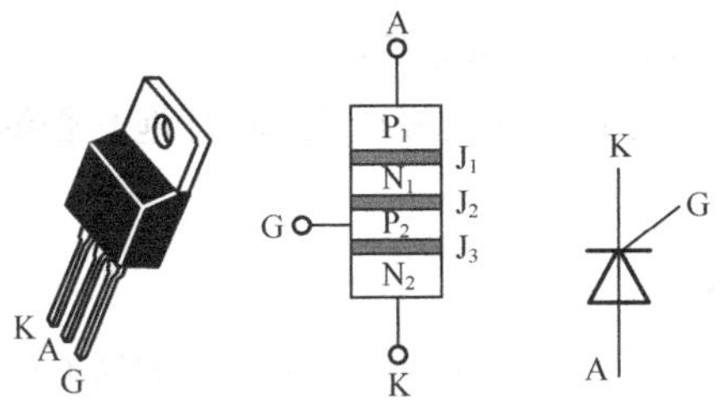

（a）管脚排列　　（b）结构图　　（c）器件符号

图 9.24　晶闸管引脚排列、结构图及器件符号

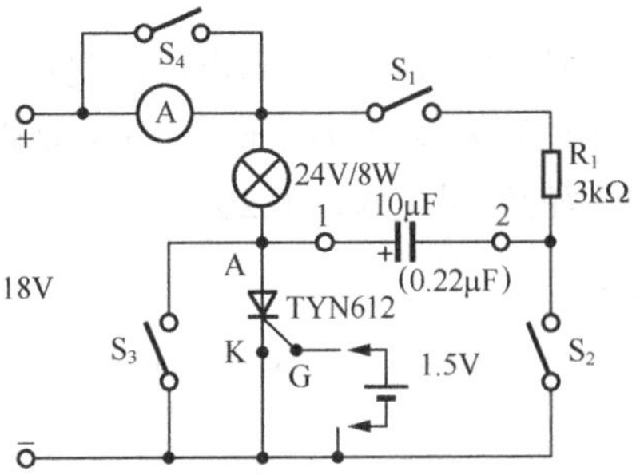

图 9.25　晶闸管导通与关断条件实验原理图

4. 内容及步骤

（1）鉴别晶闸管的好坏

鉴别晶闸管好坏的方法如图 9.26 所示。将万用表置于 R×10 位置，用表笔测量 G、K 间的正反向电阻，一般黑表笔接 G，红表笔接 K 时阻值较小。由于晶闸管芯片一般采用短路发射极结构（即相当在门极与阴极间并联了一个小电阻），所以正反向阻值差别不大，即使相等，也是正常的。将万用表调至 R×10k 挡，测量 G、A 与 K、A 间的阻值，无论黑红表笔怎样调换测量，阻值均为无穷大，否则说明晶闸管已经损坏。将结果记入表 9.19 中。

表 9.19　　**记录数据表格**

R_{AK}（kΩ）	R_{KA}（kΩ）	R_{AG}（kΩ）	R_{GA}（kΩ）	R_{GK}（kΩ）	R_{KG}（kΩ）	结论

（2）检测晶闸管的触发能力

检测电路如图 9.27 所示。外接一个 1.5V 电池组，将电压提高到 3～4.5V（万用表内装电池不同）。将万用表置于 500mA 挡，为保护表头，可串入一只 R=1.5V/0.5A=3Ω 的电阻。电路接好后，在 S 处于断开位置时，万用表指针不动。然后闭合 S（S 可用导线代替），使门极加上正向触发电压，此时，万用表应明显向右摆，并停留在某一电流位置，表明晶闸管已经导通。接着断开开关 S，万用表指针应不动，说明晶闸管触发性能良好。

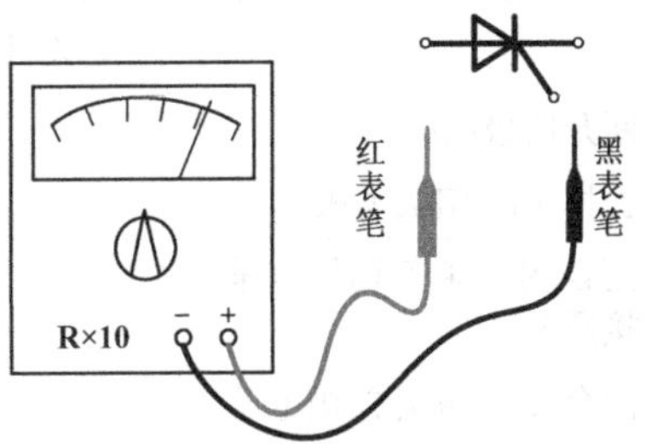

图 9.26　判别晶闸管的好坏

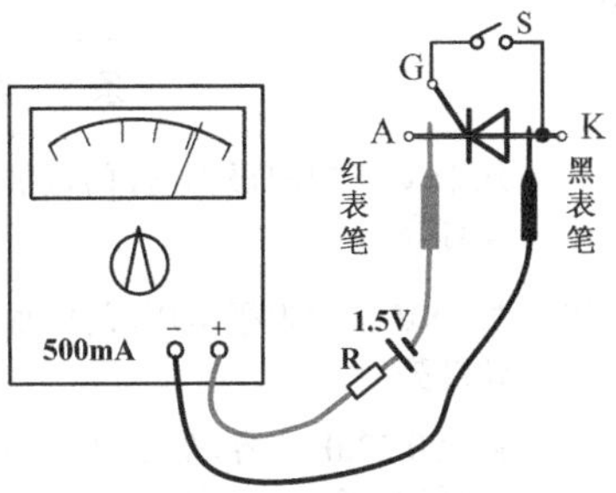

图 9.27　检测晶闸管触发能力电路

（3）检测晶闸管的导通条件（参考原理图 9.25）

① 将 S_1～S_3 断开，闭合 S_4（用导线将电流表短路即可），加 18V 正向阳极电压，门极开路或接 1.5V 电压，观看晶闸管是否导通，灯泡是否亮。

② 加 18V 反向阳极电压，门极开路，接−1.5V 或+2.5V 电压，观察晶闸管是否导通，灯泡是否亮。

③ 阳极、门极都加正向电压，观察品闸管是否导通，灯泡是否亮。

④ 灯亮后去掉门极电压，看灯泡是否亮。再加−1.5V 反向门极电压，看灯泡是否继续亮。将实验观察的结果记入表 9.20 中。

表 9.20　　记录数据表格

条件			晶闸管（通/断）	灯泡（亮/灭）
S_1～S_3 断开 S_4 闭合	加 18V 正向阳极电压	门极开路		
		门极加 1.5V 电压		
	加 18V 反向阳极电压	门极开路		
		门极加 1.5V 电压		
		门极加−1.5V 电压		
	阳极、门极都加正向电压			
	灯亮后	去掉门极电压		
		门极加−1.5V 电压		

（4）晶闸管关断条件实验（参考原理图 9.25）

① 接通正 18V 电源，再接通 1.5V 正向门极电压使晶闸管导通，灯泡亮，然后断开门极电压。

② 去掉 18V 阳极电压，观察灯泡是否亮。

③ 接通 18V 正向阳极电压及正向门极电压使灯点燃，闭合 S_1，断开门极电压，然后接通 S_2，看灯泡是否熄灭。

④ 在 1、2 端换上 0.22μF/50V 的电容重复步骤③的实验，观察灯泡是否熄灭，为什么？

⑤ 把晶闸管导通，断开门极电压，然后闭合 S_3，观察灯泡是否熄灭，为什么？

⑥ 断开 S_4，再使晶闸管导通，断开门极电压。逐渐减小阳极电压（减小直流电源输出），当电流表指针由某值突降到 0 时，该值就是被测晶闸管的维持电流。此时若再升高阳极电压，灯泡也不再发亮，说明晶闸管已经关断。将实验观察的结果记入表 9.21 中。

表 9.21　　记录数据表格

条件			灯泡（亮/灭）
开始开关状态：S_1～S_3 断开 S_4 闭合	加 18V 正向阳极电压，门极加 1.5V 电压使灯亮	断开门极电压	
		去掉 18V 阳极电压	
	加 18V 正向阳极电压，门极加 1.5V 电压使灯亮	闭合 S_1，断开门极电压，接通 S_2	
	换上 0.22μF 电容，加 18V 正向阳极电压，门极加 1.5V 电压使灯亮	闭合 S_1，断开门极电压，接通 S_2	
	加 18V 正向阳极电压，门极加 1.5V 电压使灯亮	断开门极电压，闭合 S_3，再立即打开 S3	

5．思考题

（1）简易判断晶闸管好坏的方法是什么？

（2）总结晶闸管导通的条件及关断的条件。

（3）在晶闸管关断条件实验中（步骤3），接通18V正向阳极电压及正向门极电压使灯点燃，而后闭合S_1，断开门极电压，然后接通S_2，灯泡是否熄灭？在1、2端换上0.22μF/50V的电容重复上述步骤，灯泡是否熄灭？试说明为什么会产生这样的现象。

（4）在晶闸管关断条件实验（步骤5）中，把晶闸管导通，断开门极电压，然后闭合S_3，观察灯泡是否熄灭，为什么？

测得的晶闸管维持电流为____________

9.12　光电探测器响应时间的测试

1．实验目的

了解光电探测器的响应度。熟悉测量探测器响应时间的方法。比较光电二极管和三极管的响应度。

2．仪器和器材

光电三极管接收电路材料清单见表9.22。

表9.22　　光电三极管接收电路材料清单

名　　称	代　　号	型号参数
电阻	R_1	24kΩ
电阻	R_2、R_3、R_4	5.1kΩ
电容	C_1	105
电容	C_2、C_4	102
电容	C_3、C_5	100μF
运算放大器	OP07	LM318N
红外光接收三极管	红外光接收三极管	1个

3．实验原理

电路原理图如图9.28所示。

通常，光电探测器输出的电信号，都要在时间上落后于作用在其上的光信号，即光电探测器的输出相对于输入的光信号要发生沿时间轴的扩展。扩展的大小可由响应时间来描述。光电探测器的这种响应落后于作用信号的特性称为惰性。惰性的存在，会使先后作用的信号在输出端相互交替，从而降低信号的调制度。如果探测器观测的是随时间快速变化的物理量，则由于惰性的影响会造成输出严重畸形。因此，深入了解探测器的时间响应特性是十分必要的。

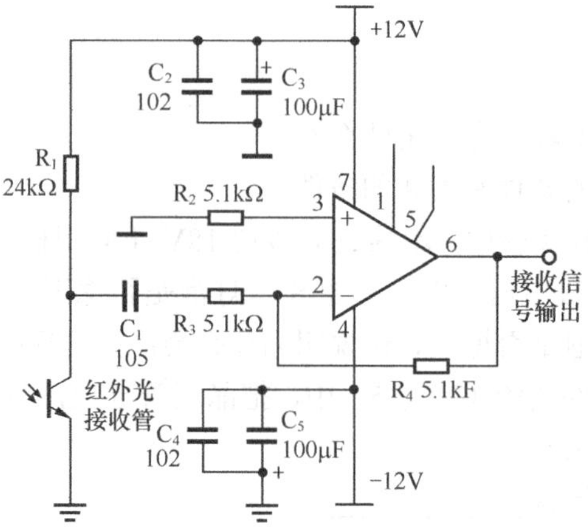

图 9.28　光电三极管接收电路

4. 内容和步骤

（1）把示波器的两个探头分别接在发射电路的 8050 的集电极和三极管光探测电路的输出端。

① 比较两个波形，定性画出两个波形，填入表 9.23 中。

表 9.23　　记录数据表格

发射电路波形图	探测电路波形图

② 定量测量光电三极管的响应度，填入表 9.24 中。（响应时间的读法请参见主教材）

表 9.24　　记录数据表格

偏 置 电 压	**5V**	**12V**
响应时间		

（2）把示波器的两个探头分别接到发射电路的 8050 的集电极和二极管光探测电路的输出端。

① 比较两个波形，定性画出两个波形，填入表 9.25 中。

表 9.25　　记录数据表格

发射电路波形图	探测电路波形图

② 定量测量光电二极管的响应度，填入表 9.26 中。

表 9.26 记录数据表格

偏置电压	5V	12V
响应时间		

（3）把示波器的两个探头分别接到三极管光探测电路的输出端和二极管光探测电路的输出端，填入表 9.27 中，比较两个波形。

表 9.27 记录数据表格

二极管光探测电路	三极管光探测电路

5. 思考题

分析二极管光探测器和三极管光探测器响应时间的差别及其原因。

注意事项：

（1）直流稳压电源上都标注电压值及极性，请勿接错。

（2）示波器的每个探头都有两个接头，侧面的黑夹子接地，另一个接头接到所要探测的信号线号上。请勿把接地黑夹子接到电源或测试信号上。

扫一扫 看视频

9.13 利用集成运放设计放大电路

信号放大是模拟电子线路中重点研究的内容，其基本原理是利用放大电路将输入小信号进行不失真的放大。放大电路设计的目标是电路结构简单、参数估算方便、电路精度高、容易调试。

利用分立元器件设计放大电路需要考虑电路的静态工作点，需要绘制电路的小信号等效电路，估算电路的放大倍数，不仅计算量比较大，而且电路调试比较复杂，电路性能不够稳定。

集成运放由于具有开环增益高，输入电阻大，输出电阻小等特点，只要在集成运放外围添加少量元件就可以构成性能优良的放大电路。故采用集成运放设计放大电路方便、快捷。

1. 实验目的

（1）用 Protel 99SE 软件设计出原理图及单层 PCB 板图（上机操作）。

（2）用 Gerber 文件在视频雕刻机上刻出 PCB 印制电路板（上机操作）。

① 掌握可调稳压电源电路的工作原理。

② 进一步掌握在 PCB 板上的焊装技巧。

③ 用 Protel 99SE 软件设计出原理图及单层 PCB 板图（上机操作）。

④ 用 Gerber 文件在视频雕刻机刻出 PCB 印制电路板（上机操作）。

2．实验器材

计算机一台；雕刻机一台；示波器一台；常用电工组合工具；套装元器件一袋。

3．元器件清单

集成运放设计放大电路的元器件清单如表 9.28 所示。

表 9.28　集成运放设计放大电路的元器件清单

元 件 名 称	参　　数	元 件 名 称	参　　数
R_1	5.1 kΩ	C_2	100nF
R_F	51 kΩ	C_3	45μF
R_P	4.6 kΩ	C_4	100nF
C_1	45μF	运放	OP07

4．放大电路设计方法

（1）设计方法

电路设计流程一般分为 3 个步骤：首先根据设计要求进行理论分析，确定电路结构并估算元器件参数，其次通过仿真验证所设计电路是否正确，最后搭建硬件电路，利用仪器测量电路参数，将结果与设计要求进行比较。

（2）确定原理图

该放大电路要求电路放大倍数为−10，输入电阻为 5.1kΩ。

放大倍数的负号表示输入信号与输出信号极性相反，故输入信号应加在运放的反相输入端；为了保证运放构成负反馈，反馈回路应引回到反相输入端；为保证输入电流与反馈电流相等，在输入信号与反相输入端之间增加电阻 R_1；由于集成运放输入级为差分放大电路，为保证运放同相、反相端之间电阻匹配，在同相端增加平衡电阻 R_P。输入电阻等于输入电压除以输入电流，输入电阻等于 R_1。最终放大电路的原理图如图 9.29 所示。

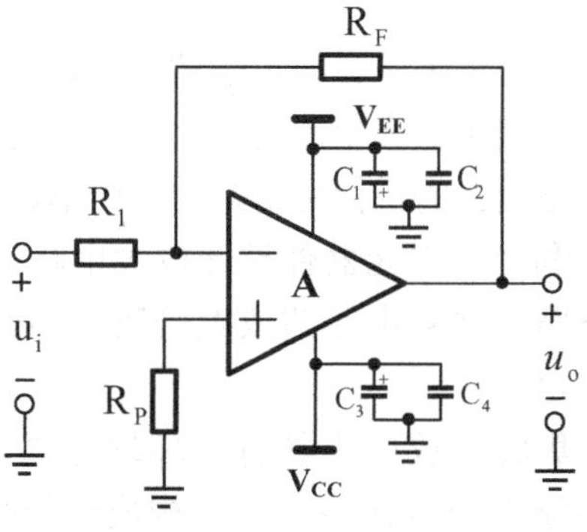

图 9.29　放大电路的原理图

（3）确定元件参数

利用集成运放的虚短、虚断确定电路放大倍数的表达式。由虚断可知，运放同相端电流为 0，运放同相端电位 $u_+=0$，由虚短可知 $u_+=u_-=0$。运放反相端电流为 0，R_1 和 R_F 电流相等，假设电流向右。其中 R_1 电流等于$(u_i-u_-)\div R_1$；流过 R_F 的电流等于$(u_--u_o)\div R_F$。由于 u_-等于 0，所以电压放大倍数 $A_u=-\dfrac{R_f}{R_1}$。

集成电路外围元件的选择遵循如下原则。

① 电路中电阻值与电路的阻抗要求有关，要求输入电阻为 5.1kΩ，则 R_1=5.1kΩ。

② 运放中负反馈电阻不能太小，若反馈电阻太小，则造成运放输出电流较大，导致运放漂移增大，故一般不低于 1kΩ。运放中负反馈电阻也不能太大，阻值太大造成电阻精度下降，稳定性差，噪音大，一般不超过 1MΩ。本电路中 R_F=51kΩ，满足设计要求。

③ 平衡电阻选择。$R_P=R_1//R_F\approx4.6$ kΩ。

④ 电源去耦。为了防止公共电源来的低频和高频干扰信号影响电路工作的稳定性，同时防止本级电路交流信号通过公共电源影响其他电路，往往在集成运放的电源处对地增加旁路电容。旁路电容通常用一只几十微法～几百微法的较大电容和一只 0.001～0.1μF 的小电容。

（4）仿真

在确定电路原理图和电路参数后，应该用什么样的手段验证设计电路的正确性呢？一般会采用软件仿真的方式验证设计电路的正确性。可以采用 Multisim 进行仿真，利用 Multisim 10 连接电路，仿真分析电路功能，电路图及仿真结果如图 9.30 所示。由图知，输入信号与输出信号极性相反，输入信号峰值约为 20mV，输出信号峰值约为 200mV，则电路的放大倍数为−10。测得输入电流有效值为 2.772μA，输入电压有效值为 14.142mV，则电路的输入电阻约为 5.1kΩ。

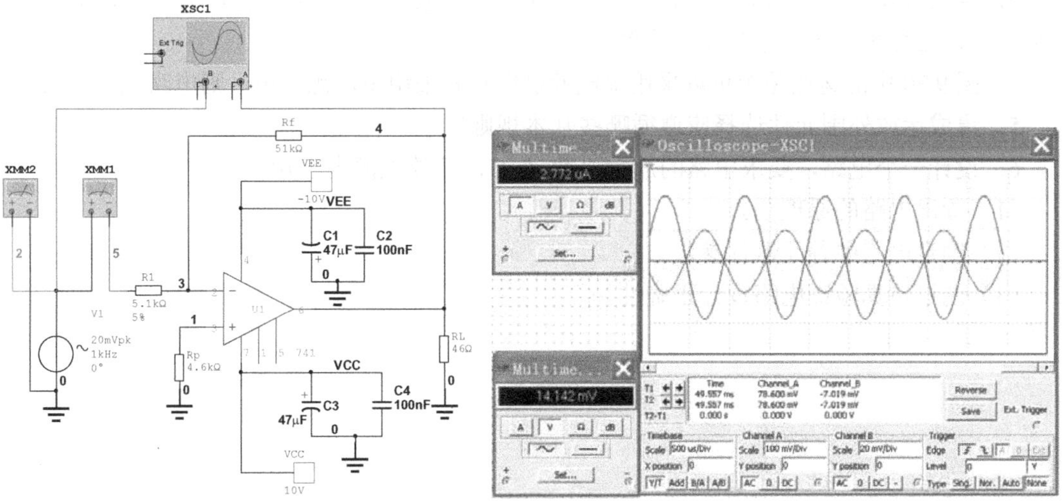

图 9.30　仿真结果

5．硬件验证

（1）在实验室利用 Proel 99SE 软件设计出放大电路的原理图和 PCB 板图。

（2）利用 Protel 99SE 软件生成的 Gerber 文件，在视频雕刻机上雕刻出放大电路的 PCB 印制电路板。

（3）检查 PCB 板是否有误。

（4）焊接 PCB 板，焊接过程中注意以下事项。

① 电解电容的正极要接在高电位，尤其是负电源的电解电容正极要接地。

② OP07 应先焊接底座，然后再安装 OP07 芯片。

③ OP07 的正负电源不要接反。

（5）调试电路。

为电路输入频率 1kHz，峰值 20mV 的正弦波，OP07 采用±10V 供电。利用示波器观察输入信号、输出信号波形，并求出电路的放大倍数。

调试中常见故障如下。

① 没有输出信号，检查电路是否可靠接地以及是否为 OP07 接入正负电源。

② 输出信号峰值很小，应检查 R_F 和 R_1 的阻值是否满足要求。

③ 若输出信号失真，检查输入信号峰值是否过大。

（6）撰写实验报告。写出完整的实验报告材料，详述实验过程中出现的问题及解决方法。

思考与练习

1．在基于 LM2576 的直流稳压电源实验中，图 9.4 中的 C_1、C_2 的作用是什么？LM2576 的转换效率为什么比线性三端稳压器件的转换效率高？

2．利用集成运放设计放大电路中，运放“虚短”（同相端的电位等于反相端的电位）成立的条件是什么？

3．若增大输入信号的频率（100MHz 以上），则电路的放大倍数有什么变化？电路放大倍数与输入信号频率之间存在什么关系？

4．图 9.30 中的运放是否可以采用单电源供电？若采用单电源供电，则电路应如何修改？

5．集成运放外围元件选择应遵循哪些基本规则？

6．设计一个电路，要求电路的放大倍数 A_u=5，运放电源为±10V。

（1）画出电路的原理图。

（2）确定电路中各元器件参数。

（3）通过仿真验证电路设计正确性。

第10章 数字电路实践训练

10.1 555定时器的应用

1．实验目的

（1）掌握555时基电路的功能。
（2）学会用555时基电路设计各种应用电路。

2．实验器材

面包板、双踪示波器、集成电路NE555、电阻器和电容器若干只。

3．555简介

555时基电路也称555定时器，是用途很广泛的一种单片集成电路。利用电阻和电容等其他元器件，即可构成各种不同用途的数字脉冲电路，如多谐振荡器、单稳态触发器等。555时基电路现有双极型和CMOS型两种。它们均有单和双时基电路，双极型型号555为单时基电路，556为双时基电路；CMOS型产品型号7555为单时基电路，7556为双时基电路。

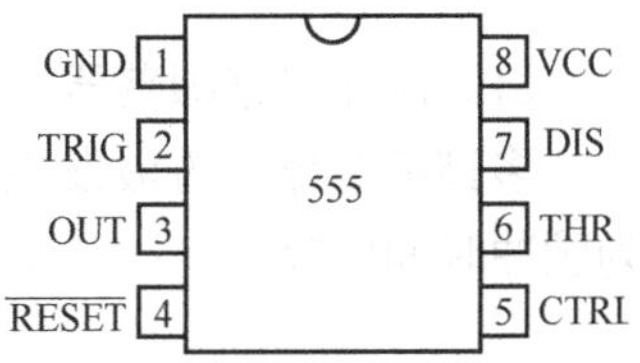

图10.1　555引脚图

555引脚图如图10.1所示，各引脚功能如表10.1所示。

表10.1　555各引脚功能

管　脚	功　　能
1	电源负端
2	低触发端
3	输出端。最大输出电流达200mA
4	强制复位端。V_4=0，Q=0。如不需要强制复位时，可与电源正极相连
5	控制端。用来调节比较器的基准电压，如不需调整，可悬空或通过0.01μF电容接地
6	高触发端

续表

管 脚	功 能
7	放电端
8	电源正端，电源电压为 4.5～18V

555 的内部结构如图 10.2 所示，其中 A_1、A_2 为两个电压比较器，A_3 为 R-S 双稳态触发器，VT 为放电三极管，3 个 5kΩ 电阻组成分压器，A_1 的基准电压为 $2V_{DD}/3$。当 $V_6 \geqslant 2V_{DD}/3$，A_1 输出 1，使 R-S 复位，Q=0，$V_3=0$，VT 导通，7 脚接地。A_2 的基准电压为 $V_{DD}/3$，当 $V_2 \leqslant V_{DD}/3$，A_2 输出 1，使 R-S 置位，Q=1，$V_3=1$，VT 截止，7 脚悬空。

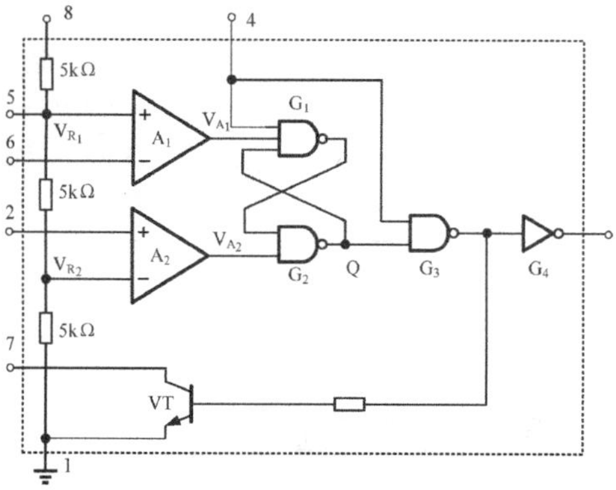

图 10.2 555 的内部结构图

555 时基电路真值表（逻辑功能表）如表 10.2 所示。

表 10.2 逻辑功能表

输入			输出	
V_4	V_2	V_6	V_3	V_7
0	ϕ	ϕ	0	0
1	$\leqslant V_{DD}/3$	ϕ	1	悬空
1	$>V_{DD}/3$	$\geqslant 2V_{DD}/3$	0	0
1	$>V_{DD}/3$	$<2V_{DD}/3$	原状态	原状态

4. 实验内容

（1）制作多谐振荡器

多谐振荡器（方波发生器）电路原理图及波形图如图 10.3 所示，图中 t_1 为脉冲宽度，t_2 为脉冲时间间隔。

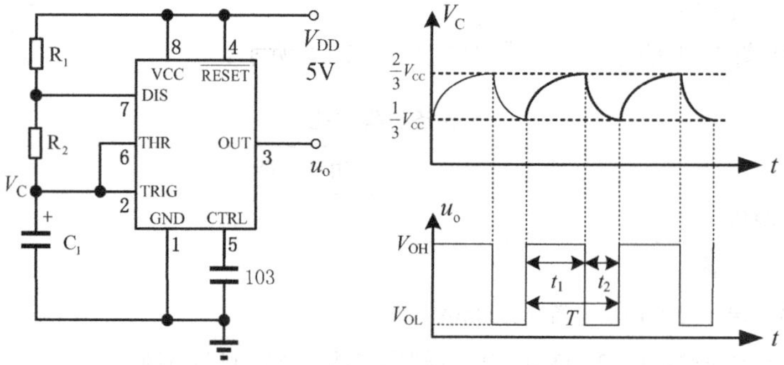

图 10.3 多谐振荡器（方波发生器）及波形图

多谐振荡器工作原理如下。

接通电源时，电容两端电压不能突变，V_C=0V，即 $V_2<V_{DD}/3$，V_3=1；电源通过 R_1+R_2 对电容 C 充电，当 V_C 上升到 $2V_{DD}/3$，即 $V_6 \geqslant 2V_{DD}/3$，V_3=0，此时 7 脚接地，V_C 通过 R_2 放电；当 $V_2 \leqslant V_{DD}/3$，V_3=1，如此重复成无稳态多谐振荡器电路。

$t_1+t_2=T$ 为方波的周期，$t_1=0.693(R_1+R_2)C$（s），$t_2=0.693R_2C$

方波的频率为：$f=1/T=1/(t_1+t_2)=1/0.7(R_1+2R_2)C=1.44/(R_1+2R_2)C$。

占空比为：$q=t_1/T=(R_1+R_2)/(R_1+2R_2)$

元件取值范围（参考值）：$R_1<10\text{k}\Omega$；$R_2=10\text{k}\Omega \sim 100\text{k}\Omega$；$C=100\mu\text{F} \sim 10\mu\text{F}$。

实验中的要求如下。

① 制作具有声、光功能的多谐振荡电路并对其进行测量。

② 利用所发的元器件构成多谐振荡器后，画出电路图。

③ 画出输入端 2 和输出端 3 的电压波形图。

④ 说明其工作原理。

（2）具有声、光功能的多谐振荡器

具有声、光功能的多谐振荡器原理图如图 10.4 所示。

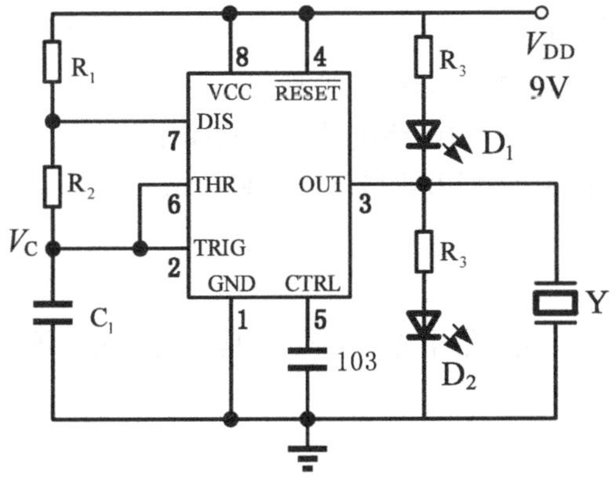

图 10.4　具有声、光功能的多谐振荡器电路

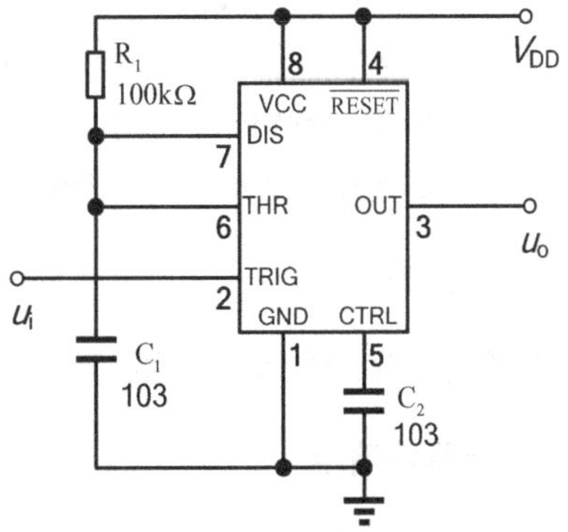

图 10.5　单稳态触发器电路

在无稳态多谐振荡器电路输出端增加发光二极管（D）和压电蜂鸣器（Y），便具有声、光显示功能。

发光二极管工作电流为 10mA，正向压降约 2V，限流电阻为

$$R_3=(V_{DD}-V_F)/I_F=(9-2)/0.01=700\Omega$$

（3）单稳态触发器电路

单稳态触发器电路如图 10.5 所示，实验中输入 200Hz 的脉冲信号，用示波器观测并计录 u_i、u_c、u_o 的波形，并观测记录输出波形，再分析结果。

（4）报警电路

报警电路原理图如图 10.6 所示。

实验中按图搭制电路，分析该电路的工作原理，并计算报警时间和报警振荡频率；利用示波器观测和记录输出波形。

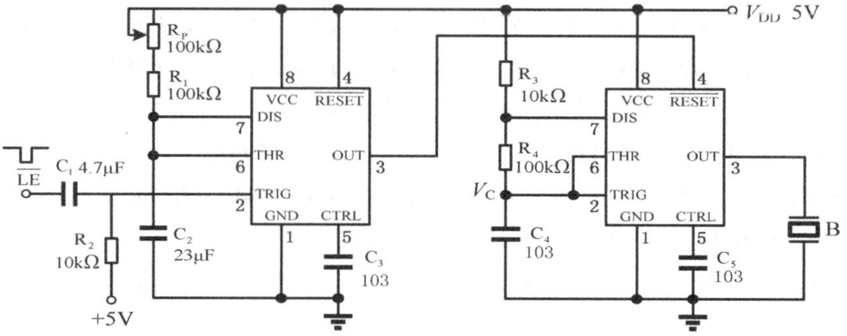

图 10.6　报警电路图

10.2　可控硅多路抢答器的装配与调试

1. 实验目的

（1）了解可控硅的特性及应用。

（2）掌握可控硅构成的多路抢答器的工作原理。

（3）通过本实验课，进一步熟悉电子电路的装配、调试、检测方法。

（4）用 Protel 99 SE 设计出原理图和单层 PCB 印制电路板图（上机操作）。

（5）用 Gerber 文件在视频雕刻机上刻出 PCB 印制电路板（上机操作）。

2. 实验器材

计算机一台；雕刻机一台；万用表 MF-47 一块；常用电工组合工具一套；实验器件一套。

3. 元器件清单

本实验所用元器件清单如表 10.3 所示。

表 10.3　　元器件清单

名　称	代　号	型号、参数	名　称	代　号	型号、参数
二极管	VD_1	1N4001	涤纶电容器	C	0.1μF
	VD_2		指示灯	H_1～H_4	0.3A、2.5V
三极管	VT_1	9011	扬声器	B	8Ω
	VT_2	3AX31	扳手开关	SA	
可控硅	VS_1	MCR100-7	轻触开关	SB_1～SB_4	
	VS_2		电池	G	1.5V×4
	VS_3		安装线		若干根
	VS_4		印制电路板	PCB	1 块
电阻	R_1	3kΩ			
	R_2	2kΩ			
	R3	20kΩ			

4．工作原理

可控硅又称晶体闸流管（简称晶闸管），常用的有单向可控硅，双向可控硅和光控可控硅等。它具有体积小、重量轻、效率高、寿命长、耐震、防潮、使用维护方便等优点，广泛应用于可控整流、交直流无触点开关、逆变换器等设备中。

图 10.7 为由可控硅构成的多路抢答器电路原理图。主持人闭合 SA，抢答开始，假定轻触开关 SB_3 先按下，则可控硅 VS_3 触发导通，指示灯 H_3 亮，振荡器工作，扬声器发声，表示持 SB_3 按钮者获得优先抢答权。由于 VD_1、VD_2 导通时，电路中 A、B 两点电位很接近，其他按钮再按下，已没有足够的触发电压使未导通的可控硅导通，即其他指示灯不会再亮，当主持人断开 SA，再闭合，即可进行下一轮抢答。

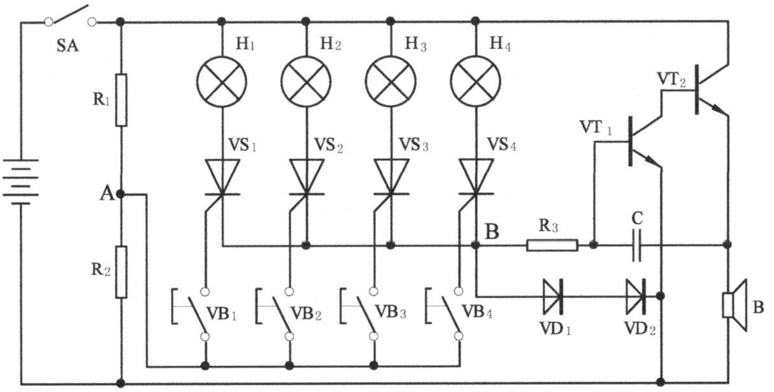

图 10.7　多路抢答器电路原理图

5．实验内容

（1）安装、调试与检测

① 按 PCB 图正确安装各元器件。三极管、单项可控硅采用立式安装，底面离印制电路板（5±1）mm。插件装配力求美观、均匀、端正、整齐、不能歪斜，要高矮有序。

所有插入焊片孔的元器件引线及导线均采用直脚焊，剪脚留头在焊面以上（1±0.5）mm，焊点要求圆滑、光亮、防止虚焊、搭焊。

② 检查元器件装配无误后，用烙铁将断口 D、E 封好，接上 6V 电源。在开关 SA 处于断开状态下，把电流表串接在开关两端，测静态电流，正常情况下应为 1.25mA 左右，用镊子短路可控硅阳极和阴极，扬声器发声，电流表读数应为 1.75mA 左右。

③ 接通扳手开关 SA，按下轻触开关，其中对应的一只指示灯亮，扬声器发声，此时再按下其他轻触开关，其他指示灯不会再亮。

④ 断开扳手开关 SA，再闭合。检查其他每个指示灯、可控硅是否正常。电路中可控硅、指示灯可根据情况增减。

（2）技能训练

① 用电流表测量并记录扬声器响与不响两种状态时的整机电流值。

② 用电压表测量并记录 A、B 两点和可控硅、三极管各级在两种状态时的电压值。

③ 用烙铁将断口 D 焊开，观察故障现象并记录在实验报告表上，分析有哪些原因会出现同样现象的故障，然后用烙铁将断口 D 封好。

④ 用烙铁将断口 E 焊开，观察故障现象并记录在实验报告表上，分析 VD_1、VD_2 在电路中的作用。

（3）常见故障及原因

① 扬声器不响。一般此故障是振荡器停振造成的，主要检查 VT_1、VT_2、C、R_3 和扬声器。

② 轻触开关按下，指示灯不亮，扬声器也不响。先检查供电电压是否正常，然后检查轻触开关接触是否良好。可控硅阳极、阴极装反，指示灯损坏也会造成此故障。

6．实验报告

（1）将测试结果填入表 10.4 中。

（2）写出完整的实验报告材料，详述实验过程中出现的问题及解决方法。

表 10.4　　　　实验报告

状态 测试点	扬声器响	扬声器不响	状态 测试点	扬声器响	扬声器不响
A 点电压/V			VS_3 点电压/V		
B 点电压/V			VT_1 各脚电压/V	V_e= V_b= V_c=	V_e= V_b= V_c=
VS_1 点电压/V			VT_2 各脚电压/V	V_e= V_b= V_c=	V_e= V_b= V_c=
VS_2 点电压/V			整机电流/mA		
测试中出现的故障及排除方法					

10.3 录放音电路

1．电路知识与要求

通过焊装录放音电路和测试各种元器件，了解其参数与作用。针对市场的需求，拓宽设计思路，学会将各种元器件应用在家电、防盗、通信、汽车、益智玩具、圣诞节日礼品玩具、有声语音闹钟、手表、电子卡片、电子有声读物、教学玩具、电子琴、电子语音盒等产品的设计电路中。

2．实验器材

计算机一台；雕刻机一台；万用表一块；稳压电源一台；常用工具一套。

3．元器件清单

本实验所用元器件清单如表 10.5 所示。

序号	名 称	型号规格	位 号	数 量
1	集成电路	ISD1820	U_1	1 块
2	轻触开关		K_1、K_2	各 1 个
3	电阻	1kΩ（棕黑黑棕棕）	R_1、R_3	各 1 个
4	电阻	100kΩ（棕黑黑橙棕）	R_2	各 1 个
5	电阻	4.7kΩ（黄紫黑棕棕）	R_4、R_5	各 1 个
6	绿色独石电容	104	C_1、C_3、C_4	各 1 个
7	电解电容	220μF/16V	C_5	1 个
8	电解电容	4.7μF /50V	C_6	1 个
9	驻极体话筒		C_7	1 个
10	整流二极管	4007	VD	1 个
11	发光二级管	红色	LED	1 个
12	喇叭	8Ω 0.5W	BL	1 个

表 10.5 元器件清单

实验所用录音芯片为ISD1820，其封装为DIP14，具有 8～20s 单段语音录放功能，ISD1820 采用 CMOS 技术，内含振荡器，ISD1820 语音芯片具有话筒前置放大和自动增益控制电路，该语音芯片可反复擦写，3～5V 供电，20s 录放，外围电路元器件比较少，且掉电信息不会丢，可保存 100 年。其外形如图 10.8 所示。

4．8～10s 录音电路原理图

8～10s 录音电路原理图如图 10.9 所示。

图 10.8 录音芯片

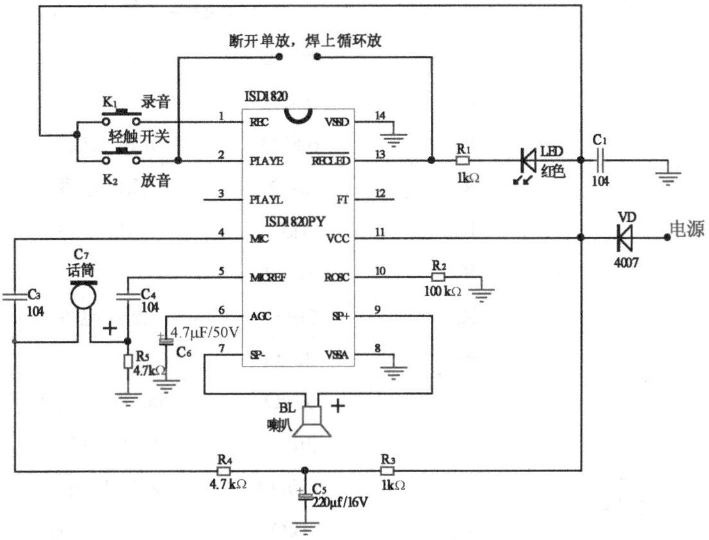

图 10.9 8～10s 录音电路原理图

5．实验内容

（1）焊装完毕必须在老师指导下进行测试。
（2）验收合格后方可离开实验室。
（3）完成实习报告。

10.4 声光双控节电灯的制作

1．实验目的

（1）了解声光双控节电灯电路的结构和工作原理。
（2）通过对声光双控节电灯的组装、调试、检测，进一步掌握电子电路的装配技巧。
（3）熟悉光敏三极管、555 时基电路、双向晶闸管在电路中的具体应用。
（4）用 Protel 99 SE 软件设计出原理图及单层 PCB 板图（上机操作）。
（5）用 Gerber 文件上视频雕刻机刻出 PCB 印制电路板（上机操作）。

2．实验器材

计算机一台；雕刻机一台；万用表 MF-47 一块；常用电工组合工具一套；套装元器件一套。

3．元器件清单

本实验元器件清单如表 10.6 所示。

表 10.6　　元器件清单

名　称	代　号	型号、规格	名　称	代　号	型号、规格
电阻	R_1	1MΩ	三极管	VT_1、VT_2、VT_3	9013
	R_2	6.8kΩ	光敏三极管	VT_4	3DU5
	R_3	3kΩ	涤纶电容	C_1	0.47μF
	R_4	1kΩ	电解电容	C_2、C_6	100μF
	R_5	100Ω		C_3、C_4	0.47μF
	R_6	200Ω	圆片电容	C_5	0.02μF
	R_7	22kΩ		C_7	0.1μF
	R_8	330Ω	555 时基电路	555	NE555
	R_9	20kΩ	稳压二极管	VS	2CW56
电位器	R_{P1}	220kΩ	双向晶闸管	VT	BCR1AM
	R_{P2}	1kΩ	压电陶瓷片	HTD	
二极管	VD	1N4002	印制电路板	PCB	

4．工作原理

利用一块时基电路及少数外围元件可组成声光双控节电灯。白天，由于光线照射，该灯始终处于关闭状态。一到晚上，该灯只要收到一个猝发声响（如脚步、击掌声），就会自动点亮，而后延迟一段时间又会自动熄灭，达到节电的目的。该电路具有结构简单、自耗电量小、性能稳定、灵敏度高、通用性强的特点。

图 10.10 为声光节电电灯的电路原理图，压电陶瓷片具有对猝发声响有极为敏感的特性，本电路用它作为声—电换能元件。该电路由电压部分、声电转换及放大部分、单稳态时延部分和光控部分组成。

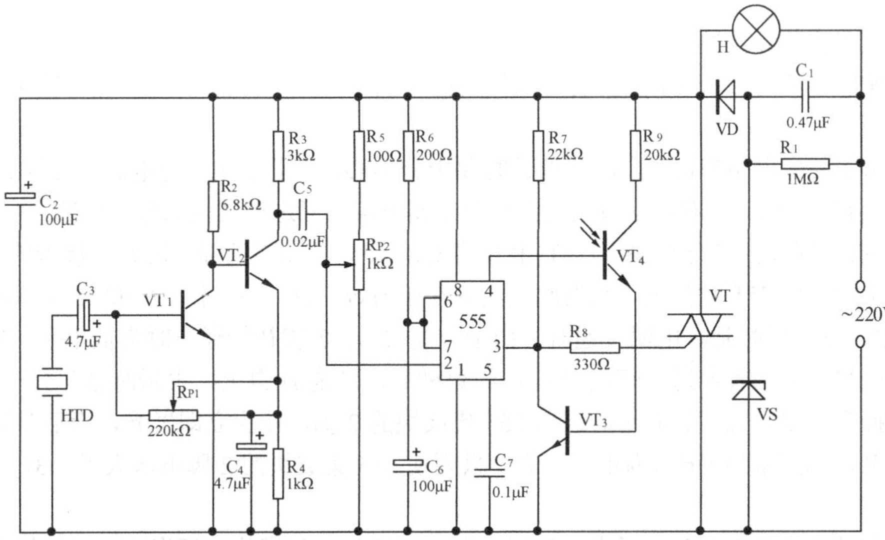

图 10.10 声光双控节电灯电路原理图

C_1、R_1、VD、VS 及 C_2 组成电源电路，交流市电经 C_1 电容降压、VD 整流、VS 稳压后，再由 C_2 滤波后供电给整个电路工作。电路采用电容降压，与使用变压器相比，不但缩小了体积，杜绝了噪音，而且也减小了电路能耗。声控元件采用压电陶瓷品 HTD，它将声信号转换为相应的电信号后，通过 C_3 耦合至 VT_1、VT_2 组成的直接耦合式双管放大器进行放大。该放大器由 R_2、R_{P1} 提供偏流，调节 R_{P1} 可改变放大器的增益，用以控制声控灵敏度。R_4 为直流负反馈电阻，用来稳定工作点，C_4 为交流旁路电容，用以补偿放大器的交流增益，R_3 为放大器的输出直流负载电阻，放大后的负脉冲信号经 C_5 触发由 555 集成块组成的单稳态时延电路，达到控制负载的目的。

单稳态时延部分用一块 555 时基电路以及 R_6 与 C_6 组成时延回路，时延 $t=1.1R_6\times C_6$。稳态时，555 集成块 3 脚输出端为低电平，当其 2 脚触发端得到一负脉冲信号时，电路即进入暂态，输出端 3 脚立即翻转为高电平、触发双向晶闸管 VT 导通，灯泡 H 发光。此后，电源经 R_6 向 C_6 充电，当 C_6 端点位升至约 $2/3V\text{cc}$ 时，电路又自动恢复到初始稳定状态，3 脚回复低电平，可控硅因又触发电压而关断，灯泡熄灭，控制电路暂态结束，进入稳态，等待下一次触发脉冲。在图 10.10 中，R_5 和 R_{P2} 组成分压电路，为集成块的触发端提供一个开门阀值电平，调节 R_{P2}，使触发端 2 脚的电压略大于 $1/3V\text{cc}$，迫使 3 脚输出低电平，2 脚一旦出现负脉冲信号，单稳态电路即动作，适当调节 R_{P2}，也可改变控制灵敏度。

在白天，由于光照较强，VT_4的 b-c 间呈现低阻态，为 VT_3提供了一个较大的偏置电流，使其饱和导通。此时，VT_3的集电极，即 555 集成块的强制复位端 4 脚被强制为低电平，555 集成块处于复位状态，使输出端 3 脚恒为低电平，双向晶闸管无触发电流而关断，灯泡 H 不亮。因此，白天不管声控信号如何增强。555 集成块的 3 脚始终为低电平。VT 关断，达到白天停止照明的目的。晚间，由于光线明显减弱，VT_4因无光照而使 e-c 间呈高阻状态，使 VT_3截止，555 集成块强制复位端 4 脚为高电平，555 集成块退出复位状态，电路可受控制。改变 R_9的值，可以控制光控灵敏度。

5. 实验内容

（1）正确安装元器件。

（2）焊接时基电路 555 时，宜将电烙铁的插头拔掉，利用余热焊接。焊接完毕确认无误，即可通电调试。

（3）由于装配电路带市电，因此调试时要十分小心，以防触电。通电后，测得 C_2两端的直流电压应有 8～10V 左右，这表明电源部分工作正常，可进行其他部分的调试。

（4）调试单稳时延部分：断开 VT_4和电容 C_5，使光控和声控部分脱开，接着将 R_{P2}大约旋至中间位置，使 555 时基电路触发端大约处在 1/2Vcc 左右，并用一个 10kΩ 左右电阻并联在 R_6两端，以缩短时延。电源接通时，由于控制端 6、7 脚初始通电时为低电平，输出端 3 脚应为高电平，晶闸管导通，灯泡 H 亮；约数秒后，灯泡 H 自灭，表示时延部分工作正常。然后，手握镊子或者螺钉旋具小心碰触 555 集成块的 2 脚，H 应立即发光，而后时延熄灭，适当调节 R_{P2}，直到动作正常为止。一般，只要使 555 集成块的 2 脚电压大于 1/3Vcc 即可正常工作。

（5）调试声控放大部分。通电后先用一器具轻轻敲击陶瓷片，灯泡应发光，然后时延自灭。接着击掌，灯泡应亮 1 次，时延自灭，再拉开距离调试，细心调节 R_{P1}、R_{P2}直到满意为止，调节上述两电位器，灵敏度最高时，其控制距离可达 8m，为了保险起见，灵敏度调在 5m 位置最合理。

（6）调节光控部分。使受光面受到光照，接通电源，测量 VT_3的集电极电压接近 0，这时不管如何击掌或敲击压电陶瓷片，H 都不发光为正常。然后挡住光线，使光电管不受光照，击掌，灯泡即亮，后时延自灭，表示光控部分正常，适当选择 R_9，可改变光控灵敏度，这可根据所处环境而定。

（7）调试完毕，将 R_6上的并联电阻去掉，可根据需要适当调整 R_6，以获得所需时延；最后用环氧树脂封固，防止振动而改变参数。

6. 实验报告

将实验过程及发生的问题、处理结果填入实验报告中。

10.5 七彩循环装饰灯控制器的制作

1．实验目的

（1）熟悉七彩循环装饰灯控制器原理。

（2）通过安装七彩循环装饰灯控制器进一步熟悉电子线路制作工艺。

（3）用 Protel 99 SE 软件设计原理图及单层 PCB 板图（上机操作）。

（4）用 Gerber 文件上视频雕刻机刻出 PCB 印制电路板（上机操作）。

2．实验器材

计算机一台；雕刻机一台；万用表 MF47 一块；常用电工组合工具一套；元器件一套（见表 10.7）。

3．元器件清单

七彩循环装饰灯控制器元器件清单如表 10.7 所示。

表 10.7　元器件清单

名　称	代　号	型号、参数	名　称	代　号	型号、参数
集成电路	IC_1	CD4011	电阻	R_1	RJ-1/2W-82kΩ
	IC_2	CD4518		R_2	RTX-1/8W-1MΩ
晶闸管	VS_1～VS_3	MCR100-6×3		R_3	RTX-1/8W-10kΩ
二极管	VD_1～VD_5	1N4004×5		R_4～R_5	RTX-1/8W-30kΩ
稳压管	VD_6	2CW59（1N4105）	电容	C_1	CD11-16V220μF
电位器	R_P	WS1-X-1MΩ		C_2	4.7μF
单刀单掷开关	SA		彩色钨丝灯	H_1～H_3	220V、15W～40W×3

4．工作原理

七彩循环装饰灯控制器电路如图 10.11 所示，它由电源变换电路、调色时钟脉冲信号发生电路和灯光变色控制电路 3 部分组成，其中 H_1、H_2、H_3 是被控“三基色”灯泡。

接通电源，220V 交流电经 VD_1～VD_4 桥式整流后，一方面供彩灯回路用电；另一方面经 R_1 降压限流、VD_6 稳压、VD_5 隔离和 C_1 滤波，为控制电路提供约 10.3V 的稳定直流电。IC_1 与外围组件构成一个时钟脉冲信号发生器，其中与非门Ⅰ、Ⅱ以及 R_P、R_2 和 C_2 组成多谐振荡器，由与非门Ⅲ、Ⅳ构成 R-S 触发器对振荡产生的脉冲进行整形，然后由与非门Ⅳ输出送到 IC_2 的时钟脉冲 CP 输入端。IC_2 是一块具有双同步加法计数功能的 CMOS 集成电路 CD4518，由与非门Ⅳ送来的正脉冲在其内部进行二进制编码，并使 Q_1～Q_4 输出端的状态发生循环组合变化。其逻辑真值表见表 10.8。从真值表中可以看出，当 IC_2 的 CP 端输入第一个时钟脉冲时，其 Q_1 输出高电平，VS_1 受触发导通，H_1 通电发出红光；当第二个时钟脉冲到来时，IC_2 的 Q_2 输出高电平，VS_2 随之导通，H_2 通电发出绿光；当第三个时钟脉冲到来时，IC_2

的 Q_1、Q_2 同时输出高电平，VS_1、VS_2 均导通，H_1、H_2 同时通电点亮，根据混色原理，灯箱对外变成黄色；以此类推，IC_2 的 Q_1、Q_2、Q_3 端有 8 种逻辑状态，可使“三基色”灯顺序产生 7 种色光（红、绿、红+绿=黄、蓝、红+蓝=紫、绿+蓝=青、红+绿+蓝=白）。当第 8 个时钟脉冲到来时，IC_2 的 Q_1、Q_2、Q_3 端均输出低电平，H_1、H_2、H_3 全部熄灭片刻；同时 IC_2 的 Q_4 端输出高电平，其信号直接送入清零端 R，使 IC_2 内部电路复位；第 9 个时钟脉冲送入 IC_2 时，循环上述过程。

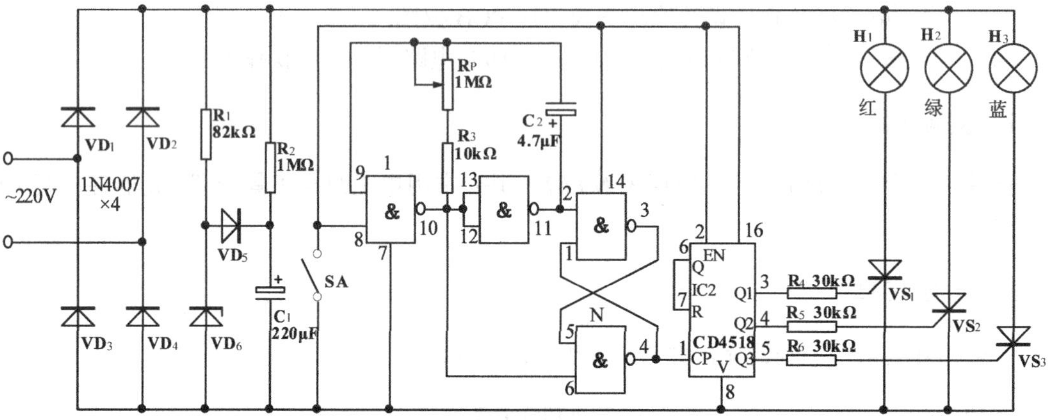

图 10.11　七彩循环装饰灯控制器电路原理图

表 10.8　　CD4518 真值表

时钟 输出	1	2	3	4	5	6	7	8	时钟 输出	1	2	3	4	5	6	7	8
Q_1	1	0	1	0	1	0	1	0	Q_3	0	0	0	1	1	1	1	0
Q_2	0	1	1	0	0	1	1	0	Q_4	0	0	0	0	0	0	0	1

电路中，灯光变色色度由与非门Ⅰ、Ⅱ组成的多谐振荡器工作频率确定，其工作频率由公式 $f\approx1/0.69(R_P+R_3)C_2$ 来估算。按图 10.11 所示选用数值，通过调节 R_P 阻值，可使灯光每隔 0.1～10s 自动变换一种颜色。闭合定色开关 SA，与非门Ⅰ的控制输入端由高电平变为低电平，振荡器停止工作，变色灯便停留在上述 8 个状态中的某一个状态。

5．实验内容

（1）课前制作七彩循环装饰灯控制器印制板。印制板实际尺寸约为 75mm×35mm。

（2）组装控制器。按 PCB 板图焊接元器件，IC_1、IC_2 最好用插座，插座的缺口标记与印制板相应标记对准，不得装反。集成电路插入插座时也要注意不要插反，焊好的电路板经检查无误后，最好装在密封的小盒内，以免使用时不慎发生触电事故。制成的控制器电路，如果装配没有错误，无须调试即可投入正常工作。

（3）实际运用时，“三基色”灯应为 220V、15～40W 彩灯钨丝灯泡组，要求每组色灯总功率不超过 100W。可以用此控制器制成形式多样、功能不一的变色壁灯、变色吸顶灯、变色灯柱、变色广告牌等，但必须考虑“三基色”灯泡色彩混合问题。

该控制器能常年通电使用，性能可靠。使用时调节电位器 RP 的旋钮，即可调节七色光变换的快慢速度。若要变色灯停在某一喜欢的颜色上，只需合上定色开关 SA 即可；若想返回到变色状态，则只需要断开 SA 便可。

6. 实验报告

按指导教师要求填写实验报告，可自拟表格记录有关数据。

10.6 红外光发射器

1. 实验目的

在深入了解光辐射原理和光源基本特性的基础上初步设计、搭建红外光发射电路，培养良好的电路设计思想及提高动手能力。

2. 仪器和器材

直流电流（+5V）、示波器、万用表、面包板、74HC04、8050、红外光发射二极管、电容（102μF、104μF、100μF）、电阻（100Ω、1kΩ、3kΩ、18kΩ、24kΩ）等元件若干。

3. 实验原理

光是电磁波，通常是指电磁波谱中对应于真空中的波长在 0.38μm～0.78μm 范围内的电磁辐射，它对人眼能产生目视刺激而形成“光亮”感。人们把此波段的电磁辐射叫光辐射，把发出光辐射的物体叫作光源。广义地讲，X 射线、紫外辐射、可见光、红外辐射都可以叫光辐射，相应的辐射系统称为光源。在光电系统中，光源是必不可少的，实用光源是某一波长或某一段波长范围的辐射，在光电系统中的作用是发射光。

红外光发射器的核心是非门 74HC04，它配以合适的发射器及电路，就成为一个红外光发射器。

本实验所用芯片型号为 74HC04，其外形和引脚图如图 10.12 所示。红外光发射电路原理图如图 10.13 所示。

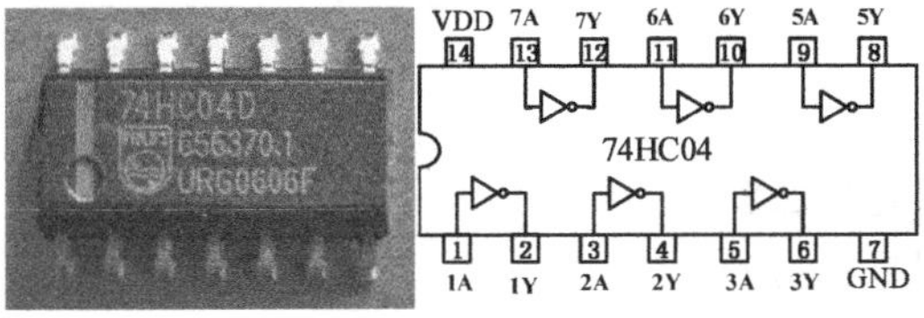

图 10.12 74HC04 外形及符号

4. 操作内容和操作步骤

（1）按电路原理图连接电路。

（2）检查电路，在确定电路没有错误的情况下，打开直流电源。

（3）进行电路调试。

① 把示波器的探头接到 74HC04 的第 4 脚，检测振荡电路是否正常工作，并记录第 4 脚的输出波形及相应参数，填入表 10.9 中。

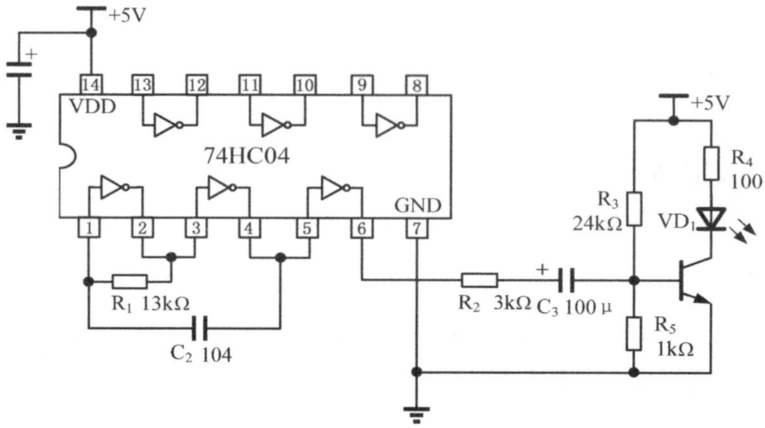

图 10.13 红外光发射电路原理图

表 10.9 记录数据表格

振荡频率	幅度	波形图

② 振荡电路正常工作的情况下，检测后级放大电路是否正常工作。记录放大三极管 8050 的集电极输出波形及相应参数，填入表 10.10 中。

表 10.10 记录数据表格

振荡频率	幅度	波形图

5. 思考题

（1）放大电路的作用是什么？

（2）振荡电路的作用是什么？

（3）理论计算放大电路的静态工作点。

（4）理论计算中，非对称式多谐振荡电路的振荡周期和振荡频率。

（5）设计一个光发射电路。

注意事项：

（1）直流稳压电源上都标注电压值及极性，请勿接错。

（2）示波器的每个探头都有两个接头，侧面的黑夹子接地，另一个接头接到所要探测的信号上。请勿把接地黑夹子接到电源或测试信号上。

（3）注意 74HC04 的引脚排列，74HC04 的 14 脚接+5V，7 脚接地，请勿接反。

（4）设计放大电路时应注意静态工作点的设置、各个元器件所能承受的最大功率。

说明：以上只是最基本电路，但以它为基础可以扩展为实用性、多功能、大功率等。

思考与练习

1. 用 Protel 画出图 10.4 具有声、光功能的多谐振荡器电路和 PCB 的单层板图。
2. 说明图 10.4 具有声、光功能的多谐振荡器电路的工作原理。

第 11 章 单片机实践训练

11.1 单片机最小系统

单片机的使用领域已十分广泛，如智能仪表、实时工控、通信设备、导航系统、家用电器等。各种产品一旦用上了单片机，就能起到使产品升级换代的功效，常在产品名称前冠以形容词——“智能型”，如智能型洗衣机等。单个单片机无法正常工作，必须在单片机外围增加必要的元件，才能构成可以工作的系统，该系统称为单片机最小系统。

1．实验目的

（1）了解单片机最小系统的结构。

（2）学习利用 Proel 99 SE 软件设计单片机最小系统的原理图和 PCB 板图。

（3）学习利用 Protel 99 SE 软件生成的 Gerber 文件，利用视频雕刻机雕刻出单片机最小系统的 PCB 印制电路板。

（4）学习电路焊接与调试。

2．实验器材

计算机一台；雕刻机一台；万用表一块；常用电工组合工具一套；实验器件一套。

3．元器件清单

元器件清单如表 11.1 所示。

表 11.1　　AT89S52 单片机最小系统所用元器件清单

名　称	型　号	数　量
电阻	10kΩ	1
单片机	MCU	AT89S52
瓷片电容	30pF	2
电解电容	10μF	1
排阻	R	4.7kΩ

续表

名　称	型　号	数　量
晶振	XTAL	12MHz
排针	排针	若干

4. 实验原理

（1）单片机简介。单片机又称单片微控制器，它不是完成某一个逻辑功能的芯片，而是把一个计算机系统集成到一个芯片上，相当于一个微型的计算机，和计算机相比，单片机只缺少了 I/O 设备。概括地讲：一块芯片就成了一台计算机。它的体积小、质量轻、价格便宜，为学习、应用和开发提供了便利条件。本实验以 AT89S52 为例，AT89S52 外形及引脚分布如图 11.1 所示。

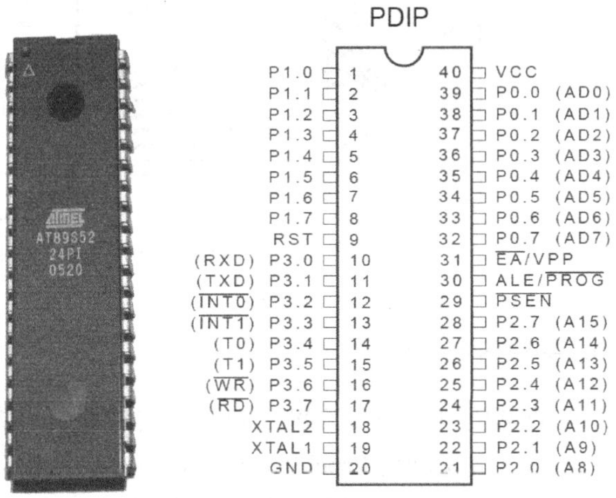

图 11.1　AT89S52 外形及引脚分布

（2）单片机最小系统。单片机最小系统由单片机、时钟电路、复位、I/O 口组成。单片机采用 AT89S52，该芯片可以利用 ISP 下载程序，方便使用。系统晶振由 12MHz 晶振和 2 个 30pF 电容组成。复位采用 10μF 电解电容和 10kΩ 电阻构成。单片机最小系统原理电路图如图 11.2 所示。

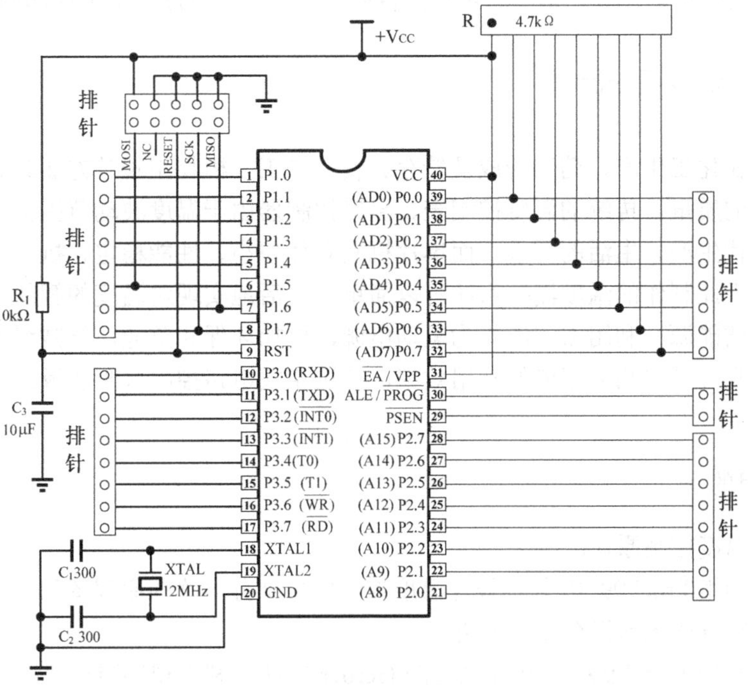

图 11.2　AT89S52 单片机最小系统电路原理图

（3）单片机最小系统电路导线层及丝印层如图 11.3 所示。

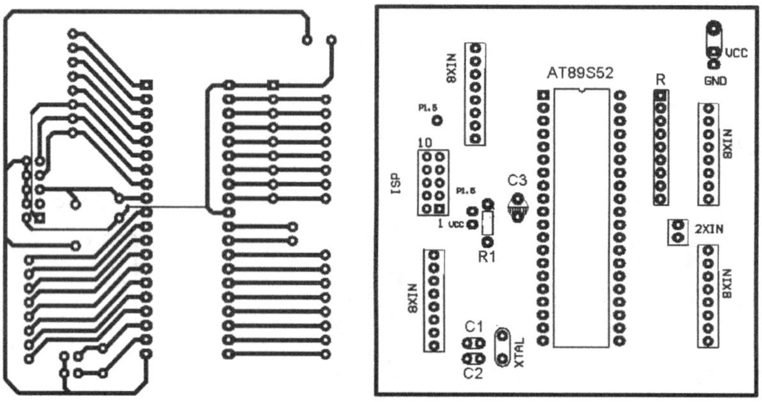

图 11.3　AT89S52 单片机最小系统导线层及丝印层

5．实验内容

（1）查阅资料了解 AT89S52 单片机的功能及引脚分布。

（2）在实验室利用 Proel 99 SE 软件设计单片机最小系统的原理图和 PCB 版图。

（3）利用 Protel 99 SE 软件生成的 Gerber 文件，利用视频雕刻机雕刻出单片机最小系统的 PCB 印制电路板。

（4）检查 PCB 板是否有误。

（5）焊接 PCB 板并调试电路。

（6）撰写实验报告：填写完整的实验报告材料，详述实验过程中出现的问题及解决方法。

11.2　温度控制电路设计

温度控制在化工生产、药物合成及储存、食品加工、植物生长等方面具有重要的意义，直接关乎产品的质量。传统的温度控制表、温度控制器由于温度波动范围大，抗干扰能力差而无法满足现代生产、生活的需求。而单片机具有体积小、性能稳定、抗干扰能力强、功耗低等特点，基于此制作的温度测控系统可以简单、灵活地实现对温度的智能测量与控制。现在倡导使用清洁能源，利用太阳能作为驱动电源，更加环保和节能，能减缓人类目前面临的能源危机，并且为了提高太阳能的利用效率，通过相关电路控制太阳能板旋转，使其始终正对太阳。

1．实验目的

（1）了解温度控制原理。

（2）学习利用 Proel 99 SE 软件设计温度控制中各部分电路的原理图和 PCB 板图。

（3）将各部分子电路组合成总电路。

（4）学习利用 Protel 99 SE 软件生成的 Gerber 文件，利用视频雕刻机雕刻出温度控制电路的 PCB 印制电路板。

（5）学习电路焊接与调试。

2．实验器材

计算机一台；雕刻机一台；万用表一台；温度计一个；常用电工组合工具一套；实验器件一套。

3．元器件清单

元器件清单如表 11.2 所示。

表 11.2　　温度测量电路所用元器件清单

名　　称	型　　号	数　　量
单片机 MCU	AT89S52	1
瓷片电容	30pF	2
电解电容	10μF	1
排阻	4.7k	1
晶振 XTAL	12MHz	1
稳压芯片	LM3576	1
电解电容	100μF	1
电解电容	1000μF	1
肖特基二极管	IN5822	1
电感	100μH	1
电阻	300Ω	1
L298N	L298N	1
瓷片电容	0.1μF	2
电解电容	100μF	1
二极管	IN4007	1
发光二极管	红色	1
排针	排针	若干
电阻	10k	1

4．实验原理

（1）温度控制结构

本实验要求系统能够对环境温度进行实时准确的监测显示，并可以方便地设定人工温度区间。当温度低于下限温度时，系统报警并自动启动加热装置，当温度高于上限温度时，系统报警并启动散热装置，从而实现温度的自动调节。鉴于上述要求设计的整个系统如图 11.4 所示，包括单片机、温度传感器、LCD 显示模块、温度调节模块及电源。该系统通过预先设置温度上下限，利

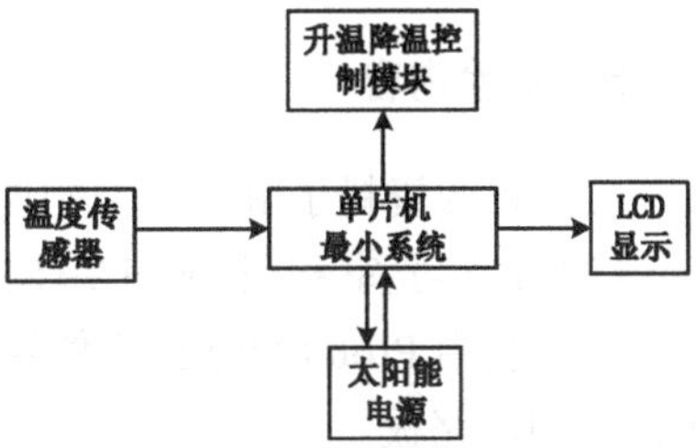

图 11.4　温度控制电路结构

用温度传感器采集数据，用单片机处理数据并把信息通过 LCD 屏显示出来。

使用太阳能等清洁能源，既绿色环保，又价格低廉，使用方便，还可以缓解人类目前面临的能源危机。因而，本设计采用太阳能板及蓄电池作为供电电源，该电源系统可以为温控系统提供稳定的 5V 直流电源，达到节能效果。

（2）温度控制电路原理图

温度控制电路原理图如图 11.5 所示。本设计控制部分的核心器件采用 AT89S52 单片机，其具有低压供电、低功耗、高性能和体积小等特点，为便携式自动控制电路设计中的常用单片机。温度探测采用 DS18B20 温度传感器，其测温范围为−55℃～125℃，可实现高精度测温，并且测量速度快，测量结果直接以数字信号输出，具有较强的抗干扰能力。显示部分采用 LCD1602 液晶显示，它能够直观地显示丰富的信息，且使用简单，具有较强的通用性。电源由太阳能发电小系统、光电控制系统、步进电机驱动系统组成。由于蓄电池的输出电压为 12V，所以利用 LM2576 构成直流稳压电源。电路原理图中标号相同的端口相连接。

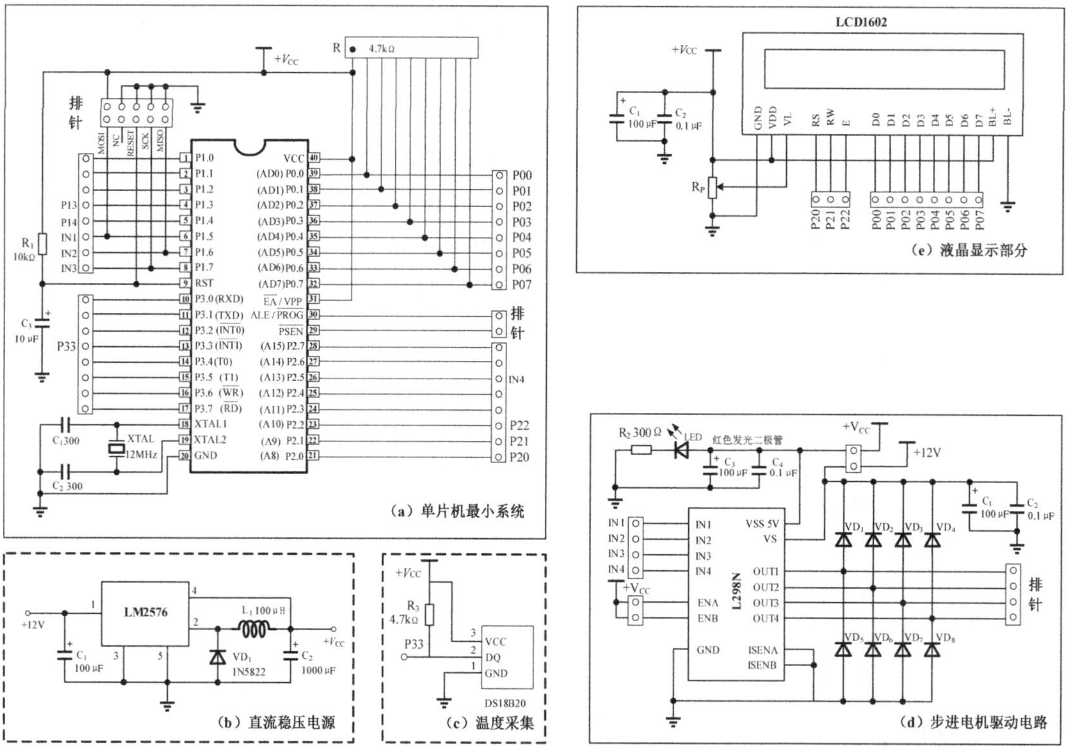

图 11.5　温度控制电路电路原理图

5．实验内容

（1）查阅资料了解温度控制原理。

（2）在实验室利用 Proel 99 SE 软件设计温度控制电路的原理图和 PCB 板图。

（3）利用 Protel 99 SE 软件生成的 Gerber 文件，利用视频雕刻机雕刻出温度控制电路的 PCB 印制电路板。

（4）检查 PCB 板是否有误。

（5）焊接 PCB 板。

（6）调试电路。按原理图用导线连接不同的模块，在调试过程中，若 LCD 没有显示，则可改变 LCD 显示模块中滑动变阻器 R_P 的阻值，从而改变 LCD 的对比度，直至显示数值。可将温度传感器浸入不同温度的水中，利用温度计测量水温，将测量值与 LCD 显示的温度比较。

可以为电路增加光电传感电路，当太阳能板与太阳光线不垂直时，步进电机带动太阳能板转动，从而使太阳能板与太阳光线垂直，提高发电效率。

（7）撰写实验报告。

11.3　彩灯控制电路

1．目的和任务

通过课程实验，主要达到以下目的。

（1）增进对单片机的感性认识，加深对单片机理论方面的理解。

（2）掌握单片机内部功能模块的应用，如定时器/计数器、中断、片内外存储器、I/O 口、串行口通信等。

（3）初步了解和掌握单片机应用系统的软硬件设计、方法及实现，为以后设计和实现单片机应用系统打下良好基础。

（4）通过实习学会查阅科技期刊、参考书和集成电路手册，能用 Portal 99 SE 对设计电路进行画图、制图，然后再在印制板上焊装调出实物。

2．要求、内容与进度安排

（1）要求

① 整个实习过程要严肃认真，实事求是，确保实习质量。

② 在整个实习过程中要服从领导、听从指挥、遵守纪律。

③ 认真及时完成实习总结报告。

④ 设计报告要方案合理、原理可行、参数准确、结论正确。

⑤ 答辩要原理正确、内容充实、思路清晰、语言标准规范。

（2）内容

① 为学习设计数字钟电路、水位控制电路、彩灯控制电路、抢答器电路、数字频率计、数字电压表电路、电铃控制器、交通灯控制器、电梯控制器、电子密码锁等打下基础。

② 掌握课程设计的方法、步骤和设计报告的书写格式。

3．实验仪器及器件

计算机一台；雕刻机一台；万用表一块；常用电工组合工具一套；实验器件一套。

彩灯控制电路的元器件清单如表 11.3 所示。

表 11.3　　　　　　　　　　　　彩灯控制电路所用元件清单

名　　称	型　　号	数　　量
电阻	10kΩ	1
电阻	1kΩ	6
电解电容	10μF/16V	1
独石电容	30pF	2
晶体振荡器	6MHz	1
集成电路	89C2051	1
集成电路座	20 脚	1
发光二极管		24

4. 实验原理

本实验所有单片机型号为 AT89C2051，外形如图 11.6 所示。本实验要设计的四路循环灯电路，就是用单片机来实现 LED 的亮、灭、亮、灭……以达到不停循环闪烁的目的。

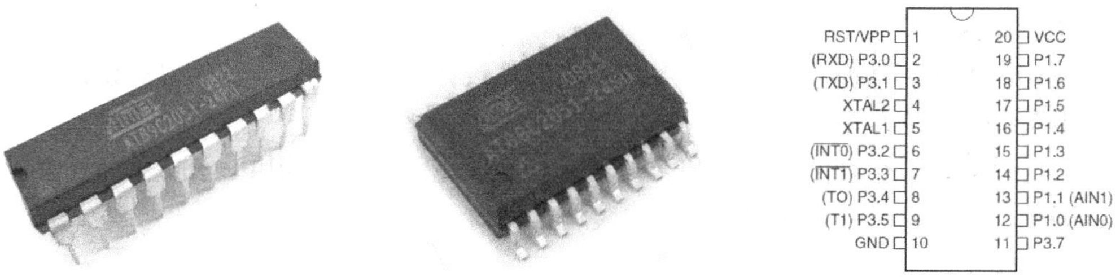

图 11.6　89C2051 引脚

引脚说明：1—复位端；2—输出输入端口 P3.0；3—输出输入端口 P3.1；4—接晶振；5—接晶振；6—输出输入端口 P3.2；7—输出输入端口 P3.3；8—输出输入端口 P3.4；9—输出输入端口 P3.5；10—地；11—输出输入端口 P3.7；12—输出输入端口 P1.0；13—输出输入端口 P1.1；14—输出输入端口 P1.2；15—输出输入端口 P1.3；16—输出输入端口 P1.4；17—输出输入端口 P1.5；18—输出输入端口 P1.6；19—输出输入端口 P1.7；20—电源

彩灯控制电路原理图如图 11.7 所示。该电路采用 89C2051 单片机，其 I/O 口具有较大的驱动能力和 20mA 的灌电流。如图 11.7 所示，P1 口的 P1.2～P1.7 用于对每组灯的亮灭状态进行置位，P3 口的 A0～A3 用于对 4 组灯进行地址片选。如果要某个灯亮，只要将对应的 P1 数据口置 1（高电平），对应的 P3 地址线置 0（低电平）即可。P1.2～P1.7 的 6 个 1kΩ 上拉电阻用于提高灯组的驱动电流。10kΩ 和 10μF 电解电容用于对 89C2051 单片机进行上电复位。

5. 实验内容

（1）了解 89C2051 单片机的技术指标。

（2）学习发光二极管的驱动知识及动态扫描的方法，使四组发光二极管指示灯花样显示。89C2051 的总电流为 20mA，那么，LED 灯的驱动电流是如何分配这 20mA 电流的？

在编程显示方式中，每组内同时亮的灯不可以超过 4 个，每个 LED 灯的灌装电流为 5mA，并且连续显示时间不宜太长。系统的工作电压设为 5V。电路完成并检查无误后再加电试验（在老师指导下）。

（3）学习用 Protel 99 SE 绘制原理图和印制板图（单层板）。

（4）在视频雕刻机上刻制出单层 PCB 印制板图。

（5）将自己刻的印制板经过焊装调后，做出合格的产品。

（6）写出完整的实验报告：要求详述实验过程中解决问题的方法。

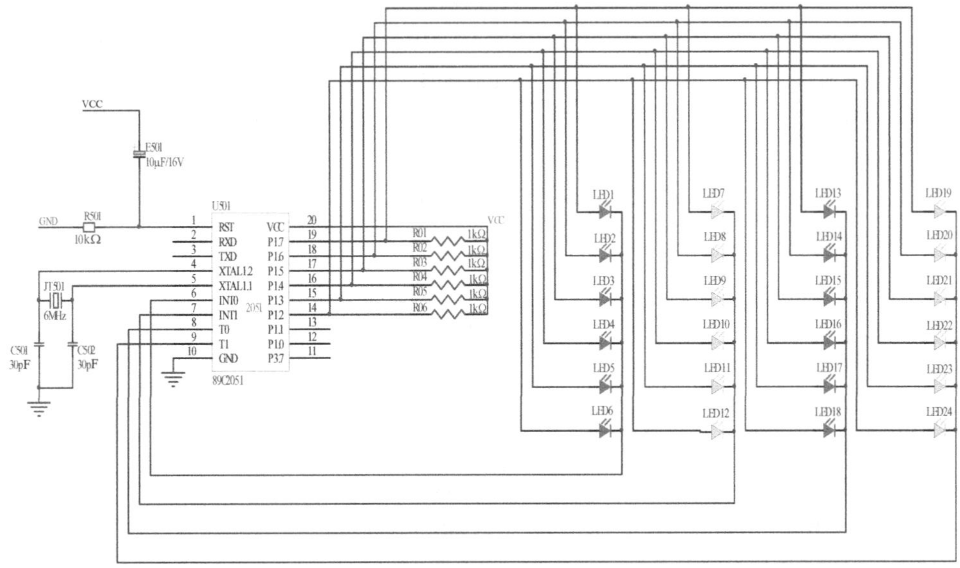

图 11.7　彩灯控制电路

11.4　程控电压表

随着电子科学技术的发展，电子测量成为广大电子工作者必须掌握的技能，对测量的精度和功能的要求也越来越高，而电压的测量甚为突出，因为电压的测量最为普遍。单片机体积小、驱动电流小、动作快、结构简单，因此采用单片机作为主控制器，完成自动变换量程的程控电压表。

1．实验目的

（1）了解程控电压表的原理。

（2）学习利用 Proel 99 SE 软件设计程控电压表的原理图和 PCB 板图。

（3）学习利用 Protel 99 SE 软件生成的 Gerber 文件，利用视频雕刻机雕刻出程控电压表的 PCB 印制电路板。

2．实验器材

计算机一台；雕刻机一台；万用表一块；常用电工组合工具一套；实验器件一套。

3．元器件清单

元器件清单如表 11.4 所示。

表 11.4　　　　程控电压表电路所用元器件清单

名　称	型　号	数　量
单片机 MCU	AT89S52	1
瓷片电容	30pF	2
电解电容	10μF	1
排阻	4.7kΩ	1
晶振	XTAL12MHz	1
稳压芯片	LM7805	1
电解电容	0.22μF	1
电解电容	0.1μF	1
AD 芯片	AD0809	1
或非门芯片	7402	1
非门芯片	7404	1
液晶	1602	1
电解电容	100μF	1
电解电容	0.1μF	1
运算放大器	OP07	1
滑动变阻器	50kΩ	1
滑动变阻器	500kΩ	1
电阻	10kΩ	3

4. 实验原理

（1）程控电压表简介

本设计要求完成一个基于单片机的程控电压表，电压表分成三挡：0～100mV、100mV～1V、1～5V，要求能够实现电压的自动校零和自动换挡，从而提高测量精度。鉴于上述要求设计的整个系统如图 11.8 所示，包括单片机最小系统、程控放大器模块、A/D 转换模块、LCD 显示模块及电源模块。利用程控放大器改变放大器的放大倍数，将各挡内的输入电压依次放大 50 倍、5 倍、1 倍；程控放大器的输出端通过 AD0809 进行 A/D 转换，转换结果传输给单片机 AT89C51，单片机处理数据后送入 LCD 中显示。

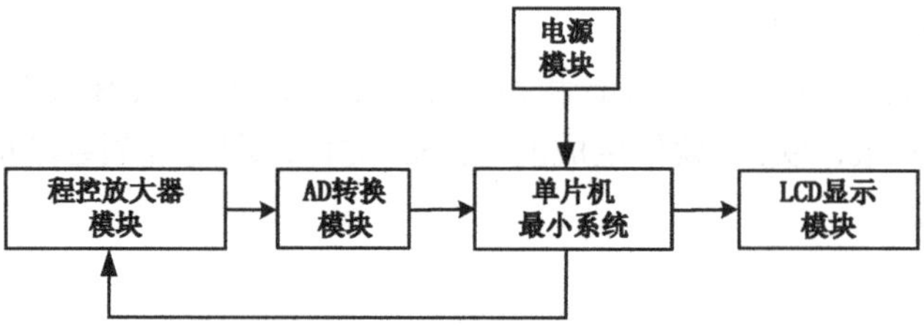

图 11.8　程控电压表电路结构

（2）程控电压表电路原理图

程控电压表电路原理图如图 11.9 所示。

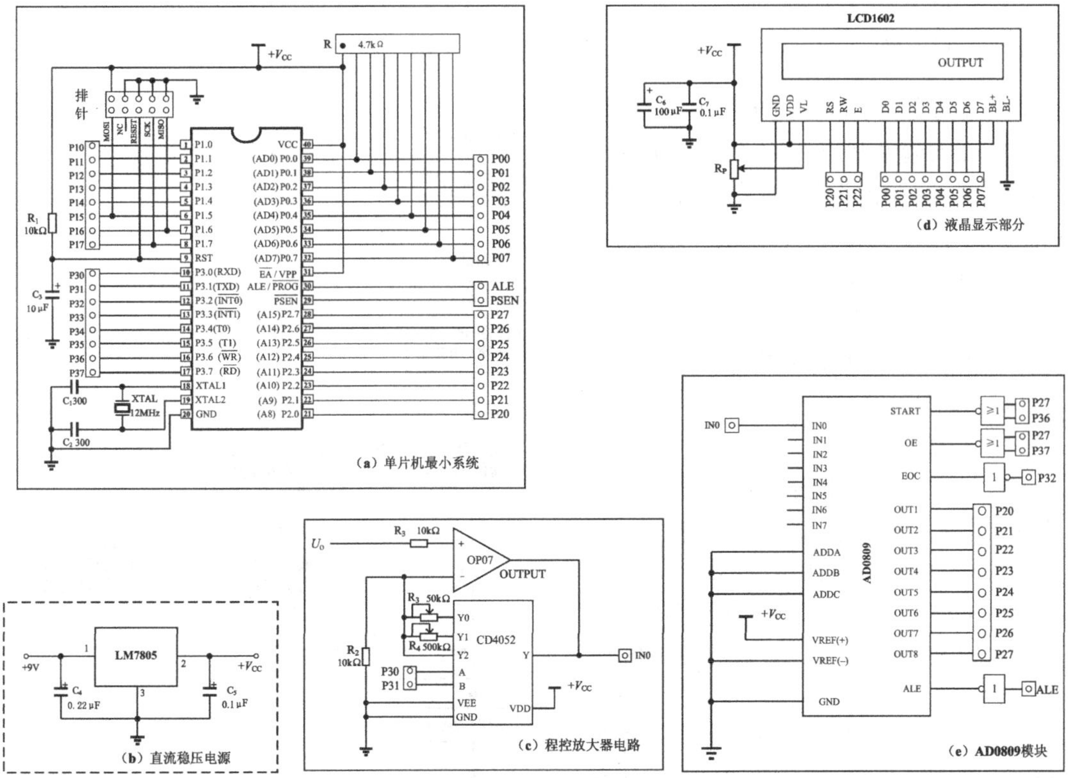

图 11.9 程控电压表电路原理图

程控电压表控制部分的核心器件采用 AT89S52 单片机。程控放大器模块包括运算放大器 OP07 和多路模拟开关 CD4052，放大倍数通过程序来控制模拟开关完成。OP07 具有低失调性和高开环增益，特别适用于高增益的测量和放大传感器的微弱信号等方面；CD4052 是一个双四选一的多路模拟选择开关，有 A、B 两个二进制控制输入端和 INH 输入，具有低导通阻抗和很低的截止漏电流。A/D 转换模块采用 ADC0809，它是 8 位逐次逼近型 A/D 转换器，+5V 电源供电，对输入模拟量要求为：信号为单极性，电压范围是 0～5V，若信号太小，必须进行相应的放大处理。ADDA、ADDB 和 ADDC 为地址输入端，用于选通 IN0～IN7 上的一路模拟量输入。显示模块采用 LCD1602 液晶显示，它能够直观地显示丰富的信息，且使用简单，具有较强的通用性。电路采用稳压电源（干电池和稳压芯片 7805）供电。电路原理图中标号相同的端口相连接。

（3）软件流程图

软件流程图如图 11.10 所示。

如果不采用程控放大器，能够测出的最小电压值为 $5/2^8$ V=5/256V=19.5mV。采用程控放大器，能够测出的最小电压为（$5/2^8$）/50V=0.39mV。当输入电压范围为 1～5V 时，程控放大器放大 1 倍；当输入电压范围为 100mV～1V 时，程控放大器放大 5 倍；当输入电压范围为 0～100mV 时，程控放大器放大 50 倍。通过软件编程实现程控放大器放大倍数的选择，即通过单片机控制 CD4052 的地址端 A、B，根据 A 和 B 取值确定哪一路作为输出。

5．实验内容

（1）查阅资料了解程控电压表的原理。

（2）在实验室利用 Proel 99 SE 软件设计步进电机驱动电路的原理图和 PCB 板图。

（3）利用 Protel 99 SE 软件生成的 Gerber 文件，在视频雕刻机上雕刻出步进电机驱动电路的 PCB 印制电路板。

（4）检查 PCB 板是否有误。

（5）焊接 PCB 板。

（6）调试电路。按原理图用导线连接不同的模块，设定输入电压范围分别为 0～100mV、100mV～1V、1～5V，用万用表检测 CD4502 的控制端信号是否正确，检测 OP07 的输出电压，并计算放大倍数分别为 50 倍、5 倍和 1 倍。在调试过程中，若 LCD 没有显示，则改变 LCD 显示模块中滑动变阻器 R_P 的阻值，从而改变 LCD 的对比度，直至显示数值。可以通过改变输入电压，将实际的测量值与输入电压值进行误差分析。

（7）撰写实验报告。写出完整的实验报告材料，详述实验过程中出现的问题及解决方法。

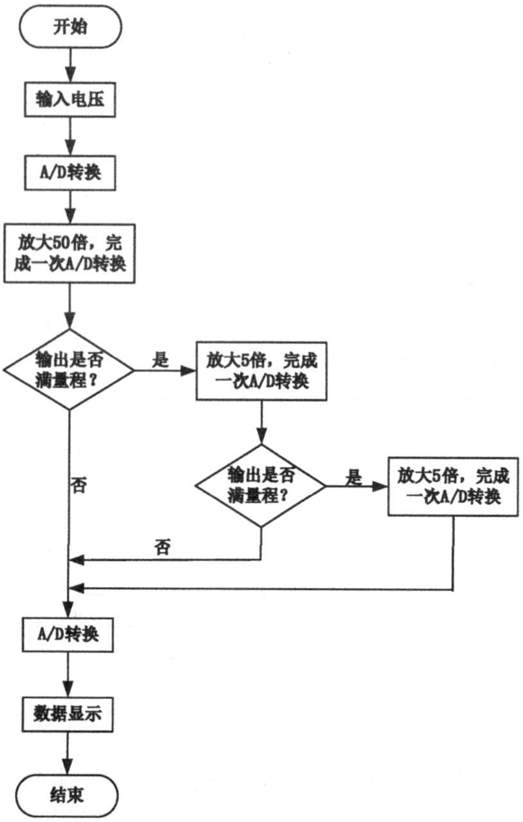

图 11.10　程控电压表程序流程图

11.5　数字钟电路设计

当今社会人们越来越具有时间观念，对于那些对时间把握非常严格和准确的人来说，时间的不准确会带来非常大的麻烦，因此人们迫切需要能准确计时，并且能简便地观察时间的计时器。基于单片机的数字钟具有成本低廉、电路简单、走时准确、性能稳定、携带方便等优点，它还用于计时、自动报时及自动控制等各个领域。

1．实验目的

（1）了解数字钟原理。

（2）学习利用 Proel 99 SE 软件设计数字钟中各部分电路的原理图和 PCB 板图。

（3）将各部分子电路组合成总电路。

（4）学习利用 Protel 99 SE 软件生成的 Gerber 文件，在视频雕刻机上雕刻出数字钟的 PCB 印制电路板。

2．实验器材

计算机一台；雕刻机一台；万用表一块；常用电工组合工具一套；实验器件一套。

3．元器件清单

元器件清单如表 11.5 所示。

表 11.5　　数字钟电路所用元器件清单

名　　称	型　　号	数　　量
单片机 MCU	AT89S52	1
瓷片电容	30pF	2
电解电容	10μF	1
排阻	4.7kΩ	1
晶振	XTAL12MHz	1
稳压芯片	LM7805	1
电解电容	0.22μF	1
电解电容	0.1μF	1
液晶	1602	1
电解电容	100μF	1
电解电容	0.1μF	1
滑动变阻器	10kΩ	1
键盘	4×4 矩阵	1
时钟芯片	DS1302	1
晶振	XTAL32.768	1
电阻	10kΩ	1
排针	排针	若干

4．实验原理

（1）数字钟简介

此数字钟要求能够显示年、月、日、星期、时、分、秒，可以通过键盘调整年、月、日、时、分、秒，显示阴历，设置和关闭闹钟。鉴于上述要求设计的整个系统如图 11.11 所示，包括单片机最小系统、时钟芯片 DS1302、LCD 显示模块、键盘和蜂鸣器。单片机读取时钟芯片 DS1302 中的时间信息，通过显示模块显示出来，并且通过键盘可以实现时间的调整功能。

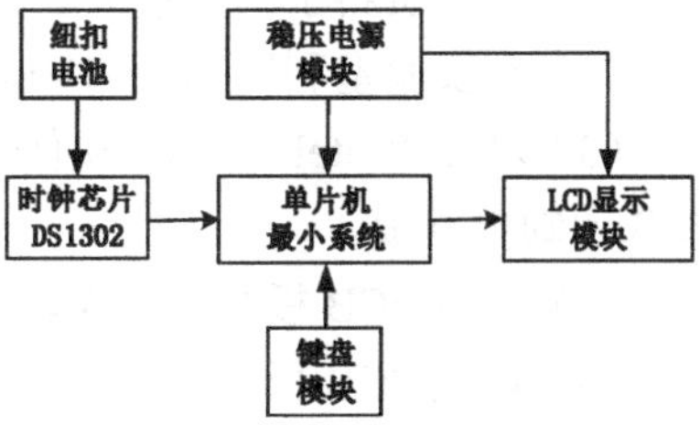

图 11.11　数字钟电路结构

（2）温度控制电路原理图

数字钟电路原理图如图 11.12 所示。本设计控制部分的核心器件采用 AT89S52 单片机；计时采用 DS1302 时钟芯片，采用独立电源工作，能够不间断工作；显示部分采用 LCD1602 液晶显示，能够直观显示字母和数字，符合数字钟的要求。DS1302 芯片是一种高性能的时钟芯片，低功耗，可自动对秒、分、时、日、周、月、年以及闰年补偿的年进行计数，输出的时间信号为数字信号，具有较强的抗干扰能力，而且与单片机的连接比较简单，只需 3 根线。单片机通过 DS1302 和液晶显示、键盘实现时间调整、闹钟设置等功能。电路主电源采用稳压电源（干电池和稳压芯片 7805），备用电源采用纽扣电池。除 DS1302 采用主电源和备用电源供电外，其他芯片采用稳压电源供电。当主电源关闭时，DS1302 采用备用电源供电，以保证 DS1302 持续不间断计时。电路原理图中标号相同的端口相连接。

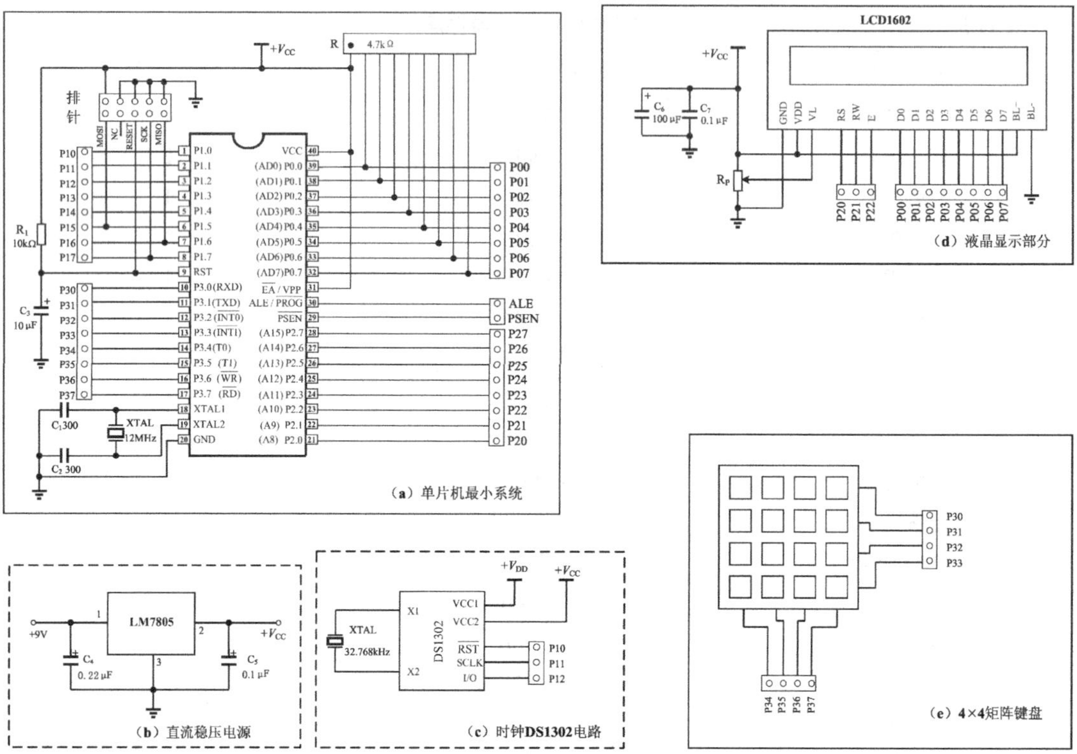

图 11.12　数字钟电路原理图

5．实验内容

（1）查阅资料了解数字钟原理。

（2）在实验室利用 Proel 99 SE 软件设计数字钟电路的原理图和 PCB 板图。

（3）利用 Protel 99 SE 软件生成的 Gerber 文件，在视频雕刻机上雕刻出数字钟电路的 PCB 印制电路板。

（4）检查 PCB 板是否有误。

（5）焊接 PCB 板。

（6）调试电路。按原理图用导线连接不同的模块，在调试过程中，若 LCD 没有显示，可改变 LCD 显示模块中滑动变阻器 R_P 的阻值，从而改变 LCD 的对比度，直至显示数值。可通过键盘调整时间、设置闹钟。

（7）撰写实验报告。

11.6　电子秤电路设计

传统秤通过秤杆和秤砣完成物体的称重，称重结果误差较大，而且需要人为计算物体的总价，目前已逐渐被淘汰。电子秤称重精确，使用简单，可以输入单价直接计算总价，超市、菜场随处可见它的踪影。它是将检测与转换技术、计算机技术、信息处理、数字技术等技术综合于一体的现代新型称重仪器。

1．实验目的

（1）了解电子秤的原理。

（2）学习利用 Proel 99 SE 软件设计出电子秤的原理图和 PCB 板图。

（3）学习利用 Protel 99 SE 软件生成的 Gerber 文件，在视频雕刻机上雕刻出电子秤的 PCB 印制电路板。

2．实验器材

计算机一台；雕刻机一台；万用表一块；常用电工组合工具一套；实验器件一套。

3．元器件清单

元器件清单如表 11.6 所示。

表 11.6　　电子秤电路所用元器件清单

名　称	型　号	数　量
单片机 MCU	AT89S52	1
瓷片电容	30pF	2
电解电容	10μF	1
排阻	4.7kΩ	1
晶振	XTAL12MHz	1
稳压芯片	LM7805	1
电解电容	0.22μF	1
电解电容	0.1μF	1
AD 芯片	AD0809	1
或非门芯片	7402	1
非门芯片	7404	1
液晶	1602	1
电容	100μF	1
电容	0.1μF	1
滑动变阻器	10kΩ	1
键盘	4×4 矩阵	1
电阻	10kΩ	1
传感器	5kg 压力传感器（含托盘）	1
排针	排针	若干

4．实验原理

（1）电子秤简介

本设计要求完成一个基于单片机的电子秤。本电子秤的要求如下：打开电源，屏幕显示电子秤初始化成功，此时重量和单价为 0，金额为空；通过数字键和小数点键键入单价，完成后按下单价确认键；电子秤的称重范围为 5kg。鉴于上述要求设计的整个系统如图 11.13 所示，包括单片机最小系统、称重传感器、AD 转换模块、LCD 显示模块、键盘模块及电源模块。电子秤是以物体的重量为输入信号，通过传感器将重量转换成电压信号，再经 AD 转换电路转换成数字信号送入单片机中进行数据处理，通过显示模块和矩阵键盘模块完成重量的显示、单价的输入以及单价和总价的显示。

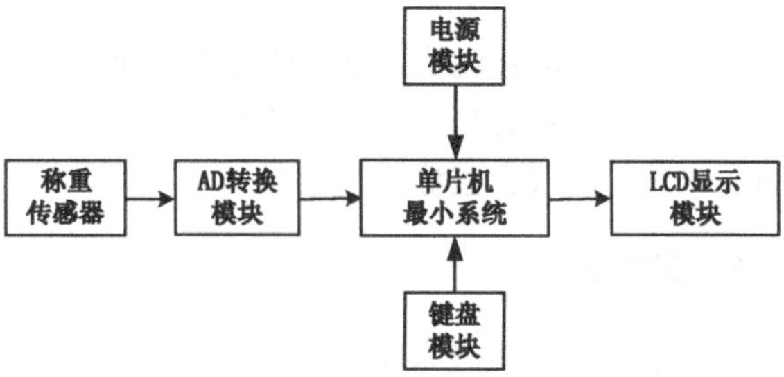

图 11.13　电子秤电路结构

（2）电子秤电路原理图如图 11.14 所示。称重传感器感受被测重力，将被测重力转换成模拟的电压输出，再通过 AD 模块将模拟的电压转换成数字量送入单片机中。单片机读取被测数据，并进行相应的计算转换，最终在 LCD 上显示出来。本设计控制部分的核心器件采用 AT89S52 单片机；称重传感器采用 5kg 电阻应变式压力传感器（含托盘），电压输出信号为 0～

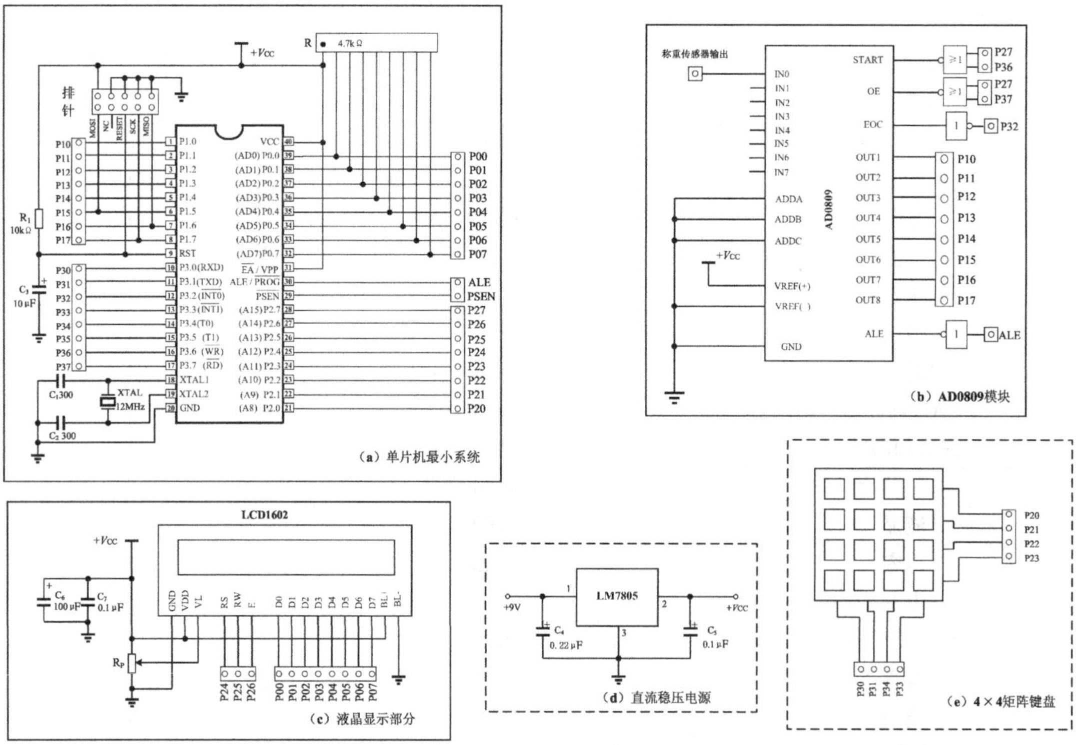

图 11.14　电子秤电路原理图

5V，输出的电压信号送到 AD 模块中；AD 转换模块采用 AD0809；显示模块采用 LCD1602 液晶显示，能够在测量范围内显示物体的重量、单价和总价；电源模块采用稳压芯片 7805 和干电池；键盘模块采用矩阵键盘，可以通过键盘输入单价。

5. 实验内容

（1）查阅资料了解电子秤的原理。

（2）在实验室利用 Proel 99 SE 软件设计步进电机驱动电路的原理图和 PCB 版图。

（3）利用 Protel 99 SE 软件生成的 Gerber 文件，在视频雕刻机上雕刻出步进电机驱动电路的 PCB 印制电路板。

（4）检查 PCB 板是否有误。

（5）焊接 PCB 板。

（6）调试电路。

在调试过程中，若 LCD 没有显示，可改变 LCD 显示模块中滑动变阻器 R_P 的阻值，从而改变 LCD 的对比度，直至显示数值。通过标准砝码称重，并计算测量误差。

（7）撰写实验报告。写出完整的实验报告材料，详述实验过程中出现的问题及解决方法。

11.7　电子密码锁电路设计

在日常生活中，锁一直扮演着非常重要的作用。传统锁的钥匙丢失后，不仅锁开不了，任何人都可以用这把钥匙打开相应的锁，存在安全隐患。电子密码锁是一种通过单片机编程，实现控制电路开关闭合的现代多用途电子产品。其开锁方式可以是 IC 卡刷卡，也可以是键盘输入一定位数的正确密码，等等。前者产品成本较高，且 IC 卡易丢失，存在安全隐患，因此限制了其发展。键盘式的密码锁则不存在上述问题，与传统的机械锁相比，重量轻、价格便宜，当输错密码时具有安全报警功能，其性能和安全性大大超过普通的机械锁。这种电子密码锁能够自行设定密码，当怀疑密码泄露时，可以随时更改密码。

电子密码锁有如下几个特点。

（1）使用方便快捷，只要知道密码，人人都能开锁，不需要每人配备一把钥匙。

（2）安全性能好，密码组合可以自由设定，配合一定的程序以及键盘电路，无论多复杂的密码都能设定。

（3）成品低，一般只需要一个电子锁本身，不存在额外的开锁道具。

（4）使用寿命长，不易被破坏。

（5）具有报警功能，输错一定次数后，电路会自动锁死并报警，防止他人不轨企图。

1. 实验目的

（1）了解电子密码锁原理。

（2）学习利用 Proel 99 SE 软件设计电子密码锁中各部分电路的原理图和 PCB 板图。

（3）将各部分子电路组合成总电路。

（4）学习利用 Protel 99 SE 软件生成的 Gerber 文件，利用视频雕刻机雕刻出电子密码锁的 PCB 印制电路板。

2．实验器材

计算机一台；雕刻机一台；万用表一块，温度计一个；常用电工组合工具一套；实验器件一套。

3．元器件清单

元器件清单如表 11.7 所示。

表 11.7　　电子密码锁电路所用元器件清单

名　称	型　号	数　量
单片机 MCU	AT89S52	1
瓷片电容	30pF	2
电解电容	10μF	1
排阻	4.7kΩ	1
晶振	XTAL12MHz	1
稳压芯片	LM7805	1
电解电容	0.22μF	1
电解电容	0.1μF	1
液晶	1602	1
电容	100μF	1
电容	0.1μF	1
滑动变阻器	10kΩ	1
键盘	4×4 矩阵	1
存储芯片	AT24C02	1
发光二极管	红色	1
扬声器	SPEAKER	1
电阻	10kΩ	4
电阻	100kΩ	1
排针	排针	若干

4．实验原理

（1）电子密码锁简介

本系统要求设计的电子密码锁功能如下。

① 输入 8 位密码（初始密码为 00000000），绿灯亮，表示电路打开。

② 密码输入错误，键盘锁定并报警 3s。

③ 密码输入错误超过 3 次，蜂鸣器报警并锁定键盘。

④ 可自行设定修改密码，在锁开的情况下，按下修改密码键，输入旧密码正确后，可以设置新密码，为防止误操作，需要二次输入确认新密码。

⑤ 需要关锁时，可按下取消键，此时锁关闭，所有输入清除。

鉴于上述要求设计的整个系统如图 11.15 所示，包括单片机最小系统、电源模块、键盘

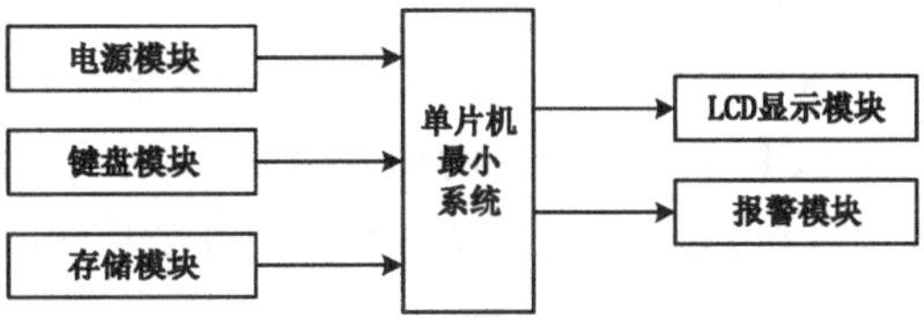

图 11.15　电子密码锁电路结构图

模块，存储模块、LCD 显示电路、电磁门禁模块和报警模块等。该系统通过存储模块存储密码、键盘模块输入密码，单片机处理数据完成密码锁及报警等功能。

（2）电子密码锁电路原理图

电子密码锁电路原理图如图 11.16 所示。本设计控制部分的核心器件采用 AT89S52 单片机；由于按键数目较多，键盘采用 4×4 矩阵键盘，具有 16 个按键，操作简单；存储模块采用 AT24C02 芯片，它拥有 256×8 位存储空间，接口电路简单，只需要两根线就可以实现与单片机的通信；显示模块采用 LCD1602 液晶显示，它能够显示数字和字母，符合密码锁的要求，且使用简单，具有较强的通用性；报警模块采用蜂鸣器和发光二极管，实现声光报警的功能；电源模块采用稳压芯片 7805 和干电池。

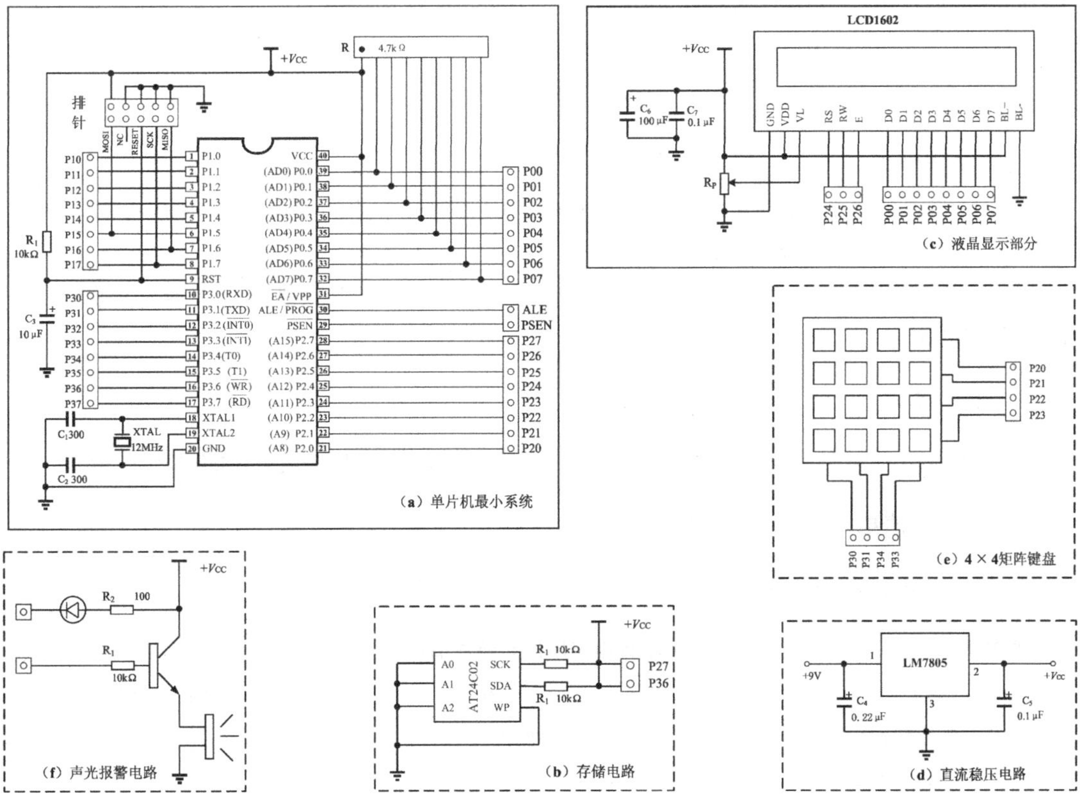

图 11.16　电子密码锁电路原理图

5. 实验内容

（1）查阅资料了解电子密码锁原理。

（2）在实验室利用 Proel 99 SE 软件设计出电子密码锁电路的原理图和 PCB 板图。

（3）利用 Protel 99 SE 软件生成的 Gerber 文件，在视频雕刻机上雕刻出电子密码锁电路的 PCB 印制电路板。

（4）检查 PCB 板是否有误。

（5）焊接 PCB 板。

（6）调试电路。按原理图用导线连接不同的模块，在调试过程中，若 LCD 没有显示，可改变 LCD 显示模块中滑动变阻器 R_P 的阻值，从而改变 LCD 的对比度，直至显示数值。可通过键盘和 LCD 显示测试密码锁的各个功能。

（7）撰写实验报告。

11.8 频率计电路设计

电子测量几乎渗透了社会的各个领域，使得现代电子产品的性能进一步提高。在电子测量中，频率是最基本的物理量之一，而且与许多其他物理量的测量都有非常密切的关系，因此，频率的测量就显得尤为重要。频率计就是能测量周期信号频率的数字仪器。随着电子技术的高速发展，频率计已经成为计算机、通信设备、音频视频等科研生产领域不可缺少的测量仪器。

1. 实验目的

（1）了解频率计原理。

（2）学习利用 Proel 99 SE 软件设计出频率计中各部分电路的原理图和 PCB 板图。

（3）将各部分子电路组合成总电路。

（4）学习利用 Protel 99 SE 软件生成的 Gerber 文件，在视频雕刻机上雕刻出频率计的 PCB 印制电路板。

2. 实验器材

计算机一台；雕刻机一台；万用表一块；常用电工组合工具一套；实验器件一套。

3. 元器件清单

元器件清单如表 11.8 所示。

表 11.8　　频率计电路所用元器件清单

名　称	型　号	数　量
单片机 MCU	AT89S52	1
瓷片电容	30pF	2
电解电容	10μF	1
排阻	4.7kΩ	1
晶振	XTAL12MHz	1
稳压芯片	LM7805	1
电解电容	0.22μF	1
电解电容	0.1μF	1
液晶	1602	1
电容	100μF	1

续表

名　称	型　号	数　量
电容	0.1μF	1
滑动变阻器	10kΩ	1
运算放大器	OP07	1
电压比较器	LM339	1
电阻	10kΩ	3
电阻	100kΩ	1
排针	排针	若干

4．实验原理

（1）频率计简介

本系统要求系统能够测量周期信号（包括三角波、方波或者正弦波）的频率，周期信号幅值范围为 0.1～5V，频率范围为 100～10MHz，并在液晶上显示测量的频率。鉴于上述要求设计的整个系统如图 11.17 所示，包括单片机最小系统、放大整形模块和 LCD 显示模块。通过放大整形模块，将周期信号整成标准的方波送入单片机中，单片机通过测频（即 1s 内有多少个方波）的方法完成频率测量，并将测出的频率送入 LCD 模块中显示。

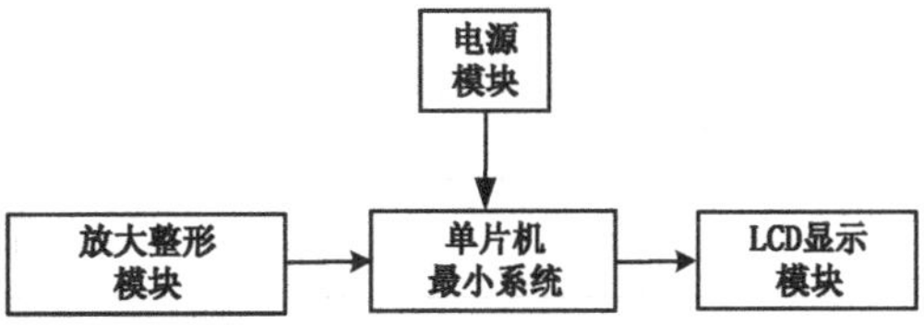

图 11.17　频率计系统框图

（2）数字钟电路原理图

频率计电路原理图如图 11.18 所示。本设计控制部分的核心器件采用 AT89S52 单片机，放大整形电路采用运算放大器 OP07 和电压比较器 LM339；显示模块采用 LCD1602 液晶，它能够显示数字和字母，符合频率计的要求，使用简单，具有较强的通用性；电源模块采用稳压芯片 7805 和干电池。周期信号经运算放大器 OP07 放大处理后，再通过比较器 LM339 整形输出方波；单片机通过定时器计算出 1s 中有多少个方波，方波的数量就是周期信号的频率；最终在 LCD1602 中显示方波的频率。

5．实验内容

（1）查阅资料了解频率计原理。

（2）在实验室利用 Proel 99 SE 软件设计出频率计电路的原理图和 PCB 板图。

（3）利用 Protel 99 SE 软件生成的 Gerber 文件，在视频雕刻机上雕刻出频率计电路的 PCB 印制电路板。

（4）检查 PCB 板是否有误。

（5）焊接 PCB 板。

（6）调试电路。按原理图用导线连接不同的模块，在调试过程中，若 LCD 没有显示，可改变 LCD 显示模块中滑动变阻器 R_P 的阻值，从而改变 LCD 的对比度，直至显示数值。可通过键盘和 LCD 显示，测试测出的频率是否准确。

（7）撰写实验报告。

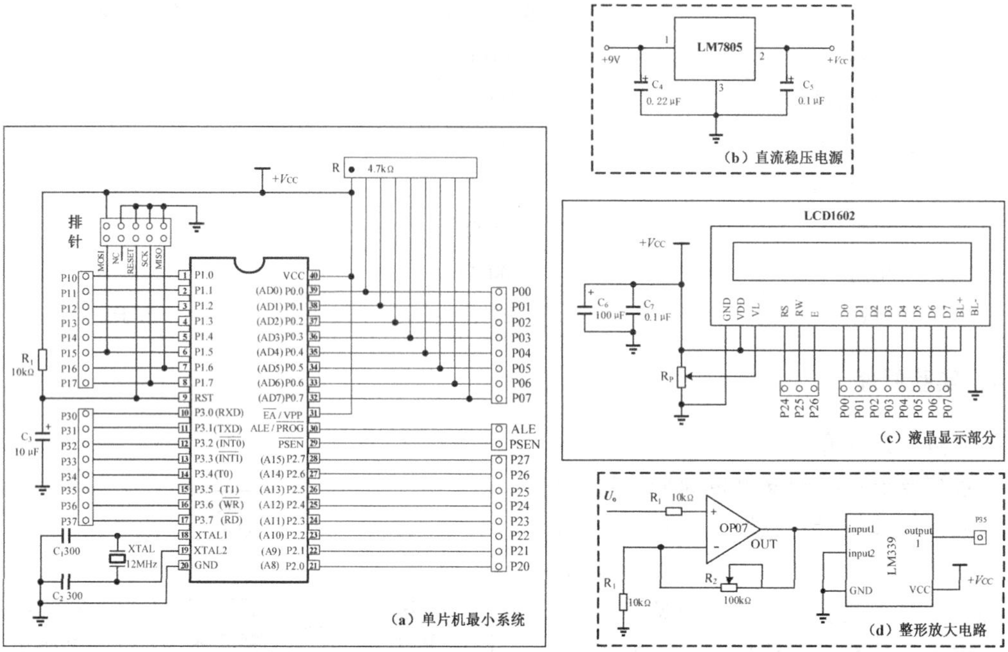

图 11.18　频率计电路原理图

11.9　低频信号发生器设计

低频信号发生器的应用十分广泛，可以作为低频的变频电源使用，也可作为电测试信号，能够产生电路所需的电测试信号。它在工业生产中的应用很多，没有信号发生器，很多的工业生产就很难完成。传统的信号发生器只采用硬件电路，也能产生所需的波形，但有很大的局限性。例如，单纯地用 555 震荡电路就可以制作出想要的波形，如方波、正弦波等波形，但是做出的波形存在诸多缺点，如精度低、波形质量差、需要搭载复杂的电路，因而限制了信号发生器的制作与发展。而单片机具有体积小、性能稳定、抗干扰能力强、功耗低等特点，基于此制作的低频信号器体积小、硬件电路简单、波形质量好，能够满足高精度的需求。

1．实验目的

（1）了解低频信号发生器原理。

（2）学习利用 Proel 99 SE 软件设计出低频信号发生器中各部分电路的原理图和 PCB 板图。

（3）将各部分子电路组合成总电路。

（4）学习利用 Protel 99 SE 软件生成的 Gerber 文件，利用视频雕刻机雕刻出低频信号发生器的 PCB 印制电路板。

2. 实验器材

计算机一台；雕刻机一台；万用表一块；常用电工组合工具一套；实验器件一套。

3. 元器件清单

元器件清单如表 11.9 所示。

表 11.9　　低频信号发生器电路所用元器件清单

名　称	型　号	数　量
单片机 MCU	AT89S52	1
瓷片电容	30pF	2
电解电容	10μF	1
排阻	4.7kΩ	1
晶振	XTAL12MHz	1
稳压芯片	LM7805	1
电解电容	0.22μF	1
电解电容	0.1μF	1
液晶	1602	1
电容	100μF	1
电容	0.1μF	1
滑动变阻器	10kΩ	1
键盘	4×4 矩阵	1
DA 转换器	DA0832	1
运算放大器	OP07	1
电阻	10kΩ	1
排针	排针	若干

4. 实验原理

（1）低频信号发生器简介

本设计要求系统能够产生的波形包括正弦波、方波、三角波和锯齿波。信号的频率调节范围为 1～1kHz，电压幅值调节范围为 1～5.5V，要求能够用液晶显示器显示当前波形类型、幅值和频率。鉴于上述要求设计的整个系统如图 11.19 所示，包括单片机最小系统、键盘模块、LCD 显示模块、D/A 转换模块、放大电路模块及电源模块。该系统通过键盘预先设置信号的频率和波形形状，采用查表法生成信号（其中波形的数据来源通过 MATLAB 软件生成），用单片机处理数据并将数据送给 D/A 转换模块转换成模拟信号，再通过放大电路将信号放大，其中波形的参数信息通过 LCD 显示出来。

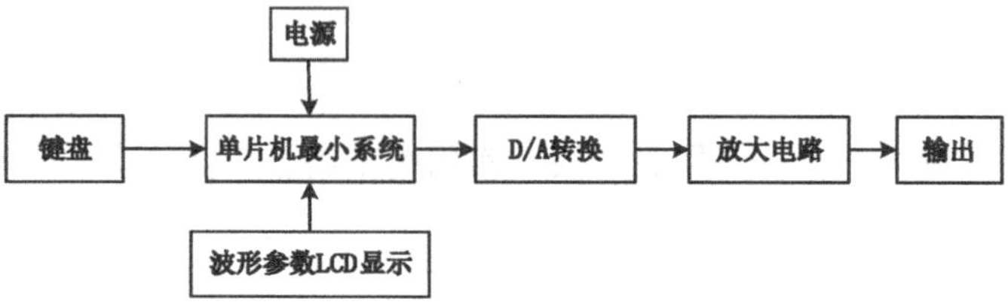

图 11.19　低频信号发生器系统框图

（2）低频信号发生器电路原理图

低频信号发生器电路原理图如图 11.20 所示。本设计控制部分的核心器件采用 AT89S52 单片机；键盘采用 4×4 矩阵键盘，可以输入波形的参数信息；D/A 转换器采用 8 位 DAC0832；放大电路采用集成运放 OP07；显示部分采用 LCD1602 液晶显示，它能够直观显示波形的参数信息；电源模块采用稳压芯片 7805 和干电池。电路原理图中标号相同的端口相连接。

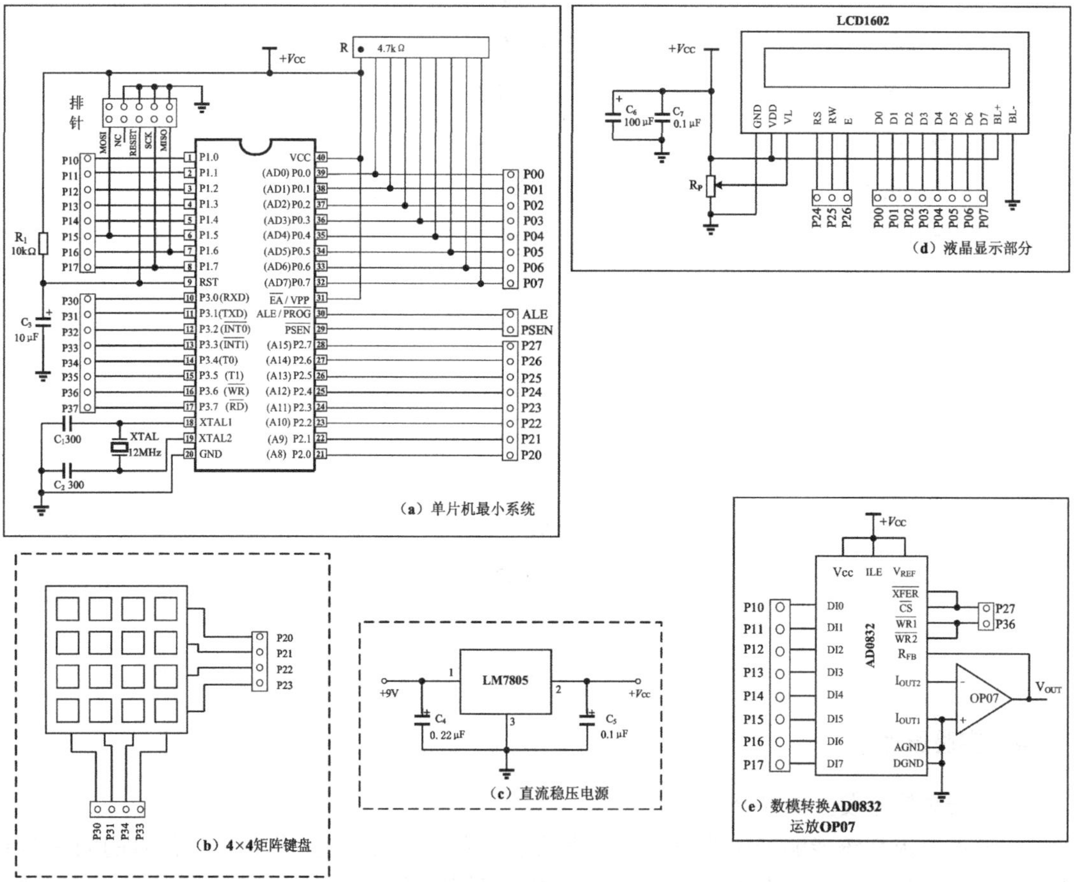

图 11.20　低频信号发生器电路原理图

5．实验内容

（1）查阅资料了解低频信号发生器原理。

（2）在实验室利用 Proel 99 SE 软件设计出低频信号发生器的原理图和 PCB 板图。

（3）利用 Protel 99 SE 软件生成的 Gerber 文件，利用视频雕刻机雕刻出低频信号发生器的 PCB 印制电路板。

（4）检查 PCB 板是否有误。

（5）焊接 PCB 板。

（6）调试电路。按原理图用导线连接不同的模块，在调试过程中，若 LCD 没有显示，可改变 LCD 显示模块中滑动变阻器 R_P 的阻值，从而改变 LCD 的对比度，直至显示数值。通过低频信号发生器产生各种波形，通过示波器将测量值与预设的波形参数进行误差分析。

（7）撰写实验报告。

11.10　酒精浓度检测仪电路设计

酒精浓度探测仪可用来检测酒精气体浓度，最主要的用途是检测司机的酒精含量。酒后驾车发生事故的机率高达 27%。随着摄入酒精量的增加，选择反应错误率将显著增加。人饮酒后，酒精通过消化系统被人体吸收，经过血液循环，约有 90%的酒精通过肺部呼气排出。因此，测量呼气中的酒精含量，就可判断其醉酒程度。开车司机只要将嘴对着酒精传感器探头吹气，检测仪就能显示出酒精浓度的高低，从而判断该司机是否酒后驾车，避免事故的发生。基于单片机的酒精浓度探测仪系统可以简单、灵活地实现酒精浓度的测量与显示。

1. 实验目的

（1）了解酒精浓度探测仪原理。

（2）学习利用 Proel 99 SE 软件设计出酒精浓度探测仪中各部分电路的原理图和 PCB 板图。

（3）将各部分子电路组合成总电路。

（4）学习利用 Protel 99 SE 软件生成的 Gerber 文件，利用视频雕刻机雕刻出酒精浓度探测仪的 PCB 印制电路板。

2. 实验器材

计算机一台；雕刻机一台；万用表一块；常用电工组合工具一套；实验器件一套。

3. 元器件清单

酒精浓度探测仪电路所用元器件清单如表 11.10 所示。

表 11.10　　酒精浓度探测仪电路所用元器件清单

名　　称	型　　号	数　　量
单片机 MCU	AT89S52	1
瓷片电容	30pF	2
电解电容	10μF	1
排阻	4.7kΩ	1
晶振	XTAL12MHz	1

续表

名　　称	型　　号	数　　量
稳压芯片	LM7805	1
电解电容	0.22μF	1
电解电容	0.1μF	1
液晶	1602	1
电容	100μF	1
电容	0.1μF	1
滑动变阻器	10kΩ	1
键盘	4×4 矩阵	1
AD 芯片	AD0809	1
或非门芯片	7402	1
非门芯片	7404	1
发光二极管	红色、黄色、绿色	各 1
扬声器	SPEAKER	1
电阻	10kΩ	2
电阻	100Ω	3
型酒精气敏传感器	MQ3	1
排针	排针	若干

4. 实验原理

（1）酒精浓度探测仪简介

本设计要求系统能够对酒精浓度进行实时准确的监测显示，当酒精达到一定浓度时，启动报警电路。鉴于上述要求设计的整个系统如图 11.21 所示，包括单片机、气体传感器模块、A/D 模块、LCD 显示模块、键盘模块、灯光、声音报警模块及电源。该系统可以通过键盘预先设置酒精浓度阈值，通过气体传感器将酒精浓度转换成模拟电压输出，再经过放大电路、A/D 转换模块转换成数字量，送入单片机中进行数据处理，最终通过 LCD 屏显示出来。如果检测出的酒精浓度超过预置的阈值，则启动报警电路。

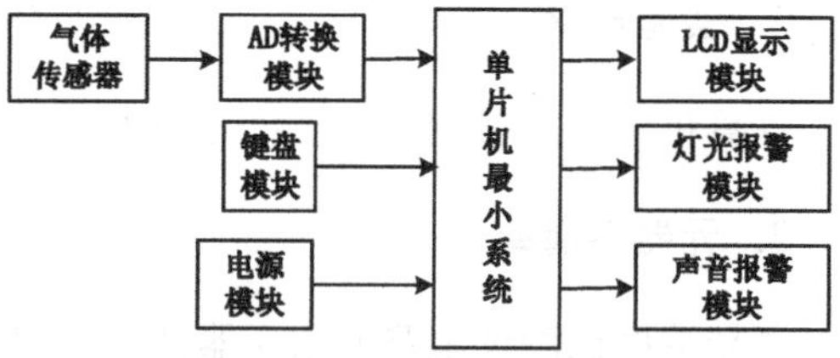

图 11.21　酒精浓度探测仪系统框图

（2）酒精浓度探测仪电路原理图

酒精浓度探测仪电路原理图如图 11.22 所示。本设计控制部分的核心器件采用 AT89S52 单片机；气体传感器采用 MQ3 型酒精气敏传感器，具有很高的灵敏度、对酒精有良好的选择性、使用寿命长、稳定、可靠，输出电压为 0～5V，因此不需要做放大处理；A/D 转换模块采用 8 位 AD0809；键盘模块采用矩阵键盘；LCD 显示模块采用 LCD1602；灯光报警采用绿色、黄色、红色发光二极管各一个，绿色表示没有喝酒，黄色表示酒驾状态，红色表示醉酒状态；声音报警采用三极管驱动扬声器；电源模块采用稳压芯片 7805 和干电池。电路原理图中标号相同的端口相连接。

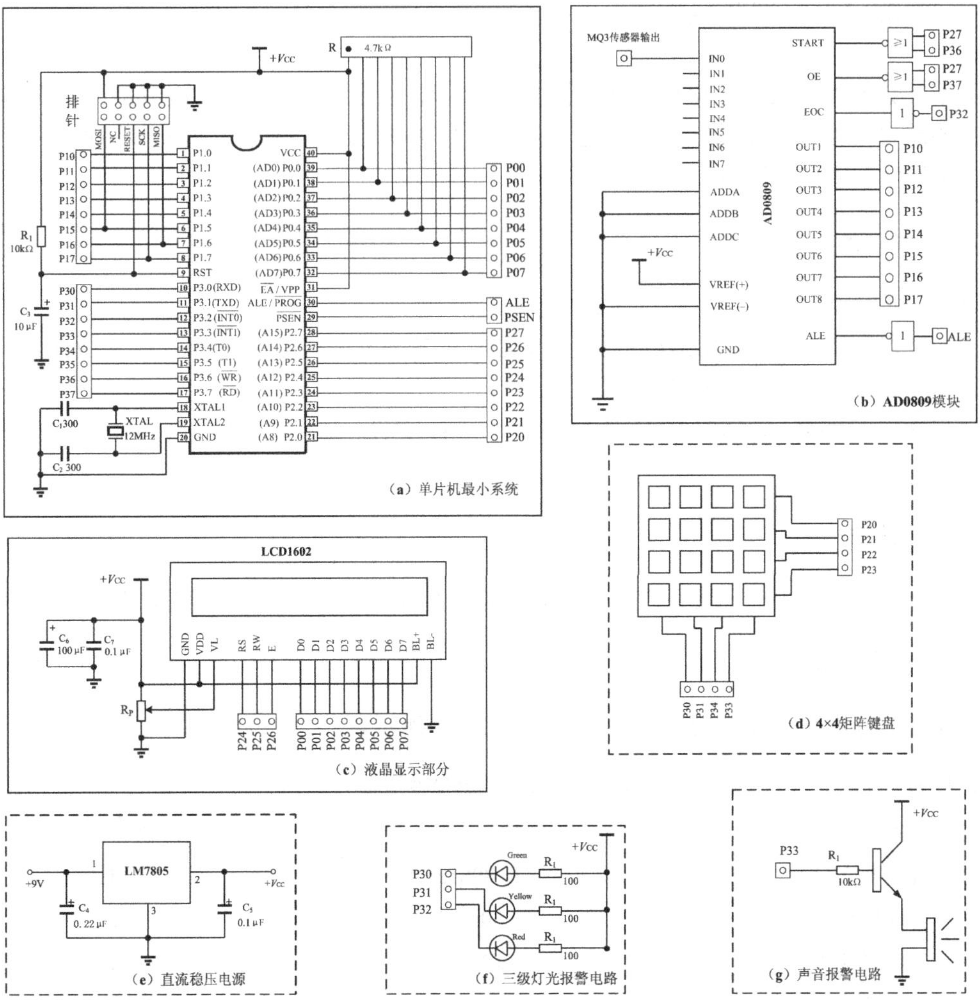

图 11.22　酒精浓度探测仪电路原理图

5. 实验内容

（1）查阅资料了解酒精浓度探测仪原理。

（2）在实验室利用 Proel 99 SE 软件设计出酒精浓度探测仪电路的原理图和 PCB 板图。

（3）利用 Protel 99 SE 软件生成的 Gerber 文件，利用视频雕刻机雕刻出酒精浓度探测仪电路的 PCB 印制电路板。

（4）检查 PCB 板是否有误。

（5）焊接 PCB 板。

（6）调试电路。按原理图用导线连接不同的模块，在调试过程中，若 LCD 没有显示，可改变 LCD 显示模块中滑动变阻器 R_P 的阻值，从而改变 LCD 的对比度，直至显示数值。可用酒精浓度探测仪测量不同浓度的酒精，并显示相应的浓度。

（7）撰写实验报告。

11.11 智能交通灯电路设计

随着社会的不断发展，交通也变得更为便利。作为当代交通的重要组成部分，交通灯控制系统的改善，无疑对提升城市交通运输效率，起着举足轻重的作用。基于单片机的交通灯可以简单地实现智能交通灯。

1. 实验目的

（1）了解交通灯原理。

（2）学习利用 Proel 99 SE 软件设计出交通灯中各部分电路的原理图和 PCB 板图。

（3）将各部分子电路组合成总电路。

（4）学习利用 Protel 99 SE 软件生成的 Gerber 文件，在视频雕刻机上雕刻出交通灯的 PCB 印制电路板。

2. 实验器材

计算机一台；雕刻机一台；万用表一块；常用电工组合工具一套；实验器件一套。

3. 元器件清单

智能交通灯电路设计所用元器件清单如表 11.11 所示。

表 11.11　交通灯电路所用元器件清单

名　称	型　号	数　量
单片机 MCU	AT89S52	1
瓷片电容	30pF	2
电解电容	10μF	1
排阻	4.7kΩ	1
晶振	XTAL12MHz	1
稳压芯片	LM7805	1
电解电容	0.22μF	1
电解电容	0.1μF	1
液晶	1602	1
电容	100μF	1
电容	0.1μF	1
滑动变阻器	10kΩ	1
键盘	4×4 矩阵	1
电阻	10kΩ	1
排针	排针	若干

4. 实验原理

（1）智能交通灯简介

鉴于上述要求设计的智能交通灯整个系统如图 11.23 所示，包括单片机、LCD 显示模块、键盘模块及电源。该系统可以通过键盘预先设置交通灯的规则（如主干道红灯时长），在单片机中进行数据处理，最终通过 LCD 屏显示出来。

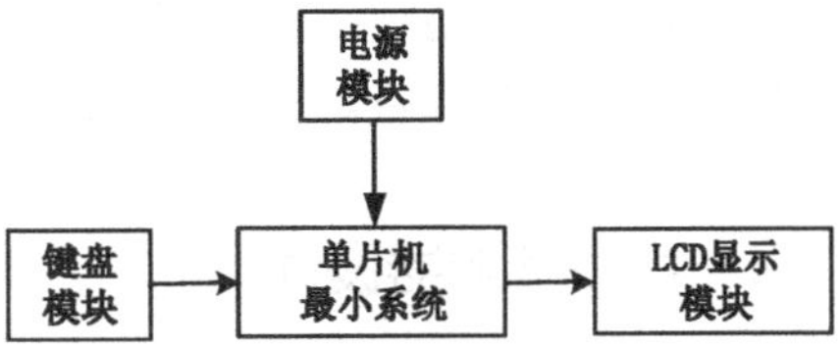

图 11.23　智能交通灯系统框图

（2）智能交通灯电路原理图

智能交通灯电路原理图如图 11.24 所示。本设计控制部分的核心器件采用 AT89S52 单片机；键盘模块采用 4×4 矩阵键盘；LCD 显示模块采用 LCD1602；电源模块采用稳压芯片 7805 和干电池。电路原理图中标号相同的端口相连接。

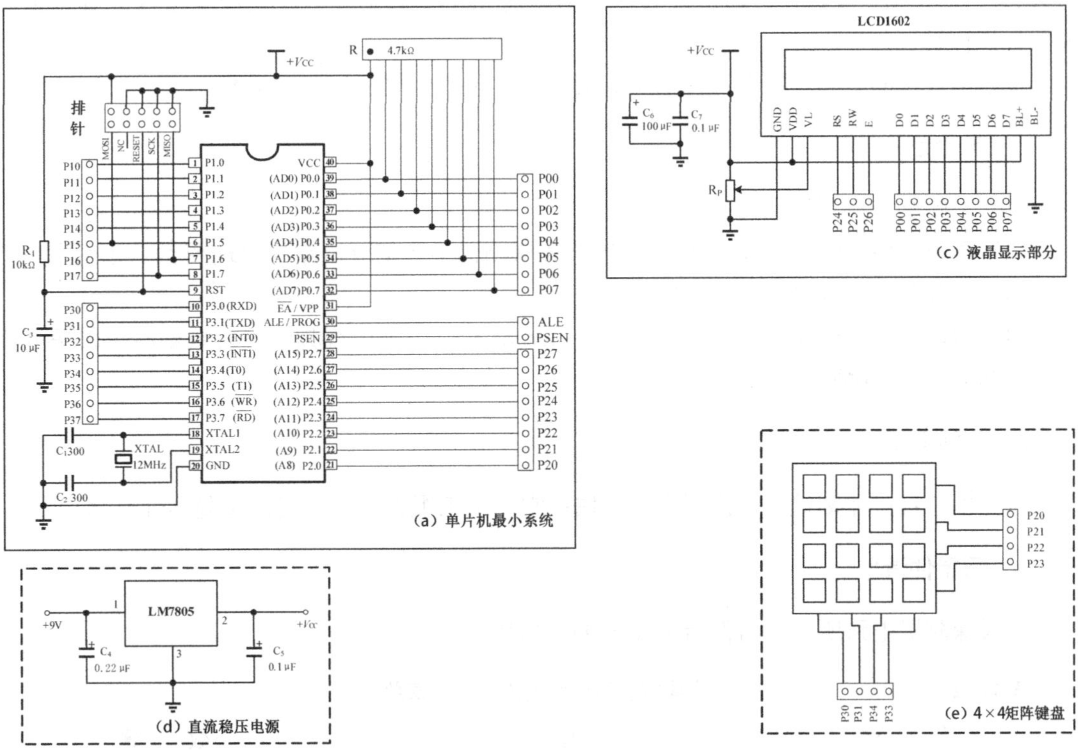

图 11.24　智能交通灯电路原理图

5. 实验内容

（1）查阅资料了解智能交通灯原理。

（2）在实验室利用 Proel 99 SE 软件设计出智能交通灯电路的原理图和 PCB 板图。

（3）利用 Protel 99 SE 软件生成的 Gerber 文件，利用视频雕刻机雕刻出智能交通灯电路的 PCB 印制电路板。

（4）检查 PCB 板是否有误。

（5）焊接 PCB 板。

（6）调试电路。按原理图用导线连接不同的模块，在调试过程中，若 LCD 没有显示，则可改变 LCD 显示模块中滑动变阻器 R_P 的阻值，从而改变 LCD 的对比度，直至显示数值。可以通过键盘预置交通灯的交通规则。

（7）撰写实验报告。

11.12 金属探测器设计

金属探测器作为一种重要的安全检查设备，已被广泛应用于社会生活和工业生产的诸多领域。比如在车站、机场等场所都用金属探测器进行安检，以排查行李及人体夹带的刀具、枪支、弹药等伤害性违禁金属物品；工业部门（包括金银首饰、手表、眼镜、电子等生产含有金属产品的工厂）也使用金属探测器对出入人员进行检测，以防止贵重金属材料的丢失；在四六级考试时，通过金属探测器来防止学生利用手机、无线电接收装置等工具进行考试作弊。

基于单片机的金属探测器可以简单、灵活地实现对金属的探测及报警。

1．实验目的

（1）了解金属探测器原理。

（2）学习利用 Proel 99 SE 软件设计出金属探测器中各部分电路的原理图和 PCB 板图。

（3）将各部分子电路组合成总电路。

（4）学习利用 Protel 99 SE 软件生成的 Gerber 文件，利用视频雕刻机雕刻出金属探测器电路的 PCB 印制电路板。

2．实验器材

计算机一台；雕刻机一台；万用表一块；常用电工组合工具一套；实验器件一套。

3．元器件清单

金属探测器电路所用元器件清单如表 11.12 所示。

表 11.12　　金属探测器电路所用元器件清单

名　称	型　号	数　量
单片机 MCU	AT89S52	1
瓷片电容	30pF	2
电解电容	10μF	1
排阻	4.7kΩ	1
晶振	XTAL12MHz	1
稳压芯片	LM7805	1
电解电容	0.22μF	1
电解电容	0.1μF	1

续表

名　称	型　号	数　量
液晶	1602	1
电容	100μF	1
电容	0.1μF	1
滑动变阻器	10kΩ	1
键盘	4×4 矩阵	1
扬声器	SPEAKER	1
霍尔传感器	UGN3503	1
AD 芯片	AD0809	1
或非门芯片	7402	1
非门芯片	7404	1
电阻	10kΩ	2
排针	排针	若干

4. 实验原理

（1）金属探测器简介

本设计要求系统能准确探测金属，在探测到金属时，系统能够启动报警。鉴于上述要求设计的整个系统如图 11.25 所示，包括单片机最小系统、霍尔传感器、放大模块、A/D 转换模块、报警模块、LCD 显示模块及电源。本系统以单片机为核心，采用线性霍尔元件 UGN3503 作为传感器来感应金属涡流效应引起的通电线圈磁场的变化，并将磁场变化转化为电压的变化，单片机测得电压值，并与设定的电压基准值比较后，判别是否探测到金属。

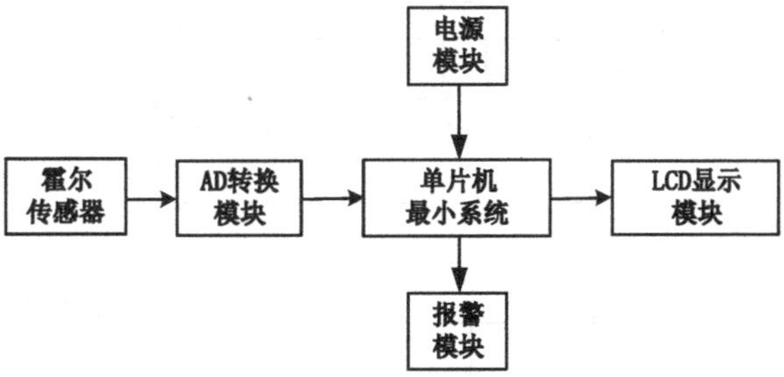

图 11.25　金属探测器系统框图

（2）金属探测器电路原理图

金属探测器电路原理图如图 11.26 所示。本设计控制部分的核心器件采用 AT89S52 单片机；金属探测采用线性霍尔元件 UGN3503，输出为模拟的电压值；A/D 模块采用 8 位 AD0809；显示模块采用 LCD1602；报警模块采用蜂鸣器。当探测到金属时，探测仪通过声音进行报警。

5. 实验内容

（1）查阅资料了解金属探测器原理。

（2）在实验室利用 Proel 99 SE 软件设计出金属探测器电路的原理图和 PCB 板图。

（3）利用 Protel 99 SE 软件生成的 Gerber 文件，利用视频雕刻机雕刻出金属探测器电路的 PCB 印制电路板。

（4）检查 PCB 板是否有误。

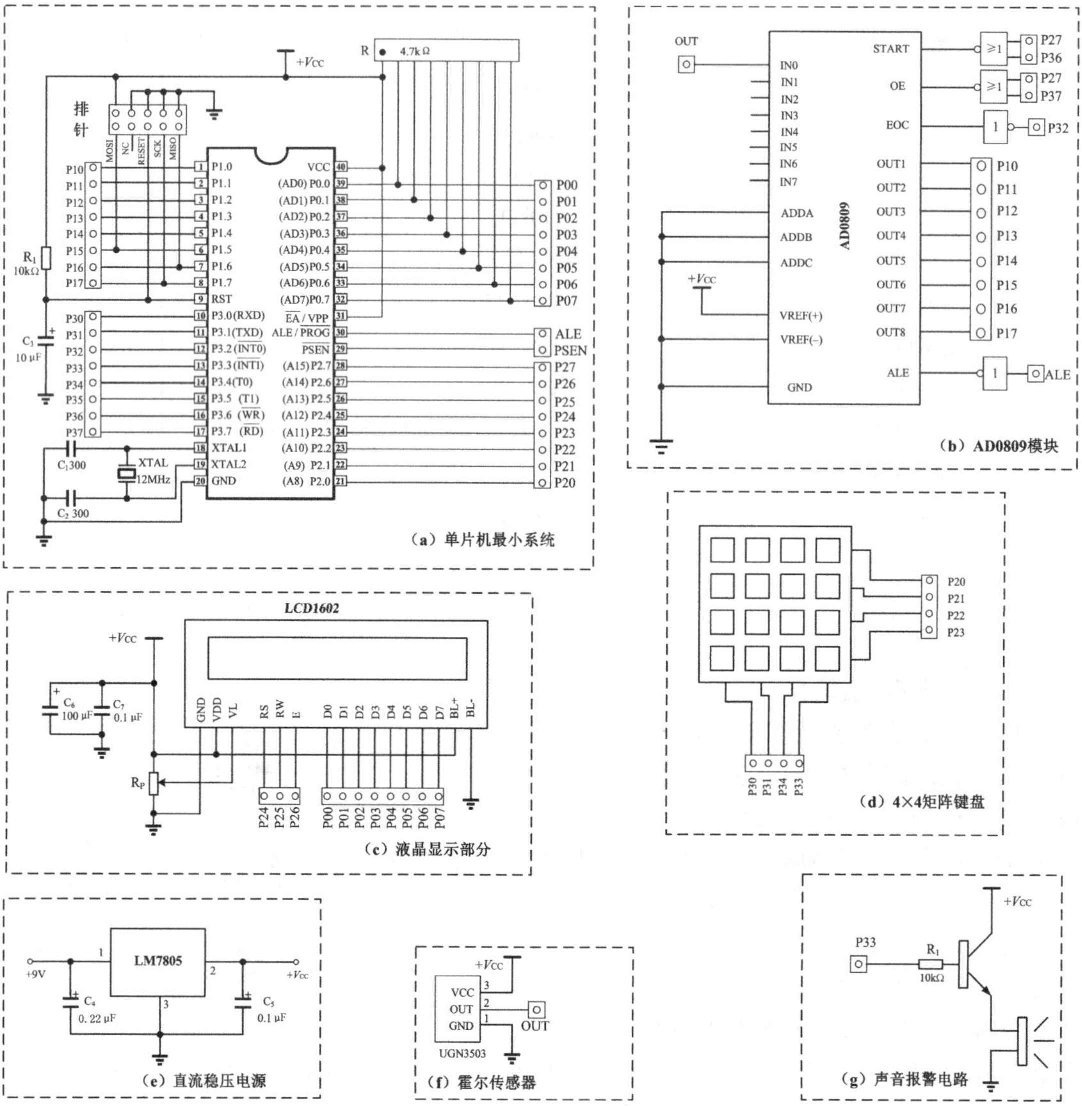

图 11.26　金属探测器电路原理图

（5）焊接 PCB 板。

（6）调试电路。按原理图用导线连接不同的模块，在调试过程中，若 LCD 没有显示，可改变 LCD 显示模块中滑动变阻器 RP 的阻值，从而改变 LCD 的对比度，直至显示数值。可将金属探测器靠近不同的材料（包括金属和非金属），系统在靠近金属时，能够启动报警电路。

（7）撰写实验报告。

11.13　煤气报警电路设计

随着经济的发展和生活水平的提高，煤气已经成为主要的燃料之一。煤气的普及给每个家庭以及公共生活带来了诸多的便利，同时，它也带来了巨大的威胁。一旦煤气发生泄漏，处理不及时就有可能引起大爆炸，给人们的生命财产造成巨大的损失。煤气的安全问题已经成为人们关注的焦点，必须对煤气进行有效的监控。单片机具有体积小、性能稳定、抗干扰能力强、功耗低等特点，基于此制作的烟雾报警电路可以简单、灵活地实现对 CO 浓度的实时监测及超阈值报警功能。

1．实验目的

（1）了解煤气报警电路原理。

（2）学习利用 Proel 99 SE 软件设计出煤气报警电路中各部分电路的原理图和 PCB 板图。

（3）将各部分子电路组合成总电路。

（4）学习利用 Protel 99 SE 软件生成的 Gerber 文件，利用视频雕刻机雕刻出煤气报警电路的 PCB 印制电路板。

2．实验器材

计算机一台；雕刻机一台；万用表一块；常用电工组合工具一套；实验器件一套。

3．元器件清单

煤气报警系统所用元器件清单如表 11.13 所示。

表 11.13　　煤气报警电路所用元器件清单

名　称	型　号	数　量
单片机 MCU	AT89S52	1
瓷片电容	30pF	2
电解电容	10μF	1
排阻	4.7kΩ	1
晶振	XTAL12MHz	1
稳压芯片	LM7805	1
电解电容	0.22μF	1
电解电容	0.1μF	1
液晶	1602	1
电容	100μF	1
电容	0.1μF	1
滑动变阻器	10kΩ	1
键盘	4×4 矩阵	1
扬声器	SPEAKER	1
CO 传感器	MQ7	1
AD 芯片	AD0809	1
或非门芯片	7402	1
非门芯片	7404	1
电阻	10kΩ	2
排针	排针	若干

4．实验原理

（1）煤气报警电路简介

本设计要求系统能够对 CO 浓度进行实时准确的监测显示，当 CO 达到一定浓度时，启动报警电路。鉴于上述要求设计的整个系统如图 11.27 所示，包括单片机、气体传感器模块，A/D 模块、LCD 显示模块、报警模块及电源。该系统可以通过键盘预先设置煤气浓度阈值，通过气体传感器将煤气浓度转换成模拟电压输出，再经过放大电路、A/D 转换模块转换成数字量，送入单片机中进行数据处理，最终通过 LCD 屏显示出来。如果检测出的 CO 浓度超过预置的阈值，则启动报警电路。

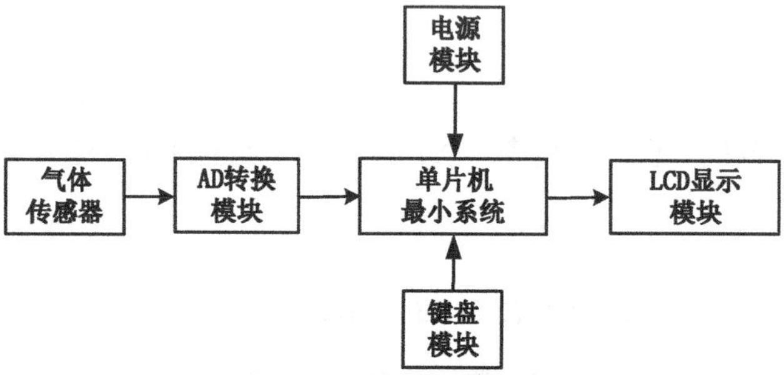

图 11.27　煤气报警系统框图

（2）煤气报警系统电路原理图

煤气报警电路原理图如图 11.28 所示。本设计控制部分的核心器件采用 AT89S52 单片机；气体传感器采用 MQ7 型气敏传感器，具有很高的灵敏度、对 CO 有良好的选择性、使用寿命长、可靠、稳定等优点；A/D 转换模块采用 8 位 AD0832，键盘模块采用独立键盘，LCD 显示模块采用 LCD1602，报警电路采用蜂鸣器，电源模块采用干电池。

5．实验内容

（1）查阅资料了解煤气报警电路原理。

（2）在实验室利用 Proel 99 SE 软件设计出煤气报警电路的原理图和 PCB 板图。

（3）利用 Protel 99 SE 软件生成的 Gerber 文件，利用视频雕刻机雕刻出煤气报警电路的 PCB 印制电路板。

（4）检查 PCB 板是否有误。

（5）焊接 PCB 板。

（6）调试电路。按原理图用导线连接不同的模块，在调试过程中，若 LCD 没有显示，可改变 LCD 显示模块中滑动变阻器 R_P 的阻值，从而改变 LCD 的对比度，直至显示数值。可用煤气报警电路监测不同浓度的 CO，并实时显示相应的浓度。若浓度超过阈值，则启动报警电路。

（7）撰写实验报告。

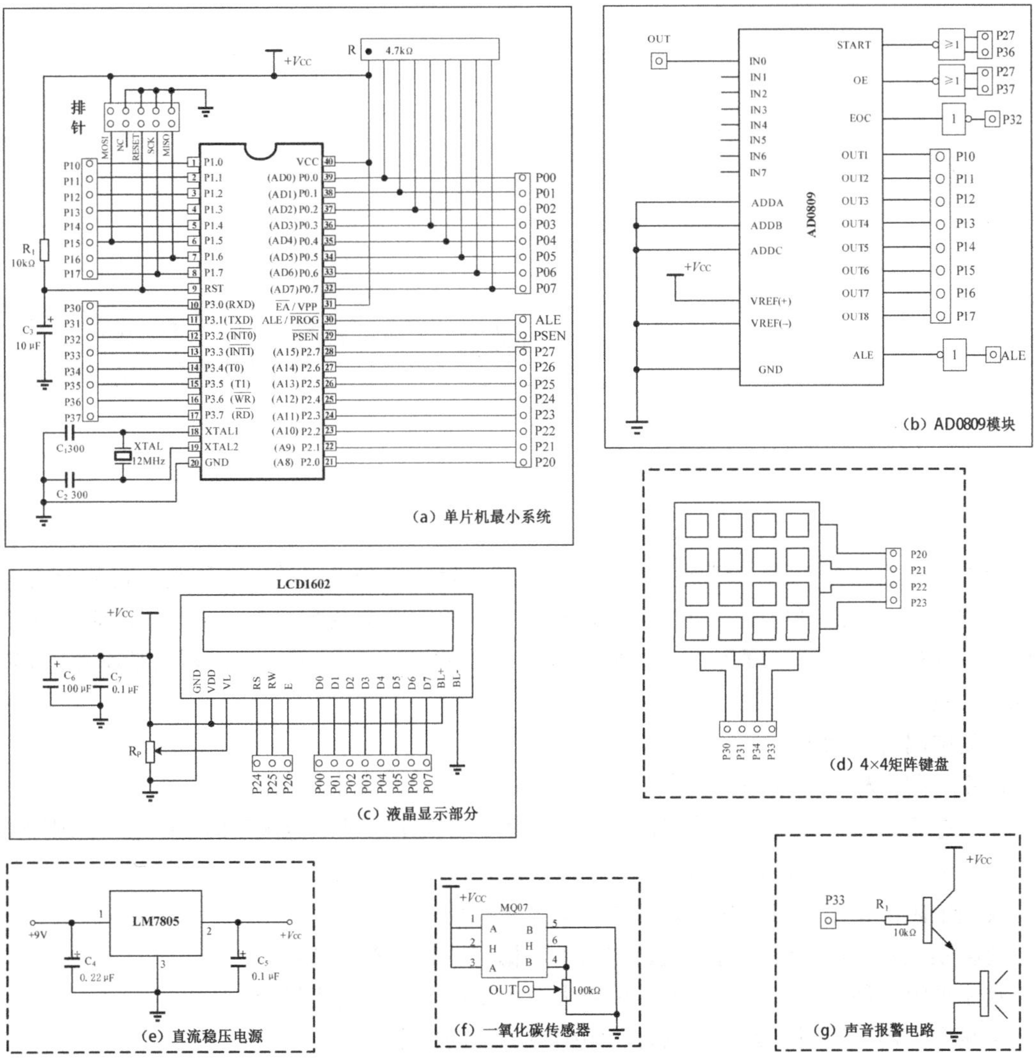

图 11.28 煤气报警系统原理图

思考与练习

1. 在图 11.5“温度控制电路原理图”中，为什么在 P0 端口增加排阻 R？

2. 单片机除了利用 ISP 下载程序外，还可以采用什么方式烧录程序？

3. 温度控制电路如何调节 LCD 的对比度？

4. 温度控制电路为了实现太阳能板与太阳光线垂直，应增加光电传感电路，选用合适的元件，设计该部分电路。

5. 温度控制电路中，当温度高于上限温度时，通过哪种元件可以启动散热装置？（试举一种元件）

6. 图 11.5“步进电机驱动电路”模块中，R_2 的阻值如何选取？

7. 图 11.5“液晶显示”模块中，C1、C2 的作用是什么？

附录A 常见元器件

1. 电阻

根据制作材料和工艺，有碳膜电阻、金属膜电阻、线绕电阻等不同种类；封装形式有直插、贴片两种。在选择电阻器时，必须选择阻值和额定功率两个参数。电阻器的阻值通常采用色环方式标注，阻值精度等级有15%、5%、1%、0.5%、0.1%等；电阻器的功率有1/16W、1/4W、1/2W、1W、2W或更大。

常见电路特点如下。

碳膜电阻：稳定性较差、噪声较低、成本低。

压敏电阻：在正常电压下具有很高的电阻值，当电压超过一定限度时，电阻值急剧下降，形成一个电流旁路通道，常作为保护元件。

线绕电阻：稳定、耐热性能好，适用于大功率场合。

金属膜电阻：低噪音、耐高温、体积小、稳定性和精密度高。

水泥电阻：稳定性、精度较差，体积大，主要用于较大功率场合。

滑线变阻器：适用于大功率场合、阻值可调节的电阻器。

排电阻：是用薄膜工艺将若干电阻集成封装在一起的组合器件。

电位器：电阻可调节的电阻器

常见电阻如下。

1. 普通电阻	2. 排阻	3. 贴片电阻	4. 功率电阻	5. 光敏电阻
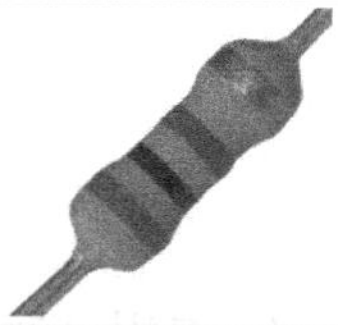				
6. 大功率电阻1	7. 大功率电阻2	8. 压敏电阻	9. 滑动变阻器	10. 水泥电阻
				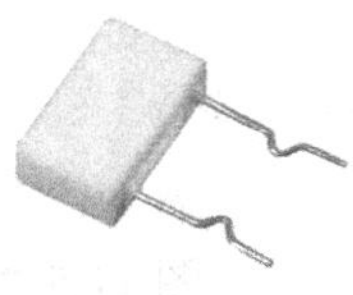

续表

11．微调电阻				

2．电容器

电容器具有通交流隔直流的特性，可实现滤波、旁路、耦合等功能，也可与电感线圈构成振荡回路。

根据制作材料和工艺，有电解电容、钽电容、独石电容、瓷片电容、云母电容、金属膜电容等类型。封装形式有直插、贴片两种。电容有不同的耐压等级，选用时必须留有余量；有些电容有极性，如电解电容严禁反接。

常见电路特点如下。

电解电容：容量通常在 1～10000μF，体积较大，有固定极性，容量值的精度较差，漏电流较大，宜用于电源滤波及低频电路。

钽电容：容量通常在 0.1～100μF，体积小、性能稳定、漏电较小、寿命长、温度特性好。

双联电容：由一组定片和一组动片组合，它的容量随着动片的转动可以连续改变。把两组可变电容装在一起同轴转动，叫双联。

独石电容：容量通常＜1μF，体积小，温度特性好、漏电较小。

瓷片电容：容量通常＜1μF，体积小，耐高温，漏电较小，常用于高频电路。

云母电容：容量通常＜1000 pF，体积大，耐高压、高温。性能稳定，漏电小。

金属膜电容：容量通常＜1μF，体积小、性能稳定、漏电小，一般用于中、低频电路。

交流电容：容量通常在 0.1～10F，无极性、耐高压，常用于三相交流电路。

可变电容：电容的两个极板由定片和动片构成，电容量可调节。根据片间所用介质不同，分为空气或聚苯乙烯薄膜可变电容器。

常见电容如下。

1．钽电容	2．钽贴片电容	3．贴片电容	4．轴向电解电容	5．CBB 电容
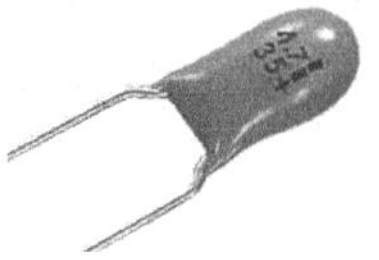				

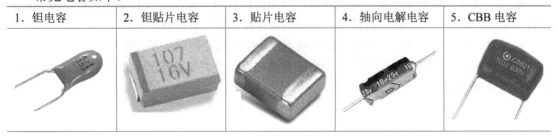

续表

6. MEA 电容	7. MPB 电容	8. 瓷片电容	9. MKP 电容	10. 贴片电解电容

11. MKT 电容	12. 陶瓷电容	13. 色环陶瓷电容	14. 云母电容	15. KMP 电容
	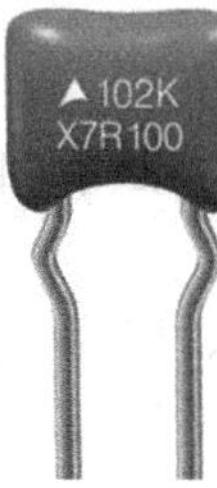			
16. MPP 电容	17. 电机启动电容	18. 充放电电容	19. 双连调谐电容	20. 单连调谐电容

3. 晶体二极管

二极管由一个 PN 结构成，具有单向导电的特性。根据材料，可分为锗、硅、砷化镓二极管；按制作工艺，可分为面接触和电接触二极管；按用途，可分为整流、检波、稳压、变容、光电、发光、开关二极管等。

常见二极管的特点及作用如下。

检波二极管：点接触型硅、锗二极管，常用于检波，如 1N4148 等。

整流二极管：面接触硅二极管，常用于整流，如 1N5400、1N4000 系列。

发光二级管：可实现电能—光能转换，有电流流过时，发出红外光或红、黄、绿、蓝等单色可见光，也可将多个管芯封装在一起成为复合发光管，发出混合光。

稳压管：反向击穿导通时具有稳定的结电压，用于稳定电路的工作电压。

整流桥堆：4 只整流二极管连接成全波整流电路，可将交流电转为脉动的直流电，广泛用于整流电路中。

常见二极管如下。

1. 一般高压二极管	2. 汽车发动机二极管	3. 玻璃封装二极管	4. 发光二极管	5. 砷化镓红外发光二极管
			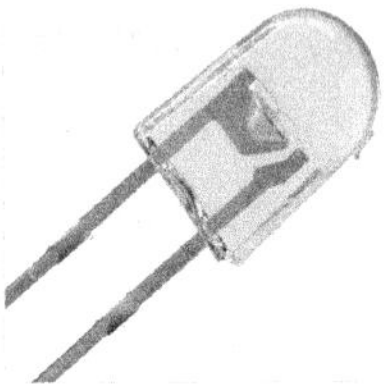	
6. 双二极管	7. 激光二极管	8. 大电流二极管模块	9. 发光二级管数码管	10. 贴片二极管
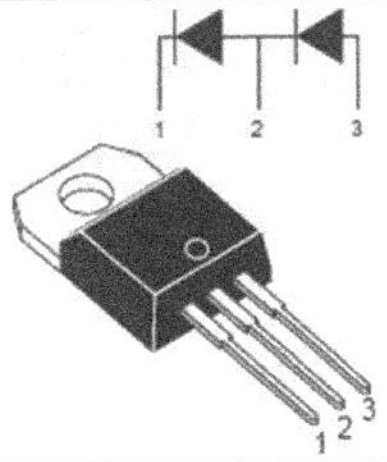				
11. 圆柱形贴片二极管	12. 螺栓大电流二极管	13. 辫式大电流二极管	14. 白光二极管	15. 平板压接大功率二极管
			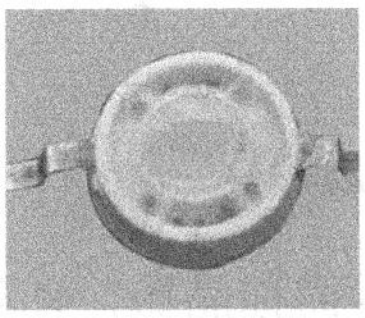	
16. 桥式整流二极管	17. 桥式整流二极管	18. 桥式整流二极管	19. 三相二极管整流	20. 三相二极管整流

4. 开关

电路中使用的开关有多种形式，机械触点的开关有微动开关、拨动开关、纽子开关、波段开关等。波段开关主要在无线电通信领域用于切换工作频率范围。非触点开关有光电开关、电磁开关等。

常见开关主要有 DIP 开关、微动开关、纽子开关、拨动开关、波段开关，如下表。

1．船型开关

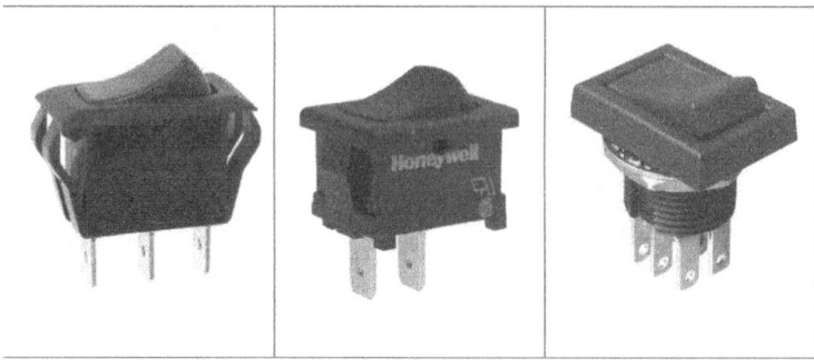

2．钮子开关

3．拨码开关

4．按键开关

5．石英晶体振荡器

石英晶体振荡器简称晶振，有非常稳定的中心频率，品质因数 Q 值很高。通常作为振荡源、鉴频器、滤波器。无源晶振需外接振荡电路，有源晶振内部集成有振荡电路，通电可直接输出频率信号。晶振有厚度切变模式，石晶晶片越薄，频率越高。因受机械加工限制，频率为 1～150MHz；最薄的晶片频率最高可达到 300M 左右。石英晶片有很多振动模式，各种模式的频率范围各不相同。有些低频振动模式，如弯曲振动、面切变等可以做到几十或几百 kHz。目前还有贴片晶振，可根据电路需要选择型号规格。

常见晶体振荡器如下。

6．传感器

传感器的作用是将来自外界的各种信号转换成电信号。有光电、温度、磁敏、压力、气敏、湿度、音响、力学、生物等传感器。

常见传感器的特点及作用如下。

- 超声传感器：是能将超声波转换为电信号的传感器。
- 干簧管：磁敏元件，在存在外磁场的条件下，管内触点闭合，反之触点打开切断电路通路。
- 热释传感器：若使某些物质的温度发生变化，在这些物质的表面会产生电流，即热释效应。属热电效应范围。制作光敏传感器可用于检测红外光。
- 湿度传感器：能将气体的湿度转换为电信号，与其他传感器比较精度较差。有石英振荡式、微波、电介质、高分子、陶瓷湿度传感器等。
- 气敏传感器：是把气体的特定成分、气体量（压力、温度、流量、流速等）检测出来转换成电信号的器件，有半导体、固体电解质传感器，可用于真空检测、气体分压或成分测量。
- 音响传感器：将气体（空气）、液体（水）和固体中传播的机械振动用接触或非接触的方法检出并变换成电信号器件，如话筒、水听器、声音拾音器及其他音响传感器。
- 电阻应变片：一些材料在外力作用下发生变形时，其阻值将随变形量成比例变化。将这些材料做成片状物，称为应变片，贴在受外力作用的物体上，测量其阻值变化，可得知物体受力的情况。
- 生物传感器：是一种利用生物关联物质选择识别分子功能的化学传感器。按使用的关联物质（即敏感物质），可分为哮素、抗体、有机物、微生物等生物传感器。
- 力学传感器：是利用应变片将物理量（机械的）变换成电信号的传感器。应变片有金属电半导体、磁性体磁致伸缩等多种。
- 温度传感器：工作机理各不相同，传感器种类较多，如单片 IC 温度传感器、热电偶、热敏电阻、热电容传感器等。
- 热敏电阻：阻值随温度变化而变化，分为温度系数热敏电阻（NTC）、正温度系数热敏电阻（PTC）、临界热敏电阻（CTR）3 种。

常见温、湿度传感器如下。

1. 湿度传感器	2. 热释红外线传感器
	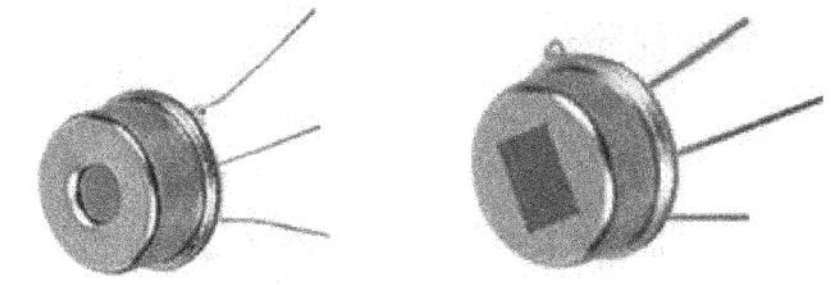

7. 霍尔开关

霍尔器件为有源元件，利用半导体在外磁场作用下，电性质会发生变化的特性（磁电效应），制成磁敏感器件，用于测量磁场、电流、转速、位置、速度，传感器能满足相应的测量需要。其外形如下。

8. 晶体三极管

晶体三极管是由两个 PN 结方向串联而成的电流控制器件，在基极加入变动的电流 I_B，在集电极产生电流的变动 I_C，有共射极电流放大倍数 $\beta=I_c/I_b$。三极管种类较多，根据所使用的半导体材料不同，分为锗三极管和硅三极管；按工作电流大小，分为小、中、大功率管；按工作频率范围，分为低频、高频、超高频管；按封装形式，分为塑封三极管和金属封装三极管；按用途不同，分为放大管、开关管等。三极管有不同的工作电压范围。根据电路需要可设计工作在放大、饱和或截止状态。

三极管的封装及外形如下。

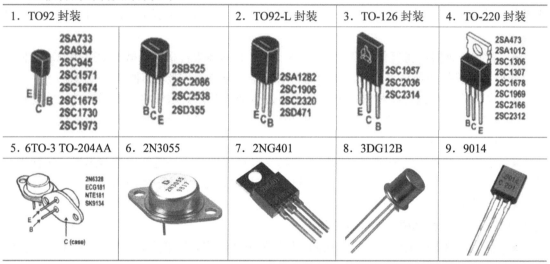

1. TO92 封装		2. TO92-L 封装	3. TO-126 封装	4. TO-220 封装
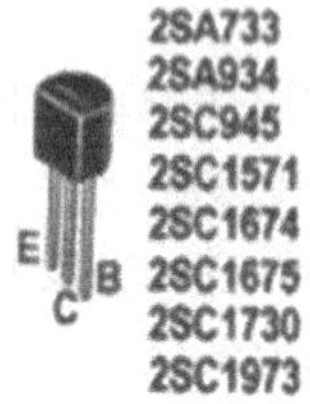		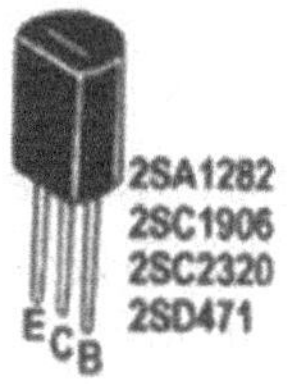		
5. 6TO-3 TO-204AA	6. 2N3055	7. 2NG401	8. 3DG12B	9. 9014
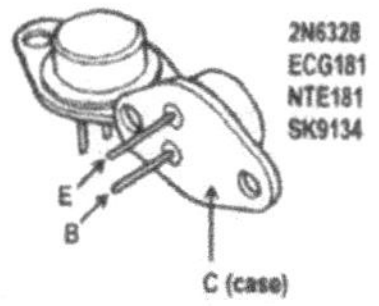				

9. 保险丝

保险丝用熔点较低的铅锡合金材料制成，串联在电路中，发生过流时，产生的热量使其熔断，达到保护的目的。

常见保险装置的外形如下。

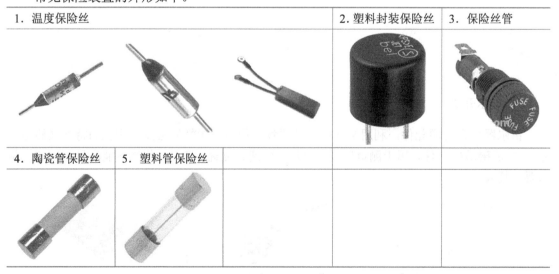

1. 温度保险丝			2. 塑料封装保险丝	3. 保险丝管
	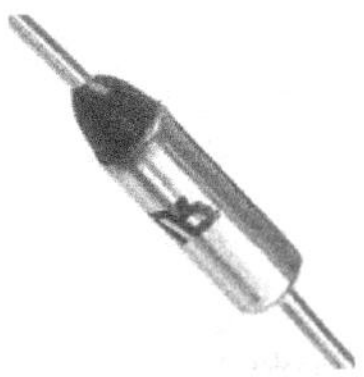			
4. 陶瓷管保险丝	5. 塑料管保险丝			

10．可控硅

可控硅又称“晶闸管”，以栅极电流控制导通。有单向可控硅、双向可控硅等。根据工作电流大小，分为螺栓式、平板式、塑封式、三极管式等，广泛应用于可控整流、逆变、调速等控制系统中。常见的可控硅有螺栓型-晶闸管，平板型-晶闸管。

常见可控硅的外形如下。

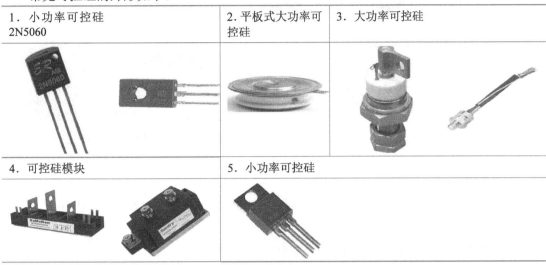

1．小功率可控硅 2N5060	2. 平板式大功率可控硅	3．大功率可控硅
 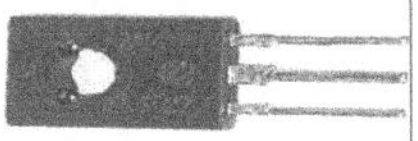		 
4．可控硅模块	5．小功率可控硅	

11．电位器

常见电位器外形如下。

1．基本电位器				2．双联电位器/同步电位器

3．直滑电位器	4．线绕电位器	5．WH116AK-1	6．WH116AK-5	7．线绕电位器

12．继电器

继电器通常作为执行元件，以电磁线圈通电后产生的电磁力使机械触点闭合或分离达到控制电路通断的目的。机械触点有寿命限制，通常在 10 次左右；触点的闭合或分离需要一定动作时间，通常在几十个 ms；电磁线圈有内阻，工作电压有交流和直流之分。

常见继电器外形如下。

13．电感

电感以导线绕制成环状，具有一定电感量，分为空心电感、铁芯电感和磁芯电感。

常见电感外形如下。

1. 工字形电感线圈	2. 工字形电感线圈（包装）	3．环形电感	4．贴片电感
		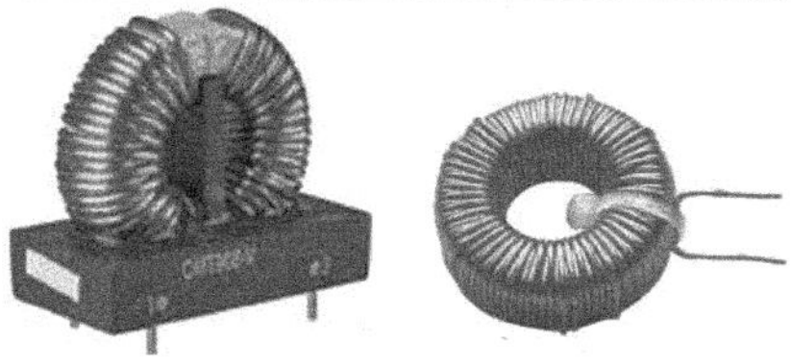	
5．小型变压器	6．空心电感		
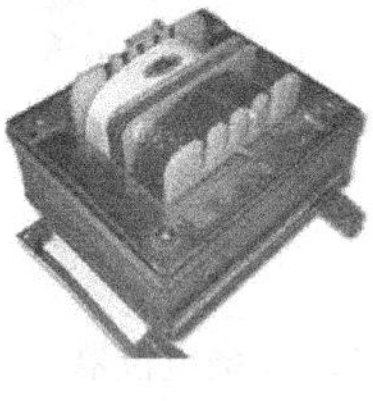	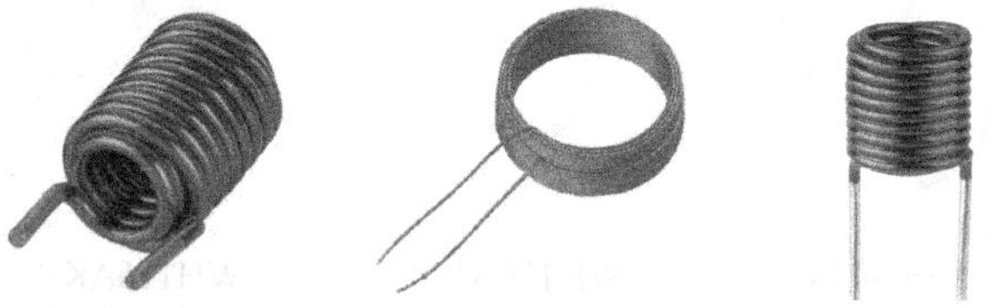		

14．光电器件

光电耦合器将发光元件和收光元件全塑封装用来作为电信号回路的一部分，输入和输出电气隔离，无反馈，并具有独立选择输入、输出阻抗的优点。

光电开关主要是工作于可见光范围的光电控制开关。光源的直接检测和被照射物体的间接检测都能以非接触方式高速进行。

红外线管是由红外线控制的接收发射装置。

常见光电器件外形如下。

1．光电耦合器

2．红外线接收器

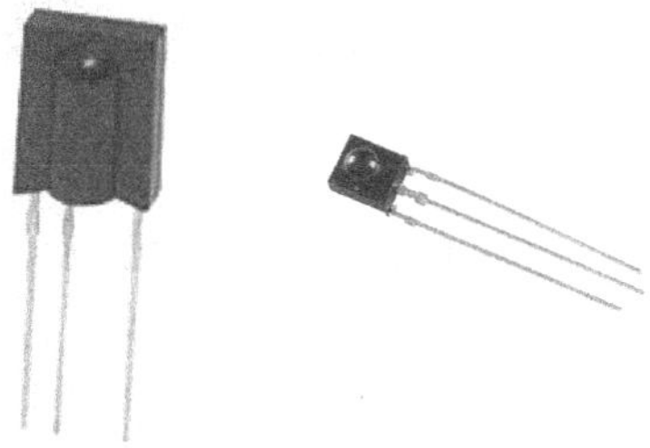

3．红外遮断器

4．光电三极管

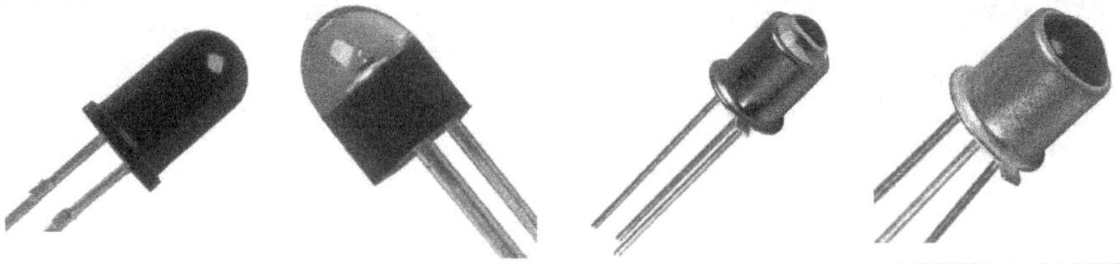

5．红外线发射管

附录 B 常用集成电路元件

<table>
<tr><td>1．MA741</td><td>2．LM358 双运算放大器</td><td>3．LM386 集成功率放大器</td><td>4．三端稳压器 7805 7912</td><td>5．74LS00 四二输入与非门</td></tr>
<tr><td></td><td></td><td></td><td></td><td></td></tr>
<tr><td>6．74LS04 六反相器</td><td>7．555 集成块</td><td>8．8 位移位寄存器</td><td>9．CD4017 十进制计数器</td><td>10．贴片集成电路</td></tr>
<tr><td></td><td></td><td></td><td></td><td></td></tr>
<tr><td>11．贴片集成电路</td><td>12．音乐片</td><td>13．晶振 1</td><td>14．晶振 2</td><td>15．贴片晶振</td></tr>
<tr><td>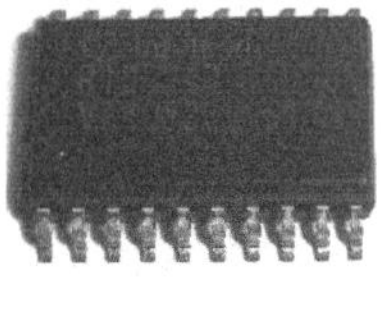</td><td></td><td></td><td>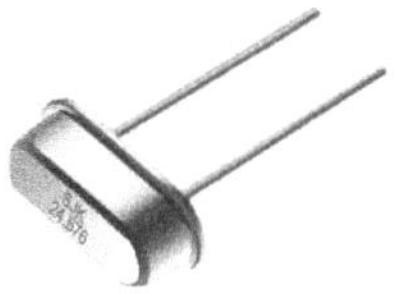</td><td></td></tr>
</table>

续表

<table>
<tr><td>16. 单片机</td><td>18. 计算机主板</td></tr>
<tr><td>
</td><td rowspan="3">
</td></tr>
<tr><td>17. 单片机</td></tr>
<tr><td></td></tr>
</table>

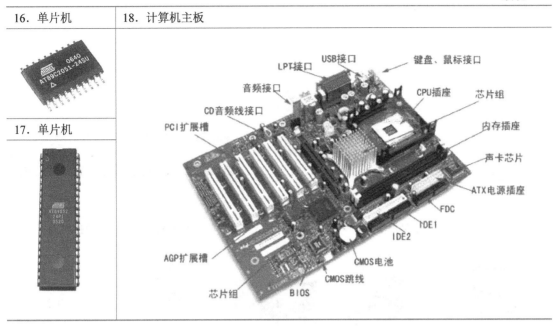

附录C 保险元件及常用耗材

1．层迭电池	2．1号电池	3．2号电池	4．5号电池	5．纽扣电池
			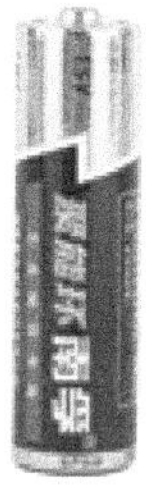	
6．光电池	7．电池盒	8．可充电电源	9．充电电池	10．螺旋式保险丝

11．可恢复保险	12．温度保险	13．温度继电器	14．保险管	15．502胶水
	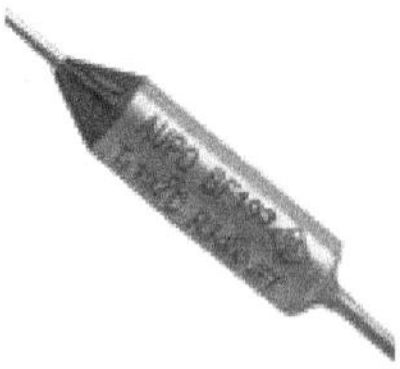			

续表

16. AB 胶	17. 三氯化铁	18. 油漆	19. 绝缘胶带	20. 胶棒
				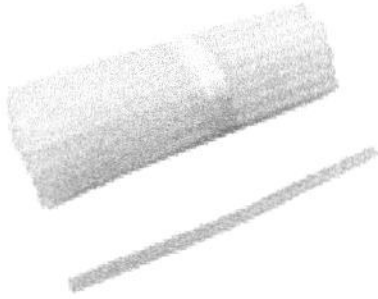
21. 砂纸	22. 松香	23. 焊锡丝	24. 覆铜板	25. 通用板
				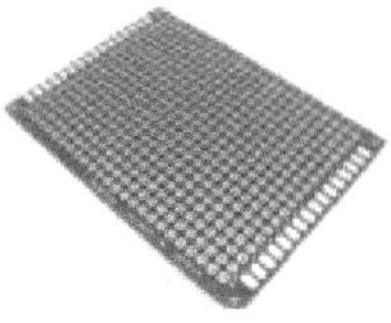
26. 导线	27. 面包板插线	28. 漆包线	29. 毛刷	30. 逻辑笔

附录 D 电子小制作常用工具、仪表

1．克丝钳	2．排线剥线钳	3．斜口钳	4．剥线钳	5．剥线钳
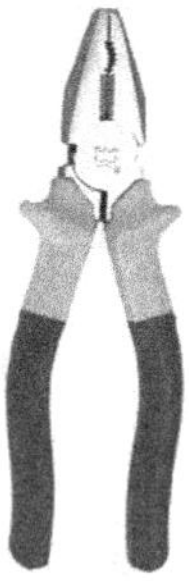	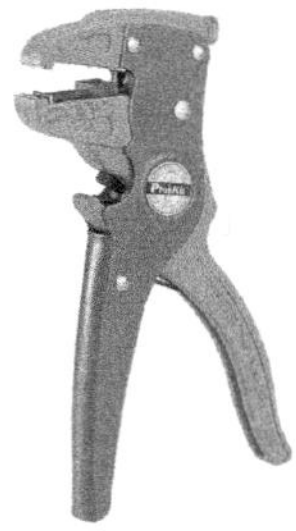	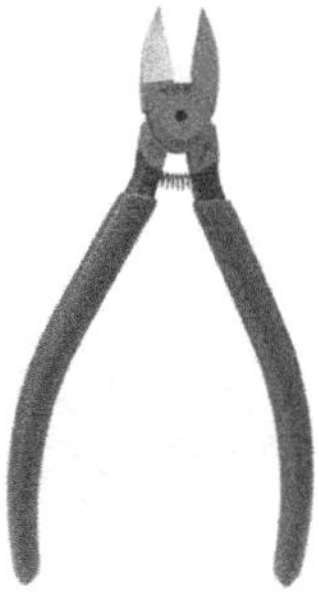		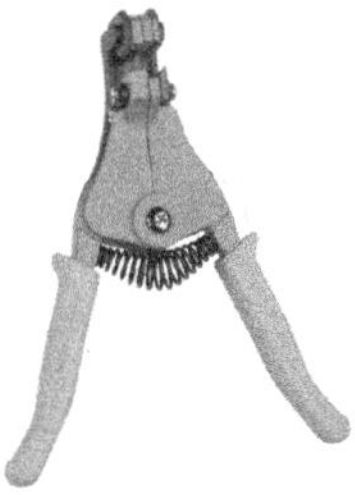
6．工具刀	7．剪子	8．镊子	9．钟表起子	10．梅花起子
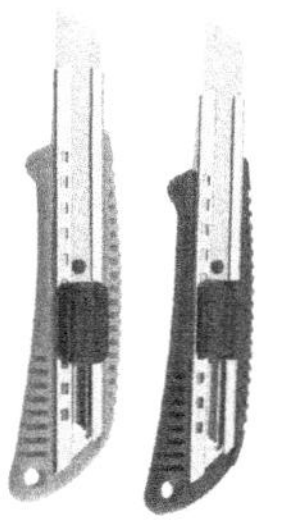	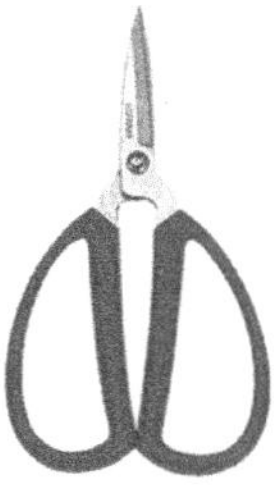			
11．螺丝刀	12．小锉刀	13．电源插线板	14．面包板	15．手虎钳
		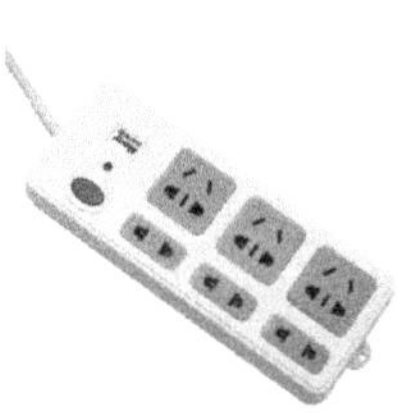	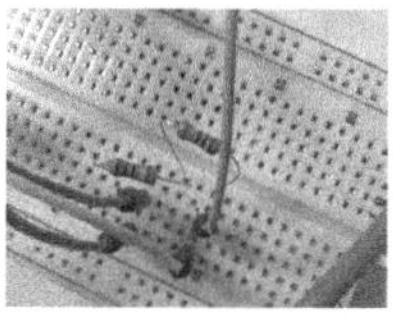	

续表

16．放大镜	17．手锯	18．木工锯	19．锤子	20．微型电钻

21．手电钻	22．胶枪	23．吸锡器	24．电烙铁	25．工作台灯
	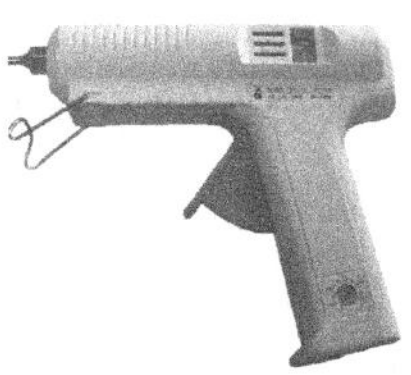		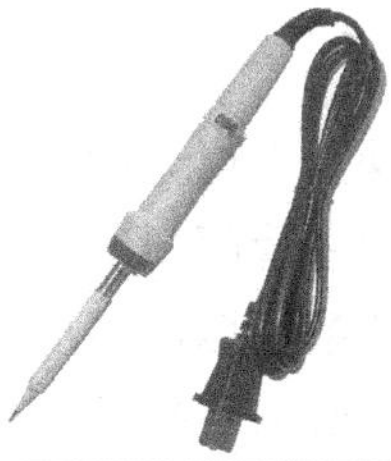	
26．指针万用表	27．电容表	28．兆欧表	29．试电笔	30．逻辑笔
			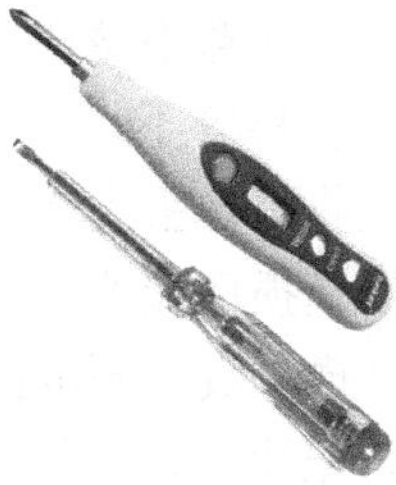	

附录E 电子实习规章制度

一、准时上下课，不得无故迟到、早退、缺课。迟到十分钟后不准上实习课。

二、病、事假须主管部门证明，并须先得到实习老师批准。

三、实验场地严禁抽烟，不得使用火柴、打火机。

四、进入实验室必须穿鞋套，否则不得进入实验场所。

五、不乱涂乱画，不随地吐痰，保持环境卫生。

六、爱护仪器设备，操作前须熟悉正确使用方法。

七、使用烙铁时，注意不烫伤人体、塑料导线、仪器外壳，不乱甩焊锡。

八、所发工具，材料等不得带出实验室外，实习学生每天清点一次工具、材料，实习结束后，经老师清点验收，凡丢失者，照价赔偿。

九、实习中若不慎损坏元器件，须及时向老师报告并登记。

十、实习时应严谨认真，不准嬉闹、追逐、聊天等。

十一、违反实习纪律者，老师有权终止违规者当日的实习，严重违规者，将报相关部门给予严肃处分。

附录F 安全规章制度

高温、强电、化学物品，都可能带来事故。实验室的安全问题是指人身安全和设备安全两方面。注意安全，保证不发生人身安全事故是必要的。爱护仪器，增加仪器的使用寿命，降低仪器的损坏率，提高仪器的完好率，保证仪器正常工作，是实验者的基本职责，做好实验室的安全工作，遵章守纪，安全操作，是预防事故的基本原则。

一、自觉培养良好的用电习惯。工作中严格要求自己，精神集中，对仪器设备、电路、导线、元件不作盲目的触摸、扶靠，在测试中逐步适应单手操作的方式。

二、对于超过安全电压（36V以上的交流和直流电压）的电路测试，从人身安全考虑，原则上不允许带电操作，如果不可避免，应在人体和地面之间，设有可靠的绝缘隔离。对低于安全电压的电路实验，要从器件安全考虑，对可否带电操作具体分析。

三、进行电路连接前，应首先了解电路的性能、工作原理，接线时要仔细认真，接线完毕后要认真检查，在辅导老师审查后，方可接通电源。

四、使用仪器前，须掌握其使用方法及注意事项，遵守操作规程，要特别注意勿使仪器负载过重，防止电源电压和仪器工作电压不符合等情况发生。对于测量仪表，要注意选择量程，切忌超量程使用。

五、进入实验室不要无目的地扳动仪器面板上的旋钮及开关等各种控制件，以免造成不必要的损坏。

六、注意仪器使用过程中的散热问题，输出功率较大的仪器设备，应放置在空气流通的地方，仪器上面不要放置其他物品，以利仪器散热，对于有排风扇的仪器，应注意风扇是否运转正常，如不正常，应停止仪器的使用，以防仪器设备因温度升高而不能正常工作，甚至造成损坏。

七、在仪器使用过程中，不要经常开关电源。频繁地开关影响仪器工作稳定性。实验完成后，按说明关闭电源。

八、在实验过程中，如发现异味、熔丝断裂、元器件过热、机壳带电等不正常现象，应立即切断本组电源，并及时报告指导老师，师生共同寻找原因，待查明原因、排除故障后，才能恢复实验。

附录 G 安全用电常识

现代社会是电气化时代，从家庭到办公室，从学校到企业，各行各业都离不开电的使用。电与人们的生活息息相关，电在给人带来方便的同时，也对人们的生命安全造成威胁；一旦使用不当，就会酿成触电事故，危及性命。因此，普及安全用电知识，防止触电事故，做到安全用电是十分重要的。

1. 触电对人体的危害

触电对人体伤害的情况，按其性质的不同可分为电击和电伤两类。

（1）电击

电击是指电流流过人体内部器官（如心、肺和大脑等）所造成的内伤，破坏了人体的心肺部以及神经系统的正常工作，甚至危及人的生命。触电死亡事故多数是由电击所致。电击伤人的程度，要根据流过人体电流的大小、通电时间的长短、电流的途径与频率以及触电者本身的情况而定。电流通过心脏与大脑时最危险，通电时间越长，危险性越大。

（2）电伤

电伤也叫电灼，是指由电流的热效应、化学效应或机械效应对人体造成的伤害，包括电烧伤、皮肤金属化、电烙印、电光眼、机械性损伤等多种伤害。电伤对人体的伤害一般是体表的、非致命的。

① 电烧伤，一般有接触灼伤和电弧灼伤两种，接触灼伤多发生在高压触电事故时，通过人体皮肤的进出口处，灼伤处呈黄色或褐黑色并又累及皮下组织、肌腱、肌肉、神经和血管，甚至使骨骼显碳化状态，一般治疗期较长，电弧灼伤多是由带负荷拉、合刀闸、带地线合闸时产生的强烈电弧引起的，其情况与火焰烧伤相似，会使皮肤发红、起泡烧焦组织，并坏死。

② 皮肤金属化，由于高温电弧使周围金属熔化、蒸发并飞溅渗透到皮肤表层所形成。皮肤金属化后，表面粗糙、坚硬。根据熔化的金属不同，呈现特殊颜色，一般铅呈现灰黄色，紫铜呈现绿色，黄铜呈现蓝绿色，金属化后的皮肤经过一段时间能自行脱离，不会有不良后果。此外，发生触电事故时，常常伴随高空摔跌，或由于其他原因所造成的纯机械性创伤，这虽与触电有关，但不属于电流对人体的直接伤害。

③ 电烙印，它发生在人体与带电体有良好接触，但人体不被电击的情况下，在皮肤表面留下和接触带电体形状相似的肿块瘢痕，一般不发炎或化脓。瘢痕处皮肤失去原有弹性、色泽，表皮坏死，失去知觉。

④ 电光眼，是发生弧光放电时，由红外线、可见光、紫外线对眼睛的伤害。

⑤ 机械性损伤，是电流作用于人体时，由于中枢神经反射和肌肉强烈收缩等作用导致的机体组织断裂、骨折等伤害。

2. 人体触电事故的危害与影响因素

人体触电后，电流和电压对人体会产生各种不同的伤害，甚至使人丧失生命。以下主要因素对触电后果起着重大影响。

（1）电流大小与伤害

电流是触电伤害的直接因素。当电流通过人体时，根据电流的大小不同，人体的感受和所受到的危害程度也不同。若流过人体的电流为20mA，人即麻痹难受，几乎自己不能摆脱，特别是人手触电，肌肉收缩反而握紧带电物体，有发生灼伤的可能。如果流过人体的电流为50mA，人的呼吸器官会发生麻痹，以致造成死亡。家庭用电一盏25W的白炽灯，灯泡流过的电流为114mA，如果流过人体，就足以致死。

（2）电压高低与伤害

触电后电压越高，流过人体的电流就越大，接触电压高，使皮肤破裂，降低了人体的电阻,通过人体的电流随之加大。相反，电压越低，流过人体的电流也就越小。家庭的供电电压一般为220V，人触电后相当触电时间与伤害电流作用于人体的时间愈长，人体电阻越小，则通过人体的电流越大，对人体的伤害就越严重。例如，工频50mA交流电，如果作用时间不长，还不至于死亡；若持续数十秒，必然引起心脏室颤，心脏停止跳动而致死。

（3）电流通过人体的途径

由于人体的触电部位不同，电流流过人体的途径也不同，所通过的途径和触电的结果有密切关系。电流通过头部使人昏迷，通过脊髓可能导致肢体瘫痪，若通过心脏、呼吸系统和中枢神经，可导致精神失常、心跳停止、血循环中断。可见，电流通过心脏和呼吸系统，最容易导致触电死亡。

（4）人体电阻的大小与伤害

人体电阻就是电流通过人体时，人体对电流的阻力。人体各部分的有机组织不同，电阻的大小也不同。如皮肤、脂肪、骨路、神经的电阻比较大，其中皮肤表面的角质外层电阻最大，而肌肉、血液的电阻比较小。人体的电阻越大，触电后流过人体的电流就越小，因而危险也就越小。人体电阻不是一个不变的常数，接触电压越高，人体电阻小；接触带电导体时间越长，人体电阻也越小。

（5）电流的种类、频率与伤害

交流电频率愈高（如大于200Hz），由于电流途径有趋肤效应，很少通过人体心脏部位，只能造成灼伤而不会有生命危险，而日常用的电源多是频率为50Hz的（工频）交流电，频率较低，对人体触电造成的危害最为严重。

3. 触电的方式

按照人体触及带电体的方式和电流流过人体的途径，电击可分为单相触电、两相触电、跨步电压触电和雷击触电。

（1）单相触电

当人体直接碰触带电设备其中的一相时，电流通过人体流入大地，这种触电现象称为单相触电。对于高压带电体，人体虽未直接接触，但由于超过了安全距离，高电压对人体放电，造成单相接地而引起的触电，也属于单相触电。低压电网通常采用变压器低压侧中性点直接接地和中性点不直接接地（通过保护间隙接地）的接线方式。

（2）两相触电

人体同时接触带电设备或线路中的两相导体，或在高压系统中，人体同时接近不同相的两相带电导体，而发生电弧放电，电流从一相导体通过人体流入另一相导体，构成一个闭合回路，这种触电方式称为两相触电。发生两相触电时，作用于人体上的电压等于线电压，这种触电是最危险的。

（3）跨步电压触电

当电气设备发生接地故障，接地电流通过接地体向大地流散，在地面上形成电位分布时，若人在接地短路点周围行走，其两脚之间的电位差，就是跨步电压。由跨步电压引起的人体触电，称为跨步电压触电。

（4）雷击触电

雷云对地面突出物产生放电，它是一种特殊的触电方式，雷击感应电压高达几十至几百万伏，危害性极大。

4. 电子实习操作安全

电子实习各个环节都涉及电，人员多、设备多、线路多，因此安全用电是一个非常重要的问题。

实验前先检查用电设备，再接通电源；实验结束后，先关仪器设备，再关闭电源。离开实验室或遇突然断电，应关闭电源。不要将供电电线放到通道上，以免因绝缘破损造成短路。电子实习用电操作要求如下。

（1）电气设备没有验明无电时，一律认为有电，不能盲目触及。

（2）切勿带电插、拔、接电气线路。

（3）在进行电子线路板焊接后的剪脚工序时，剪脚面应背离身体特别是脸部，防止被剪下引脚弹伤。

（4）高压电容器，实验结束后或闲置时，应串接合适电阻进行放电。

（5）在需要带电操作低电压电路实验时，单手操作比双手操作安全。

（6）使用电容器时，千万注意电容的极性和耐压，当电容电压高于电容耐压时，会引起电容爆裂而伤害到人。

（7）使用电烙铁应注意：不能乱甩焊锡；及时放回烙铁架，用完及时切断电源；周围不得放置易燃物品。

5. 触电急救

发生触电事故，千万不要惊慌失措，应该以最快的速度使触电者脱离电源。救人者切不可用手直接拉触电者，因为触电者没有脱离电源前本身就带电，以防救人者触电。最有效的方式是立即停电：拉闸或拔出电源。如果紧急情况下找不到电闸或者电源，可以用绝缘体或干燥木竹棒将电源线拨开。切记拨开电源线的速度要快，以保证急救者的安全。触电者脱离电源后，救人者应该立即拨打 120，联系医院抢救触电者。触电者如果呼吸、心跳尚存，等待救护车到来；如果心跳呼吸停止，应立即进行人工呼吸及心肺复苏，同时等待救护车到来。

6. 电气火灾消防

发生电气火灾后，进行电气消防需注意以下几点。

（1）发现电子设备、电线等冒烟着火，应以最快的速度切断电源（拉总电闸或总开关）。

（2）使用教学楼楼道内的灭火器灭火，切记用水灭火。

（3）灭火时切记身体或者灭火设备不要触碰到电子设备或电线。

参 考 文 献

［1］童诗白. 模拟电子技术基础[M]. 北京：高等教育出版社，2009.

［2］何立民. 单片机实验与实践教程[M]. 北京：北京航空航天大学出版社，2003.

［3］李学礼. 基于 Proteus 的 8051 单片机实例教程[M]. 北京：电子工业出版社，2008.

［4］彭伟. 单片机 C 语言程序设计实训 100 例：基于 8051+Proteus 仿真[M]. 北京：电子工业出版社，2009.

［5］王勇，李若谷，胡启明. Protel 99 SE 实战 100 例[M]. 北京：电子工业出版社，2010.

［6］刘建清等. 从零开始学单片机 C 语言[M]. 北京：国防工业出版社，2006.

［7］宁铎等. 电子工艺实训教程[M]. 西安：西安电子科技大学出版社，2006.

［8］郭勇，董志刚. Protel 99 SE 印制电路板设计教程[M]. 北京：机械工业出版社，2011.

［9］张伟，孙颖，赵晶.Protel 99 SE 高级应用[M]. 北京：人民邮电出版社，2007.

［10］陈有卿. 实用 555 时基电路 300 例[M]. 北京：中国电力出版社，2005.

［11］赵广林. 跟我轻松学 Protel 99 SE 电路设计与制版[M]. 北京：机械工业出版社，2008.

［12］王东锋，陈园园，郭向阳. 单片机 C 语言应用 100 例[M]. 北京：电子工业出版社，2013.

［13］钱宗峰，刘培国，于飞. 单片机原理与项目实践——基于 C 语言[M]. 北京：机械工业出版社，2015.

［14］胡宴如，耿苏燕. 模拟电子技术基础[M]. 北京：高等教育出版社，2012.